U0797313

核心课程+教学项目

建筑工程施工专业课程改革成果教材

建筑工程计量与计价

Jianzhu Gongcheng Jiliang yu Jijia

（第 2 版）

主　　编　崔　陵　许宝良
执行主编　卢胜利

高等教育出版社·北京

内容简介

本书是浙江省建筑工程施工专业课程改革成果教材，在第 1 版的基础上，结合现行有关国家标准和《浙江省建设工程计价规则》(2018 版)、《浙江省房屋建筑与装饰工程预算定额》(2018 版) 等浙江省计价依据，吸取使用学校的教学反馈意见修订而成。

本书分为七个项目，主要内容包括：工程造价的计价方法和预算定额的应用，建筑面积计算，地下工程定额清单计量与计价、主体结构工程及相关部（构）件定额清单计量与计价，装饰工程、门窗工程定额清单计量与计价，其他工程定额清单计量与计价、工程量清单计价。

本书配套学习卡资源，请登录 Abook 网站 http://abook.hep.com.cn/sve 获取相关资源。详细说明见本书最后一页“郑重声明”下方的“学习卡账号使用说明”。

本书可作为中等职业教育建筑工程施工专业教材，也可作为相关企业岗位培训用书。

图书在版编目（CIP）数据

建筑工程计量与计价 / 崔陵，许宝良主编. --2 版. --北京：高等教育出版社，2022.7（2023.2 重印）

ISBN 978-7-04-057770-9

Ⅰ. ①建… Ⅱ. ①崔… ②许… Ⅲ. ①建筑工程－计量－中等专业学校－教材②建筑造价－中等专业学校－教材 Ⅳ. ①TU723.32

中国版本图书馆 CIP 数据核字（2022）第 019984 号

策划编辑 陈梅琴　责任编辑 陈梅琴　封面设计 李卫青　版式设计 杨 树
插图绘制 杨伟露　责任校对 刁丽丽　责任印制 韩 刚

出版发行 高等教育出版社
社　址 北京市西城区德外大街 4 号
邮政编码 100120
印　刷 运河（唐山）印务有限公司
开　本 889mm × 1194mm 1/16
印　张 23
字　数 470 千字
插　页 7
购书热线 010-58581118
咨询电话 400-810-0598
网　址 http://www.hep.edu.cn
http://www.hep.com.cn
网上订购 http://www.hepmall.com.cn
http://www.hepmall.com
http://www.hepmall.cn
版　次 2013 年 10 月第 1 版
2022 年 7 月第 2 版
印　次 2023 年 2 月第 2 次印刷
定　价 49.60 元

物 料 号 57770-00

浙江省中等职业教育建筑工程施工专业课程改革成果教材编写委员会

主　　编：崔　陵　许宝良

执行主编：卢胜利

编写说明

2006年，浙江省政府召开全省职业教育工作会议并下发《省政府关于大力推进职业教育改革与发展的意见》。该意见指出，“为加大对职业教育的扶持力度，重点解决我省职业教育目前存在的突出问题”，决定实施“浙江省职业教育六项行动计划”。2007年年初，作为“浙江省职业教育六项行动计划”项目的浙江省中等职业教育专业课程改革研究正式启动，预计用5年左右时间，分阶段对30个左右专业的课程进行改革，初步形成能与现代产业和行业进步相适应的体现浙江特色的课程标准和课程结构，满足社会对中等职业教育的需要。

专业课程改革亟待改变原有以学科为主线的课程模式，尝试构建以岗位能力为本位的专业课程新体系，促进职业教育的内涵发展。基于此，课题组本着积极稳妥、科学谨慎、务实创新的原则，对相关行业企业的人才结构现状、专业发展趋势、人才需求状况、职业岗位群对知识技能要求等方面进行系统的调研，在庞大的数据中梳理出共性问题，在把握行业、企业的人才需求与职业学校的培养现状，掌握国内中等职业学校本专业人才培养动态的基础上，最终确立了“以核心技能培养为专业课程改革主旨、以核心课程开发为专业教材建设主体、以教学项目设计为专业教学改革重点”的浙江省中等职业教育专业课程改革新思路，并着力构建“核心课程＋教学项目”的专业课程新模式。这项研究得到由教育部职业技术中心研究所、中央教科所和华东师范大学职教所等专家组成的鉴定组的高度肯定，认为课题研究“取得的成果创新性强，操作性强，已达到国内同类研究领先水平”。

依据本课题研究形成的课程理念及其“核心课程＋教学项目”的专业课程新模式，课题组邀请了行业专家、高校专家以及一线骨干教师组成教材编写组，根据先期形成的教学指导方案着手编写本套教材，几经论证、修改，现付梓。

由于时间紧、任务重，教材中定有不足之处，敬请提出宝贵的意见和建议，以求不断改进和完善。

浙江省教育厅职成教教研室

2012年4月

第 2 版前言

本书是浙江省建筑工程施工专业课程改革成果教材，在第 1 版的基础上，结合现行有关国家标准和《浙江省建设工程计价规则》（2018 版）、《浙江省房屋建筑与装饰工程预算定额》（2018 版）等浙江省计价依据，吸取使用学校的教学反馈意见修订而成。

本书第 1 版参照《浙江省建设工程计价规则》（2010 版）和《浙江省建筑工程预算定额》（2010 版）等浙江省计价依据编写。2019 年，浙江省全面实施了《浙江省建设工程计价规则》（2018 版）和《浙江省房屋建筑与装饰工程预算定额》（2018 版）等浙江省计价依据。由于 2018 版的计价规则和预算定额中的工程量计算规则、定额说明与 2010 版相比发生了很大的变化，为了适应新形势下的教学要求，特此修订。

本书保持了上一版的特点、体系和学时分配，主要做如下修改：

1. 根据企业与行业的用人要求，对接浙江省二级造价工程师的考纲要求，加强工程实例的计算。

2. 对原教材知识准备中的工程量计算规则和定额说明的内容，根据《浙江省房屋建筑与装饰工程预算定额》（2018 版）的具体要求作适当的增减。

3. 对原教材任务示例、任务实施和任务拓展中的题目计算修改如下：

（1）例题图样不变，题意描述修改为“××× 工程量、综合单价及相关费用计算”。

（2）以表格的形式进行解题，主要分为“工程量计算、定额套用表”和“定额清单综合单价与合价计价表”。

各项目学时建议分配如下：

教学项目	学时数
项目 1　工程造价的计价方法和预算定额的应用	3~5
项目 2　建筑面积计算	3
项目 3　地下工程定额清单计量与计价	14~18
项目 4　主体结构工程及相关部（构）件定额清单计量与计价	26~30
项目 5　装饰工程、门窗工程定额清单计量与计价	18~22
项目 6　其他工程定额清单计量与计价	8~10
项目 7　工程量清单计价	6~8

本书由崔陵、许宝良担任主编，台州市建筑工程学校卢胜利担任执行主编。具体分工如下：项目1、项目2由台州市建筑工程学校卢胜利修订；项目3的任务2由浙江财信工程咨询有限公司李子敬修订；项目3的任务1、任务3、任务4，项目4中的任务1~3由嘉兴市建筑工业学校丁国文修订；项目4的任务4~6由温州市城乡建设职工中等专业学校严黎艳修订；项目4的任务7由台州市建筑工程学校卢添一修订；项目5的任务1~4由宁波建设工程学校周旦盛修订；项目5的任务5~7由衢州中等专业学校琚华荣修订；项目6由绍兴市中等专业学校周小芳修订；项目7由绍兴市职业教育中心祁黎修订。

本书配套学习卡资源，请登录Abook网站 http://abook.hep.com.cn/sve 获取相关资源。详细说明见本书最后一页“郑重声明”下方的“学习卡账号使用说明”。

由于编者水平有限，书中难免存在不足之处，恳请广大读者批评指正（读者意见反馈信箱：zz_dzyj@pub.hep.cn）。

编　者

2021年10月

第 1 版前言

本书是建筑工程施工专业课程改革成果教材，根据浙江省中等职业教育建筑工程施工专业教学指导方案和建筑工程计量与计价课程标准，参照现行有关国家标准和《浙江省建设工程计价规则》(2010 版)、《浙江省建筑工程预算定额》(2010 版)等浙江省计价依据及相关规定编写。

本书根据“做中学、做中教”的教学模式需要，以建筑物的重要组成部分作为教学项目，每个教学项目分解成多个便于实施的教学任务。每个教学任务由任务目标、知识准备、任务示例、任务实施、任务拓展等部分组成。教学任务中的任务拓展内容，主要为提高学生学习兴趣、拓展学习能力而设置，教学中教师可根据学生的实际情况选择。本书按 78 ~ 96 学时编写，适于安排 1 个学期教学。项目四任务七中的钢筋工程量计算、项目七中的工程量清单编制内容，可作为工程造价专业和参加相关专业技能大赛的教学内容。

各项目学时建议分配如下：

教学项目	学时数
项目一　工程造价	3~5
项目二　建筑面积	3
项目三　地下工程定额计量与计价	14~18
项目四　主体工程定额计量与计价	26~30
项目五　装饰工程定额计量与计价	18~22
项目六　其他工程定额计量与计价	8~10
项目七　工程量清单概述与编制	6~8

本书由王向东任主编，卢胜利任执行主编，彭新凤、祁黎、胡飞麟、蔡旦辉、徐丰参与了编写。具体分工如下：项目一由浙江省东阳市技术学校胡飞麟编写；项目二、三主要由浙江省东阳市技术学校彭新凤编写，其中项目三的桩基础工程及相应工程量清单由台州市建筑工程学校徐丰编写；项目四、五、六主要由台州市建筑工程学校卢胜利编写，其中项目四的梁、板钢筋工程由台州市建筑工程学校蔡旦辉编写；项目七由绍兴市中等专业学校祁黎编写。全书由卢胜利统稿。

本书配套学习卡资源，按照本书最后一页“郑重声明”下方的“学习卡账号使用说明”，登录“http://abook.hep.com.cn/sve”，可上网学习，下载资源。

由于预算定额具有地区性的特点，加上编者水平和条件所限，书中难免会存在疏漏和不足之处，恳请广大读者批评指正（读者意见反馈信箱：zz_dzyj@pub.hep.cn）。

编　者

2013 年 5 月

目录

项目 1 工程造价的计价方法和预算定额的应用

【项目描述】

工程造价是指进行某项工程建设所花费的全部费用，包括两种含义：第一种是从投资者的角度出发，理解为工程投资费用；第二种是从市场的角度出发，理解为工程承发包费用。本项目从第二种含义入手，根据《浙江省建设工程计价规则》（2018 版）和《浙江省房屋建筑与装饰工程预算定额》（2018 版）等浙江省计价依据，阐述工程造价的组成与计价方法，并介绍预算定额的应用。

【学习目标】

1. 掌握工程造价的计价方法。
2. 能运用综合单价法进行工程造价计算。
3. 掌握预算定额的应用。

任务 1 工程造价的计价方法

【任务目标】

1. 熟悉工程造价的组成。
2. 掌握工程造价的计价方法。
3. 熟悉房屋建筑与装饰工程施工取费费率。
4. 能使用《浙江省房屋建筑与装饰工程预算定额》(2018 版)进行工程造价的计算。

【知识准备】

一、工程造价的含义

工程造价是指进行某项工程建设所花费的全部费用,包括两种含义:第一种含义是从投资者的角度定义的,指进行某项工程建设花费的全部投资费用。投资者选定一个项目后,通过项目评估进行决策,然后进行设计招标、工程招标,直到竣工验收等一系列投资活动,在投资活动中所支付的全部费用形成了固定资产和无形资产,所有这些开支就构成了工程造价。第二种含义是从市场的角度定义的,工程造价指工程价格,即为建成一项工程,预计或实际在土地市场、设备市场、技术劳务市场以及承包市场等交易活动中所形成的费用(建筑安装工程费),主要通过招、投标等形式由市场形成。本书中的工程造价如无特殊说明,指的是第二种含义,即建筑安装工程费。

二、工程造价的组成

工程造价按不同的内容划分为两种形式。

1. 按费用构成要素划分,工程造价由人工费、材料费、机械费、企业管理费、利润、规费和税金组成,见表 1–1–1。

表 1–1–1 工程造价表(按费用构成要素划分)

建筑安装工程费	人工费	1. 计时工资或计件工资; 2. 奖金; 3. 津贴补贴; 4. 加班加点工资; 5. 特殊情况下支付的工资; 6. 职工福利费; 7. 劳动保护费
	材料费	1. 材料及工程设备原价; 2. 运杂费; 3. 采购及保管费

续表

<table>
<tr><td rowspan="12">建筑安装工程费</td><td rowspan="2">机械费</td><td>1. 施工机械使用费</td><td>（1）折旧费；　（2）检修费；
（3）维护费；　（4）安拆费及场外运费；
（5）人工费；　（6）燃料动力费；
（7）其他费用</td></tr>
<tr><td colspan="2">2. 仪器仪表使用费</td></tr>
<tr><td>企业管理费</td><td colspan="2">1. 管理人员工资；　2. 办公费；
3. 差旅交通费；　4. 固定资产使用费；
5. 工具用具使用费；　6. 劳动保险费；
7. 检验试验费；　8. 夜间施工增加费；
9. 已完工程及设备保护费；　10. 工程定位复测费；
11. 工会经费；　12. 职工教育经费；
13. 财产保险费；　14. 财务费；
15. 税费；　16. 其他</td></tr>
<tr><td>利润</td><td colspan="2">—</td></tr>
<tr><td rowspan="2">规费</td><td>1. 社会保险费</td><td>（1）养老保险费；
（2）失业保险费；
（3）医疗保险费；
（4）生育保险费；
（5）工伤保险费</td></tr>
<tr><td colspan="2">2. 住房公积金</td></tr>
<tr><td>税金</td><td colspan="2">增值税</td></tr>
</table>

2. 按造价形成内容划分，工程造价由分部分项工程费、措施项目费、其他项目费、规费和税金组成，见表 1–1–2。

表 1–1–2　工程造价表（按造价形成内容划分）

<table>
<tr><td rowspan="6">建筑安装工程费</td><td rowspan="6">分部分项工程费</td><td>1. 房屋建筑与装饰工程
（1）土石方工程；
（2）地基处理与边坡支护工程；
（3）桩基础工程；
……</td></tr>
<tr><td>2. 通用安装工程</td></tr>
<tr><td>3. 市政工程</td></tr>
<tr><td>4. 城市轨道交通工程</td></tr>
<tr><td>5. 园林绿化及仿古建筑工程</td></tr>
<tr><td>……</td></tr>
</table>

续表

<table>
<tr><td rowspan="13">建筑安装工程费</td><td rowspan="9">措施项目费</td><td rowspan="3">1. 施工技术措施项目费</td><td>（1）通用施工技术措施项目费
① 大型机械设备进出场及安拆费；
② 脚手架工程费</td></tr>
<tr><td>（2）专业工程施工技术措施项目费</td></tr>
<tr><td>（3）其他施工技术措施项目费</td></tr>
<tr><td rowspan="6">2. 施工组织措施项目费</td><td>（1）安全文明施工基本费
① 环境保护费；
② 文明施工费；
③ 安全施工费；
④ 临时设施费</td></tr>
<tr><td>（2）提前竣工增加费</td></tr>
<tr><td>（3）二次搬运费</td></tr>
<tr><td>（4）冬、雨期施工增加费</td></tr>
<tr><td>（5）行车、行人干扰增加费</td></tr>
<tr><td>（6）其他施工组织措施费</td></tr>
<tr><td>其他项目费</td><td colspan="2">1. 暂列金额；　2. 暂估价；
3. 计日工；　4. 施工总承包服务费；
5. 专业工程结算价；　6. 索赔与现场签证费；
7. 优质工程增加费</td></tr>
<tr><td rowspan="2">规费</td><td>1. 社会保险费</td><td>（1）养老保险费；　（2）失业保险费；
（3）医疗保险费；　（4）生育保险费；
（5）工伤保险费</td></tr>
<tr><td colspan="2">2. 住房公积金</td></tr>
<tr><td>税金</td><td colspan="2">增值税</td></tr>
</table>

三、工程造价的计价方法

建筑安装工程的计价方法为清单计价模式下的综合单价法，包括国标工程量清单计价（简称“国标清单计价”）和定额项目清单计价（简称“定额清单计价”）两种。国标清单计价是按照国家标准《建设工程工程量清单计价规范》（GB 50500—2013）编列清单子目而进行的综合单价计价，定额清单计价是按照某省定额编列清单子目而进行的综合单价计价。

综合单价指完成一个规定清单项目（或定额项目）所需的人工费、材料费、机械费和对应的企业管理费、利润以及一定范围内的风险费用。

综合单价法是指分部分项工程费、施工技术措施项目费及相关其他项目费的单价按综合单价计算，施工组织措施项目费、规费、税金等按规定另行单独列项计算的一种计价方式。招投标阶段建筑安装工程费计算程序见表 1-1-3。

表 1–1–3　招投标阶段建筑安装工程费计算程序

<table>
<tr><th>序号</th><th colspan="2">费用项目</th><th>计算方法（公式）</th></tr>
<tr><td rowspan="2">一</td><td colspan="2">分部分项工程费</td><td>∑（分部分项工程量 × 综合单价）</td></tr>
<tr><td>其中</td><td>1. 人工费 + 机械费</td><td>∑分部分项工程（人工费 + 机械费）</td></tr>
<tr><td rowspan="11">二</td><td colspan="2">措施项目费</td><td>（一）+（二）</td></tr>
<tr><td colspan="2">（一）施工技术措施项目费</td><td>∑（施工技术措施项目工程量 × 综合单价）</td></tr>
<tr><td>其中</td><td>2. 人工费 + 机械费</td><td>∑施工技术措施项目（人工费 + 机械费）</td></tr>
<tr><td colspan="2">（二）施工组织措施项目费</td><td>按实际发生项之和进行计算</td></tr>
<tr><td rowspan="6">其中</td><td>3. 安全文明施工基本费</td><td rowspan="6">（1+2）× 费率</td></tr>
<tr><td>4. 提前竣工增加费</td></tr>
<tr><td>5. 二次搬运费</td></tr>
<tr><td>6. 冬、雨期施工增加费</td></tr>
<tr><td>7. 行车、行人干扰增加费</td></tr>
<tr><td>8. 其他施工组织措施费</td></tr>
<tr><td rowspan="13">三</td><td colspan="2">其他项目费</td><td>（三）+（四）+（五）+（六）</td></tr>
<tr><td colspan="2">（三）暂列金额</td><td>9+10+11</td></tr>
<tr><td rowspan="3">其中</td><td>9. 标化工地暂列金额</td><td>（1+2）× 费率</td></tr>
<tr><td>10. 优质工程暂列金额</td><td>除暂列金额外税前工程造价 × 费率</td></tr>
<tr><td>11. 其他暂列金额</td><td>除暂列金额外税前工程造价 × 估算比例</td></tr>
<tr><td colspan="2">（四）暂估价</td><td>12+13</td></tr>
<tr><td rowspan="2">其中</td><td>12. 专业工程暂估价</td><td>按各专业工程的除税金外全费用暂估金额之和进行计算</td></tr>
<tr><td>13. 专项措施暂估价</td><td>按各专项措施的除税金外全费用暂估金额之和进行计算</td></tr>
<tr><td colspan="2">（五）计日工</td><td>∑计日工（暂估数量 × 综合单价）</td></tr>
<tr><td colspan="2">（六）施工总承包服务费</td><td>14+15</td></tr>
<tr><td rowspan="2">其中</td><td>14. 专业发包工程管理费</td><td>∑专业发包工程（暂估金额 × 费率）</td></tr>
<tr><td>15. 甲供材料设备保管费</td><td>甲供材料暂估金额 × 费率 + 甲供设备暂估金额 × 费率</td></tr>
<tr><td colspan="2" style="display:none"></td></tr>
<tr><td>四</td><td colspan="2">规费</td><td>（1+2）× 费率</td></tr>
<tr><td>五</td><td colspan="2">税前工程造价</td><td>一 + 二 + 三 + 四</td></tr>
<tr><td>六</td><td colspan="2">税金（增值税销项税或征收率）</td><td>五 × 税率</td></tr>
<tr><td>七</td><td colspan="2">建筑安装工程费</td><td>五 + 六</td></tr>
</table>

注:（1）编制招标控制价时，企业管理费费率、利润费率应按相应施工取费费率的中值计算。

（2）编制投标报价时，企业管理费费率、利润费率可参考相应施工取费费率由企业自主确定。

（3）建筑安装工程计价可采用一般计税法和简易计税法，建筑安装工程概算应采用一般计税法计税。

（4）采用一般计税法计税时，其税前工程造价的各费用项目均不包含增值税的进项税额，相应价格、费率及其取费基数均按“除税价格”计算或测定。

（5）采用简易计税法计税时，其税前工程造价的各费用项目均应包含增值税的进项税额，相应价格、费率及其取费基数均按“含税价格”计算或测定。

四、房屋建筑与装饰工程施工取费费率

1. 房屋建筑与装饰工程企业管理费费率按表1–1–4计取。

表1–1–4 房屋建筑与装饰工程企业管理费费率

定额编号	项目名称	计算基数	费率/%					
			一般计税			简易计税		
			下限	中值	上限	下限	中值	上限
A1	企业管理费							
A1–1	房屋建筑及构筑物工程	人工费+机械费	12.43	16.57	20.71	12.12	16.16	20.20
A1–2	单独装饰工程		11.37	15.16	18.95	11.15	14.86	18.57
A1–3	专业打桩、钢结构、幕墙及其他专业工程		10.12	13.49	16.86	9.92	13.22	16.52
A1–4	专业土石方工程		4.15	5.53	6.91	3.82	5.09	6.36

注：采用装配整体式混凝土结构的工程，其企业管理费费率应根据不同PC率（预制装配率）乘以相应系数进行调整。其中，PC率为20%~30%（含20%）的，调整系数为1.10，PC率为30%~40%（含30%）的，调整系数为1.15，PC率为40%~50%（含40%）的，调整系数为1.20，PC率≥50%的，调整系数为1.25。

2. 房屋建筑与装饰工程利润费率按表1–1–5计取。

表1–1–5 房屋建筑与装饰工程利润费率

定额编号	项目名称	计算基数	费率/%					
			一般计税			简易计税		
			下限	中值	上限	下限	中值	上限
A2	利润							
A2–1	房屋建筑及构筑物工程	人工费+机械费	6.08	8.10	10.12	5.93	7.90	9.87
A2–2	单独装饰工程		5.72	7.62	9.52	5.60	7.47	9.34
A2–3	专业打桩、钢结构、幕墙及其他专业工程		5.72	7.63	9.54	5.59	7.45	9.31
A2–4	专业土石方工程		2.03	2.70	3.37	1.87	2.49	3.11

3. 房屋建筑与装饰工程施工组织措施项目费费率按表 1–1–6 计取。

表 1–1–6　房屋建筑与装饰工程施工组织措施项目费费率

定额编号	项目名称		计算基数	费率 /%					
				一般计税			简易计税		
				下限	中值	上限	下限	中值	上限
A3	施工组织措施项目费								
A3–1	安全文明施工基本费								
A3–1–1	其中	非市区工程	人工费 + 机械费	7.14	7.93	8.72	7.37	8.19	9.01
A3–1–2		市区工程		8.57	9.52	10.47	8.84	9.82	10.80
A3–2	标化工地增加费								
A3–2–1	其中	非市区工程	人工费 + 机械费	1.27	1.49	1.79	1.31	1.54	1.85
A3–2–2		市区工程		1.54	1.81	2.17	1.58	1.86	2.23
A3–3	提前竣工增加费								
A3–3–1	其中	缩短工期比例 10% 以内（含 10%）	人工费 + 机械费	0.01	0.52	1.03	0.01	0.54	1.07
A3–3–2		缩短工期比例 20% 以内（含 20%）		1.03	1.29	1.55	1.07	1.33	1.59
A3–3–3		缩短工期比例 30% 以内（含 30%）		1.55	1.79	2.03	1.59	1.85	2.11
A3–4	二次搬运费			0.40	0.50	0.60	0.42	0.52	0.62
A3–5	冬、雨期施工增加费			0.06	0.11	0.16	0.07	0.12	0.17

注：1. 采用装配整体式混凝土结构的工程，其施工组织措施项目费费率应根据不同 PC 率乘以相应系数进行调整。不同 PC 率的费率调整系数同企业管理费费率。

2. 专业土石方工程的施工组织措施项目费费率乘以系数 0.35。

3. 安全文明施工基本费按其取费基数额度（合同标段分部分项工程费与施工技术措施项目费所含“人工费 + 机械费”）大小，采用分档累进以递减方式计算费用。其中，取费基数额度 500 万元以内的执行标准费率，500 万元 ~2 000 万元部分按标准费率乘以系数 0.9，2 000 万元 ~5 000 万元部分按标准费率乘以系数 0.8，5 000 万元以上部分按标准费率乘以系数 0.7。

4. 单独装饰工程与专业打桩、钢结构、幕墙及其他专业工程的安全文明施工基本费费率乘以系数 0.6。

5. 标化工地增加费费率的下限、中值、上限分别对应设区市级、省级、国家级标化工地，县市区级标化工地的费率按费率中值乘以系数 0.7。

4. 房屋建筑与装饰工程其他项目费费率按表 1–1–7 计取。

表 1–1–7　房屋建筑与装饰工程其他项目费费率

<table>
<tr><th>定额编号</th><th colspan="2">项目名称</th><th>计算基数</th><th>费率 /%</th></tr>
<tr><td>A4</td><td colspan="4">其他项目费</td></tr>
<tr><td>A4–1</td><td colspan="4">优质工程增加费</td></tr>
<tr><td>A4–1–1</td><td rowspan="4">其中</td><td>县市区级优质工程</td><td rowspan="4">除优质工程增加费外税前工程造价</td><td>1.50</td></tr>
<tr><td>A4–1–2</td><td>设区市级优质工程</td><td>2.00</td></tr>
<tr><td>A4–1–3</td><td>省级优质工程</td><td>3.00</td></tr>
<tr><td>A4–1–4</td><td>国家级优质工程</td><td>4.00</td></tr>
<tr><td>A4–2</td><td colspan="4">施工总承包服务费</td></tr>
<tr><td>A4–2–1</td><td rowspan="4">其中</td><td>专业发包工程管理费（管理、协调）</td><td rowspan="2">专业发包工程金额</td><td>1.00~2.00</td></tr>
<tr><td>A4–2–2</td><td>专业发包工程管理费（管理、协调、配合）</td><td>2.00~4.00</td></tr>
<tr><td>A4–2–3</td><td>甲供材料保管费</td><td>甲供材料金额</td><td>0.50~1.00</td></tr>
<tr><td>A4–2–4</td><td>甲供设备保管费</td><td>甲供设备金额</td><td>0.20~0.50</td></tr>
</table>

5. 房屋建筑与装饰工程规费费率按表 1–1–8 计取。

表 1–1–8　房屋建筑与装饰工程规费费率

<table>
<tr><th rowspan="2">定额编号</th><th rowspan="2">项目名称</th><th rowspan="2">计算基数</th><th colspan="2">费率 /%</th></tr>
<tr><th>一般计税</th><th>简易计税</th></tr>
<tr><td>A5</td><td colspan="4">规费</td></tr>
<tr><td>A5–1</td><td>房屋建筑及构筑物工程</td><td rowspan="4">人工费＋机械费</td><td>25.78</td><td>25.15</td></tr>
<tr><td>A5–2</td><td>单独装饰工程</td><td>27.92</td><td>27.37</td></tr>
<tr><td>A5–3</td><td>专业打桩、钢结构、幕墙及其他专业工程</td><td>25.08</td><td>24.49</td></tr>
<tr><td>A5–4</td><td>专业土石方工程</td><td>12.62</td><td>11.65</td></tr>
</table>

注：规费费率使用说明同企业管理费费率。

6. 房屋建筑与装饰工程税金税率按表 1–1–9 计取。

表 1–1–9　房屋建筑与装饰工程税金税率

<table>
<tr><th>定额编号</th><th>项目名称</th><th>适用计税方法</th><th>计算基数</th><th>费率 /%</th></tr>
<tr><td>A6</td><td colspan="4">增值税</td></tr>
<tr><td>A6–1</td><td>增值税销项税</td><td>一般计税</td><td rowspan="2">税前工程造价</td><td>10.00</td></tr>
<tr><td>A6–2</td><td>增值税征收率</td><td>简易计税</td><td>3.00</td></tr>
</table>

【任务示例】

例 1–1–1　某市区项目分部分项工程费为 8 658.26 万元，其中人工费为 1 820 万元，机械费为 868 万元；施工技术措施项目费为 867 万元，其中人工费为 220 万元，机械费为 108 万元，试计算安全文明施工基本费费率。（注：采用一般计税法。）

解：人工费 + 机械费 =1 820 万元 +868 万元 +220 万元 +108 万元 =3 016 万元，在 2 000 万 ~ 5 000 万之间，采用分档累进以递减方式计算。安全文明施工基本费费率为

$$\frac{500\text{ 万元}\times 9.52\%+1\ 500\text{ 万元}\times 9.52\%\times 0.9+(3\ 016\text{ 万元}-2\ 000\text{ 万元})\times 9.52\%\times 0.8}{3\ 016\text{ 万元}}\times 100\%\approx 8.41\%$$

例 1–1–2　某市区某学校行政楼，其分部分项工程费为 1 200 万元，其中人工费为 350 万元，机械费为 180 万元；施工技术措施项目费为 50 万元，其中人工费为 10 万元，机械费为 15 万元。定额工期 360 天，要求 320 天竣工，质量要求达到设区市级优质工程，PC 率达到 20%，其他暂列金额按 5% 计算，不考虑行车、行人干扰增加费，不考虑暂估价、计日工，工程无分包项目，无甲供材料，采用一般计税法。

根据以上条件，采用综合单价法计算招标控制价。（金额计算保留到“元”，费率计算保留小数点后两位。）

解：本项目 PC 率为 20%，根据计价规则要求，施工组织措施项目费费率、规费费率均乘以系数 1.1。

（1）安全文明施工基本费费率

$$\frac{500\text{ 万元}\times 9.52\%+(530\text{ 万元}+25\text{ 万元}-500\text{ 万元})\times 9.52\%\times 0.9}{530\text{ 万元}+25\text{ 万元}}\times 1.1\times 100\%\approx 10.37\%$$

（2）缩短工期比例

$$\frac{360\text{ 天}-320\text{ 天}}{360\text{ 天}}\times 100\%\approx 11.11\%$$，按缩短工期比例 20% 以内考虑。

提前竣工增加费费率 =1.29% × 1.1 ≈ 1.42%。

（3）二次搬运费费率 =0.5% × 1.1=0.55%。

（4）冬、雨期施工增加费费率 =0.11% × 1.1 ≈ 0.12%。

（5）标化工地暂列金额费率 =1.81% × 0.7 × 1.1 ≈ 1.39%。

（6）规费费率 =25.78% × 1.1 ≈ 28.36%。

招标控制价计算见表 1–1–10。

表 1–1–10　招标控制价计算

序号	费用项目		取费计算式	费用 / 万元
一	分部分项工程费			1 200
	其中	1. 人工费 + 机械费	350 万元 +180 万元	530
二	措施项目费		(一)+(二)	119.153 0
	(一)施工技术措施项目费			50
	其中	2. 人工费 + 机械费	10 万元 +15 万元	25
	(二)施工组织措施项目费		3+4+5+6	69.153 0
	其中	3. 安全文明施工基本费	(1+2) × 10.37%	57.553 5
		4. 提前竣工增加费	(1+2) × 1.42%	7.881 0
		5. 二次搬运费	(1+2) × 0.55%	3.052 5
		6. 冬、雨期施工增加费	(1+2) × 0.12%	0.666 0
		7. 行车、行人干扰增加费		0
		8. 其他施工组织措施费		0
三	其他项目费		(三)+(四)+(五)+(六)	111.073 1
	(三)暂列金额		9+10+11	111.073 1
	其中	9. 标化工地暂列金额	(1+2) × 1.39%	7.714 5
		10. 优质工程暂列金额	(1 200+119.153 0+157.398 0) × 2%	29.531 0
		11. 其他暂列金额	(1 200+119.153 0+157.398 0) × 5%	73.827 6
	(四)暂估价		12+13	0
	其中	12. 专业工程暂估价		0
		13. 专项措施暂估价		0
	(五)计日工			0
	(六)施工总承包服务费		14+15	0
	其中	14. 专业发包工程管理费		0
		15. 甲供材料设备保管费		0
四	规费		(1+2) × 28.36%	157.398 0
五	税前工程造价		一 + 二 + 三 + 四	1 587.624 1
六	税金		五 × 10%	158.762 4
七	建筑安装工程造价		五 + 六	1 746.386 5

【任务实施】

1. 某市区某住宅楼工程（非临街工程），建筑层数为 7 层，檐高为 20.6 m，根据《浙江省建设工程计价规则》（2018 版）和《浙江省房屋建筑与装饰工程预算定额》（2018 版）计算后得：分部分项工程费为 378.98 万元（其中人工费为 70.74 万元、机械费为 17.70 万元），施工技术措施项目费为 48.96 万元（其中人工费为 18.49 万元、机械费为 8.20 万元），工程没有分包项目，除安全文明施工基本费外，没有发生其他施工组织措施项目费，风险费用和暂列金额不计取，试计算建筑安装工程费。

2. 某住宅楼工程，市区临街，层数为 15 层，计算定额分部分项工程费和施工技术措施项目费总价为 3 803.06 万元（其中人工费为 1 568.05 万元、材料费为 2 091.75 万元、机械费为 143.26 万元），工程没有分包项目，除安全文明施工基本费外，考虑材料二次搬运费，风险费用和暂列金额不计取，试计算建筑安装工程招标控制价。

任务 2　预算定额的应用

【任务目标】

1. 熟悉定额的分类。
2. 掌握预算定额的查阅方法。
3. 掌握预算定额的调整与换算。
4. 掌握定额项目清单计价的综合单价法。

【知识准备】

一、定额分类

定额就是规定的额度，是指在合理的劳动组织、合理使用材料及机械的条件下，完成单位合格产品所必须消耗的人工、材料、机械台班等资源的数量标准。定额的种类很多，常见分类方法有以下几种。

（1）按生产要素分类　人工消耗定额、材料消耗定额、机械台班使用定额。

（2）按编制程序和用途分类　施工定额、预算定额、概算定额与概算指标、投资估算指标。

（3）按专业性质分类　房屋建筑与装饰工程预算定额、通用安装工程预算定额、市政工程预算定额、城市轨道交通工程预算定额、园林绿化及仿古建筑工程预算定额等。

二、预算定额的应用

1. 预算定额

预算定额是由国家主管部门或被授权单位颁发的用于确定一定计量单位分项工程或结构构件所需的人工、材料、机械台班消耗的数量标准，通常由各省建设部门组织行业专家整合本地区的实际情况编制而成，反映社会平均水平，具有统一性和时效性。

图 1-2-1　《浙江省房屋建筑与装饰工程预算定额》（2018 版）上、下册

《浙江省房屋建筑与装饰工程预算定额》（2018 版）分上、下两册（如图 1-2-1 所示，具体内容见

表 1–2–1、表 1–2–2），由总说明、建筑面积计算规范、二十个分部工程定额和四个附录组成，每个分部工程均有分部说明、工程量计算规则和定额表。

（1）分部说明

分部说明是对本分部工程的编制内容、编制依据、使用方法和共同性问题所作的说明和规定。

（2）工程量计算规则

工程量计算规则是对本分部各分项工程量计算规则所作的统一规定。

（3）定额表

定额表中列有工作内容、计量单位、项目名称、定额编号、基价以及人工、材料、机械的消耗定额。

表 1–2–1　《浙江省房屋建筑与装饰工程预算定额》（2018 版）上册各章内容

章	内容	章	内容
第一章	土石方工程	第六章	金属结构工程
第二章	地基处理与边坡支护工程	第七章	木结构工程
第三章	桩基工程	第八章	门窗工程
第四章	砌筑工程	第九章	屋面及防水工程
第五章	混凝土及钢筋混凝土工程	第十章	保温、隔热、防腐工程

表 1–2–2　《浙江省房屋建筑与装饰工程预算定额》（2018 版）下册各章内容

章	内容	章	内容
第十一章	楼地面装饰工程	第十六章	拆除工程
第十二章	墙、柱面装饰与隔断、幕墙工程	第十七章	构筑物、附属工程
第十三章	天棚工程	第十八章	脚手架工程
第十四章	油漆、涂料、裱糊工程	第十九章	垂直运输工程
第十五章	其他装饰工程	第二十章	建筑物超高施工增加费

2. 预算定额的查阅方法

当分项工程的设计要求与预算定额条件完全相同时，可以直接套用定额，具体按以下方法查阅：

（1）根据分项工程名称确定项目所在章在目录中的位置。

（2）根据分项工程的内容从目录中查出定额表所在页的位置。

（3）根据分项工程项目的内容从具体的页中查出定额编号、计量单位、人工费、材料费、机械费的基价及消耗定额。

定额查阅数据表见表 1–2–3。

表 1–2–3 定额查阅数据表

定额名称	定额编号	计量单位	定额人工费 / 元	定额材料费 / 元	定额机械费 / 元

3. 预算定额的调整与换算

当分项工程的设计要求与预算定额的工程内容、材料规格、施工方法等条件不完全相符时，不可直接套用定额，必须加以调整换算。经过调整换算的定额编号一般在其右侧写上“换”字或“H”，如“4–21 换”或“4–21H”。

预算定额的换算类型通常有以下几种。

（1）砂浆换算

本定额中所使用的砂浆除另有注明外，均按干混预拌砂浆编制，若实际使用现拌砂浆或湿拌预拌砂浆，人工费、材料费、机械费按以下方法调整换算：

① 使用现拌砂浆的，除将定额中的干混预拌砂浆调换为现拌砂浆外，另按相应定额中每立方米砂浆增加人工 0.382 工日、200 L 灰浆搅拌机 0.167 台班，并扣除定额中干混预拌砂浆罐式搅拌机台班的数量。

② 使用湿拌预拌砂浆的，除将定额中的干混预拌砂浆调换为湿拌预拌砂浆外，另按相应定额中每立方米砂浆扣除人工 0.20 工日，并扣除定额中干混预拌砂浆罐式搅拌机台班的数量。

（2）混凝土换算

本定额中所使用的混凝土除另有注明外，均按泵送商品混凝土编制，实际采用非泵送商品混凝土、现场搅拌混凝土时仍套用泵送定额，混凝土价格按实际使用的种类换算，混凝土浇捣人工乘以表 1–2–4 相应系数，其余不变。现场搅拌的混凝土还应按混凝土消耗量执行现场搅拌调整费定额。

表 1–2–4 建筑物人工调整系数表

序号	项目名称	人工调整系数	序号	项目名称	人工调整系数
1	基础	1.50	4	墙、板	1.30
2	柱	1.05	5	楼梯、雨篷、阳台、栏板及其他	1.05
3	梁	1.40			

（3）系数换算

系数换算是指在计算某些预算项目时，定额的一部分或全部乘以规定系数。

4. 预算定额的界定

（1）除《建筑工程建筑面积计算规范》（GB/T 50353—2013）及各章有规定外，定额中凡注明“× × 以内”或“× × 以下”及“小于”者，均包括 × × 本身，注明“× × 以外”或“× × 以上”及“大于”者，则不包括 × × 本身。

（2）定额中遇有两个或两个以上系数时，按连乘法计算。

（3）定额说明中未注明（或省略）尺寸单位的宽度、厚度、断面等，均以“mm”为单位。

三、定额清单计价综合单价及合价的计算

1. 综合单价

定额清单计价综合单价指完成一个规定定额项目所需的人工费、材料费、机械费和对应的企业管理费、利润及一定范围内的风险费用。

综合单价 = 定额人工费 + 定额材料费 + 定额机械费 + 企业管理费 + 利润 + 风险费用

式中　定额人工费 = ∑（人工消耗量 × 定额单价）

定额材料费 = ∑（材料消耗量 × 定额单价）

定额机械费 = ∑（施工机械台班消耗量 × 定额单价）

企业管理费 =（定额人工费 + 定额机械费）× 企业管理费费率

利润 =（定额人工费 + 定额机械费）× 利润费率

其中，企业管理费费率和利润费率按计价规范要求计取。

风险费用：指隐含于综合单价之中用于化解发承包双方在工程合同中约定风险内容和范围的人工、材料、机械台班的市场价格波动风险的费用，以“暂估单价”计入综合单价的材料不考虑风险费用。

2. 合价

合价是指由定额计算规则计算的工程量乘以综合单价所得的费用。

合价 = 工程量 × 综合单价

其中：合价人工费 = 工程量 × 定额人工费

合价机械费 = 工程量 × 定额机械费

定额清单综合单价与合价计价表见表 1–2–5。

表 1–2–5　定额清单综合单价与合价计价表

序号	定额编号	定额名称	计量单位	工程量	综合单价 / 元							合价 / 元	其中	
					定额人工费	定额材料费	定额机械费	企业管理费	利润	风险费用	小计		人工费 / 元	机械费 / 元

【任务示例】

例 1-2-1 查阅并换算下列各项目的定额编号、计量单位、定额人工费、定额材料费、定额机械费。

1. 人工挖一般三类土方。

解：查阅结果见表 1-2-6。

表 1-2-6 人工挖一般三类土方定额查阅数据表

定额名称	定额编号	计量单位	定额人工费 / 元	定额材料费 / 元	定额机械费 / 元
人工挖一般三类土方	1-2	m^3	20	0	0

2. 人力车运土方，运距 380 m。

解：人力车运土方，运距 380 m 的人工费 =（1-12）+（1-13）× 7=15.19 元 +2.9 元 × 7=35.49 元。注明：1-12、1-13 表示定额编号，计算时应根据定额编号查找相关费用，然后代入计算。

具体结果见表 1-2-7。

表 1-2-7 人力车运土方（运距 380 m）定额查阅数据表

定额名称	定额编号	计量单位	定额人工费 / 元	定额材料费 / 元	定额机械费 / 元
人力车运土方，运距 380 m	（1-12）+（1-13）× 7	m^3	35.49	0	0

3. M7.5 普通混合砂浆砌筑混凝土实心砖 1 砖墙。

解：查阅定额编号 4-6，计量单位 m^3，人工费 139.59 元，材料费 304.53 元，机械费 2.29 元，由于定额按干混预拌砂浆编制，因此应进行换算。

人工费：139.59 元 +（0.236 × 0.382 × 135）元 ≈ 151.76 元

材料费：304.53 元 +[（228.35-413.73）× 0.236]元 ≈ 260.78 元

机械费：2.29 元 +（0.236 × 0.167 × 154.97）元 -（0.0118 × 193.83）元 ≈ 6.11 元

具体结果见表 1-2-8。

表 1-2-8 M7.5 普通混合砂浆砌筑混凝土实心砖 1 砖墙定额查阅与换算表

定额名称	定额编号	计量单位	定额人工费 / 元	定额材料费 / 元	定额机械费 / 元
M7.5 普通混合砂浆砌筑混凝土实心砖 1 砖墙	4-6H	m^3	151.76	260.78	6.11

4. 泵送商品混凝土 C30 的矩形柱。

解：查阅结果见表 1-2-9。

表 1–2–9　泵送商品混凝土 C30 的矩形柱定额查阅数据表

定额名称	定额编号	计量单位	定额人工费 / 元	定额材料费 / 元	定额机械费 / 元
泵送商品混凝土 C30 的矩形柱	5–6	m^3	87.62	470.39	0.42

5. 振动式沉管桩机成孔，桩长 20 m，安放钢筋笼。

解：查定额编号 3–88：其中人工费 57.75 元、材料费 10.75 元、机械费 51.74 元，根据定额说明，安放钢筋笼时，定额人工及机械乘以系数 1.15，应进行换算。换算后人工费 =57.75 元 × 1.15 ≈ 66.41 元，换算后机械费 =51.74 元 × 1.15=59.50 元。

具体结果见表 1–2–10。

表 1–2–10　振动式沉管桩机成孔定额查阅与换算表

定额名称	定额编号	计量单位	定额人工费 / 元	定额材料费 / 元	定额机械费 / 元
振动式沉管桩机成孔，桩长 20 m，安放钢筋笼	3–88H	m^3	66.41	10.75	59.50

例 1–2–2　人工挖一般一、二类土方，试计算该项目的定额项目清单计价综合单价。（企业管理费费率取 16%，利润费率取 8%，不考虑风险费用。）

解：查定额编号 1–1：计量单位 m^3，人工费 10.94 元，机械费、材料费均为 0，企业管理费 10.94 元 × 16% ≈ 1.75 元，利润 10.94 × 8% ≈ 0.88 元，定额综合单价表见表 1–2–11。

表 1–2–11　定额综合单价表

定额编号	定额名称	计量单位	工程量	综合单价 / 元						
				定额人工费	定额材料费	定额机械费	企业管理费	利润	风险费用	小计
1–1	人工挖一般一、二类土方	m^3	1	10.94	0	0	1.75	0.88	0	13.57

【任务实施】

计算下列项目的定额清单综合单价，并填入表 1–2–12 中。（企业管理费费率取 20%，利润费率取 8%，不考虑风险费用。）

（1）机械挖一般三类土方、装车。

（2）泥浆罐车装运，运距 4 km。

（3）沉管混凝土灌注桩、C30 现浇现拌混凝土。

（4）M5 普通混合砂浆砌筑非黏土烧结实心砖方柱。

（5）非泵送 C20 商品混凝土构造柱。

（6）C30 现浇现拌混凝土基础梁。

（7）现浇混凝土矩形柱复合木模板。

（8）刚性屋面 30 mm 厚 C20 细石混凝土面层。

（9）现浇现拌 25 mm 厚细石混凝土楼地面找平层。

（10）膨胀螺栓干挂石材面层。

（11）内墙面乳胶漆三遍。

（12）檐高 31 m、层高 7 m 的综合脚手架。

表 1–2–12 定额综合单价表

序号	定额编号	定额名称	计量单位	工程量	综合单价 / 元						
					定额人工费	定额材料费	定额机械费	企业管理费	利润	风险费用	小计

项目 2 建筑面积计算

【项目描述】

建筑面积是以平方米反映房屋建筑建设规模的实物量指标。建筑面积的计算在造价管理方面有着非常重要的作用，它以平方米反映工程技术经济指标，如平方米造价指标、平方米工料耗用指标等；建筑面积也用作定额清单计价计算工程量的基数，如《浙江省房屋建筑与装饰工程预算定额》（2018版）中房屋工程建筑物超高施工增加费等都是按建筑面积计算的。本项目介绍《建筑工程面积计算规范》（GB/T 50353—2013）的相关规定，练习应用规范熟练计算建筑面积。

【学习目标】

1. 熟悉建筑面积的概念。
2. 掌握建筑面积的计算规范。
3. 会运用建筑面积计算规范熟练计算建筑面积。

【知识准备】

一、建筑面积的概念

建筑面积是建筑物（包括墙体）所形成的楼地面面积，是自然层（按楼地面结构分层的楼层）外墙结构外围水平面积之和，它指建筑物各层长度、宽度的外包尺寸的乘积之和（外包尺寸是指不包括外墙装饰抹灰层的尺寸）。结构外围不包括外墙抹灰层，因此建筑面积应按施工图纸尺寸计算，而不能从现场量取。

二、建筑面积全国统一计算规定

1. 术语

（1）结构层高——楼面或地面结构层上表面至上部结构层上表面之间的垂直距离。

（2）结构净高——楼面或地面结构层上表面至上部结构层下表面之间的垂直距离。

（3）围护结构——围合建筑空间的墙体、门、窗。

（4）围护设施——为保障安全而设置的栏杆、栏板等围挡。

（5）地下室——室内地平面低于室外地平面的高度超过室内净高的 1/2 的房间。

（6）半地下室——室内地平面低于室外地平面的高度超过室内净高的 1/3，且不超过 1/2 的房间。

（7）架空层——仅有结构支撑而无外围护结构的开敞空间层。

（8）架空走廊——专门设置在建筑物的二层或二层以上，作为不同建筑物之间水平交通的空间。

（9）落地橱窗——突出外墙面且根基落地的橱窗。

（10）凸窗（飘窗）——凸出建筑物外墙面的窗户。

（11）檐廊——建筑物挑檐下的水平交通空间。

（12）挑廊——挑出建筑物外墙的水平交通空间。

（13）门斗——建筑物入口处两道门之间的空间。

（14）门廊——建筑物入口前有顶棚的半围合空间。

（15）雨篷——建筑物出入口上方为遮挡雨水而设置的部件。

（16）阳台——附设于建筑物外墙，设有栏杆或栏板，可供人活动的室外空间。

（17）变形缝——防止建筑物在某些因素作用下引起开裂甚至破坏而预留的构造缝。

（18）骑楼——建筑底层沿街面后退且留出公共人行空间的建筑物。

（19）过街楼——跨越道路上空并与两边建筑物相连的建筑物。

（20）露台——设置在屋面、首层地面或雨篷上的供人室外活动的有围护设施的平台。

（21）勒脚——在房屋外墙接近地面部位设置的饰面保护构造。

（22）台阶——联系室内外地面或同楼层不同标高而设置的阶梯形踏步。

2. 计算建筑面积的范围

（1）建筑物的建筑面积应按自然层外墙结构外围水平面积之和计算。结构层高在 2.20 m 及以上的，应计算全面积；结构层高在 2.20 m 以下的，应计算 1/2 面积。

（2）建筑物内设有局部楼层时（图 2–1–1），对于局部楼层的二层及以上楼层，有围护结构的，应按其围护结构外围水平面积计算，无围护结构的，应按其结构底板水平投影面积计算。结构层高在 2.20 m 及以上的，应计算全面积；结构层高在 2.20 m 以下的，应计算 1/2 面积。某建筑物局部楼层如图 2–1–2 所示，若二层局部楼层层高 2.3 m，其建筑面积 $S=ab$。

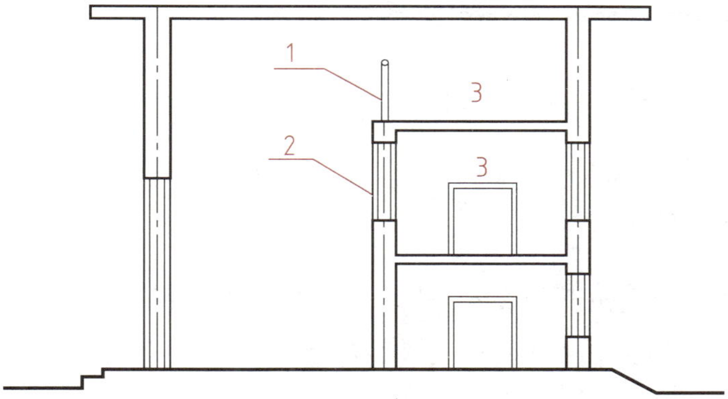

1—围护设施；2—围护结构；3—局部楼层。

图 2–1–1　局部楼层示意图

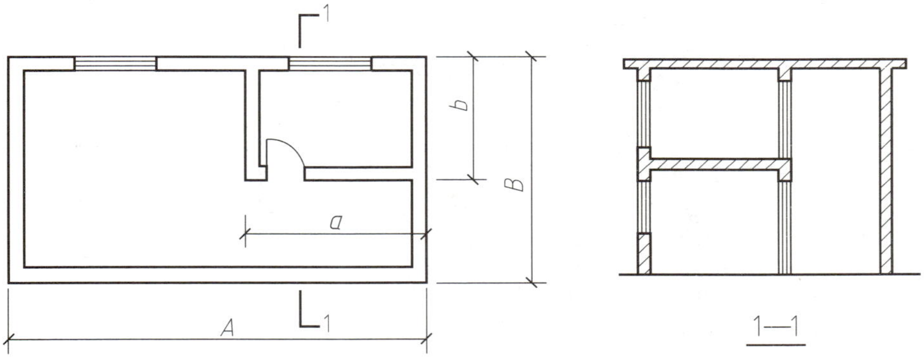

图 2–1–2　某建筑物局部楼层

（3）形成建筑空间的坡屋顶，结构净高在 2.10 m 及以上的部位应计算全面积；结构净高在 1.20 m 及以上至 2.10 m 以下的部位应计算 1/2 面积；结构净高在 1.20 m 以下的部位不应计算建筑面积。某坡屋顶如图 2–1–3 所示，其建筑面积 $S=1/2S_{(2)}+S_{(3)}+1/2S_{(4)}$。

（4）场馆看台下的建筑空间，结构净高在 2.10 m 及以上的部位应计算全面积；结构净高在 1.20 m 及以上至 2.10 m 以下的部位应计算 1/2 面积；结构净高在 1.20 m 以下的部位不应计算建筑面积。室内单独设置的有围护设施的悬挑看台，应按看台结构底板水平投影面积计算建筑面积。有顶盖无围护结构的场馆看台应按其顶盖水平投影面积的 1/2 计算面积。某场馆看台如图 2–1–4 所示，其建筑面积 $S=1/2\times A\times B$。

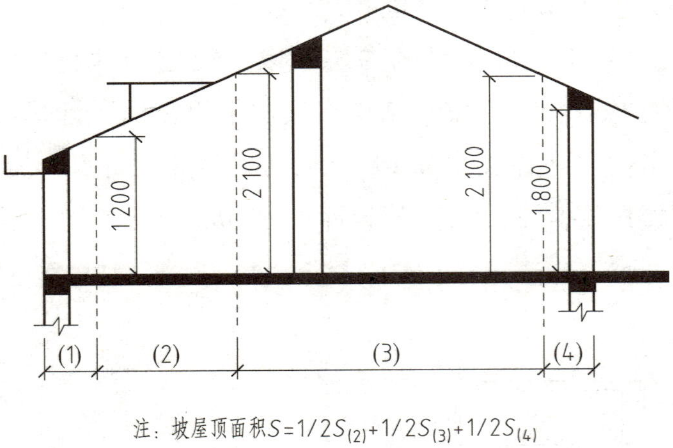

图 2-1-3 某坡屋顶

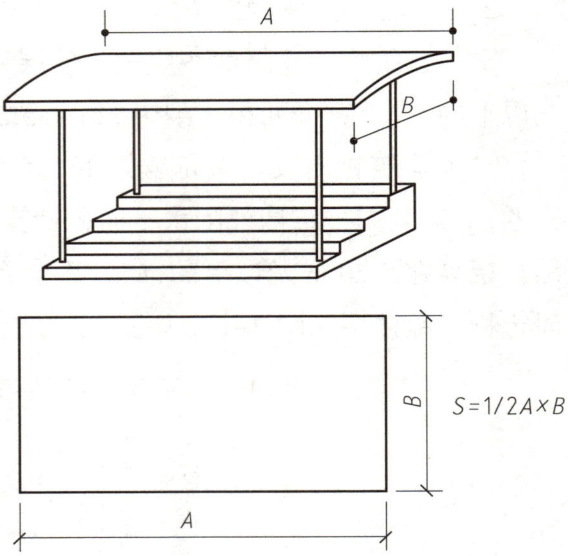

图 2-1-4 某场馆看台

（5）地下室、半地下室应按其结构外围水平面积计算。结构层高在 2.20 m 及以上的，应计算全面积；结构层高在 2.20 m 以下的，应计算 1/2 面积。

（6）出入口外墙外侧坡道有顶盖的部位，应按其外墙结构外围水平面积的 1/2 计算建筑面积。某地下室入口如图 2-1-5 所示，其建筑面积 $S=1/2ab$。

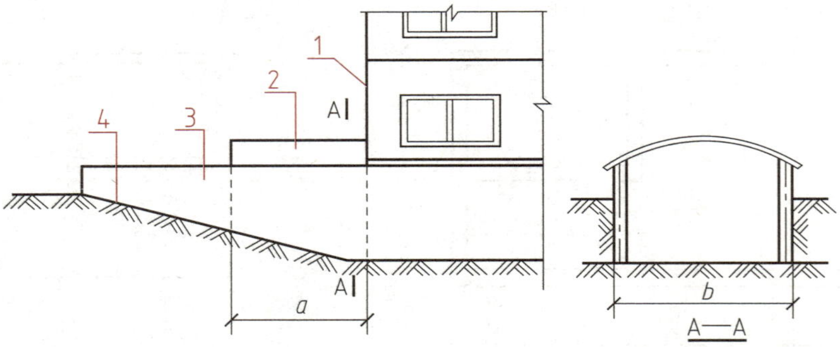

1—主体建筑；2—出入口顶盖；
3—封闭出入口侧墙；4—出入口坡道。

图 2-1-5 某地下室入口

（7）建筑物架空层及坡地建筑物吊脚架空层，应按其顶板水平投影面积计算建筑面积。结构层高在 2.20 m 及以上的，应计算全面积；结构层高在 2.20 m 以下的，应计算 1/2 面积。某吊脚架空层如图 2-1-6 所示，其结构层高 3.6 m，大于 2.20 m，应计算全面积。

（8）建筑物的门厅、大厅按一层计算建筑面积。门厅、大厅内设置的走廊应按其结构底板水平投影面积计算建筑面积。结构层高在 2.20 m 及以上的，应计算全面积；结构层高在 2.20 m 以下的，应计算 1/2 面积。某大厅内设回廊如图 2-1-7 所示，其结构层高 3.90 m，大于 2.20 m，应计算全面积。

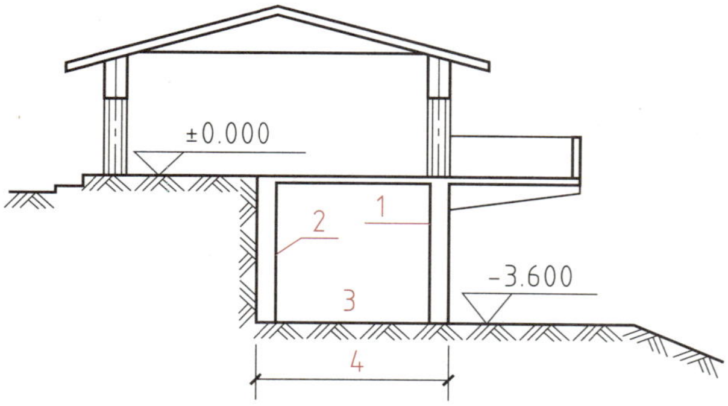

1—柱；2—墙；3—吊脚架空层；4—计算建筑面积的部位。

图 2-1-6　某吊脚架空层

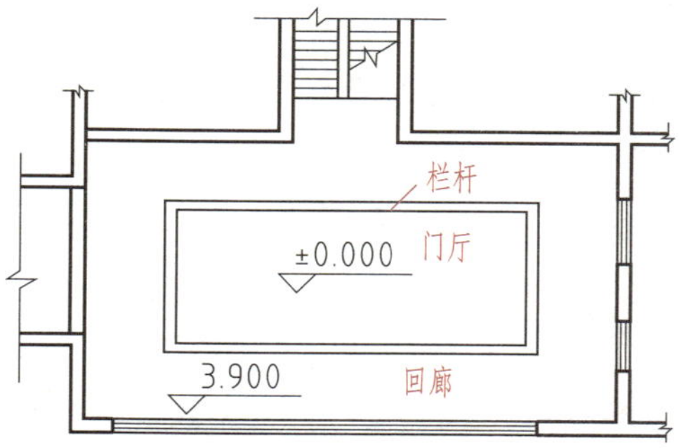

图 2-1-7　某大厅内设回廊

（9）建筑物间的架空走廊，有顶盖和围护结构的，应按其围护结构外围水平面积计算全面积；无围护结构、有围护设施的，应按其结构底板水平投影面积计算 1/2 面积。无围护结构的架空走廊如图 2-1-8 所示。有围护结构的架空走廊如图 2-1-9 所示。

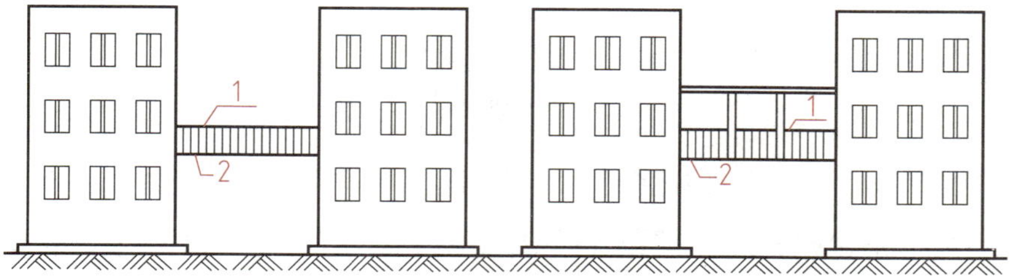

1—栏杆；2—架空走廊。

图 2-1-8　无围护结构的架空走廊

（10）立体书库、立体仓库、立体车库，有围护结构的，应按其围护结构外围水平面积计算建筑面积；无围护结构、有围护设施的，应按其结构底板水平投影面积计算建筑面积。无结构层的应按一层计算，有结构层的应按其结构层面积分别计算。结构层高在 2.20 m 及以上的，应计算全面积；结构层高在 2.20 m 以下的，应计算 1/2 面积。

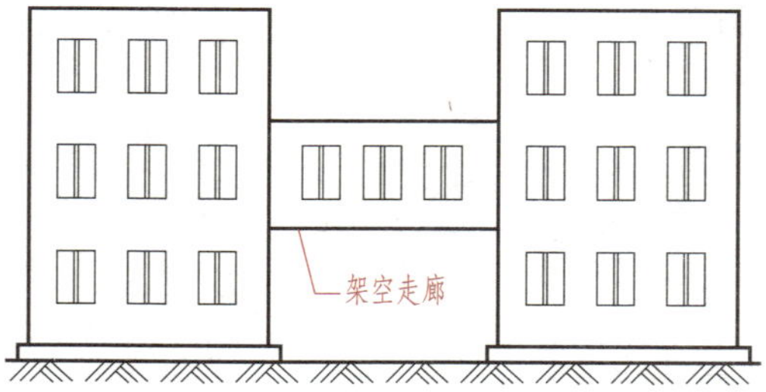

图 2-1-9　有围护结构的架空走廊

（11）有围护结构的舞台灯光控制室，应按其围护结构外围水平面积计算建筑面积。结构层高在 2.20 m 及以上的，应计算全面积；结构层高在 2.20 m 以下的，应计算 1/2 面积。

（12）附属在建筑物外墙的落地橱窗，应按其围护结构外围水平面积计算建筑面积。结构层高在 2.20 m 及以上的，应计算全面积；结构层高在 2.20 m 以下的，应计算 1/2 面积。

（13）窗台与室内楼地面高差在 0.45 m 以下且结构净高在 2.10 m 及以上的凸（飘）窗，应按其围护结构外围水平面积计算 1/2 面积。某凸（飘）窗如图 2-1-10 所示，其窗台与室内楼地面高差 0.30 m，小于 0.45 m，结构净高 2.20 m，大于 2.10 m，则其建筑面积等于其围护结构外围水平面积的 1/2。

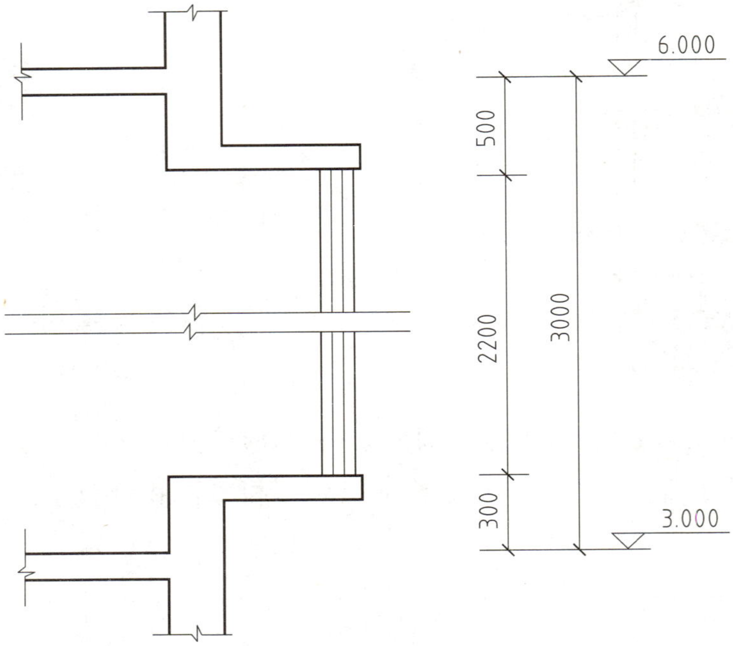

图 2-1-10　某凸（飘）窗

（14）有围护设施的室外走廊（挑廊），应按其结构底板水平投影面积计算 1/2 面积。有围护设施（或柱）的檐廊，应按其围护设施（或柱）外围水平面积计算 1/2 面积。走廊、挑廊如图 2-1-11 所示。

（15）门斗应按其围护结构外围水平面积计算建筑面积。结构层高在 2.20 m 及以上的，应计算全面积；结构层高在 2.20 m 以下的，应计算 1/2 面积。门斗如图 2-1-12 所示。

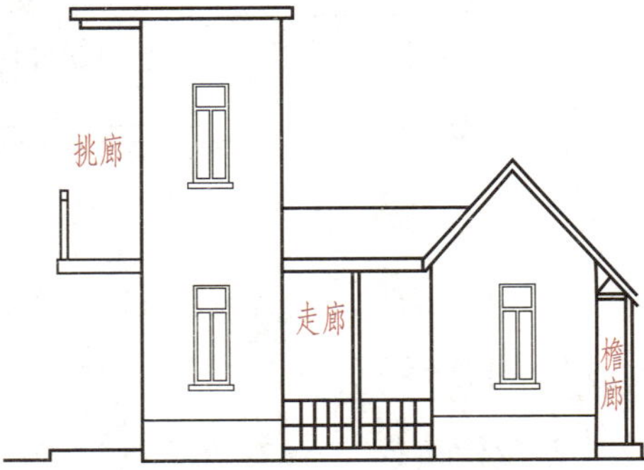

图 2-1-11　走廊、挑廊

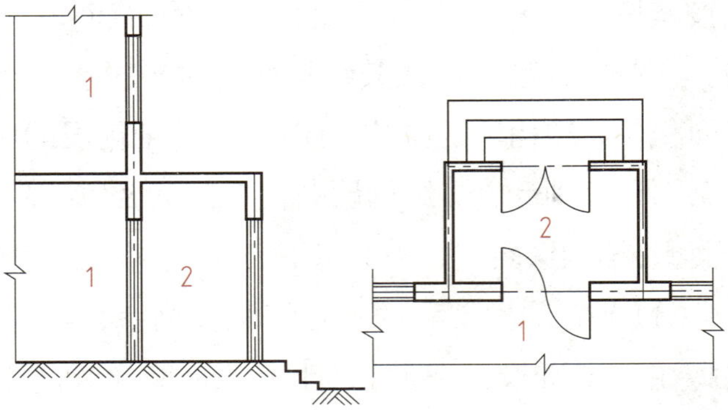

1—室内；2—门斗。

图 2-1-12　门斗

（16）门廊应按其顶板水平投影面积的 1/2 计算建筑面积。有柱雨篷应按其结构板水平投影面积的 1/2 计算建筑面积；无柱雨篷的结构外边线至外墙结构外边线的宽度在 2.10 m 及以上的，应按雨篷结构板的水平投影面积的 1/2 计算建筑面积。门廊如图 2-1-13 所示，雨篷如图 2-1-14 所示。

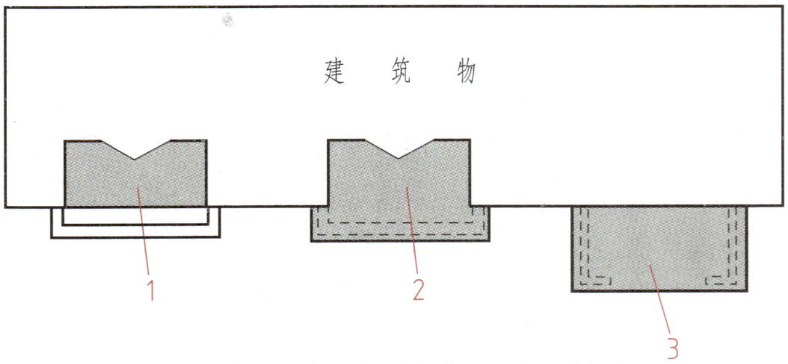

1—全凹式门廊；2—半凹半凸式门廊；3—全凸式门廊。

图 2–1–13　门廊

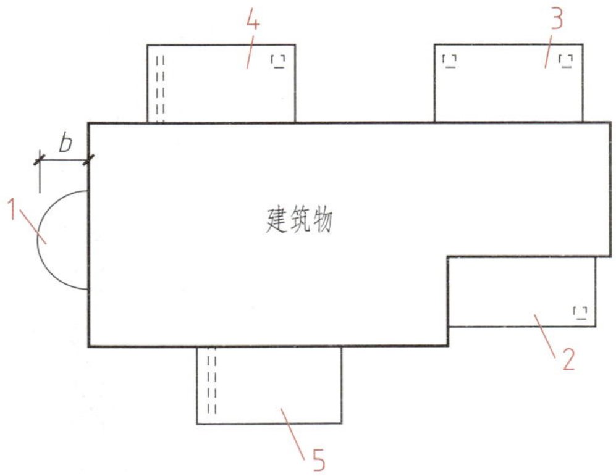

1—挑雨篷；2—独立柱雨篷；3—多柱雨篷；4—柱墙混合支撑雨篷；5—墙支撑雨篷。

图 2–1–14　雨篷

（17）设在建筑物顶部的有围护结构的楼梯间、水箱间、电梯机房等，结构层高在 2.20 m 及以上的，应计算全面积；结构层高在 2.20 m 以下的，应计算 1/2 面积。水箱间、电梯机房如图 2–1–15 所示。

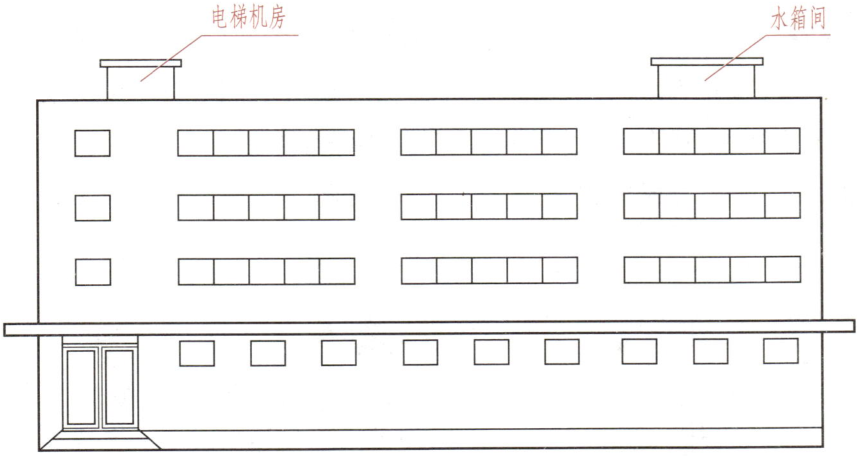

图 2–1–15　水箱间、电梯机房

（18）围护结构不垂直于水平面的楼层，应按其底板面的外墙外围水平面积计算。结构净高在 2.10 m 及以上的部位，应计算全面积；结构净高在 1.20 m 及以上至 2.10 m 以下的部位，应计算 1/2 面积；结构净高在 1.20 m 以下的部位，不应计算建筑面积。斜围护结构如图 2–1–16 所示。

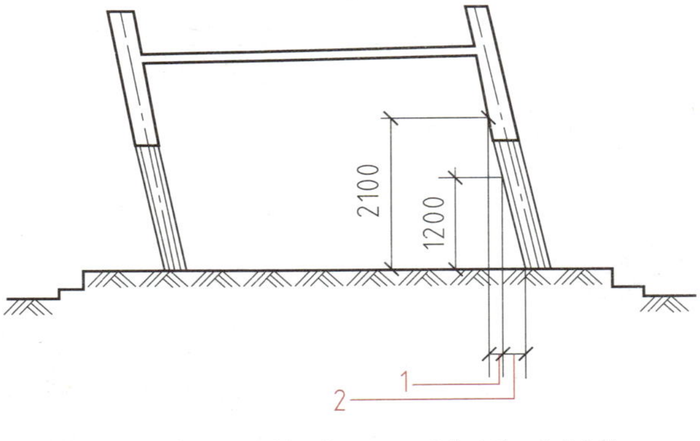

1—计算1/2面积的部位；2—不计算建筑面积的部位。

图 2–1–16　斜围护结构

（19）建筑物的室内楼梯、电梯井、提物井、管道井、通风排气竖井、烟道，应并入建筑物的自然层计算建筑面积。有顶盖的采光井应按一层计算面积。结构净高在 2.10 m 及以上的，应计算全面积；结构净高在 2.10 m 以下的，应计算 1/2 面积。建筑物室内的楼梯间、电梯井如图 2–1–17 所示。地下室采光井如图 2–1–18 所示。

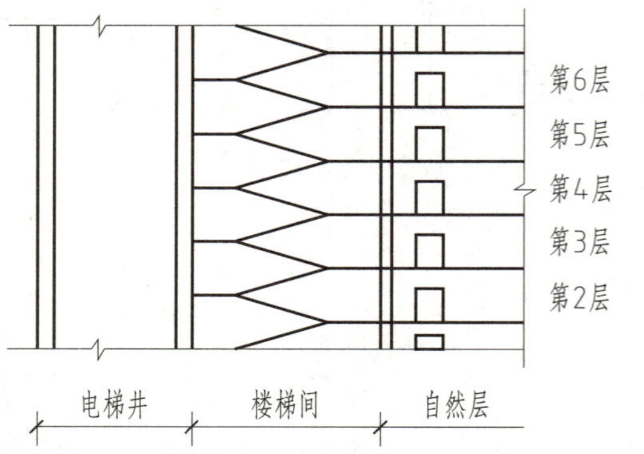

图 2–1–17 建筑物室内的楼梯间、电梯井

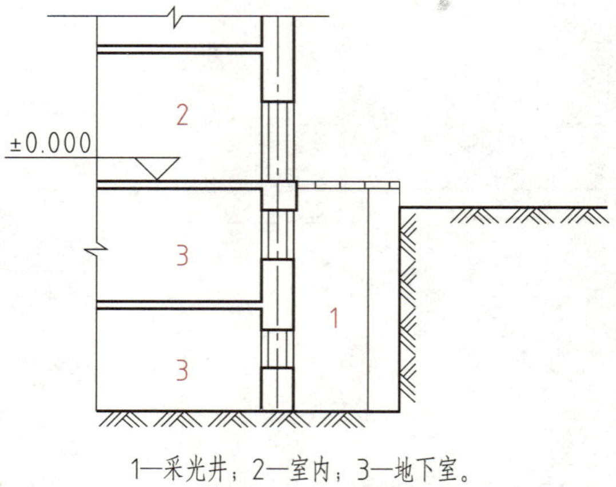

图 2–1–18 地下室采光井

（20）室外楼梯应并入所依附的建筑自然层，并应按其水平投影面积的 1/2 计算建筑面积。

（21）在主体结构内的阳台，应按其结构外围水平面积计算全面积；在主体结构外的阳台，应按其结构底板水平投影面积的 1/2 计算建筑面积。阳台如图 2–1–19 所示。

（22）有顶盖无围护结构的车棚、货棚、站台、加油站、收费站等，应按其顶盖水平投影面积的 1/2 计算建筑面积。某加油站如图 2–1–20 所示，其建筑面积 $S=1/2BA$。

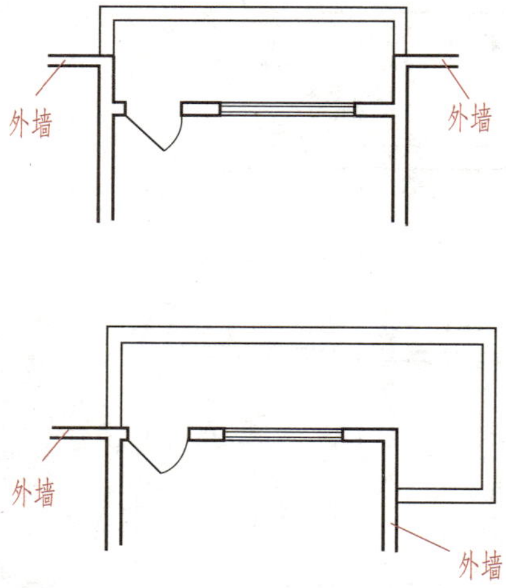

图 2–1–19 阳台

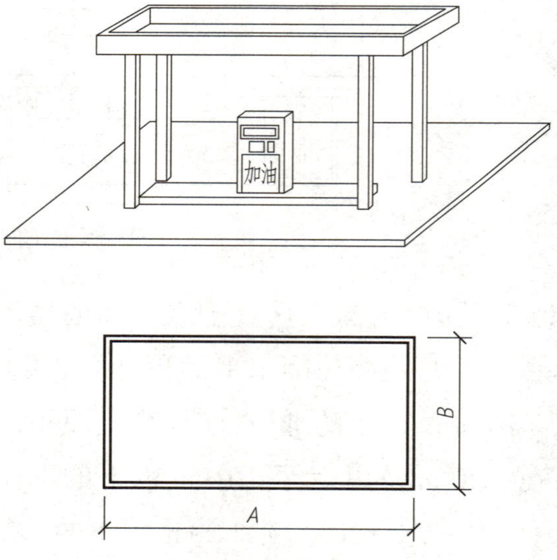

图 2–1–20 某加油站

（23）以幕墙作为围护结构的建筑物，应按幕墙外边线计算建筑面积。

（24）建筑物外墙外保温层，应按其保温材料的水平截面积计算，并计入自然层建筑面积。建筑外墙外保温如图 2–1–21 所示。

（25）与室内相通的变形缝，应按其自然层合并在建筑物建筑面积内计算。对于高低联跨的建筑物，当高低跨内部连通时，其变形缝应计算在低跨面积内。

（26）对于建筑物内的设备层、管道层、避难层等有结构层的楼层，结构层高在 2.20 m 及以上的，应计算全面积；结构层高在 2.20 m 以下的，应计算 1/2 面积。

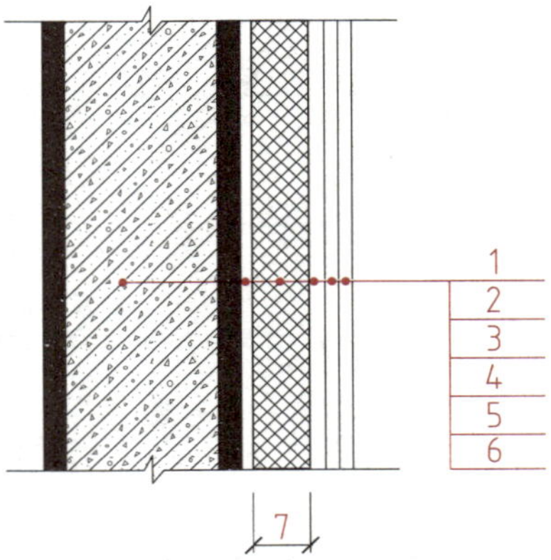

1—墙体；2—黏结胶浆；3—保温材料；4—标准网；5—加强网；6—抹面胶浆；7—计算建筑面积的部位。

图 2-1-21　建筑外墙外保温

3. 不计算建筑物面积的项目

（1）与建筑物内不相连通的建筑部件。

（2）骑楼、过街楼底层的开放公共空间和建筑物通道。骑楼如图 2-1-22 所示，过街楼如图 2-1-23 所示。

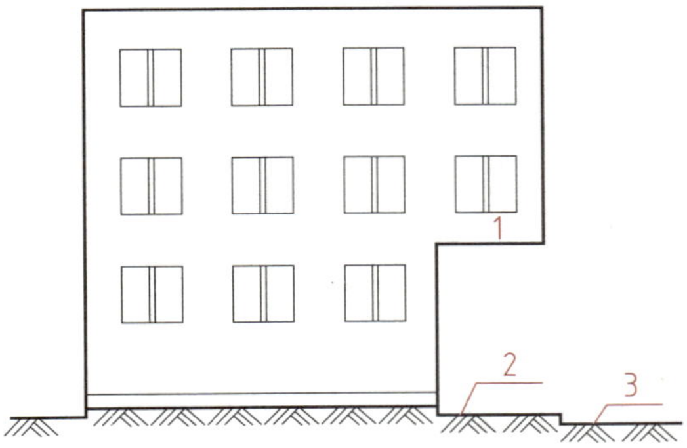

1—骑楼；2—人行道；3—街道。

图 2-1-22　骑楼

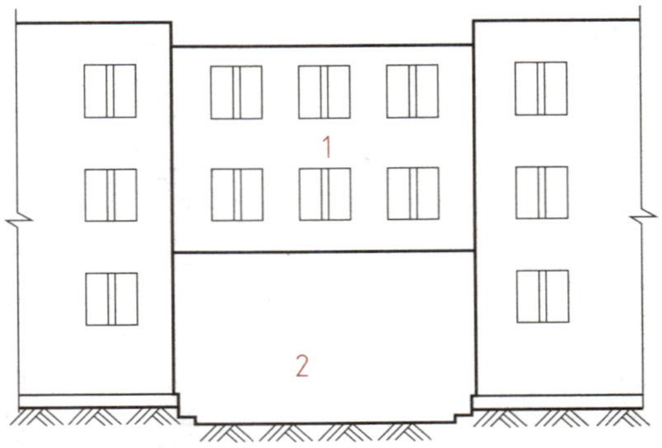

1—过街楼；2—建筑物通道。

图 2-1-23　过街楼

（3）舞台及后台悬挂幕布和布景的天桥、挑台等。

（4）露台、露天游泳池、花架、屋顶的水箱及装饰性结构构件。

（5）建筑物内的操作平台、上料平台、安装箱和罐体的平台。

（6）勒脚、附墙柱、垛、台阶、墙面抹灰、装饰面、镶贴块料面层、装饰性幕墙，主体结构外的空调室外机搁板（箱）、构件、配件，挑出宽度在 2.10 m 以下的无柱雨篷和顶盖高度达到或超过两个楼层的无柱雨篷。附墙柱、附墙垛如图 2-1-24 所示。

（7）窗台与室内地面高差在 0.45 m 以下且结构净高在 2.10 m 以下的凸（飘）窗；窗台与室内地面高差在 0.45 m 及以上的凸（飘）窗。

（8）室外爬梯、室外专用消防钢楼梯。无顶盖室外楼梯如图 2-1-25 所示。

（9）无围护结构的观光电梯。

（10）建筑物以外的地下人防通道，独立的烟囱、烟道、地沟、油（水）罐、气柜、水塔、贮油（水）池、贮仓、栈桥等构筑物。

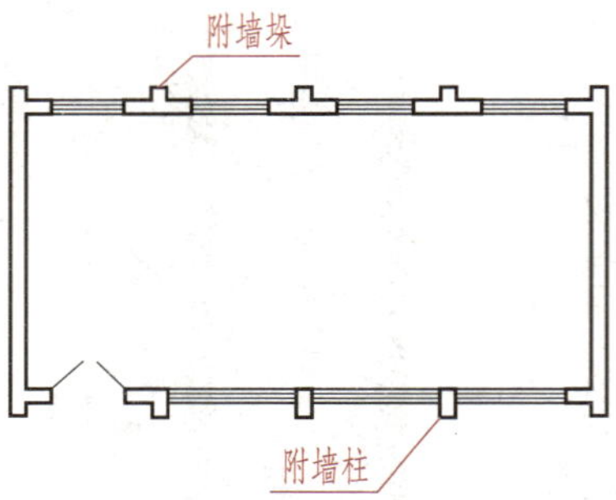

图 2-1-24 附墙柱、附墙垛

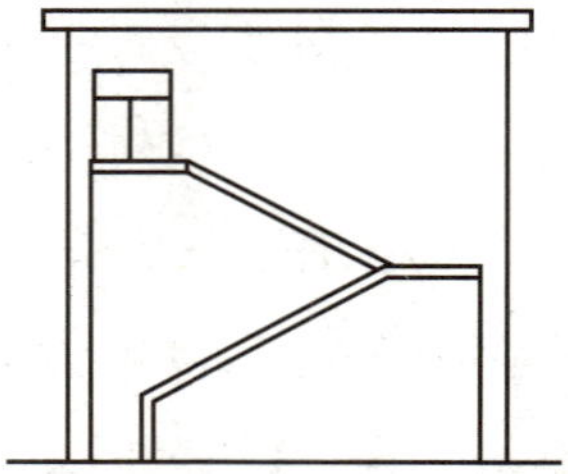

图 2-1-25 无顶盖室外楼梯

【任务示例】

例 2-1-1 某房屋建筑平面图、剖面图如图 2-1-26 所示，墙厚 240 mm。试计算该房屋的建筑面积。

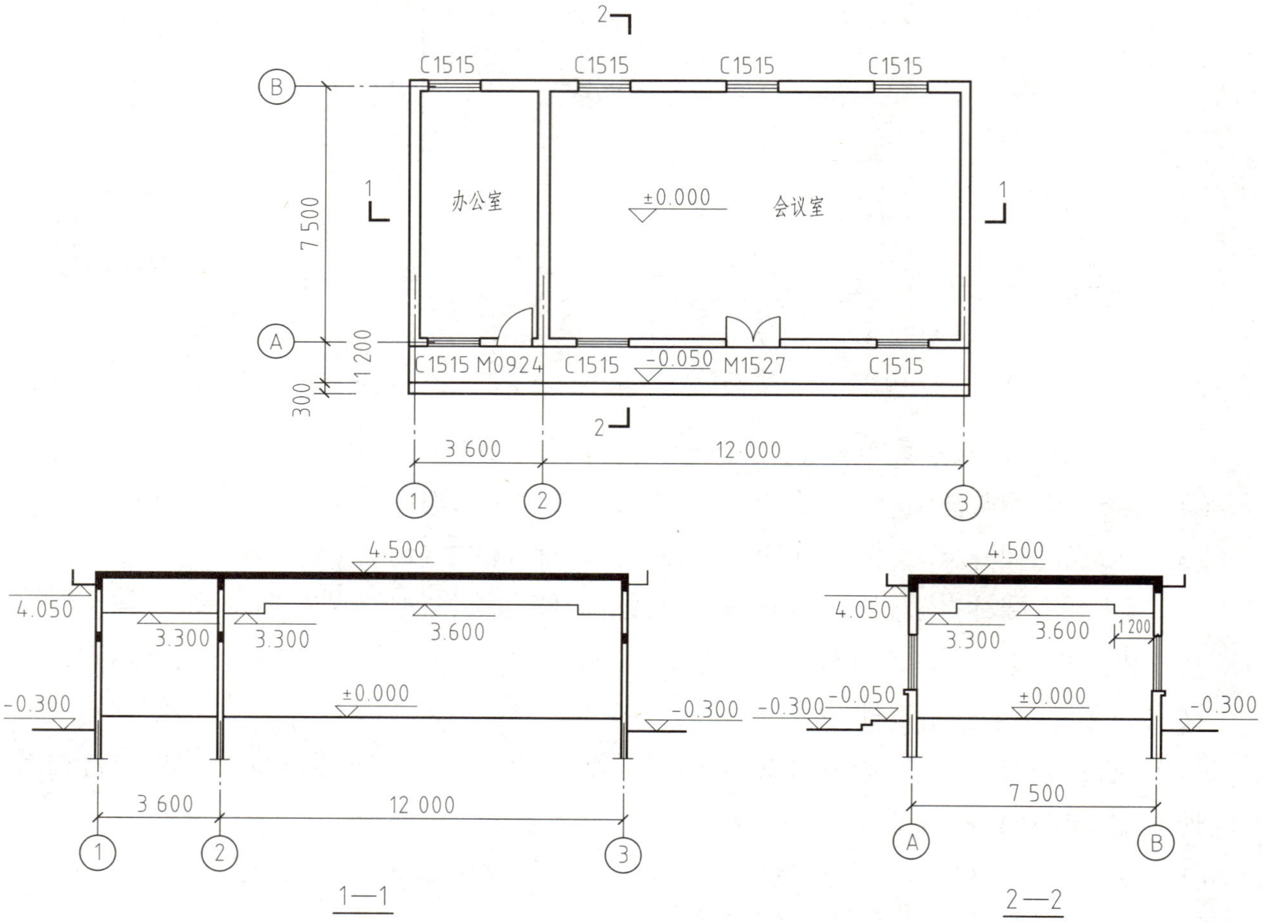

图 2-1-26 某房屋建筑平面图、剖面图

解：$S=(12\ \text{m}+3.6\ \text{m}+0.24\ \text{m})\times(7.5\ \text{m}+0.24\ \text{m})\approx 126.60\ \text{m}^2$

例 2-1-2 某房屋建筑平面图、剖面图如图 2-1-27 所示，其局部楼层的层高均超过 2.2 m。试计算该房屋的建筑面积。

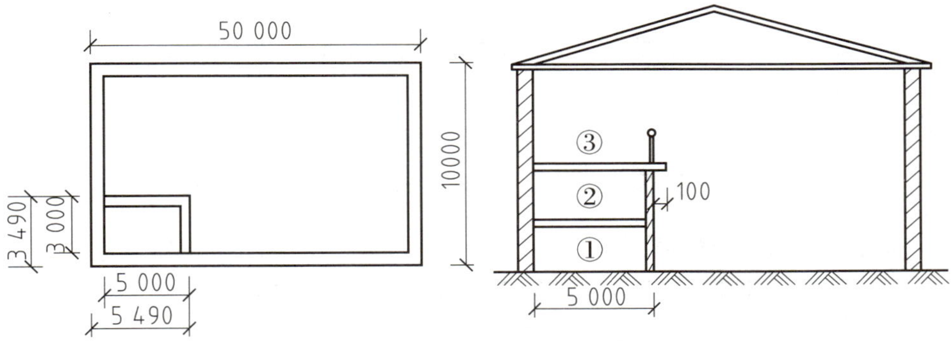

图 2-1-27　某房屋建筑平面图、剖面图

解：首层：$S_{首}=50\ m\times10\ m=500\ m^2$

局部楼层②：$S_{②}=5.49\ m\times3.49\ m\approx19.16\ m^2$

局部楼层③：$S_{③}=(5.49\ m+0.1\ m)\times(3.49\ m+0.1\ m)\approx20.07\ m^2$

总建筑面积：$S_{总}=500\ m^2+19.16\ m^2+20.07\ m^2=539.23\ m^2$

【任务实施】

1. 某住宅楼底层平面图如图 2-1-28 所示。已知内外墙厚均为 240 mm，房屋高 2.9 m，设有非封闭阳台。试计算住宅底层建筑面积。

2. 某拟建工程平面图、剖面图如图 2-1-29 所示，墙厚均为 240 mm，试计算建筑面积。

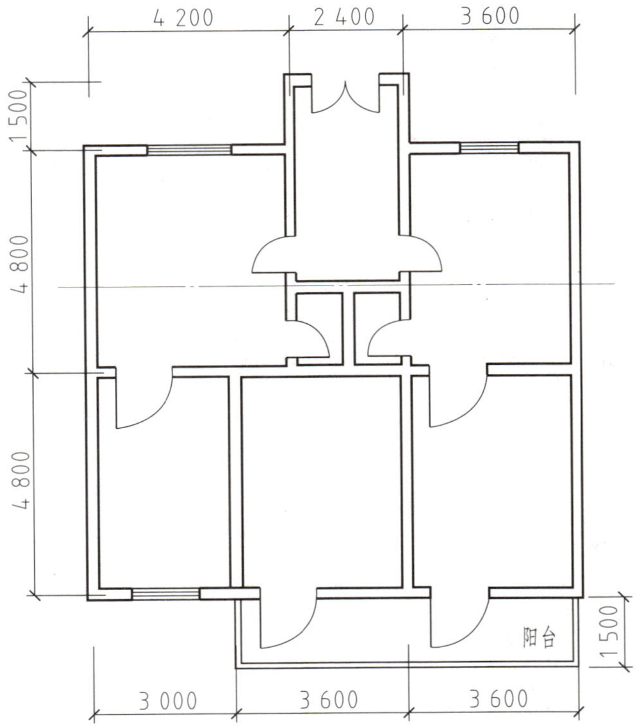

图 2-1-28　某住宅楼底层平面图

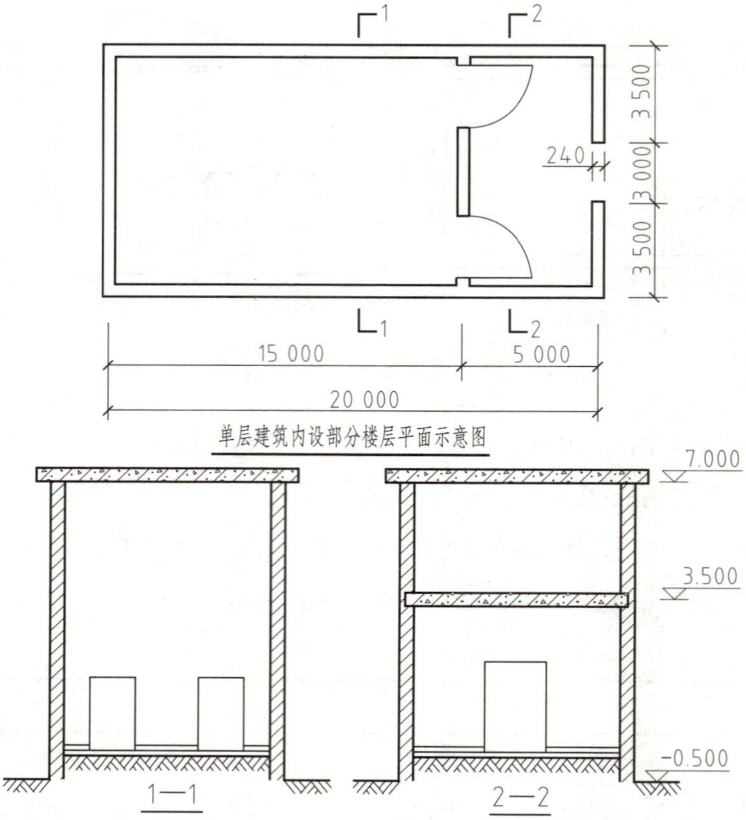

图 2-1-29 某拟建工程平面图、剖面图

3. 某 6 层砖混结构住宅楼，1~6 层建筑平面都相同，如图 2-1-30 所示。阳台为不封闭阳台，首层无阳台。试计算该住宅楼的建筑面积。

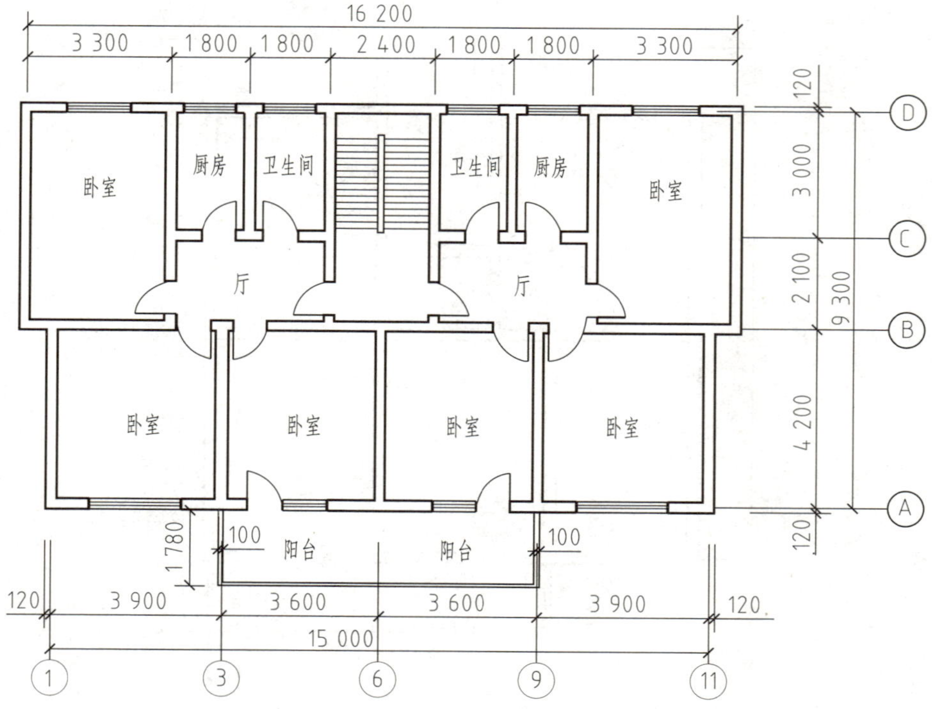

图 2-1-30 某住宅楼标准层平面图

4. 图 2-1-31 所示为某住宅楼的底层平面图，层高为 3.6 m。试计算该住宅的建筑面积。

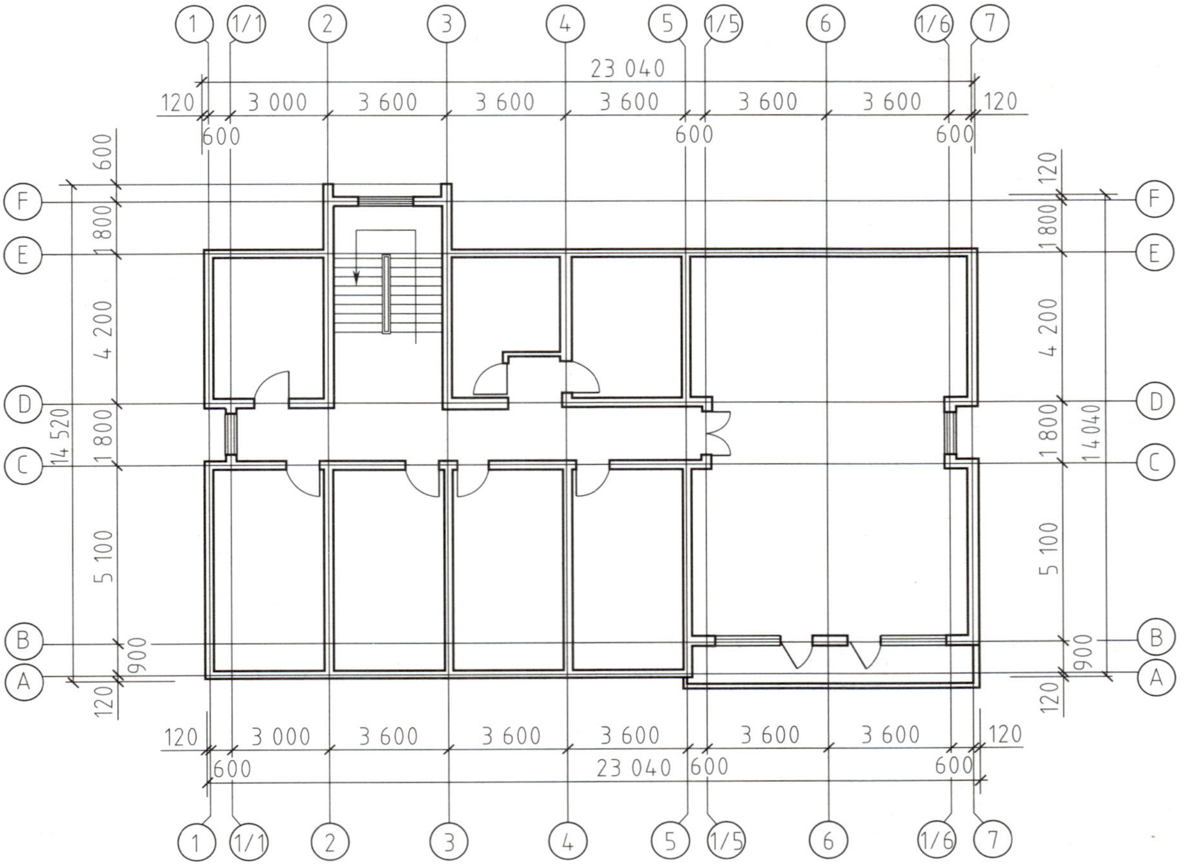

图 2-1-31　某住宅楼的底层平面图

【任务拓展】

根据书后附图某单位仓库图纸计算房屋建筑面积。

项目 3 地下工程定额清单计量与计价

【项目描述】

本项目主要介绍人工土方工程定额清单计量与计价，预制桩、灌注桩定额清单计量与计价，混凝土垫层与基础工程定额清单计量与计价，砖基础工程定额清单计量与计价。

【学习目标】

1. 掌握人工土方工程、桩基础工程、混凝土垫层与基础工程、砖基础工程的工程量计算规则及定额说明。

2. 会熟练进行人工土方工程、桩基础工程、混凝土垫层与基础工程、砖基础工程的定额清单计量与计价。

任务1 人工土方工程定额清单计量与计价

【任务目标】

1. 掌握人工土方工程量计算规则及定额说明。
2. 能熟练识读基础平面图与对应的设计说明。
3. 能熟练计算人工土方工程量、综合单价及相关费用。

【知识准备】

一、知识链接

1. 土壤类别

土壤按定额可分为一、二类土，三类土，四类土，见表3–1–1。

表3–1–1 土壤分类表

土壤类别	特点
一、二类土	用锹开挖，少许用镐、条锄开挖
三类土	主要用镐、条锄开挖，少许用锹开挖
四类土	全部用镐、条锄开挖，少许用撬棍开挖

2. 标高

（1）自然地面标高：指在自然状态下，没有经过施工处理的原土地面标高。

（2）交付施工场地标高：指经过人工场地平整后得到的地面标高。

（3）室外地面标高：指房屋建成以后，室外地面相对于室内首层地面的高差。

（4）地下水位标高：指地质资料提供的地下常水位的标高。地下常水位以下为湿土，以上为干土。

3. 基础排水

当地下水位标高高于基底时，施工时需采用适当的排水方法降低地下水位。

（1）明沟排水：也称湿土排水，是在基坑开挖过程中，在基坑底四周或中间开挖排水沟，使水流入集水坑，然后用水泵抽走。这种方法适用于渗水量小的黏土层。

（2）井点降水（图3–1–1）：基坑开挖前，在其四周埋设一定数量的滤水管（井），利用抽水设备抽水，使所挖的土始终保持干燥状态。常用的井点类型有轻型井点、喷射井点等。

图 3-1-1　井点降水

4. 地槽、地坑、一般土方的划分

地槽：底宽（设计图示有垫层的按垫层宽，无垫层的按基础底宽）≤7 m 且底长 >3 倍底宽的基坑为地槽。

地坑：底长≤3 倍底宽且底面积≤150 m^2 的基坑为地坑。

通常墙下带形基础的基坑为地槽，柱下独立基础的基坑为地坑。

一般土方：超出地槽、地坑范围，又非平整场地的土方工程为一般土方。

二、工程量计算规则

1. 挖地槽

$$V=(B+KH+2C)\cdot H\cdot L$$

$$V_{湿}=(B+KH_{湿}+2C)\cdot H_{湿}\cdot L$$

$$V_{干}=V-V_{湿}$$

式中各种参数如图 3-1-2 所示。

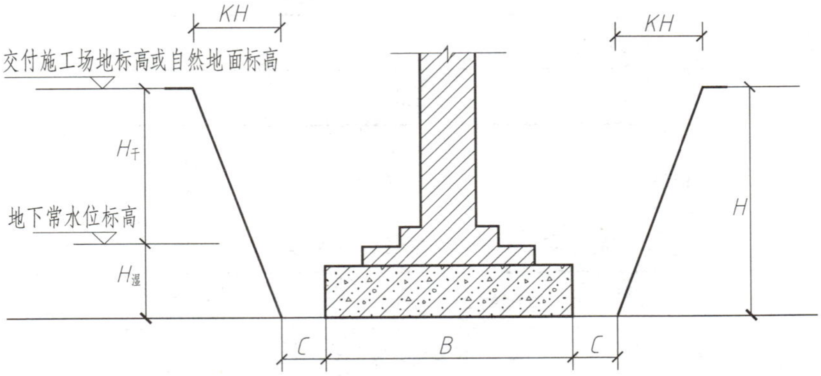

图 3-1-2　地槽

式中　V——挖土体积，m^3；

$V_{湿}$——挖湿土体积，m^3；

$V_{干}$——挖干土体积，m^3；

B——地槽底宽度，m；

H——地槽深度，m；

$H_{湿}$——湿土深度，m，一般指地下常水位至槽底的高度；

C——工作面宽度，m；

K——放坡系数；

L——地槽长度，m。

地槽深度一般按基础（含垫层）底标高算至交付施工场地标高。交付施工场地标高不明确时，应按自然地面标高确定。

工作面宽度根据垫层或基础的材料或施工方法的不同来确定，按表 3-1-2 选取。

表 3-1-2　工作面宽度选取表

基础材料	每面增加工作面宽度 C/mm
砖基础	200
浆砌毛石、条石基础	150
混凝土基础（支模板）	300
混凝土基础垫层（支模板）	300
基础垂直面做砂浆防潮层、防水层或防腐层	1 000（自防潮层面、防水层或防腐层）

放坡系数根据土壤类别和地槽深度确定，见表 3-1-3。

表 3-1-3　人工挖土放坡系数表

土壤类别	地槽深度 /m	放坡系数 K
一、二类土	>1.2	0.5
三类土	>1.5	0.33
四类土	>2.0	0.25

地槽长度按表 3-1-4 计算。

表 3-1-4　地槽长度计算表

墙体类型	地槽长度 L/m	说明
外墙	按外墙中心线（图 3-1-3）长度计算	不扣除搭接重叠部分长度，砖垛加深部分也不增加
内墙	按基础底净长线长度计算	
柱网结构	按柱基间净距计算	
附墙砖垛	按砖垛折加长度（砖垛折加长度按 $L_{折加}=\frac{ab}{c}$ 计算，各符号含义如图 3-1-4 所示）合并所附地槽长度计算	

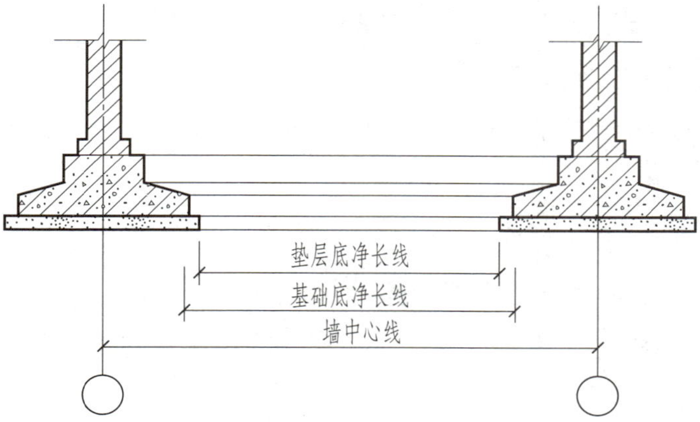

图 3-1-3　地槽长度示意图

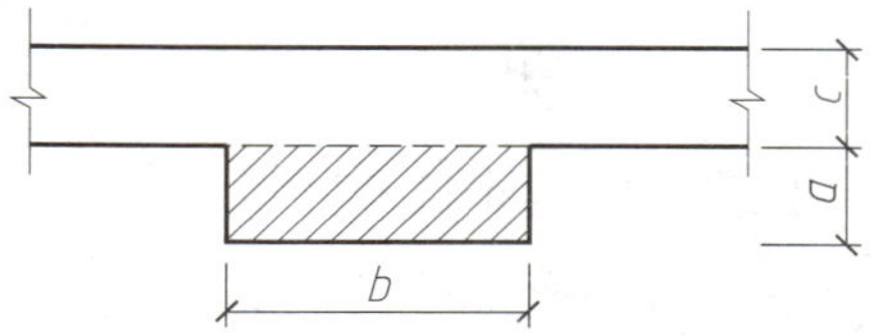

图 3-1-4　砖垛

2. 挖地坑（图 3-1-5）

$$V_{方形}=(B+KH+2C)(L+KH+2C)H+\frac{K^2H^3}{3}$$

$$V_{圆形}=\pi\frac{H}{3}[(R+C)^2+(R+C)(R+C+KH)+(R+C+KH)^2]$$

$$V_{通用}=\frac{H}{6}(S_{上}+S_{下}+4S_{中})$$

式中　B、L——地坑底宽度、底长度，m，地坑底宽度取值与地槽底宽度一致；

R——地坑底圆半径，m；

$S_{上}$、$S_{中}$、$S_{下}$——地坑上顶面、中顶面、下顶面的面积，m^2。

其他参数取值与挖地槽一致。

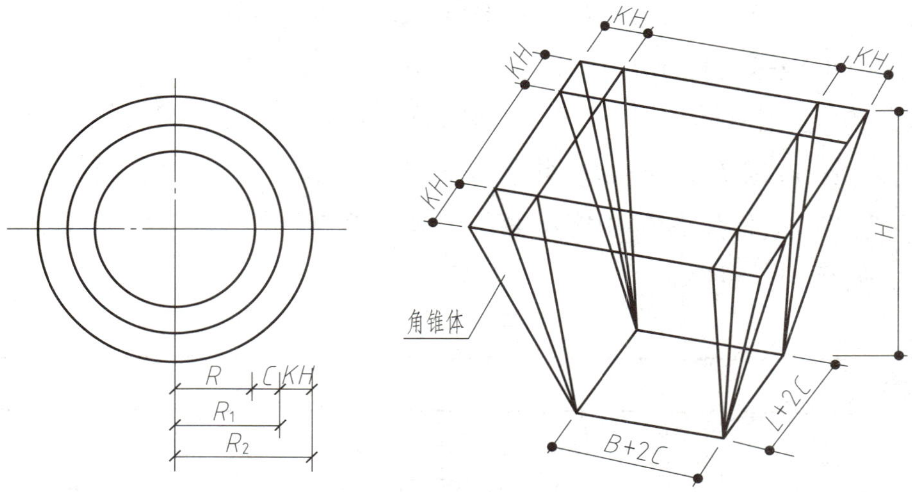

图 3-1-5　地坑

3. 原土夯实与碾压

原土夯实与碾压工程量按设计图示尺寸以面积计算。

4. 回填土与弃置运输

（1）沟槽、基坑回填工程量：按挖方体积减去交付施工场地标高（或自然地面标高）以下埋设的建（构）筑物、各类构件及基础（含垫层）等所占的体积计算。

（2）余方弃置运输工程量：按挖方工程量减去填方工程量（回填工程量）乘以相应的土石方体积折算系数计算。

5. 基础排水

（1）湿土排水工程量按湿土工程量计算（含地下常水位以下的岩石开挖体积）。

（2）井点降水工程量根据施工组织设计要求，按井管“安、拆”与“使用”工程量进行计算。

三、定额说明与换算

（1）人工挖房屋基础土方最大深度按 3 m 计算，超过 3 m 时，应按机械挖土考虑。如局部超过 3 m 且仍采用人工挖土的，超过 3 m 部分的土方，每增加 1 m 按相应定额乘以系数 1.15 计算。

（2）人工挖、运湿土时，相应定额人工乘以系数 1.18。

（3）平整场地指原地面与设计室外地面标高平均相差（高于或低于）30 cm 以内的原土找平。如原地面与设计室外地面标高平均相差 30 cm 以上，应另按挖、运、填土方计算，不再计算平整场地。

（4）本定额挖、运土方除淤泥、流砂为湿土外，均按干土编制（含水率<25%）。湿土排水（包括淤泥、流砂）应另列项目计算，如采用井点降水等措施降低地下水位，土方开挖按干土计算，并按施工组织设计要求套用基础排水相应定额，不再套用湿土排水定额。

（5）挖桩承台土方时，人工挖土方定额乘以系数 1.25，机械挖土方定额乘以系数 1.1。

（6）在强夯后的地基上挖土方时，相应子目人工、机械乘以系数 1.15。

（7）轻型井点、喷射井点降水的井管安装、拆除以根为单位计算，使用以“套 · 天”为单位计算；轻型井点以 50 根为一套，喷射井点以 30 根为一套，使用时累计根数轻型井点少于 25 根，喷射井点少于 15 根，使用费按相应定额乘以系数 0.7。使用天数以 24 h 为一天，并按施工组织设计要求的使用天数计算。

【任务示例】

例 3–1–1　某房屋基础平面图、断面图如图 3–1–6 所示，土质为二类土，地下静止水位标高 –0.600 m，采用混凝土基础和垫层。求房屋人工挖土方工程量、综合单价及相关费用。（企业管理费费率取 16%，利润费率取 8%，不考虑风险费用。）

解：计算过程见表 3–1–5 和表 3–1–6。

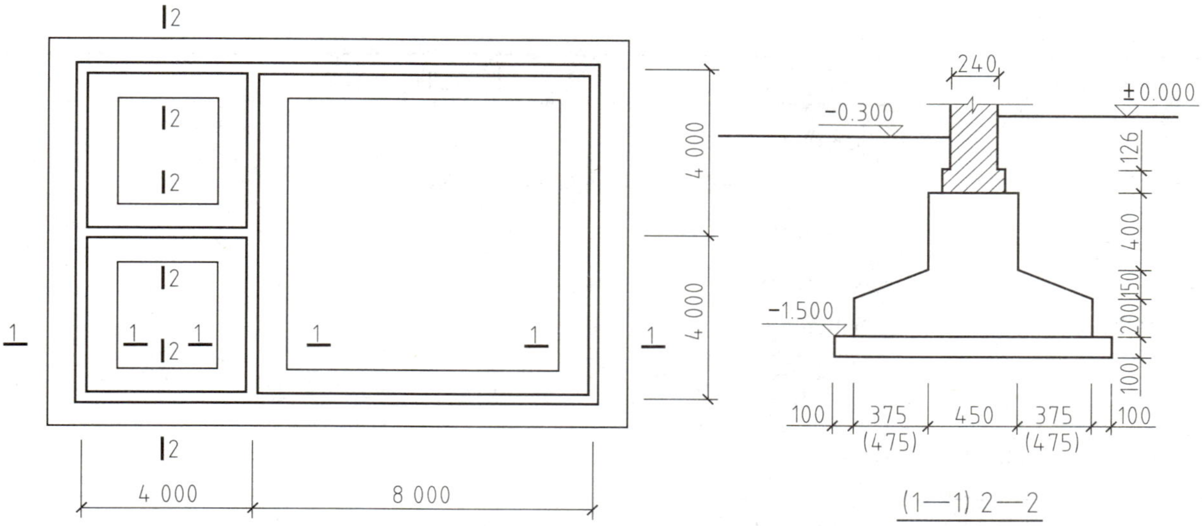

图 3-1-6　某房屋基础平面图、断面图

表 3-1-5　工程量计算、定额套用表

项目名称	计算过程
1. 人工挖地槽二类干土（深 1.5 m 以内）	（1）工程量计算 C=0.30 m，H=1.5 m+0.1 m−0.3 m=1.30 m>1.20 m，K=0.5 $H_{湿}$=1.6 m−0.6 m=1.0 m ① 1—1 断面基础土方 B_{1-1}=0.1 m × 2+0.475 m × 2+0.45 m=1.6 m L_{1-1}=8 m × 2+（8 m−2 × 0.6 m）=22.8 m $V_{1-1全}$=（B_{1-1}+KH+2C）× H × L_{1-1}=（1.6 m+0.5 × 1.3 m+2 × 0.3 m）× 1.3 m × 22.80 m ≈ 84.47 m^3 $V_{1-1湿}$=（B_{1-1}+$KH_{湿}$+2C）× $H_{湿}$ × L_{1-1}=（1.6 m+0.5 × 1.0 m+2 × 0.3 m）× 1.0 m × 22.80 m =61.56 m^3 $V_{1-1干}$=$V_{1-1全}$−$V_{1-1湿}$=84.47 m^3−61.56 m^3=22.91 m^3 ② 2—2 断面基础土方 B_{2-2}=0.1 m × 2+0.375 m × 2+0.45 m=1.4 m L_{2-2}=12 m × 2+（4 m−0.7 m × 2）=26.60 m $V_{2-2全}$=（B_{2-2}+KH+2C）× H × L_{2-2}=（1.4 m+0.5 × 1.3 m+2 × 0.3 m）× 1.3 m × 26.60 m ≈ 91.64 m^3 $V_{2-2湿}$=（B_{2-2}+$KH_{湿}$+2C）× $H_{湿}$ × L_{2-2}=（1.4 m+0.5 × 1.0 m+2 × 0.3 m）× 1.0 m × 26.60 m =66.50 m^3 $V_{2-2干}$=$V_{2-2全}$−$V_{2-2湿}$=91.64 m^3−66.50 m^3=25.14 m^3 $V_{干}$=$V_{1-1干}$+$V_{2-2干}$=22.91 m^3+25.14 m^3=48.05 m^3 （2）定额套用 定额编号：1−4 计量单位：m^3 人工费：17.70 元 材料费：0 机械费：0

续表

项目名称	计算过程
2. 人工挖地槽二类湿土（深1.5 m以内）	（1）工程量计算 $V_{湿}=V_{1-1湿}+V_{2-2湿}=61.56\ m^3+66.50\ m^3=128.06\ m^3$ （2）定额套用 定额编号：1–4H 计量单位：m^3 人工费：17.70元 ×1.18 ≈ 20.89元 材料费：0 机械费：0
3. 湿土排水	（1）工程量计算 $V_{湿土排水}=V_{湿}=128.06\ m^3$ （2）定额套用 定额编号：1–96 计量单位：m^3 人工费：2.63元 材料费：0 机械费：4.47元

表3–1–6　定额清单综合单价与合价计价表

序号	定额编号	定额名称	计量单位	工程量	综合单价/元							合价/元	其中	
					定额人工费	定额材料费	定额机械费	企业管理费	利润	风险费用	小计		人工费/元	机械费/元
1	1–4	人工挖地槽二类干土（深1.5 m以内）	m^3	48.05	17.70	0	0	2.83	1.42	0	21.95	1 054.70	850.49	0
2	1–4H	人工挖地槽二类湿土（深1.5 m以内）	m^3	128.06	20.89	0	0	3.34	1.67	0	25.90	3 316.75	2 675.17	0
3	1–96	湿土排水	m^3	128.06	2.63	0	4.47	1.14	0.57	0	8.81	1 128.21	336.80	572.43

注：表中企业管理费 =（定额人工费 + 定额机械费）× 企业管理费费率（16%），利润 =（定额人工费 + 定额机械费）× 利润费率（8%）。

例 3–1–2　某房屋有相同的柱基础 16 个，柱基础平面图、断面图如图 3–1–7 所示，土质为二类土，采用混凝土基础和垫层，计算人工挖土方工程量、综合单价及相关费用。（企业管理费费率取 16%，利润费率取 8%，不考虑风险费用。）

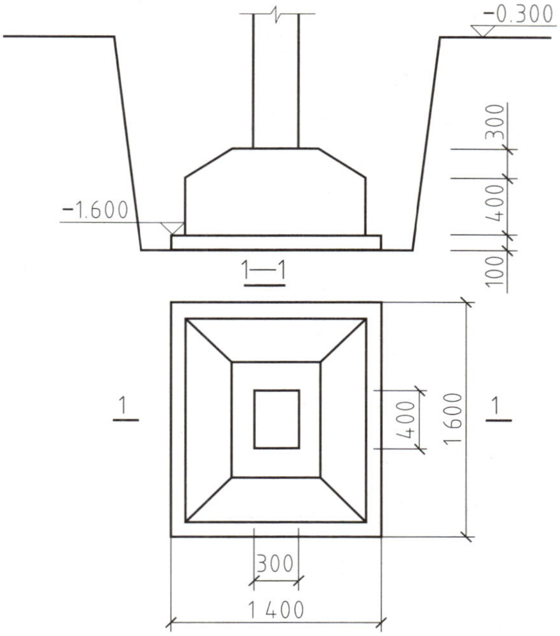

图 3–1–7　柱基础平面图、断面图

解：计算过程见表 3–1–7 和表 3–1–8。

表 3–1–7　工程量计算、定额套用表

项目名称	计算过程
人工挖地坑二类干土（深 1.5 m 以内）	（1）工程量计算 H=1.6 m+0.1 m−0.30 m=1.40 m>1.20 m，二类土，K=0.5 B=1.4 m，L=1.60 m，C=0.30 m $V_{坑}=[(B+KH+2C)\times(L+KH+2C)H+(K^2H^3)/3]\times 16$ $=\{(1.4\text{ m}+0.5\times 1.4\text{ m}+2\times 0.3\text{ m})\times(1.6\text{ m}+0.5\times 1.4\text{ m}+2\times 0.3\text{ m})\times 1.4\text{ m}+[0.5^2\times(1.4\text{ m})^3]/3\}\times 16\approx 179.05\text{ m}^3$ （2）定额套用 定额编号：1–4 计量单位：m^3 人工费：17.70 元 材料费：0 机械费：0

表 3-1-8　定额清单综合单价与合价计价表

序号	定额编号	定额名称	计量单位	工程量	综合单价 / 元							合价 / 元	其中	
					定额人工费	定额材料费	定额机械费	企业管理费	利润	风险费用	小计		人工费 / 元	机械费 / 元
1	1-4	人工挖地坑二类干土（深 1.5 m 以内）	m^3	179.05	17.70	0	0	2.83	1.42	0	21.95	3 930.15	3 169.19	0

【任务实施】

1. 某房屋基础平面图、断面图如图 3-1-8 所示，土质为三类土，基础为 C25 钢筋混凝土带形基础，采用 C20 混凝土垫层，室外地面标高 -0.350 m，自然地面标高 -0.450 m，地槽底标高 -1.900 m，求该房屋人工土方工程的工程量、综合单价及相关费用。（企业管理费费率取 16%，利润费率取 8%，不考虑风险费用。）

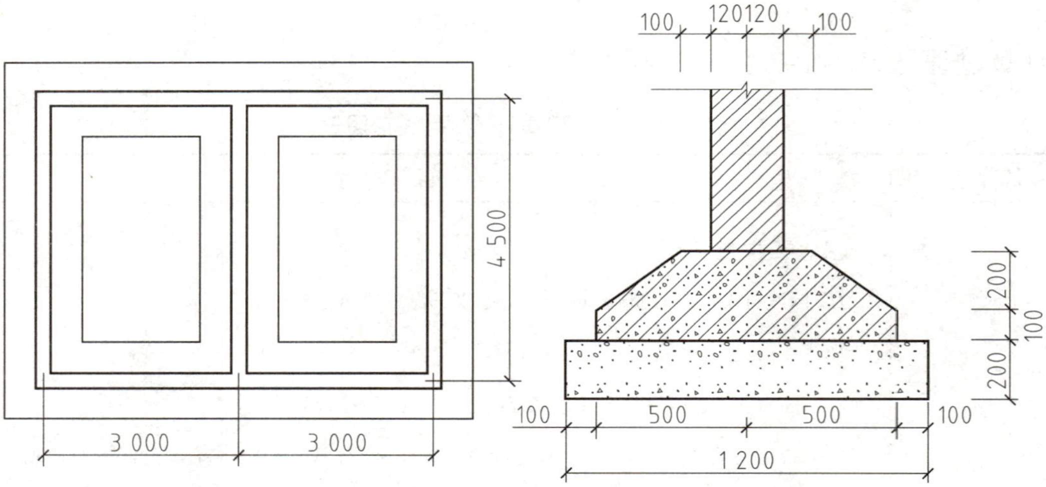

图 3-1-8　某房屋基础平面图、断面图（一）

2. 某房屋基础平面图、断面图如图 3-1-9 所示，已知土质为一、二类土，地下常水位标高 -0.800 m，施工采用人力开挖，明沟排水。求该房屋人工土方工程的工程量、综合单价及相关费用。（企业管理费费率取 16%，利润费率取 8%，不考虑风险费用。）

3. 某房屋基础平面图、断面图如图 3-1-10 所示，已知土质为三类土，地下静止水位标高 -0.600 m，室外地面标高 -0.300 m，采用混凝土垫层。求该房屋人工土方工程的工程量、综合单价及相关费用。（企业管理费费率取 16%，利润费率取 8%，不考虑风险费用。）

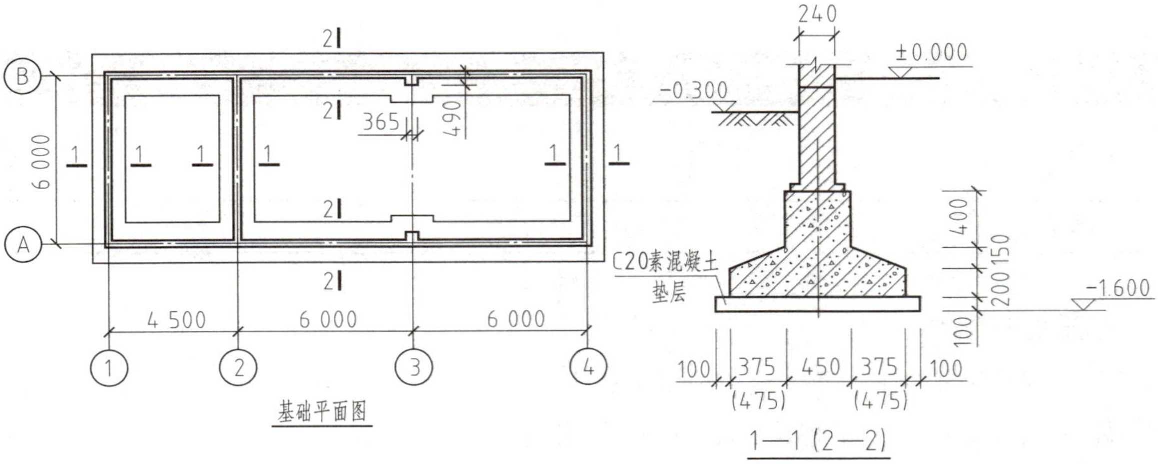

图 3-1-9　某房屋基础平面图、断面图（二）

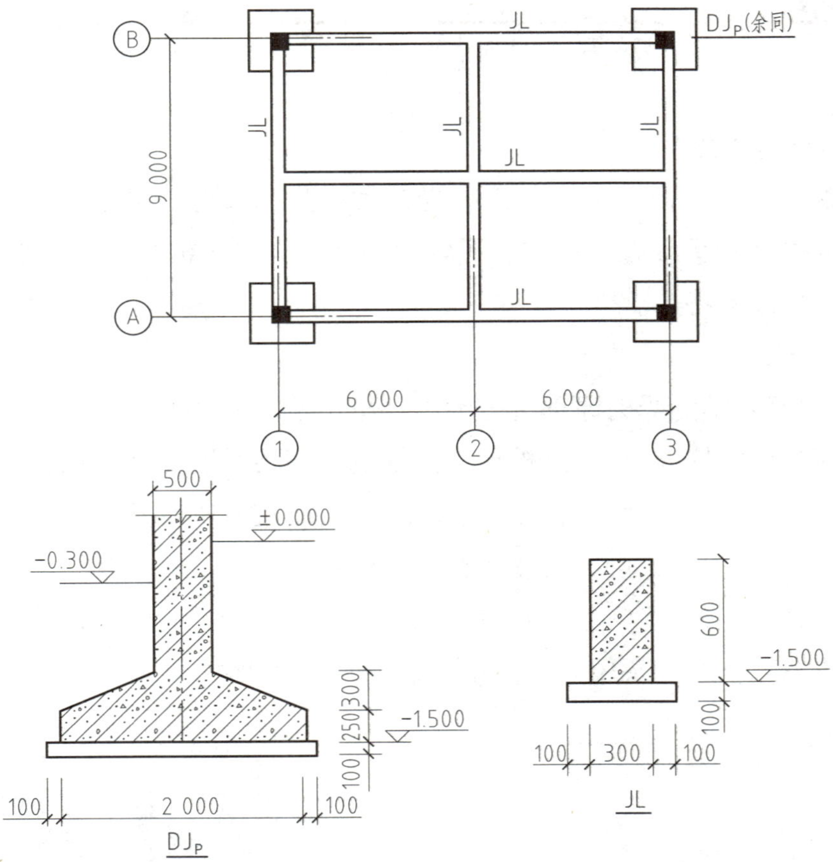

图 3-1-10　某房屋基础平面图、断面图（三）

【任务拓展】

根据书后附图某单位仓库图纸，已知土质为三类土，试计算仓库人工土方工程的工程量、综合单价及相关费用。（企业管理费费率取 16%，利润费率取 8%，不考虑风险费用。）

任务 2 桩基础工程定额清单计量与计价

【任务目标】

1. 熟悉桩基础的分类。
2. 掌握桩基础工程量计算规则及定额说明。
3. 能熟练计算桩基础工程量、综合单价及相关费用。

【知识准备】

一、知识链接

1. 桩基础的作用和特点

桩基础（简称桩基）的作用是将上部结构较大的荷载通过桩穿过软弱土层传递到较深的坚硬土层上，以解决基础承载力不足和变形较大的地基问题。桩基础具有承载力高、沉降量小而均匀、沉降速率缓慢等特点。

2. 桩基础的分类

（1）桩基础按照基础的受力原理可分为摩擦桩和端承桩，如图 3-2-1 所示。

① 摩擦桩用桩挤实软弱土层，靠桩壁与土壤的摩擦力承受建筑物的荷载。

② 端承桩将桩尖直接支承在岩石或坚硬土层上，用桩身支承建筑物的总荷载。

（2）桩基础按照施工方式可分为预制桩和灌注桩。

① 预制桩（图 3-2-2）是在工厂或施工现场制成的各种材料、各种形式的桩，用沉桩设备将桩打入、压入或振入土中。常用的有预制方桩和预应力管桩。

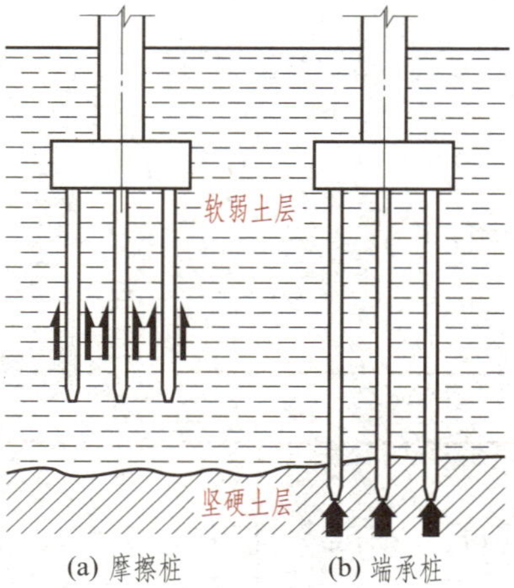

图 3-2-1 桩基础

图 3-2-2 预制桩

② 灌注桩是一种直接在现场桩位上就地成孔，然后往孔内浇筑混凝土或安放钢筋笼再浇筑混凝土而成的桩。灌注桩的成孔方式可分为转盘式钻机成孔（图 3–2–3）、旋挖钻机（图 3–2–4）成孔、冲孔桩机（图 3–2–5）成孔、长螺旋钻机（图 3–2–6）成孔、沉管成孔（图 3–2–7）等。

图 3–2–3　转盘式钻机成孔

图 3–2–4　旋挖钻机

图 3–2–5　冲孔桩机

图 3–2–6　长螺旋钻机

图 3–2–7　沉管成孔

二、工程量计算规则

1. 混凝土预制桩

（1）非预应力混凝土预制桩

① 打桩工程量

$$L=\text{设计桩长（包括桩尖）}$$

② 送桩工程量

H= 送桩深度——按设计桩顶标高至打桩前的交付地面标高另加 0.50 m，分不同深度以长度计算。

③ 接桩工程量

接桩工程量按设计图示尺寸以角钢或钢板的质量计算。电焊接桩如图 3-2-8 所示。

图 3-2-8 电焊接桩

（2）预应力混凝土预制桩（图 3-2-9）。

① 打桩工程量

$$L=\text{设计桩长（不包括桩尖）}$$

② 送桩工程量

H= 送桩深度——按设计桩顶标高至打桩前的交付地面标高另加 0.50 m，分不同深度以长度计算。

图 3-2-9 预应力混凝土预制桩

③ 桩顶灌芯工程量（图 3-2-10）

桩顶灌芯工程量按设计长度乘以灌芯截面积，以体积计算。

$$V=\text{灌芯截面积}\times\text{设计长度}$$

2. 灌注桩

以常用的转盘式钻机成孔、旋挖钻机成孔为例介绍，灌注桩桩孔如图 3-2-11 所示。

（1）转盘式钻机成孔、旋挖钻机成孔工程量

$$V_{\text{成孔}}=\text{设计桩径截面积}\times\text{成孔长度}$$

成孔长度——打桩前的交付地面标高至设计桩底的长度。

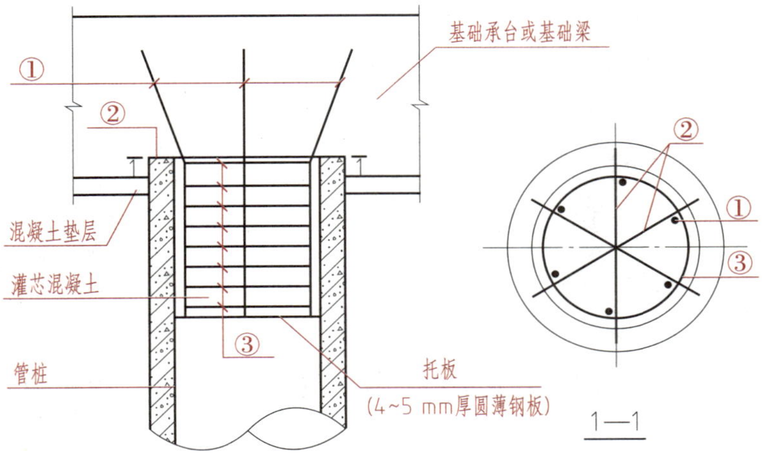

图 3-2-10　桩顶灌芯剖面图

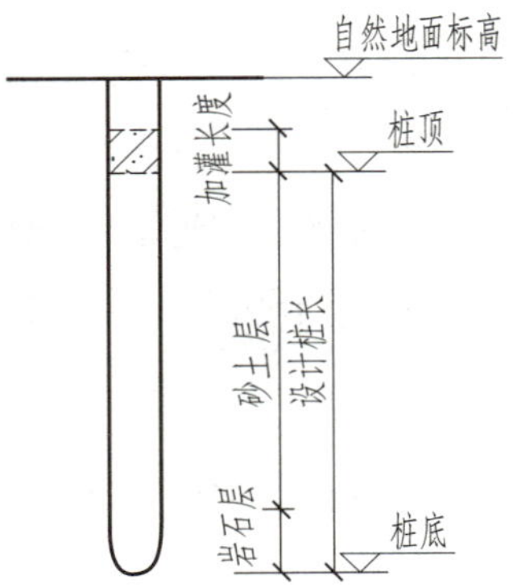

图 3-2-11　灌注桩桩孔示意图

（2）成孔入岩增加工程量

$$V_{\text{入岩增加}} = \text{设计桩径截面积} \times \text{入岩深度}$$

入岩长度——实际进入岩石层的长度。

（3）钢护筒埋设与拆除工程量

$$L = \text{钢护筒埋设长度}$$

常规砂土层钢护筒埋设长度按 2.0 m 计算；当遇地质资料表明桩位上层深度大于 2.0 m 时，按实际长度计算。

（4）灌注混凝土工程量

$$V_{\text{成桩}} = \text{设计桩径截面积} \times \text{桩长}$$

$$\text{桩长} = \text{设计桩长} + \text{设计加灌长度}$$

设计桩长——桩顶标高至桩底标高；

设计加灌长度——设计有规定时，按设计要求计算；设计无规定时，按不同设计桩长确定：设计桩长 25 m 以内按 0.5 m 计算，设计桩长 25 ~ 35 m（含 35 m）按 0.8 m 计算，设计桩长 35 ~ 45 m（含 45 m）按 1.1 m 计算，设计桩长 45 ~ 55 m（含 55 m）按 1.4 m 计算，设计桩长 55 ~ 65 m（含 65 m）按 1.7 m 计算，设计桩长 65 m 以上按 2.0 m 计算。

（5）泥浆池建造与拆除、泥浆运输工程量

泥浆池建造与拆除、泥浆运输工程量根据桩型按成孔工程量乘以相应系数，以体积（m^3）计算。

（6）桩孔回填工程量

$$V = \text{设计桩径截面积} \times H_{\text{回填深度}}$$

$H_{\text{回填深度}}$——按桩加灌后顶面标高至打桩前的交付地面标高的长度计算。

三、定额说明

（1）桩基础施工前的场地平整、压实地表、地下障碍物处理等定额均未考虑，发生时另行计算。

（2）探桩位已综合考虑在各类桩基础定额内，不另行计算。

（3）定额按非预应力混凝土预制桩和预应力混凝土预制桩，分锤击与静压两种施工方法分别编制。

（4）非预应力混凝土预制桩定额说明：

① 定额按成品桩以购入构件考虑，已包含了场内必需的就位供桩，发生时不再另行计算。

② 发生单桩单节长度超过18 m时，按锤击、静压相应定额（不含预制桩主材）乘以系数1.2计算。

③ 定额已综合了接桩所需的打桩机械台班，但未包括接桩本身费用，发生时套用相应定额子目。

（5）预应力混凝土预制桩定额说明：

① 定额按成品桩以购入构件考虑，已包含了场内必需的就位供桩，发生时不再另行计算。

② 定额已综合了电焊接桩。

③ 桩灌芯、桩芯取土按钢管桩相应定额执行，如设计要求桩芯取土长度小于2.5 m，相应定额乘以系数0.75。

④ 设计要求设置桩尖时，按成品桩尖以购入构件材料费另计。

（6）混凝土预制桩与钢管桩发生送桩时，按沉桩相应定额的人工及打桩机械乘以表3-2-1中的系数计算，其余不计。

表3-2-1 送桩深度系数表

送桩深度/m	系数
≤2	1.20
(2,4]	1.37
(4,6]	1.56
>6	1.78

（7）除空气潜孔锤成孔外，灌注桩成孔定额未包含钢护筒埋设与拆除，需发生时直接套用埋设钢护筒定额。

（8）泥浆处置定额分泥浆池建造与拆除、泥浆运输、泥浆固化，未包括泥浆废弃处置费，发生时按工程所在地市场价格计算。

（9）桩孔需回填的，填土按土石方工程松填土方定额计算，填碎石按地基处理与边坡支护工程填铺碎石子目乘以系数0.7计算。

（10）单独打试桩、锚桩，按相应定额的打桩人工及机械乘以系数1.5计算。

（11）在桩间补桩，按相应项目人工、机械乘以系数1.15计算。

（12）单位（群体）工程的桩基础工程量少于表 3–2–2 所列工程量的，相应项目的人工、机械乘以系数 1.25。

表 3–2–2　桩基础工程量表

项目	单位工程的工程量	项目	单位工程的工程量
混凝土预制桩	1 000 m	机械成孔灌注桩	150 m^3
钢管桩	50 t	人工挖孔灌注桩	50 m^3

【任务示例】

例 3–2–1　某工程预制桩如图 3–2–12 所示，自然地面标高 –0.300 m，桩顶标高 –2.800 m，设计桩长（包括桩尖）18 m。已知房屋基础共有 90 根预制混凝土方桩（成品桩市场价格为 200 元 /m），采用包角钢接桩，每个接头用钢 8 kg，采用静压沉桩。试计算打桩、送桩、接桩的工程量、综合单价及相关费用。（企业管理费费率取 16%，利润费率取 8%，不考虑风险费用。）

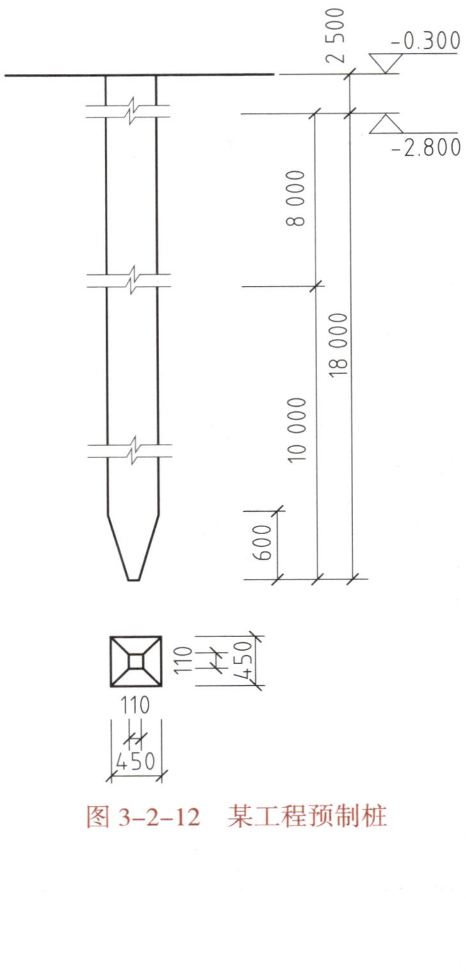

图 3–2–12　某工程预制桩

解: 计算过程见表 3-2-3 和表 3-2-4。

表 3-2-3 工程量计算、定额套用表

项目名称	计算过程
1. 打预制混凝土方桩	(1) 工程量计算 L=18 m × 90=1 620 m (2) 定额套用 定额编号: 3-7H 计量单位: m 人工费: 5.35 元 材料费: 200 元 × 1.01+1.79 元 =203.79 元 机械费: 21.24 元
2. 送方桩	(1) 工程量计算 H=(2.8 m−0.3 m+0.5 m) × 90=270 m (2) 定额套用 定额编号: 3-7H 计量单位: m 送桩深度为 3 m,则送桩深度系数为 1.37 人工费: 5.35 元 × 1.37 ≈ 7.33 元 材料费: 0 机械费: 21.24 元 × 1.37 ≈ 29.10 元
3. 包角钢接桩	(1) 工程量计算 G=0.008 t × 90=0.72 t (2) 定额套用 定额编号: 3-10 计量单位: t 人工费: 1 965.06 元 材料费: 4 718.87 元 机械费: 1 031.92 元

表 3-2-4　定额清单综合单价与合价计价表

序号	定额编号	定额名称	计量单位	工程量	综合单价 / 元							合价 / 元	其中	
					定额人工费	定额材料费	定额机械费	企业管理费	利润	风险费用	小计		人工费 / 元	机械费 / 元
1	3–7H	打预制混凝土方桩	m	1 620	5.35	203.79	21.24	4.25	2.13	0	236.76	383 551.20	8 667.00	34 408.80
2	3–7H	送方桩	m	270	7.33	0	29.10	5.83	2.91	0	45.17	12 195.90	1 979.10	7 857.00
3	3–10	包角钢接桩	t	0.72	1 965.06	4 718.87	1 031.92	479.52	239.76	0	8 435.13	6 073.29	1 414.84	742.98

例 3-2-2　某工程有直径 1 200 mm 的灌注桩（C30 水下商品混凝土）36 根。已知：自然地面标高 −0.300 m，桩顶标高 −4.600 m，桩底标高 −29.000 m，进入岩石层平均标高 −26.500 m，采用转盘式钻机成孔。试计算以下各项目的工程量、综合单价及相关费用。（企业管理费费率取 16%，利润费率取 8%，不考虑风险费用。）

（1）转盘式钻机成孔。

（2）钢护筒埋设与拆除。

（3）灌注混凝土。

（4）桩孔回填。

（5）泥浆池建造与拆除、泥浆运输（运距 5 km）。

解：计算过程见表 3-2-5 和表 3-2-6。

表 3-2-5　工程量计算、定额套用表

项目名称	计算过程
1. 转盘式钻机成孔	（1）工程量计算 $V=\frac{\pi}{4}\times(1.2\ \text{m})^2\times(29\ \text{m}-0.3\ \text{m})\times 36\approx 1\ 167.93\ \text{m}^3$ （2）定额套用 定额编号：3–43 计量单位：m^3 人工费：57.62 元 材料费：21.94 元 机械费：71.32 元
2. 成孔入岩增加	（1）工程量计算 $V_{入岩增加}=\frac{\pi}{4}\times(1.2\ \text{m})^2\times(29\ \text{m}-26.5\ \text{m})\times 36\approx 101.74\ \text{m}^3$ （2）定额套用 定额编号：3–48 计量单位：m^3 人工费：462.85 元 材料费：5.80 元 机械费：441.46 元
3. 钢护筒埋设与拆除	（1）工程量计算 $L=2\ \text{m}\times 36=72\ \text{m}$ （2）定额套用 定额编号：3–63 计量单位：m 人工费：64.80 元 材料费：23.70 元 机械费：68.90 元

续表

项目名称	计算过程
4. 灌注混凝土	（1）工程量计算 $V=\frac{\pi}{4}\times(1.2\ \text{m})^2\times(29\ \text{m}-4.6\ \text{m}+0.5\ \text{m})\times 36\approx 1\ 013.29\ \text{m}^3$ （2）定额套用 定额编号：3-101 计量单位：m^3 人工费：15.76 元 材料费：556.17 元 机械费：0
5. 桩孔回填	（1）工程量计算 $V=\frac{\pi}{4}\times(1.2\ \text{m})^2\times(4.3\ \text{m}-0.5\ \text{m})\times 36\approx 154.64\ \text{m}^3$ （2）定额套用 定额编号：1-79 计量单位：m^3 人工费：5.34 元 材料费：0 机械费：0
6. 泥浆池建造与拆除	（1）工程量计算 $V=1\ 167.93\ \text{m}^3$ （2）定额套用 定额编号：3-121 计量单位：m^3 人工费：2.70 元 材料费：2.77 元 机械费：0.02 元
7. 泥浆运输	（1）工程量计算 $V=1\ 167.93\ \text{m}^3$ （2）定额套用 定额编号：3-123 计量单位：m^3 人工费：33.45 元 材料费：0 机械费：56.41 元

注：本表中的 π 取值 3.14。

表 3-2-6　定额清单综合单价与合价计价表

序号	定额编号	定额名称	计量单位	工程量	综合单价 / 元							合价 / 元	其中	
					定额人工费	定额材料费	定额机械费	企业管理费	利润	风险费用	小计		人工费 / 元	机械费 / 元
1	3-43	转盘式钻机成孔	m^3	1 167.93	57.62	21.94	71.32	20.63	10.32	0	181.83	212 364.71	67 296.13	83 296.77
2	3-48	成孔入岩增加	m^3	101.74	462.85	5.80	441.46	144.69	72.34	0	1 127.14	114 675.22	47 090.36	44 914.14
3	3-63	钢护筒埋设与拆除	m	72	64.80	23.70	68.90	21.39	10.70	0	189.49	13 643.28	4 665.60	4 960.80
4	3-101	灌注混凝土	m^3	1 013.29	15.76	556.17	0	2.52	1.26	0	575.71	583 361.19	15 969.45	0
5	1-79	桩孔回填	m^3	154.64	5.34	0	0	0.85	0.43	0	6.62	1 023.72	825.78	0
6	3-121	泥浆池建造与拆除	m^3	1 167.93	2.70	2.77	0.02	0.44	0.22	0	6.15	7 182.77	3 153.41	23.36
7	3-123	泥浆运输	m^3	1 167.93	33.45	0	56.41	14.38	7.19	0	111.43	130 142.44	39 067.26	65 882.93

【任务实施】

1. 某工程打钢筋混凝土预制方桩 100 根（成品桩市场价格为 180 元 /m），室外地面标高 −0.300 m，桩顶标高 −2.300 m，桩的设计截面尺寸为 400 mm × 400 mm，桩全长 30 m，分两节制作，每节长 15 m，用包角钢进行电焊接桩，每个接头用钢 6 kg。试计算打桩、送桩、接桩的工程量、综合单价及相关费用。（企业管理费费率取 16%，利润费率取 8%，不考虑风险费用。）

2. 某工程有 110 根预应力钢筋混凝土管桩（成品桩市场价格为 190 元 /m），桩外径 600 mm，壁厚 100 mm，每根桩总长 25 m，桩顶灌芯 C25（40）混凝土高 1.5 m，现场搅拌；设计桩顶标高 −3.500 m，现场自然地面标高 −0.450 m。试计算打桩、送桩的工程量、综合单价及相关费用。（企业管理费费率取 16%，利润费率取 8%，不考虑风险费用。）

3. 某工程桩基础是 C30 水下商品混凝土灌注桩，采用转盘式钻机成孔，自然地面标高 −0.450 m，桩顶标高 −3.000 m，设计桩长 12.30 m，桩进入岩层 1 m，桩直径 600 mm，设计 100 根，泥浆外运 8 km。试计算以下各项目的工程量、综合单价及相关费用。（企业管理费费率取 16%，利润费率取 8%，不考虑风险费用。）

（1）成孔。

（2）钢护筒埋设与拆除。

（3）成桩。

（4）桩孔回填。

（5）泥浆池建造与拆除、泥浆运输。

【任务拓展】

某工程桩基础采用灌注桩，采用转盘式钻机成孔，桩顶标高 −1.650 m（相当于室内标高 ± 0.000），自然地面标高 −0.450 m，室外地面标高 −0.350 m，有效桩长 45 m，其中桩径 550 mm 的有 58 根，桩径 650 mm 的有 20 根，采用 C30 商品混凝土，施工加灌长度为 1.0 m，泥浆外运 15 km。试计算灌注桩各项目的工程量、综合单价及相关费用。（企业管理费费率取 18%，利润费率取 10%，不考虑风险费用。）

任务 3　混凝土垫层与基础工程定额清单计量与计价

【任务目标】

1. 熟悉混凝土基础的类型、混凝土基础与上部结构的划分、混凝土基础与垫层的划分。
2. 掌握垫层与基础的混凝土及模板工程量计算规则和定额说明。
3. 能熟练识读基础平面图、基础断面图与对应的设计说明。
4. 能熟练计算混凝土垫层与基础的混凝土工程量、综合单价及相关费用。
5. 能熟练计算混凝土垫层与基础的模板工程量、综合单价及相关费用。

【知识准备】

一、知识链接

1. 混凝土基础分类

混凝土基础按构造形式可分为带形基础、独立基础、桩承台基础和满堂基础等，如图 3-3-1 所示。

(a) 带形基础

(b) 独立基础

(c) 桩承台基础

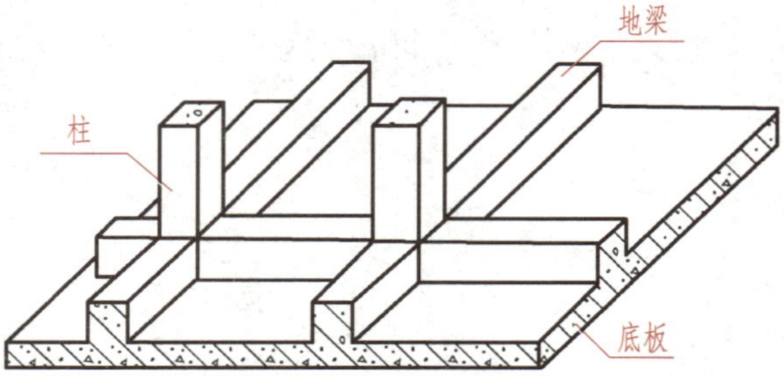

(d) 梁板式满堂基础

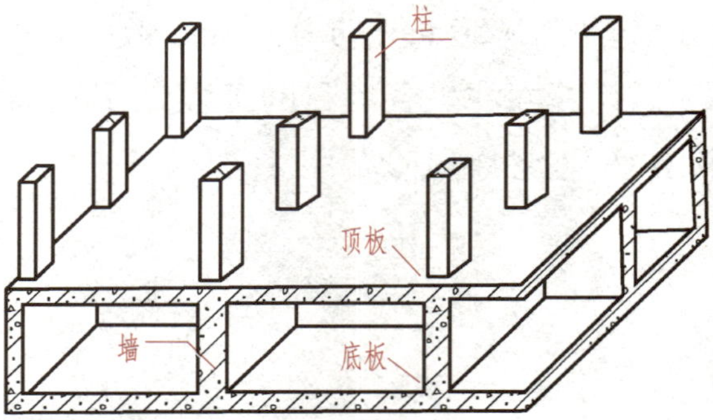

(e) 箱式满堂基础

图 3-3-1　混凝土基础

2. 混凝土基础与上部结构的划分

以混凝土基础上表面为界，如图 3–3–2 所示，混凝土基础上表面以上是上部结构，以下是混凝土基础。

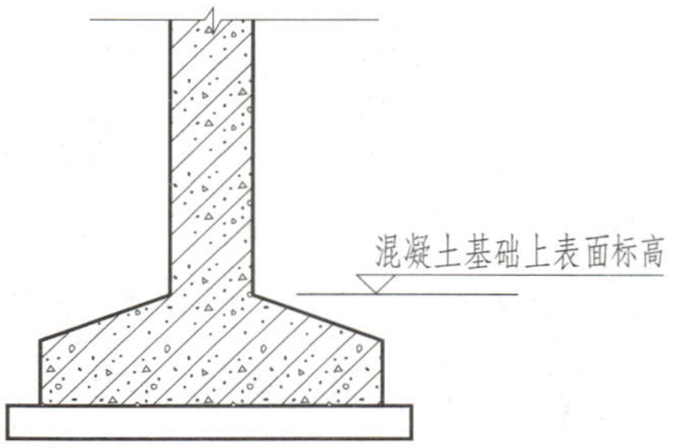

图 3–3–2　混凝土基础

3. 混凝土基础与垫层的划分

一般以设计为准，如果设计不明确，以厚度划分：15 cm 以内的为垫层；15 cm 以上的为基础。

4. 泵送商品混凝土

泵送商品混凝土是指在混凝土厂集中搅拌、用混凝土罐车运输到施工现场并通过混凝土泵直接入模的混凝土。

二、工程量计算规则

1. 混凝土垫层与基础的混凝土工程量

（1）带形基础垫层与基础

$$V_{垫层} = 垫层截面积 \times 长度$$

$$V_{基础} = 基础截面积 \times 长度 + V_{搭接}$$

长度——外墙按外墙中心线长度计算，内墙按基础底净长线长度计算，附墙砖垛凸出部分按砖垛折加长度并入基础计算，柱网结构按基础底净长线长度计算。

$V_{搭接}$——按设计图示尺寸以体积计算。两等高混凝土带形基础搭接示意图如图 3–3–3 所示，搭接体积为：

$$V_{搭接} = V_1 + V_2 = \left[b \cdot h + \frac{(2b+B_2)}{6} \cdot h_1\right] \cdot L_{搭}$$

式中　$V_1 = b \cdot h \cdot L_{搭}$（长方体）

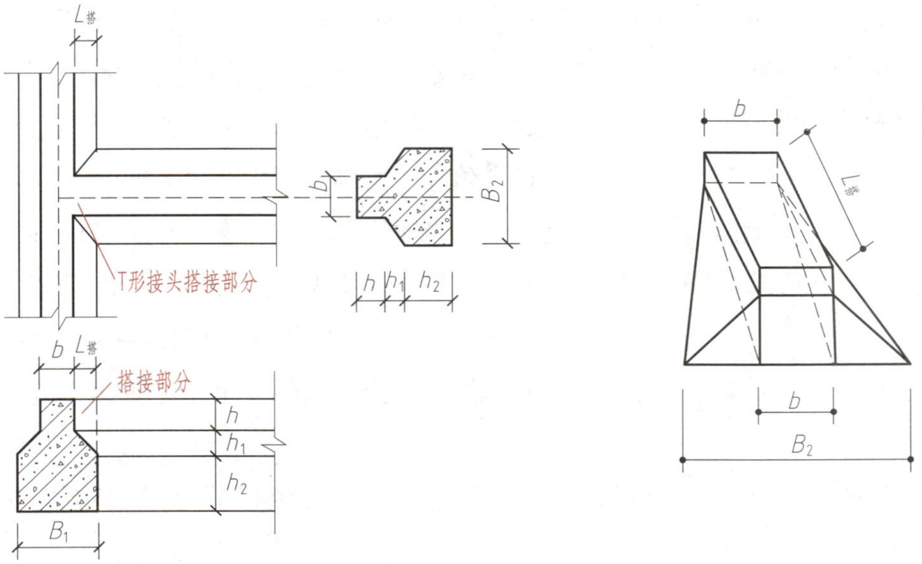

图 3–3–3　两等高混凝土带形基础搭接示意图

$$V_2=\frac{1}{6}(2b+B_2)\cdot h_1\cdot L_{搭}\qquad（两个三棱锥体、半个长方体）$$

$$L_{搭}=\frac{(B_1-b)}{2}$$

（2）独立基础、桩承台基础垫层与基础

独立基础、桩承台基础垫层与基础工程量按设计图示尺寸以体积（m^3）计算。

$$V_{垫层}=垫层底面积\times垫层厚度$$

$$V_{基础}=V_1+V_2+V_3$$

V_1——基底长方体体积，如图 3–3–4 所示。

V_2——中间棱台体积，如图 3–3–4 所示，计算可参照公式 $V=\frac{H}{6}(S_{上}+S_{下}+4S_{中})$。

V_3——基顶长方体体积，如图 3–3–4 所示。

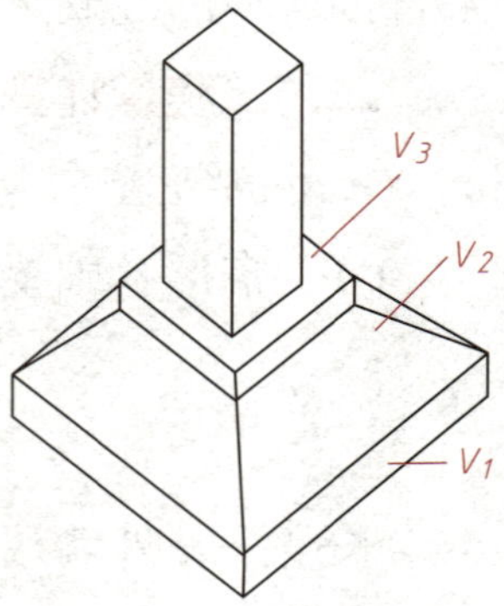

图 3–3–4 独立基础

（3）满堂基础、地下室底板

满堂基础、地下室底板工程量按设计图示尺寸以体积（m^3）计算，工程量包括基础上下凸出的翻梁与柱墩。

（4）基础梁、地圈梁

$$V=梁截面积\times梁长$$

梁长——梁与柱相连时，梁长算至柱侧面；主梁与次梁连接时，次梁长算至主梁侧面。

2. 混凝土垫层与基础的模板工程量

混凝土垫层与基础的模板工程量按混凝土与模板的接触面积计算。

三、定额说明

（1）混凝土垫层与基础列有混凝土浇捣、模板与钢筋 3 个对应子目。模板按照不同构件，分别以复合木模、铝模、钢模单独编制。定额未注明模板类型的，均按复合木模考虑。

（2）定额中混凝土除另有注明外，均按泵送商品混凝土编制，实际采用非泵送商品混凝土、现场搅拌混凝土时仍套用泵送定额，混凝土价格按实际使用的种类换算，混凝土浇捣人工乘以系数 1.50，其余不变。现场搅拌的混凝土还应按混凝土消耗量执行现场搅拌调整费定额。

（3）混凝土垫层与基础模板定额列有垫层、有梁式及无梁式带形基础、独立基础、杯形基础、有梁式及无梁式满堂基础、基础梁等子目。部分基础断面形式如图 3–3–5 所示。

（4）定额中商品混凝土按常用强度等级考虑，当混凝土的设计强度等级与定额不同时，应作换算。

（5）有梁式基础模板仅适用于基础表面有梁上凸时，仅带有下翻梁或暗梁的基础套用无梁式基础定额。

（6）地下室底板模板套用满堂基础定额，集水井杯壳模板工程量合并计算。

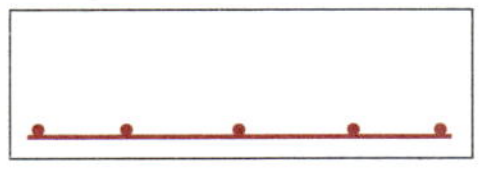

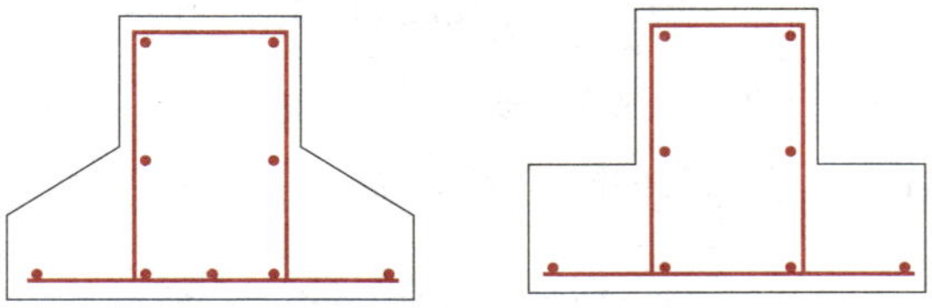

(a) 无梁式带形基础　　(b) 有梁式带形基础

(c) 有梁式满堂基础

(d) 无梁式满堂基础

图 3-3-5　部分基础断面形式

（7）设计为带形基础的单位工程，如仅楼（电）梯间、厨厕间等少量部位采用满堂基础，其工程量并入带形基础计算。

（8）箱形基础的底板（包括边缘加厚部分）套用无梁式满堂基础定额，其余套用柱、梁、板、墙相应定额。

（9）地圈梁模板套用圈梁定额。

【任务示例】

例 3-3-1　某工程基础平面图、断面图如图 3-3-6 所示，试计算：

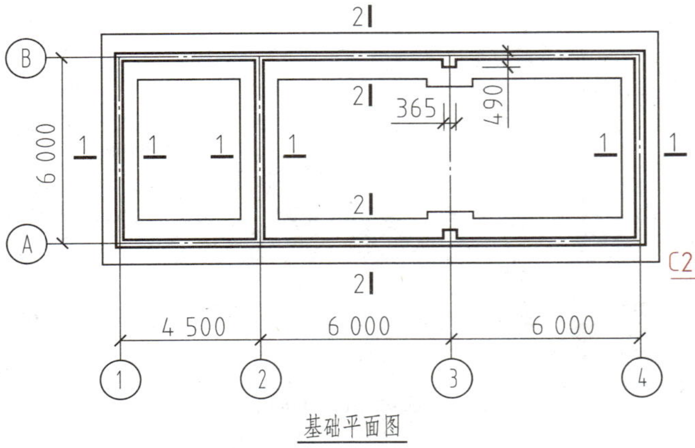

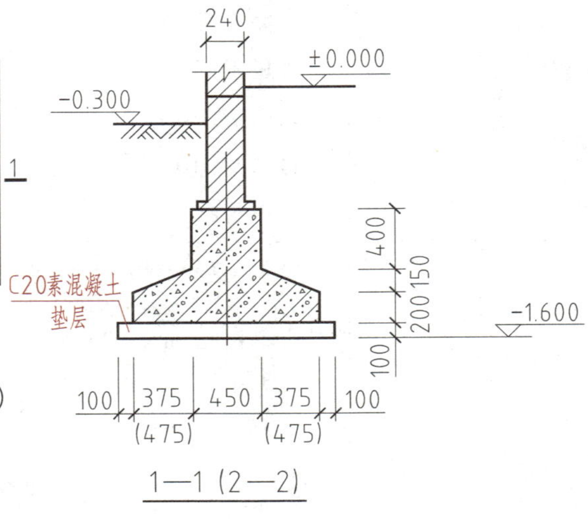

图 3-3-6　某工程基础平面图、断面图

（1）C20非泵送商品混凝土垫层混凝土浇捣工程量、模板工程量、综合单价及相关费用。

（2）C30泵送商品混凝土基础混凝土浇捣工程量、模板（组合钢模）工程量、综合单价及相关费用。（企业管理费费率取16%，利润费率取8%，不考虑风险费用。）

解：计算过程见表3–3–1和表3–3–2。

表3–3–1　工程量计算、定额套用表

项目名称	计算过程
1. C20非泵送商品混凝土垫层	（1）工程量计算 $L_{1-1}=6\ \text{m}\times 2+6\ \text{m}-1.4\ \text{m}=16.6\ \text{m}$ $L_{2-2}=\left[4.5\ \text{m}+12\ \text{m}+\dfrac{0.365\ \text{m}\times(0.49\ \text{m}-0.24\ \text{m})}{0.24\ \text{m}}\right]\times 2\approx 33.76\ \text{m}$ $V_{1-1}=1.4\ \text{m}\times 0.1\ \text{m}\times 16.6\ \text{m}\approx 2.32\ \text{m}^3$ $V_{2-2}=1.6\ \text{m}\times 0.1\ \text{m}\times 33.76\ \text{m}\approx 5.40\ \text{m}^3$ 合计：$V=2.32\ \text{m}^3+5.40\ \text{m}^3=7.72\ \text{m}^3$ （2）定额套用 定额编号：5–1H 计量单位：m^3 人工费：40.88元 材料费：[408.79+（412–399）×1.01]元=421.92元 机械费：0.68元
2. 混凝土垫层模板	（1）工程量计算 $L_{1-1}=(6\ \text{m}\times 2+6\ \text{m}-1.6\ \text{m})=16.4\ \text{m}$ $L_{2-2}=\left[4.5\ \text{m}+12\ \text{m}+\dfrac{0.365\ \text{m}\times(0.49\ \text{m}-0.24\ \text{m})}{0.24\ \text{m}}\right]\times 2\approx 33.76\ \text{m}$ $S=0.1\ \text{m}\times(16.4\ \text{m}+33.76\ \text{m})\times 2\approx 10.03\ \text{m}^2$ （2）确定定额 定额编号：5–97 计量单位：m^2 人工费：26.17元 材料费：10.94元 机械费：0.91元
3. C30泵送商品混凝土基础	（1）工程量计算 $V_{1-1}=\left(1.2\ \text{m}\times 0.2\ \text{m}+\dfrac{0.45\ \text{m}+1.2\ \text{m}}{2}\times 0.15\ \text{m}+0.45\ \text{m}\times 0.4\ \text{m}\right)\times 16.6\ \text{m}\approx 9.03\ \text{m}^3$ $V_{2-2}=\left(1.4\ \text{m}\times 0.2\ \text{m}+\dfrac{0.45\ \text{m}+1.4\ \text{m}}{2}\times 0.15\ \text{m}+0.45\ \text{m}\times 0.4\ \text{m}\right)\times 33.76\ \text{m}\approx 20.21\ \text{m}^3$ $V_{搭接}=\left(0.4\ \text{m}\times 0.45\ \text{m}+\dfrac{2\times 0.45\ \text{m}+1.2\ \text{m}}{6}\times 0.15\ \text{m}\right)\times\dfrac{1.4\ \text{m}-0.45\ \text{m}}{2}\times 2\approx 0.22\ \text{m}^3$

续表

项目名称	计算过程
3. C30 泵送商品混凝土基础	V=9.03 m³+20.21 m³+0.22 m³=29.46 m³ （2）定额套用 定额编号：5-3 计量单位：m³ 人工费：24.04 元 材料费：467.36 元 机械费：0.25 元
4. 有梁式带形基础组合钢模	（1）工程量计算 S=0.2 m×（6 m×2+6 m−1.4 m+33.76 m）×2+0.4 m×（6 m×2+6 m−0.45 m+33.76 m）×2 ≈ 61.19 m² （2）确定定额 定额编号：5-100 计量单位：m² 人工费：25.52 元 材料费：11.04 元 机械费：1.52 元

表 3-3-2　定额清单综合单价与合价计价表

序号	定额编号	定额名称	计量单位	工程量	综合单价 / 元							合价 / 元	其中	
					定额人工费	定额材料费	定额机械费	企业管理费	利润	风险费用	小计		人工费 / 元	机械费 / 元
1	5-1H	C20 非泵送商品混凝土垫层	m³	7.72	40.88	421.92	0.68	6.65	3.32	0	473.45	3 655.03	315.59	5.25
2	5-97	混凝土垫层模板	m²	10.03	26.17	10.94	0.91	4.33	2.17	0	44.52	446.54	262.49	9.13
3	5-3	C30 泵送商品混凝土基础	m³	29.46	24.04	467.36	0.25	3.89	1.94	0	497.48	14 655.76	708.22	7.37
4	5-100	有梁式带形基础组合钢模板	m²	61.19	25.52	11.04	1.52	4.33	2.16	0	44.57	2 727.24	1 561.57	93.01

【任务实施】

1. 试计算图3-3-7所示的C20非泵送商品混凝土垫层、C30泵送商品混凝土基础的混凝土和模板工程量、综合单价及相关费用。（企业管理费费率取16%，利润费率取8%，不考虑风险费用。）

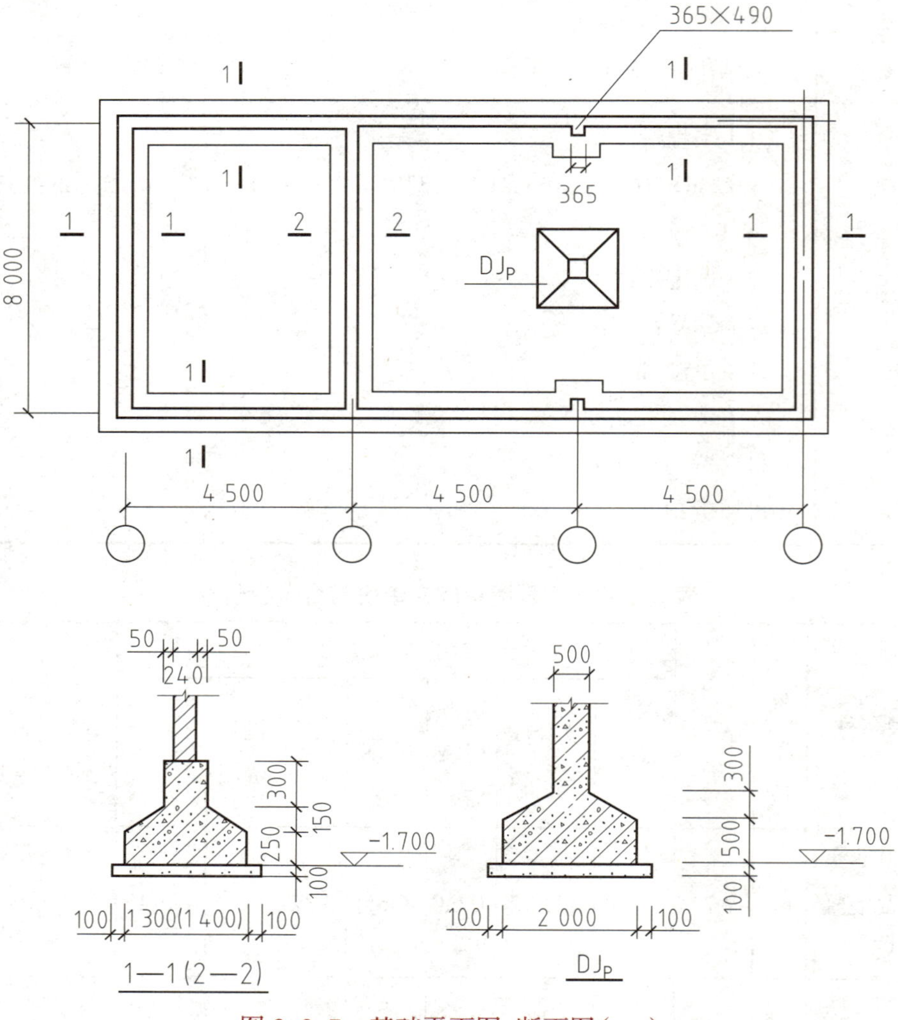

图3-3-7　基础平面图、断面图（一）

2. 试计算图3-3-8所示的C20非泵送商品混凝土垫层、C30泵送商品混凝土基础的混凝土和模板工程量、综合单价及相关费用。（企业管理费费率取16%，利润费率取8%，不考虑风险费用。）

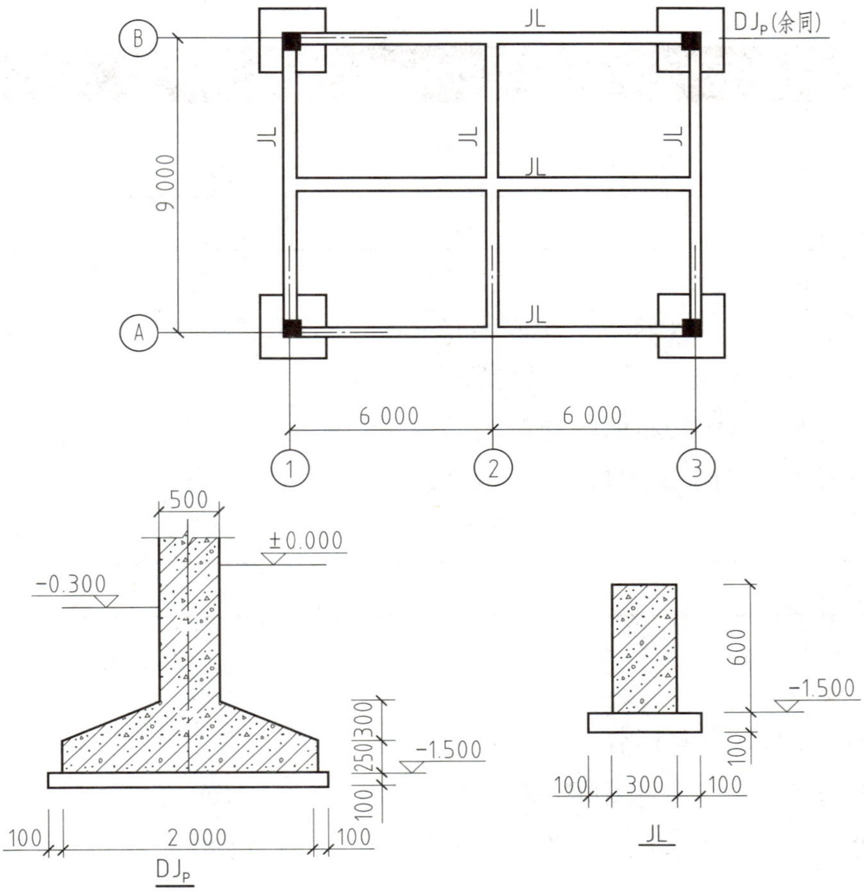

图 3-3-8　基础平面图、断面图(二)

【任务拓展】

根据书后附图某单位仓库图纸,试计算混凝土垫层、基础的混凝土和模板工程量、综合单价及相关费用。(企业管理费费率取 16%,利润费率取 8%,不考虑风险费用。)

任务 4 砖基础工程定额清单计量与计价

【任务目标】

1. 熟悉砖基础与墙（柱）身的划分。
2. 掌握基础砌筑工程量计算规则及定额说明。
3. 熟练识读基础平面图、断面图与对应的说明。
4. 能熟练计算基础砌筑工程量、综合单价及相关费用。

【知识准备】

一、知识链接

1. 砖基础与墙（柱）身的划分

（1）砖基础与墙（柱）身使用同一种材料，以室内设计地面为分界线（有地下室者，以地下室室内设计地面为分界线），以下为基础，以上为墙（柱）身，如图 3-4-1 所示。

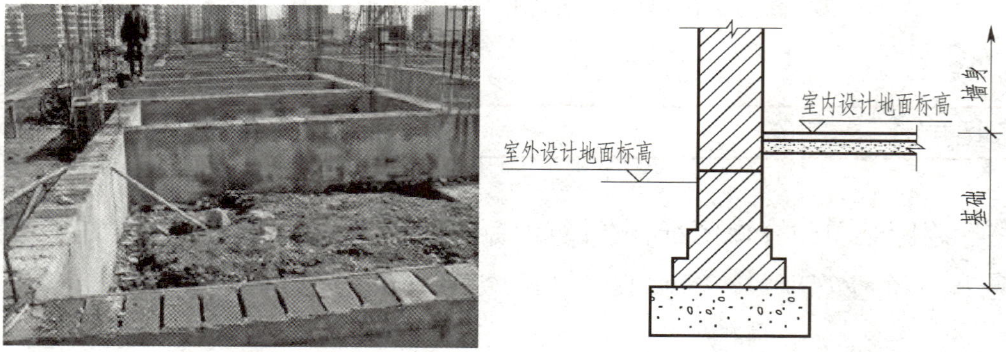

图 3-4-1 砖基础构造

（2）砖基础与墙（柱）身使用不同材料，当不同材料的分界线位于室内设计地面 ±300 mm 以内时，以不同材料为分界线，以下为基础，以上为墙（柱）身；超过 ±300 mm 时，以室内设计地面为分界线，以下为基础，以上为墙（柱）身。

（3）围墙以室外设计地面为分界线，以下为基础，以上为墙身。

2. 大放脚

大放脚是砖基础下部两边通常扩大的部分，如图 3-4-2 所示，有等高式和间隔式两种。等高式大放脚是两皮一收，即每砌两皮砖两边各收进 1/4 砖长；间隔式大放脚是两皮一收与一皮一收相间隔，即砌两皮砖收进 1/4 砖长，再砌一皮砖收进 1/4 砖长，如此重复，但底层需用两皮一收砌筑。

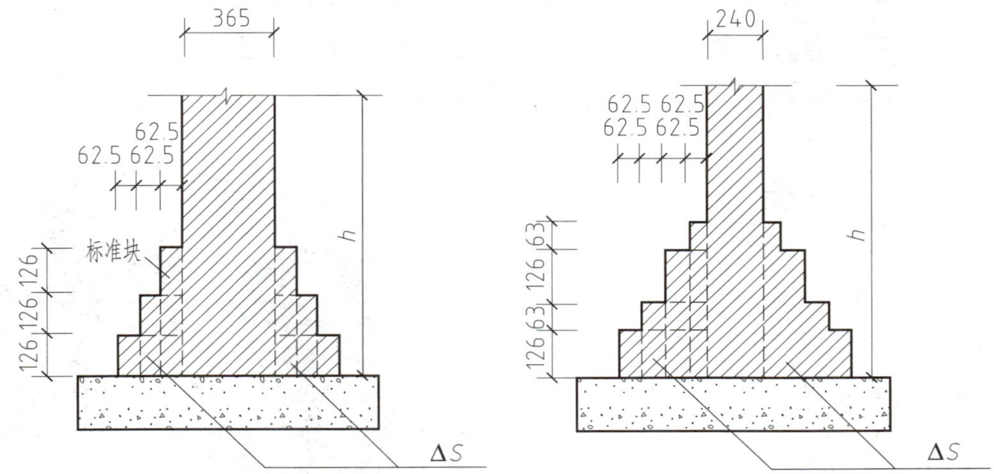

(a) 等高式大放脚　　(b) 间隔式大放脚

图 3-4-2　大放脚构造示意图

二、工程量计算规则

1. 带形砖基础工程量

带形砖基础工程量按设计图示尺寸以体积计算。

$$V=S_{断面积}\times 长度 -V_{应扣}$$

（1）
$$S_{断面积}= 砖基础高度 \times 墙厚 +S_{大放脚}$$

① 砖基础高度——砖基础底标高与 ±0.000 的高度差。

② 墙厚——标准砖尺寸以 240 mm × 115 mm × 53 mm 为准，其砌体计算厚度按表 3-4-1 选取。

表 3-4-1　标准砖砌体计算厚度表　　mm

墙厚	$\frac{1}{4}$砖	$\frac{1}{2}$砖	$\frac{3}{4}$砖	1 砖	$1\frac{1}{2}$砖	2 砖
计算厚度	53	115	178	240	365	490
图纸标注	60	120	180	240	370	490

③ 大放脚面积按下列公式计算：

等高式（图 3-4-3）：
$$S_{大放脚}=n(n+1)ab$$

间隔式：
$$S_{大放脚}=\sum(a\times b)+\sum\left(\frac{a}{2}\times b\right)$$

式中　n——放脚层数。

a、b——每层放脚的高度、宽度。对于标准砖基础，a=0.126 m（每层两皮砖），b=0.062 5 m。

（2）长度——外墙按外墙中心线长度计算；内墙按内墙净长线长度计算；附墙砖垛凸出部分按砖垛折加长度合并计算，不扣除搭接重叠部分的长度，砖垛的加深部分也不增加。其余基础按基础底净长线长度计算，按基础底净长线长度计算后应增加的搭接体积按图示尺寸计算。

（3）$V_{应扣}$——平行嵌入砌筑基础的混凝土体积（如构造柱、地圈梁等）。

2. 带形砖基础防潮层工程量（图 3-4-4）

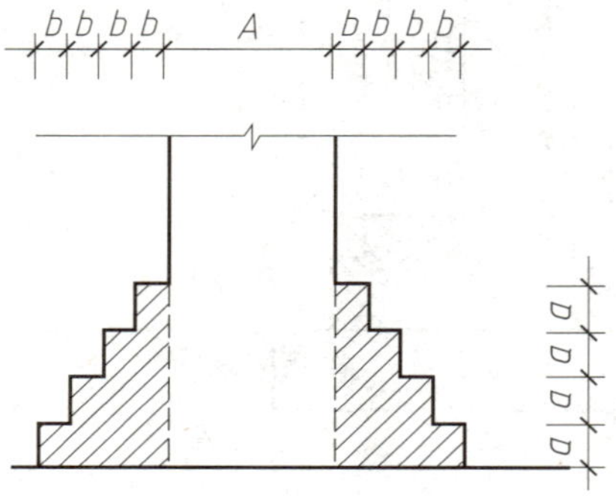

图 3-4-3　等高式大放脚

图 3-4-4　砖基础防潮层

带形砖基础防潮层工程量按图示尺寸以面积计算。

$$S_{砖基础防潮层} = 墙厚 \times 长度$$

（1）砖基础防潮层工程量主要按水泥砂浆防潮层计算。

（2）长度计算与砖基础长度计算相同。

三、定额说明

（1）砖基础不分有否大放脚，均执行对应品种及规格砖的同一定额。地下筏板基础下翻混凝土构件所用的砖模、砖砌挡土墙、地垄墙套用砖基础定额。

（2）定额中砖、砌块和石料用量是按标准和常用规格编制的，设计规格与定额不同时，砌体材料（砖、砌块、砂浆、黏结剂）用量应做调整换算，其余用量不变；砌筑砂浆是按干混砌筑砂浆编制的，定额所列砌筑砂浆种类和强度等级、砌块专用砌筑黏结剂品种，如设计与定额不同，按相应规定做调整换算。

（3）砖砌体和砌块砌体不分内、外墙，均执行对应品种及规格砖和砌块的同一定额，墙厚一砖以上的均套用一砖墙相应定额。

（4）定额中各类砖、砌块及石砌体的砌筑均按直形砌筑编制，如为圆弧形砌筑，按相应定额人工用量乘以系数 1.10，砖、砌块、石材及砂浆（黏结剂）用量乘以系数 1.03。

（5）砖基础防潮层定额查阅定额第九章屋面及防水工程。

【任务示例】

例 3-4-1　某工程基础平面图、断面图如图 3-4-5 所示，基础采用 MU10 混凝土实心砖，

M10 干混砌筑砂浆砌筑，基础墙厚 240 mm，基础防潮层采用 M15 干混地面砂浆，试计算砖基础和基础防潮层工程量、综合单价及相关费用。（企业管理费费率取 16%，利润费率取 8%，不考虑风险费用。）

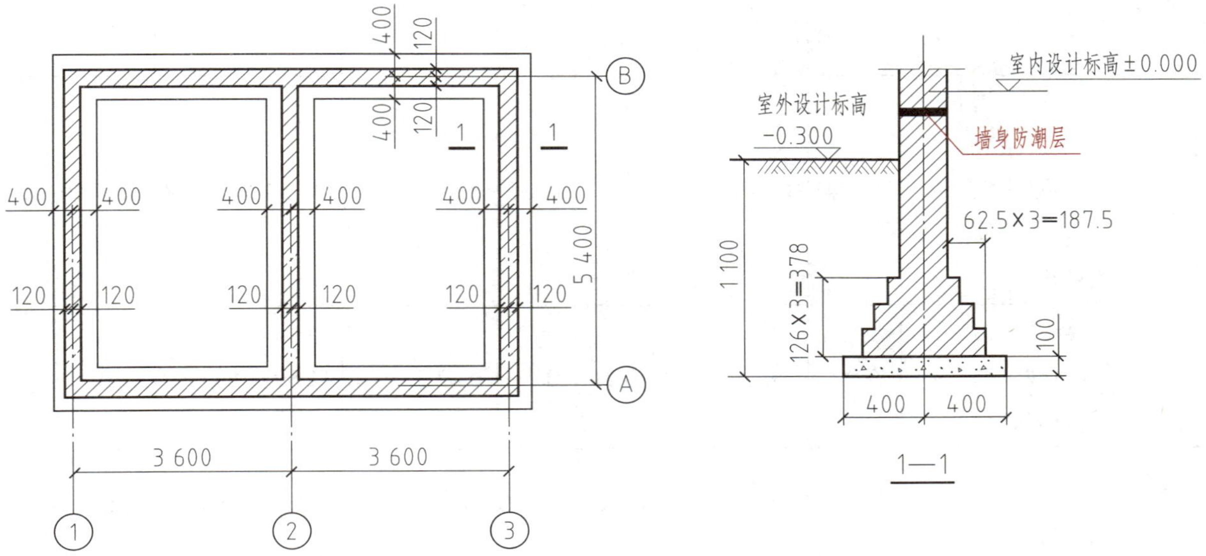

图 3-4-5　某工程基础平面图、断面图

解：计算过程见表 3-4-2 和表 3-4-3。

表 3-4-2　工程量计算、定额套用表

项目名称	计算过程
1. M10 干混砌筑砂浆砌筑混凝土实心砖 1 砖厚砖基础	（1）工程量计算 V=（1.3 m × 0.24 m+0.187 5 m × 0.126 m × 4）×［（5.4 m+7.2 m）× 2+5.4 m−0.24 m］≈ 12.34 m^3 （2）定额套用 定额编号：4–1 计量单位：m^3 人工费：105.17 元 材料费：300.41 元 机械费：2.23 元
2. M15 干混地面砂浆基础防潮层	（1）工程量计算 S=［（5.4 m+7.2 m）× 2+5.4 m−0.24 m］× 0.24 m ≈ 7.29 m^2 （2）定额套用 定额编号：9–44 计量单位：m^2 人工费：0 材料费：11.63 元 机械费：0.21 元

表 3-4-3　定额清单综合单价与合价计价表

序号	定额编号	定额名称	计量单位	工程量	综合单价 / 元							合价 / 元	其中	
					定额人工费	定额材料费	定额机械费	企业管理费	利润	风险费用	小计		人工费 / 元	机械费 / 元
1	4-1	M10 干混砌筑砂浆砌筑混凝土实心砖 1 砖厚砖基础	m^3	12.34	105.17	300.41	2.23	17.18	8.59	0	433.58	5 350.38	1 297.80	27.52
2	9-44	M15 干混地面砂浆基础防潮层	m^2	7.29	0	11.63	0.21	0.03	0.02	0	11.89	86.68	0	1.53

例 3-4-2　某工程基础平面图、断面图如图 3-4-6 所示，基础采用混凝土实心砖，M7.5 水

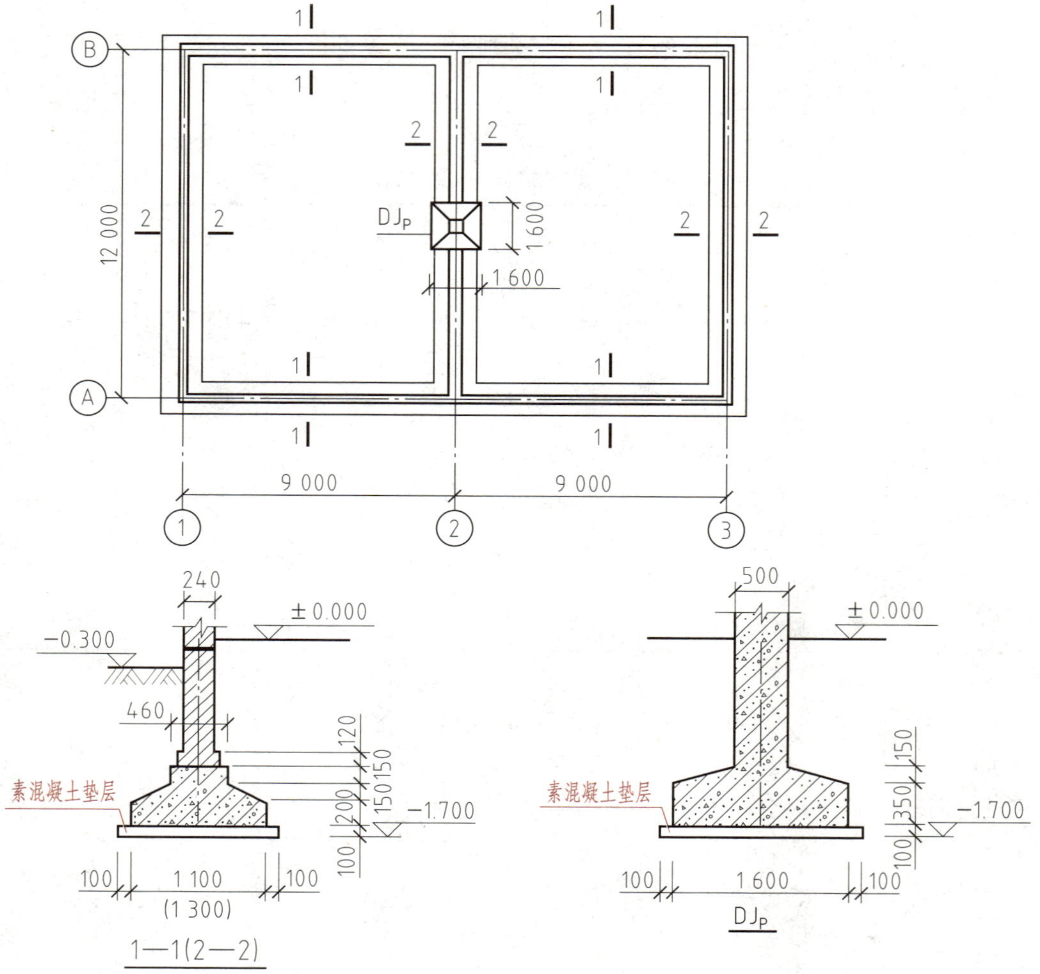

图 3-4-6　某工程基础平面图、断面图

泥砂浆砌筑，基础墙厚 240 mm，每边大放脚 60 mm × 120 mm，基础防潮层采用 M15 干混地面砂浆，试计算砖基础和基础防潮层工程量、综合单价及相关费用。（企业管理费费率取 16%，利润费率取 8%，不考虑风险费用。）

解：计算过程见表 3–4–4 和表 3–4–5。

表 3–4–4　工程量计算、定额套用表

项目名称	计算过程
1. M7.5 水泥砂浆砌筑混凝土实心砖 1 砖厚砖基础	（1）工程量计算 $V_{带基}$=[（1.7 m−0.1 m−0.5 m）× 0.24 m+0.06 m × 0.12 m × 2] × [（18 m+12 m）× 2+12 m−0.24 m−1.6 m] ≈ 19.53 m^3 $V_{搭接}=\frac{(1.1\ m+1.25\ m)}{2}\times\frac{(1.6\ m-0.5\ m)}{2}\times 0.24\ m\times 2\approx 0.31\ m^3$ V=19.53 m^3+0.31 m^3=19.84 m^3 （2）定额套用 定额编号：4–1H 计量单位：m^3 人工费：(105.17+0.382 × 0.230 × 135) 元≈ 117.03 元 材料费：[300.41+ (215.81−413.73) × 0.230] 元≈ 254.89 元 机械费：(2.23−0.011 5 × 193.83+0.167 × 0.230 × 154.97) 元≈ 5.95 元
2. M15 干混地面砂浆基础防潮层	（1）工程量计算 S=[（12 m+18 m）× 2+12 m−0.24 m−0.5 m] × 0.24 m ≈ 17.10 m^2 （2）定额套用 定额编号：9–44 计量单位：m^2 人工费：0 材料费：11.63 元 机械费：0.21 元

表 3–4–5　定额清单综合单价与合价计价表

序号	定额编号	定额名称	计量单位	工程量	综合单价 / 元							合价 / 元	其中	
					定额人工费	定额材料费	定额机械费	企业管理费	利润	风险费用	小计		人工费 / 元	机械费 / 元
1	4–1H	M7.5 水泥砂浆砌筑混凝土实心砖 1 砖厚砖基础	m^3	19.84	117.03	254.89	5.95	19.68	9.84	0	407.39	8 082.62	2 321.88	118.05

续表

序号	定额编号	定额名称	计量单位	工程量	综合单价 / 元							合价 / 元	其中	
					定额人工费	定额材料费	定额机械费	企业管理费	利润	风险费用	小计		人工费 / 元	机械费 / 元
2	9-44	M15 干混地面砂浆基础防潮层	m^2	17.10	0	11.63	0.21	0.03	0.02	0	11.89	203.32	0	3.59

【任务实施】

1. 某工程基础平面、断面图如图 3-4-7 所示，室内设计地面标高 ±0.000 以下采用 MU10 混凝土实心砖 1 砖墙，采用 M7.5 水泥砂浆砌筑，试计算砖基础工程量、综合单价及相关费用。（企业管理费费率取 16%，利润费率取 8%，不考虑风险费用。）

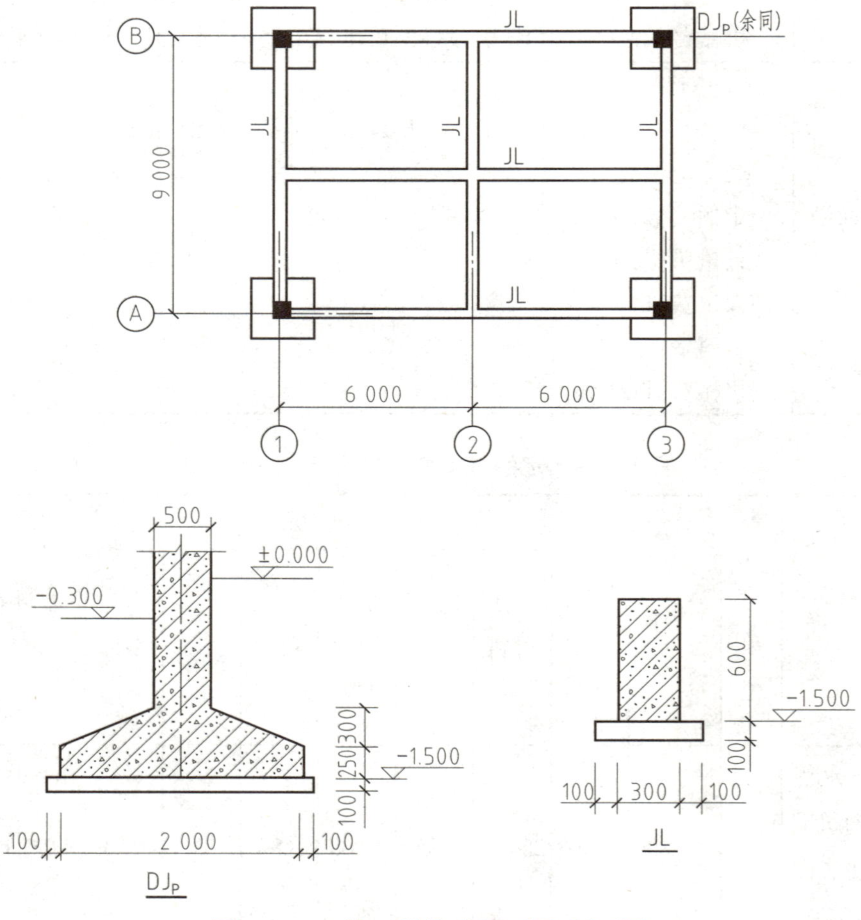

图 3-4-7 某工程基础平面图、断面图

2. 某工程基础平面图、断面图如图 3-4-8 所示，基础采用 M5 水泥砂浆砌混凝土多孔砖，基础防潮层采用 M15 干混地面砂浆，试计算砖基础和基础防潮层工程量、综合单价及相关费用。（企业管理费费率取 16%，利润费率取 8%，不考虑风险费用。）

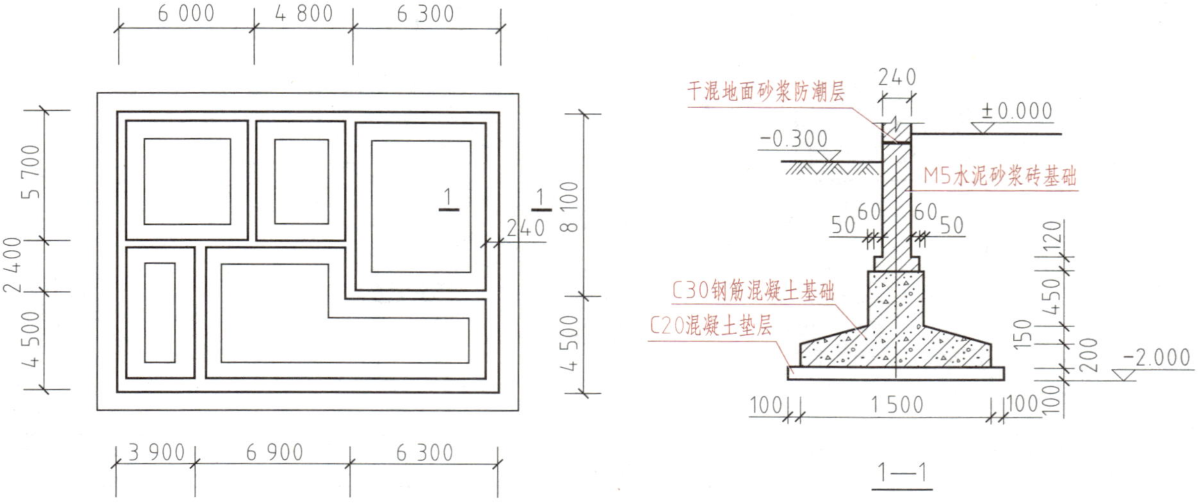

图 3-4-8　某工程基础平面图、断面图

3. 某房屋基础平面图、断面图如图 3-4-9 所示，基础墙体采用 MU15 混凝土实心砖砌筑，尺寸为 240 mm × 115 mm × 53 mm，基础采用 M7.5 水泥砂浆砌筑，基础防潮层采用 M15 干混地面砂浆，①②⑤轴设置构造柱，基础的构造柱体积为 0.74 m^3，试计算砖基础和基础防潮层工程量、综合单价及相关费用。（企业管理费费率取 16%，利润费率取 8%，不考虑风险费用。）

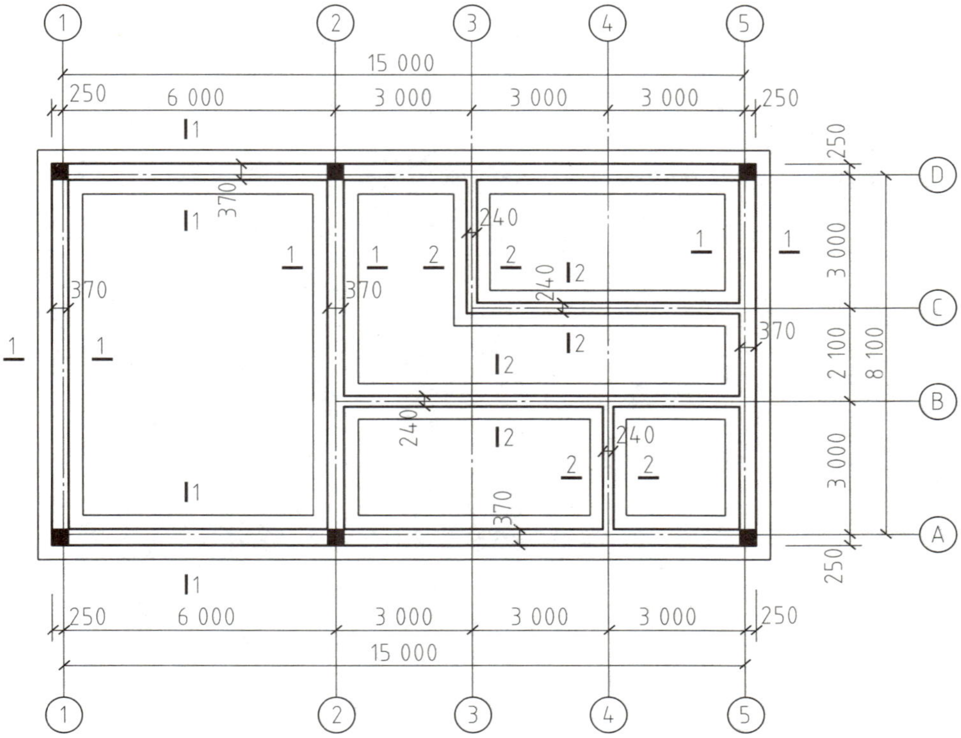

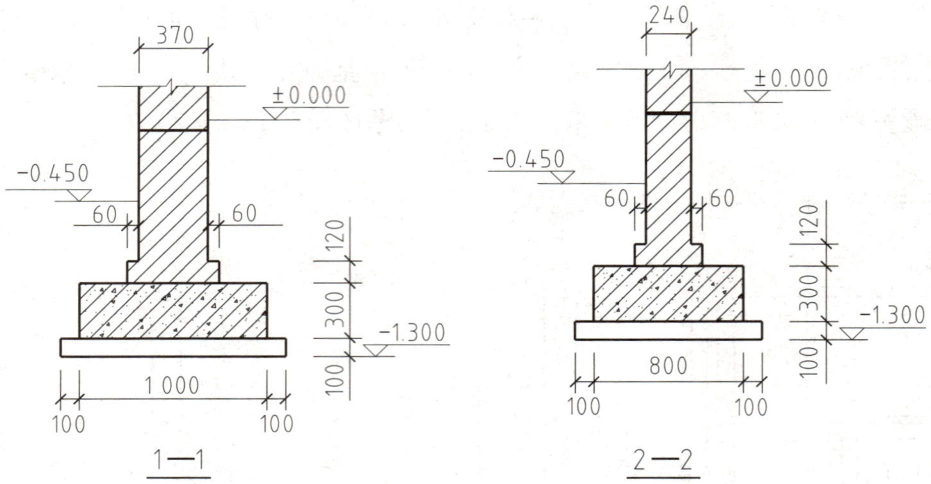

图 3-4-9 某房屋基础平面图、断面图

【任务拓展】

根据书后附图某单位仓库图纸，试计算基础砌筑工程量、综合单价及相关费用。（企业管理费费率取 16%，利润费率取 8%，不考虑风险费用。）

项目 4 主体结构工程及相关部（构）件定额清单计量与计价

【项目描述】

本项目主要介绍主体工程中柱、梁、板的混凝土、模板工程定额清单计量与计价，砌筑工程定额清单计量与计价，楼梯、雨篷、阳台的混凝土、模板工程定额清单计量与计价，屋面防水、保温隔热工程定额清单计量与计价，墙角护坡、台阶等定额清单计量与计价，框、梁、板钢筋工程量计算。

【学习目标】

1. 掌握混凝土与钢筋混凝土工程、屋面及防水工程、主体砌筑工程的工程量计算规则及定额说明。

2. 会熟练进行混凝土与钢筋混凝土工程、屋面及防水工程、主体砌筑工程定额清单计量与计价。

任务 1　柱、梁、板的混凝土、模板工程定额清单计量与计价

【任务目标】

1. 熟悉柱、梁、板混凝土构件类别的划分。
2. 掌握柱、梁、板混凝土与模板工程量计算规则及定额说明。
3. 能熟练识读柱、梁、板平法施工图与对应的设计说明。
4. 能熟练计算柱、梁、板混凝土与模板工程量、综合单价及相关费用。

【知识准备】

一、知识链接

1. 现浇柱

(1) 框架柱

框架柱在框架结构中承受梁和板传来的荷载,并将荷载传给基础,是主要的竖向受力构件,代号 KZ。图 4-1-1 所示为框架梁、框架柱。在框架结构的房屋中,有的楼梯间用梯柱(代号 TZ)与梯梁(代号 TL)连接成框架整体,如图 4-1-2 所示,梯柱的柱高自柱基上表面(或框架梁顶面)算至平台梁顶面。

图 4-1-1　框架梁、框架柱

图 4-1-2　梯柱、梯梁

(2) 构造柱

在多层砌体房屋墙体的规定部位,按先砌墙后浇混凝土的施工顺序制成的混凝土柱称为构造柱,代号 GZ。构造柱与墙体连接处应砌成马牙槎,如图 4-1-3 所示,柱高自柱基上表面(或框架梁顶面)算至框架梁底面。

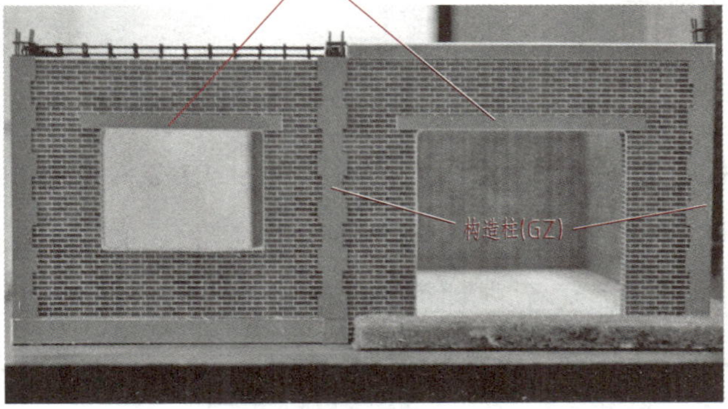

图 4-1-3　构造柱、过梁

2. 现浇梁

（1）框架梁

框架结构中与框架柱相连接的梁称为框架梁，代号 KL，如图 4-1-1 所示。

（2）过梁

砌体结构中在门窗洞口上方设置的单独小梁称为过梁，代号 GL，如图 4-1-3 所示。

（3）圈梁

砖混结构中在房屋檐口、窗顶、楼层及基础顶面处，沿砌体墙水平方向设置的连续封闭的梁式构件称为圈梁，代号 QL，如图 4-1-4 所示。圈梁主要起增强建筑物的整体刚度及墙身的稳定性作用。

图 4-1-4　圈梁

（4）基础梁

在基础垫层上设置的梁称为基础梁，代号 JL，如图 4-1-5 所示。基础梁一般用于柱网结构，主要起承重和抗弯作用。

3. 无梁板

底面不设梁而直接用柱支承的板称为无梁板，如图 4-1-6 所示。无梁板按结构形式分为无柱帽平板和有柱帽平板。

图 4-1-5　基础梁

图 4-1-6　无梁板

二、工程量计算规则

1. 混凝土柱工程量

（1）柱混凝土

$$V=\text{柱截面积}\times\text{柱高}+V_{\text{牛腿}}$$

① 有梁板柱高：自柱基顶面或楼板上表面算至上一层楼板上表面，如图 4–1–7a 所示。

② 无梁板柱高：自柱基顶面或楼板上表面算至柱帽下表面，如图 4–1–7b 所示。

③ 框架柱柱高：自柱基顶面算至柱顶面，如图 4–1–7c 所示。

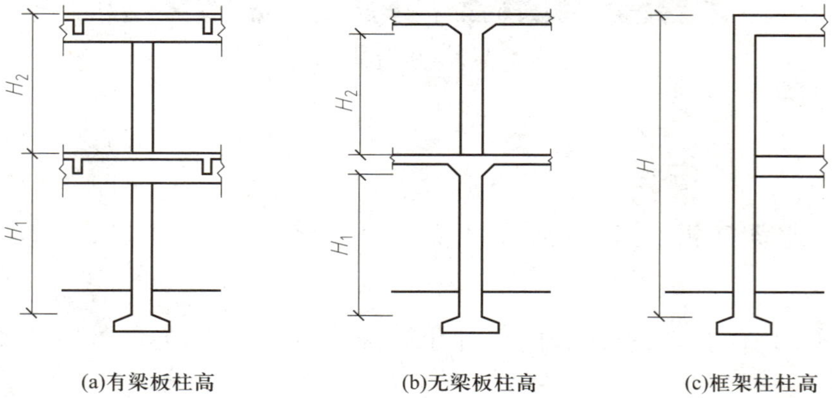

图 4–1–7　柱高计算示意图

$V_{\text{构造柱}}$ = 构造柱柱高 ×［0.24 m×（0.24 m+0.03 m× 马牙槎边数）］（此公式适用于墙厚为 240 mm 的构造柱。）

构造柱柱高——自柱基上表面（或框架梁顶面）算至框架梁底面，构造柱与墙咬接的马牙槎按柱高每侧加 0.03 m 合并入构造柱柱身体积计算，构造柱立面图如图 4–1–8 所示。

马牙槎边数——按图 4–1–9 所示墙体形状确定。

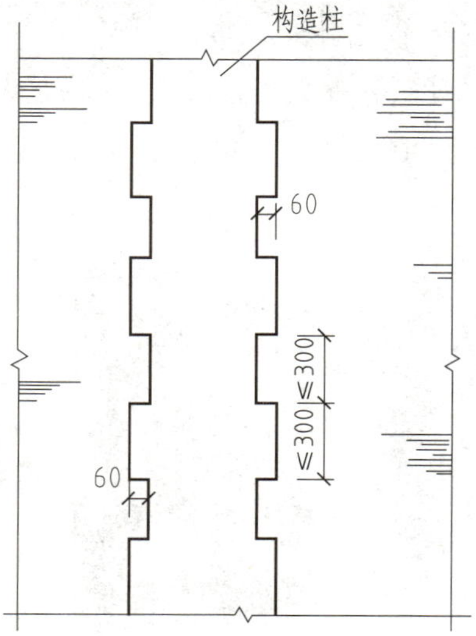

图 4–1–8　构造柱立面图

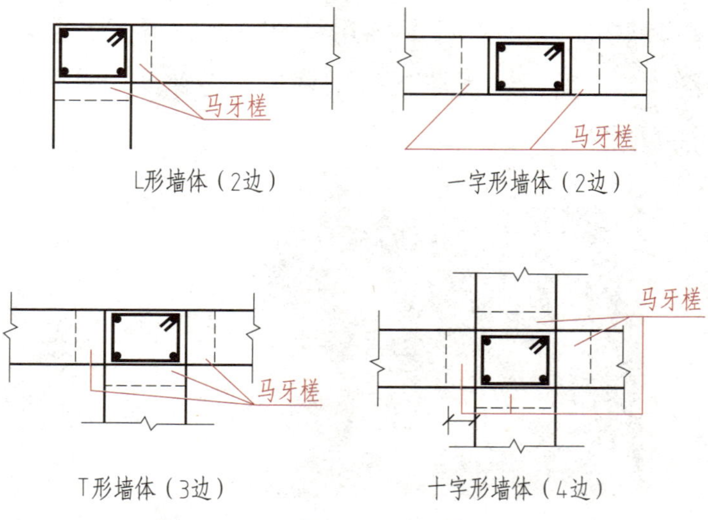

图 4–1–9　马牙槎边数取值示意图

（2）柱模板

① 柱模板工程量按模板与混凝土的接触面积计算，应扣除构件平行交接处及 0.3 m^2 以上构件垂直交接处的面积。

② 计算构造柱模板面积时，构造柱与墙咬接的马牙槎按柱高每侧加 0.06 m 合并入构造柱模板面积计算。构造柱模板高度的计算规则同计算构造柱混凝土工程量时的计算规则。

2. 混凝土梁工程量

（1）梁混凝土

$$V=\text{梁截面积}\times\text{梁长}$$

梁长计算示意图如图 4-1-10 所示。

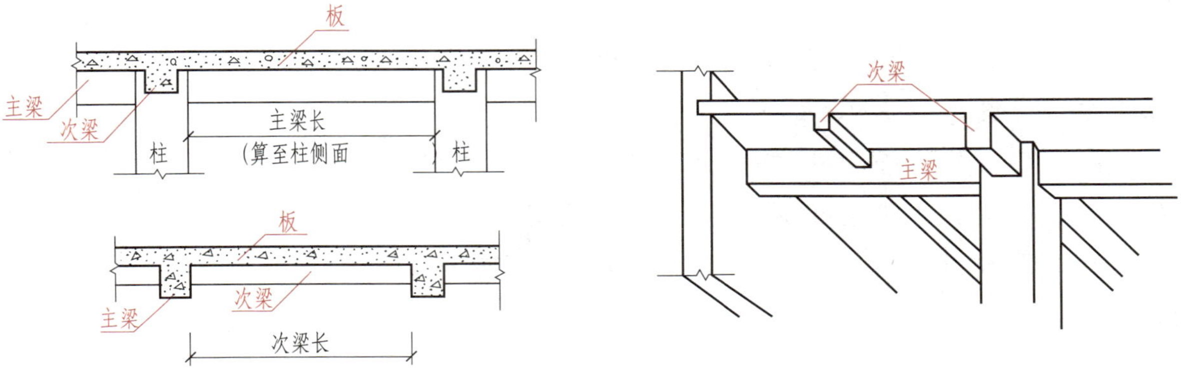

图 4-1-10　梁长计算示意图

① 伸入砖墙内的梁头、梁垫并入梁体积内。

② 梁与柱相连时，梁长是柱间净距。

③ 主梁与次梁相连时，次梁长是主梁间净距。

④ 梁与混凝土墙相连时，梁长是墙间净距。

⑤ 圈梁与板整体浇捣时，圈梁按截面高度计算。

（2）梁模板

梁模板工程量按模板与混凝土的接触面积计算。

3. 混凝土板工程

（1）板混凝土

$$V_{\text{板}}=\text{板长}\times\text{板宽}\times\text{板厚}$$

$$V_{\text{平板}}=V_{\text{板}}+V_{\text{翻沿}}$$

$$V_{\text{无梁板}}=V_{\text{板}}+V_{\text{柱帽}}$$

$$V_{\text{翻沿}}=\text{截面积}\times\text{翻沿中心线长}$$

① 与板整体浇捣的翻沿（净高 250 mm 以内的）工程量并入板内计算，板上翻沿如图 4-1-11 所示。

② 板上单独浇筑的砌筑墙下素混凝土翻沿按圈梁定额计算，高度大于 250 mm 且厚度与砌体相同的翻沿无论是整浇还是后浇均按混凝土墙体定额执行。

③ 各类板伸入砖墙内的板头并入板体积内计算，依附于拱形板、薄壳屋盖的梁及其他构件工程量均并入所依附的构件内计算。

④ 不扣除单个面积 0.3 m^2 以内的柱、垛及孔洞所占体积。

图 4–1–11 板上翻沿

（2）板模板

板模板工程量按模板与混凝土的接触面积计算。

三、定额说明

（1）混凝土除另有注明外，均按泵送商品混凝土列项，实际采用非泵送商品混凝土、现场搅拌混凝土时仍套用泵送定额，混凝土价格按实际使用的种类换算，混凝土浇捣人工乘以表 4–1–1 相应系数，其余不变。现场搅拌的混凝土还应按混凝土消耗量执行现场搅拌调整费定额。

表 4–1–1 混凝土浇捣人工调整系数

序号	项目名称	人工调整系数
1	柱	1.05
2	梁	1.40
3	板	1.30

（2）定额中商品混凝土按常用强度等级考虑，当混凝土的设计强度等级与定额不同时，应作换算。

（3）现浇混凝土构件的模板按照不同构件，分别以复合木模、铝模、钢模单独编制。定额未注明模板类型的，均按复合木模考虑。

（4）现浇钢筋混凝土柱（不含构造柱）、梁（不含圈梁、过梁）、板、墙的支模高度按层高 3.6 m 以内编制，超过 3.6 m 时，工程量包括 3.6 m 以下部分，超过部分另按相应超高定额计算；斜板（梁）或拱形结构按板（梁）顶平均高度确定支模高度，电梯井壁按建筑物自然层层高确定支模高度。

（5）异形柱（L 形柱、T 形柱，如图 4–1–12 所示），当柱的 a 与 b 的比值小于 4 时按柱相应定额执行，大于 4 时按墙相应定额执行。

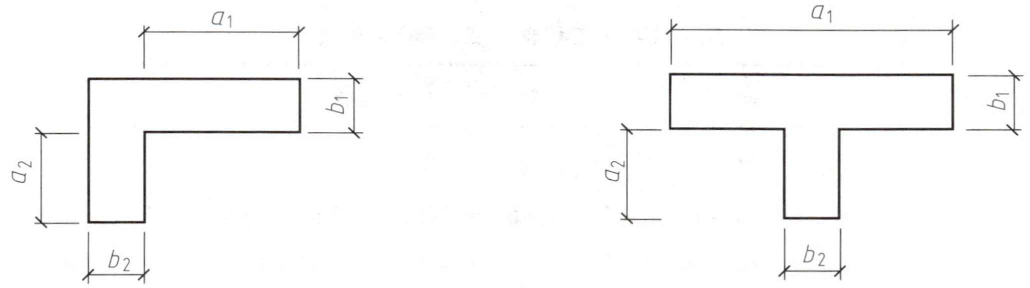

图 4-1-12　L 形柱、T 形柱

（6）地圈梁套用圈梁定额；异形梁、梯形梁、变截面矩形梁套用矩形梁、异形梁定额。非全悬挑的阳台、雨篷，按梁、板有关规则计算，套用相应定额。

（7）斜梁（板）是按坡度 10° <α≤30°综合编制的。α≤10°的斜梁（板）按普通梁、板定额执行；30° <α≤45°时，人工乘以系数 1.05；α>45°时，按墙相应定额执行。

（8）屋面内天沟按梁、板有关规则计算，套用梁、板相应定额。

【任务示例】

例 4-1-1　某现浇框架结构房屋的二层结构平面图、基础断面图如图 4-1-13 所示，已知二层板顶结构标高为 4.500 m，板厚 100 mm，柱截面尺寸 KZ1 为 500 mm × 500 mm，KZ2 为 400 mm × 400 mm，柱基顶面标高见基础断面图，泵送商品混凝土强度为 C20，模板采用组合钢模试计算钢筋混凝土柱、梁、板混凝土和模板的工程量、综合单价及相关费用。（企业管理费费率取 16%，利润费率取 8%，不考虑风险费用。）

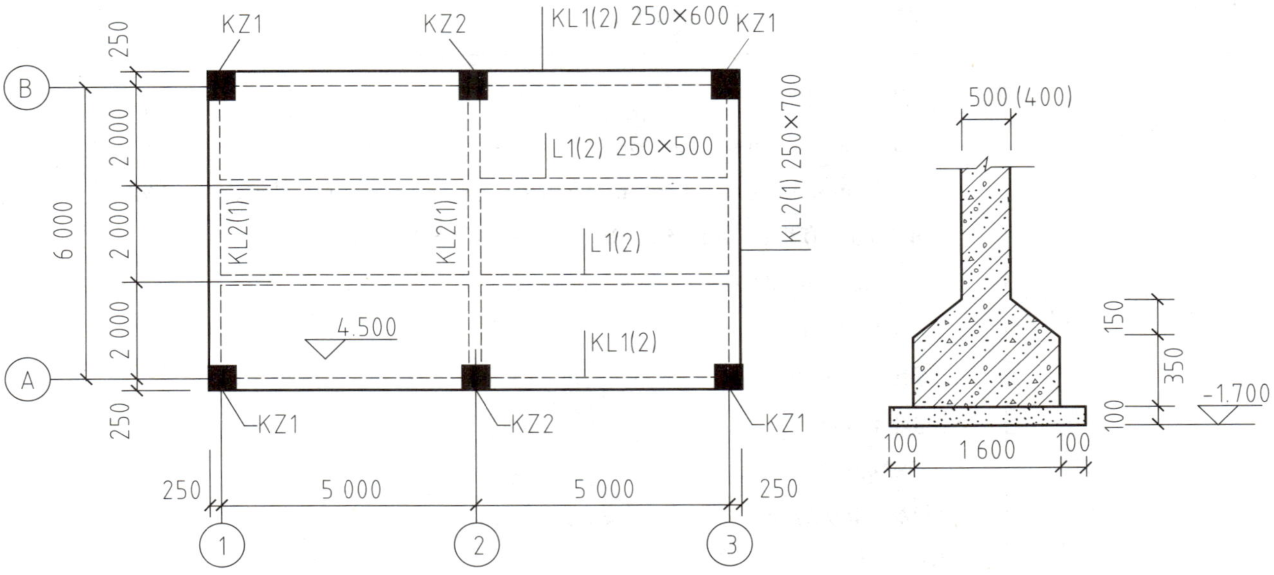

图 4-1-13　某现浇框架结构房屋的二层结构平面图、基础断面图

解：计算过程见表 4-1-2 和表 4-1-3。

表 4-1-2 工程量计算、定额套用表

项目名称	计算过程
1. C20 泵送商品混凝土矩形柱	（1）工程量计算 V_{KZ1}=0.5 m × 0.5 m ×（4.5 m+1.7 m−0.1 m−0.35 m−0.15 m）× 4=5.6 m^3 V_{KZ2}=0.4 m × 0.4 m ×（4.5 m+1.7 m−0.1 m−0.35 m−0.15 m）× 2 ≈ 1.79 m^3 合计 V=5.6 m^3+1.79 m^3=7.39 m^3 （2）定额套用 定额编号：5-6H 计量单位：m^3 人工费：87.62 元 材料费：470.39 元 +（431 元 −461 元）× 1.01=440.09 元 机械费：0.42 元
2. 矩形柱组合钢模	（1）工程量计算 S_{KZ1}= 0.5 m × 4 ×（4.5 m+1.7 m−0.1 m−0.35 m−0.15 m）× 4=44.8 m^2 S_{KZ2}= 0.4 m × 4 ×（4.5 m+1.7 m−0.1 m−0.35 m−0.15 m）× 2=17.92 m^2 合计 S=44.8 m^2+17.92 m^2=62.72 m^2 （2）定额换算 支模高度 4.5 m>3.6 m，另按相应超高定额计算 定额编号：（5-117）+（5-124） 计量单位：m^2 人工费：30.75 元 +1.83 元 =32.58 元 材料费：11.97 元 +0.70 元 =12.67 元 机械费：1.95 元 +0.07 元 =2.02 元
3. C20 泵送商品混凝土矩形梁	（1）工程量计算 V_{KL1}=0.25 m × 0.6 m ×（10.5 m−0.5 m × 2−0.4 m）× 2=2.73 m^3 V_{KL2}=0.25 m × 0.7 m ×［（6.5 m−0.5 m × 2）× 2+（6.5 m−0.4 m × 2）］≈ 2.92 m^3 V_{L1}=0.25 m × 0.5 m ×（10.5 m−0.25 m × 3）× 2 ≈ 2.44 m^3 合计 V=2.73 m^3+2.92 m^3+2.44 m^3=8.09 m^3 （2）定额套用 定额编号：5-9H 计量单位：m^3 人工费：36.65 元 材料费：469.82 元 +（431 元 −461 元）× 1.01=439.52 元 机械费：0.42 元

续表

项目名称	计算过程
4. 矩形梁组合钢模	（1）工程量计算 S_{KL1}=（0.25 m+0.6 m×2−0.1）×（10.5 m−0.5 m×2−0.4 m）×2=24.57 m^2 S_{KL2}=（0.25 m+0.7 m×2−0.1）×（6.5 m−0.5 m×2）×2 +（0.25 m+0.7 m×2−0.1 m×2）×（6.5 m−0.4 m×2）≈25.32 m^2 S_{L1}=（0.25 m+0.5 m×2−0.1 m×2）×（10.5 m−0.25 m×3）×2≈20.48 m^2 合计 S=24.57 m^2+25.32 m^2+20.48 m^2=70.37 m^2 （2）定额换算　支模高度 4.5 m>3.6 m，另按相应超高定额计算 定额编号：（5−129）+（5−137） 计量单位：m^2 人工费：28.65 元 +3.10 元 =31.75 元 材料费：15.35 元 +1.13 元 =16.48 元 机械费：2.74 元 +0.20 元 =2.94 元
5. C20 泵送商品混凝土板	（1）工程量计算 V=（10.5 m−0.25 m×3）×（6.5 m−0.25 m×4）×0.1 m≈5.36 m^3 （2）定额套用 定额编号：5−16H 计量单位：m^3 人工费：42.31 元 材料费：474.09 元 +（431 元 −461 元）×1.01=443.79 元 机械费：0.77 元
6. 板组合钢模	（1）工程量计算 S=（10.5 m−0.25 m×3）×（6.5 m−0.25 m×4）≈53.63 m^2 （2）定额换算　支模高度 4.5 m>3.6 m，另按相应超高定额计算 定额编号：（5−142）+（5−151） 计量单位：m^2 人工费：19.52 元 +2.35 元 =21.87 元 材料费：12.67 元 +1.35 元 =14.02 元 机械费：2.14 元 +0.24 元 =2.38 元

表 4–1–3　定额清单综合单价与合价计价表

序号	定额编号	定额名称	计量单位	工程量	综合单价 / 元							合价 / 元	其中	
					定额人工费	定额材料费	定额机械费	企业管理费	利润	风险费用	小计		人工费 / 元	机械费 / 元
1	5–6H	C20 泵送商品混凝土矩形柱	m^3	7.39	87.62	440.09	0.42	14.09	7.04	0	549.26	4 059.03	647.51	3.10
2	（5–117）+（5–124）	矩形柱组合钢模	m^2	62.72	32.58	12.67	2.02	5.54	2.77	0	55.58	3 485.98	2 043.42	126.69
3	5–9H	C20 泵送商品混凝土矩形梁	m^3	8.09	36.65	439.52	0.42	5.93	2.97	0	485.49	3 927.61	296.50	3.40
4	（5–129）+（5–137）	矩形梁组合钢模	m^2	70.37	31.75	16.48	2.94	5.55	2.78	0	59.50	4 187.02	2 234.25	206.89
5	5–16H	C20 泵送商品混凝土板	m^3	5.36	42.31	443.79	0.77	6.89	3.45	0	497.21	2 665.05	226.78	4.13
6	（5–142）+（5–151）	板组合钢模	m^2	53.63	21.87	14.02	2.38	3.88	1.94	0	44.09	2 364.55	1 172.89	127.64

【任务实施】

1. 某工程第三层结构平面图如图 4–1–14 所示，层高 3.2 m，采用 C20 非泵送商品混凝土，模板采用复合木模，柱截面尺寸 KZ1 为 400 mm × 400 mm，试计算钢筋混凝土柱、梁、板混凝土和模板的工程量、综合单价及相关费用。（企业管理费费率取 16%，利润费率取 8%，不考虑风险费用。）

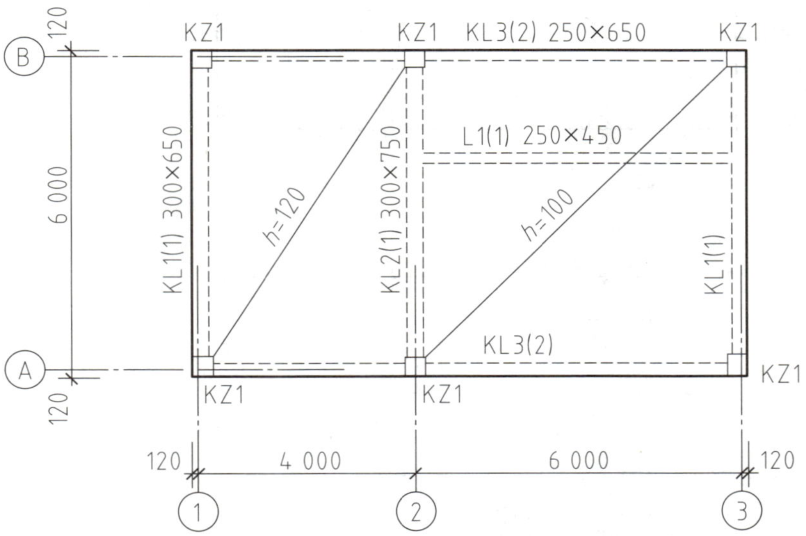

图 4–1–14　某工程第三层结构平面图

2. 某单层框架结构平面图如图 4–1–15 所示，层高 4.8 m，柱基顶面标高为 –0.800 m，KZ1 截面尺寸为 400 mm × 400 mm，采用 C25（40）现浇现拌混凝土，试计算钢筋混凝土柱、梁、板混凝土和模板的工程量、综合单价及相关费用。（企业管理费费率取 16%，利润费率取 8%，不考虑风险费用。）

3. 某现浇框架结构的二层结构平面图如图 4–1–16 所示，已知柱截面尺寸 KZ1 为 400 mm × 500 mm，KZ2 为 450 mm × 600 mm，柱基顶面标高为 –1.200 m，未注板厚为 100 mm，柱、梁、板混凝土均为 C30（40）现浇现拌，试计算钢筋混凝土柱、梁、板混凝土和模板的工程量、综合单价及相关费用。（企业管理费费率取 16%，利润费率取 8%，不考虑风险费用。）

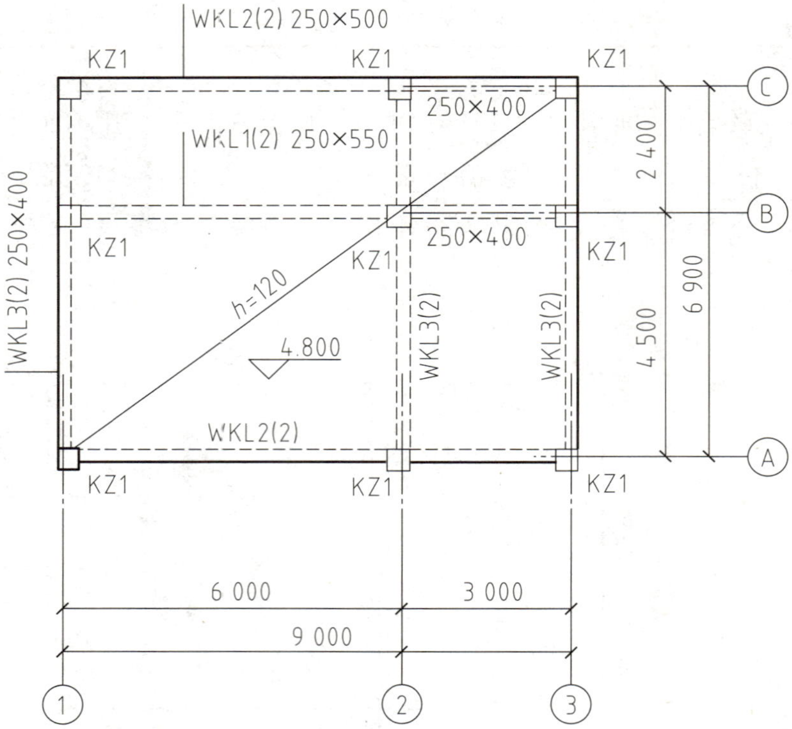

图 4-1-15 某单层框架结构平面图

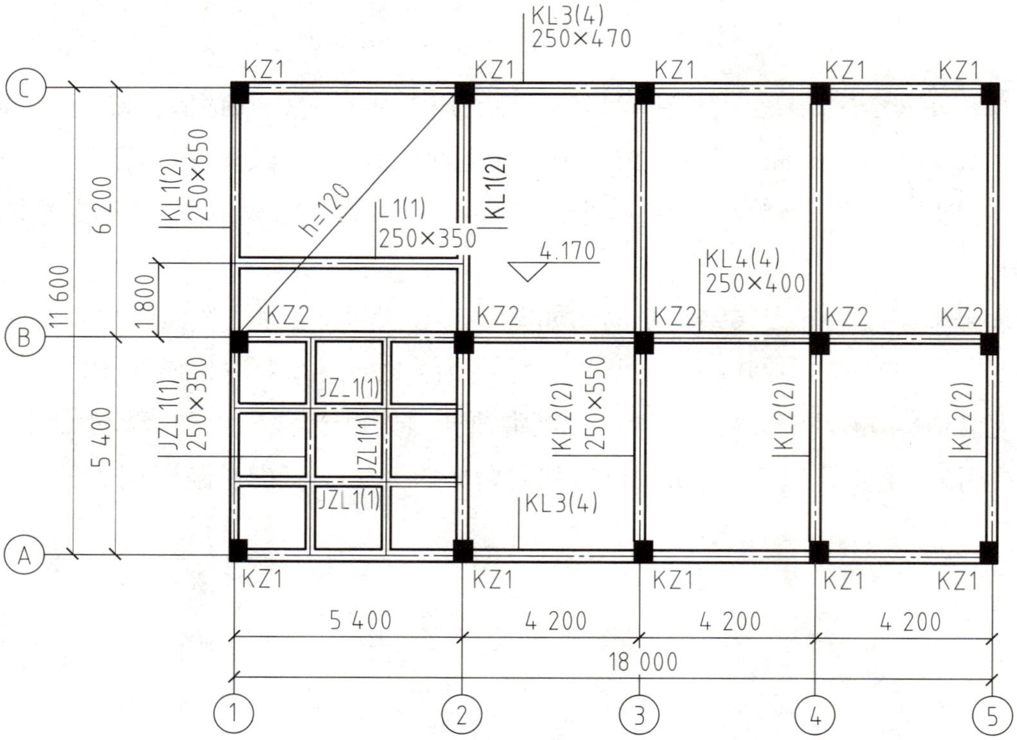

图 4-1-16 某现浇框架结构的二层结构平面图

【任务拓展】

根据书后附图某单位仓库图纸，试计算一层钢筋混凝土柱、梁、板混凝土和模板的工程量、综合单价及相关费用。（企业管理费费率取 16%，利润费率取 8%，不考虑风险费用。）

任务 2 砌筑工程定额清单计量与计价

【任务目标】

1. 熟悉墙体及砌筑材料的分类。
2. 掌握砌筑工程量计算规则及定额说明。
3. 能熟练识读建筑平面图、剖面图、断面图与对应的说明。
4. 能熟练计算砌筑工程量、综合单价及相关费用。

【知识准备】

一、知识链接

1. 墙体分类

(1) 墙体按所处的位置不同可分为外墙和内墙,外墙是位于建筑物四周外围的墙体,内墙是位于建筑物内部的墙体。

(2) 墙体按布置方向可分为纵墙和横墙,沿建筑物长轴方向布置的墙体称为纵墙,沿建筑物短轴方向布置的墙体称为横墙,外横墙又称山墙,外纵墙又称檐墙,如图 4-2-1 所示。

2. 墙体砌筑材料分类

(1) 砖块及砌块

① 砖块。砌筑工程中所用的砖种类较多,主要分普通烧结类砖和蒸压类砖。

普通烧结类砖以页岩、煤矸石、粉煤灰为主要材料,经压制成型、焙烧而制成,常见的有实心砖、多孔砖和空心砖等。

蒸压类砖通过坯料制备、压制成型、蒸压养护而制成,常见的有蒸压煤渣实心砖和蒸压灰砂砖两种。

② 砌块。砌块是利用混凝土、工业废料(炉渣、粉煤灰等)制成的人造块材。砌块外形尺寸比砖大,具有制造设备简单、砌筑速度快等优点。同砖块相比,砌块具有重量轻、保温隔热性能好、隔声性能好等优点。常见的有加气混凝土砌块、混凝土小型砌块、轻骨料混凝土小型空心砌块、粉煤灰砌块等。

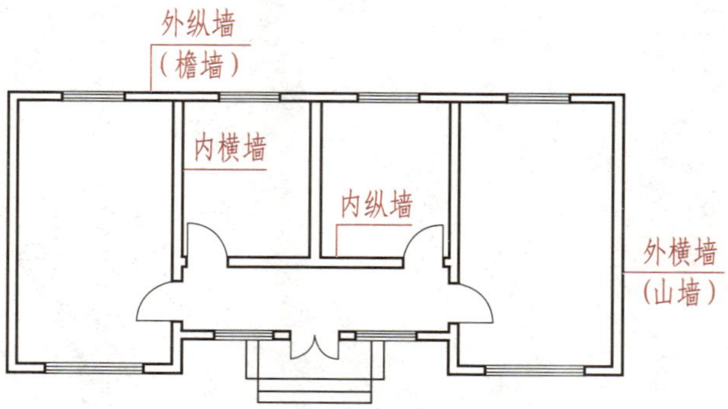

图 4-2-1 墙体

（2）砌筑砂浆。砌筑砂浆是指将砖、石、砌块等块材砌筑黏结成一个整体，起黏结、衬垫和传力作用的砂浆。按砂浆供应方式可分为现拌和预拌两种。预拌砌筑砂浆是指专业生产厂家生产的湿拌砌筑砂浆和干混砌筑砂浆。

① 湿拌砌筑砂浆是指水泥、细骨料、外加剂、水，以及根据性能确定的各种组分，按一定比例，在搅拌站经计量、拌制后，采用搅拌运输车运至使用地点，放入专用容器存储，并在规定时间内使用完毕的湿拌拌合物。

② 干混砌筑砂浆通常称水硬性水泥混合砂浆，是指经干燥筛分处理的骨料（如石英砂）、无机胶凝材料（如水泥）和添加剂（如聚合物）等按一定比例进行物理混合而成的一种颗粒状或粉状，以袋装或散装的形式运至施工现场，加水拌合后即可直接使用的物料。

二、工程量计算规则

工程量按设计图示尺寸以体积计算。

$$V=（墙高 \times 墙长-应扣面积）\times 墙厚-应扣体积+应增加体积$$

1. 墙身高度

墙身高度按照设计图示墙体高度计算。

（1）外墙：斜（坡）屋面无檐口天棚者，算至屋面板底，如图 4-2-2 所示；有屋架且室内外均有天棚者，算至屋架下弦底另加 200 mm，如图 4-2-3 所示；无天棚者，算至屋架下弦底另加 300 mm，出檐宽度超过 600 mm 时按实砌高度计算，如图 4-2-2 所示；有钢筋混凝土楼板隔层者，算至板顶；平屋顶算至钢筋混凝土板底，如图 4-2-4 所示。

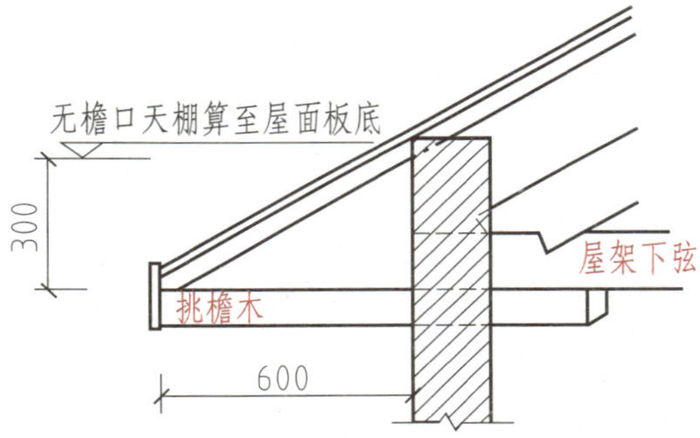

图 4-2-2　无檐口天棚和无天棚时的外墙高度

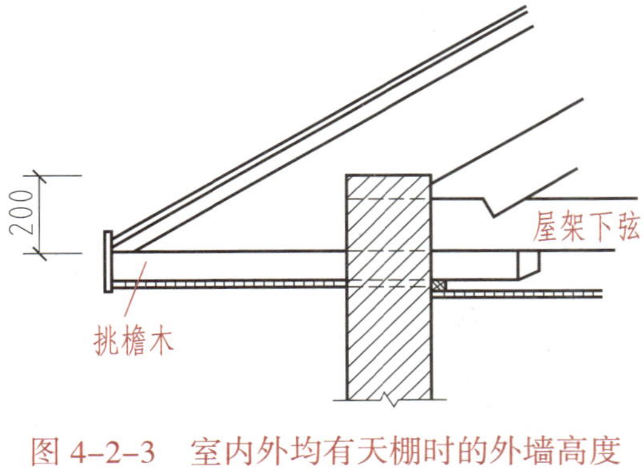

图 4-2-3　室内外均有天棚时的外墙高度

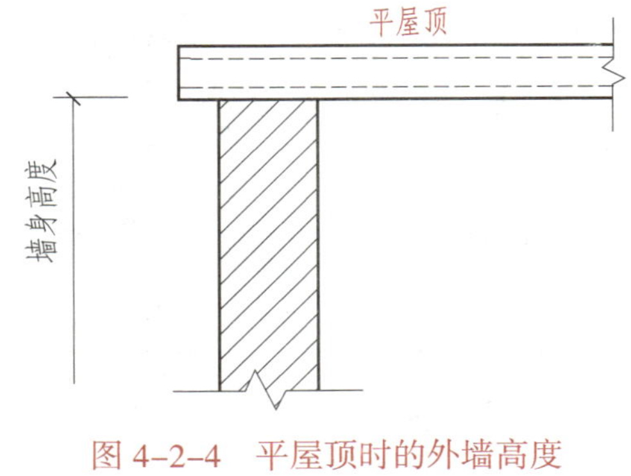

图 4-2-4　平屋顶时的外墙高度

（2）女儿墙：从屋面板上表面算至女儿墙顶面（如有混凝土压顶，算至压顶下表面）。

（3）内墙：位于屋架下弦者，算至屋架下弦底，如图 4-2-5 所示；无屋架者，算至天棚底另加 100 mm，如图 4-2-6 所示；有钢筋混凝土楼板隔层者，算至楼板底；有框架梁时算至梁底。

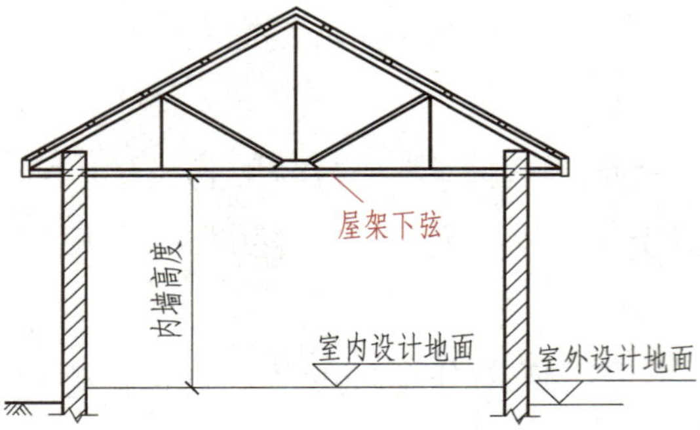

图 4-2-5 位于屋架下弦的内墙高度

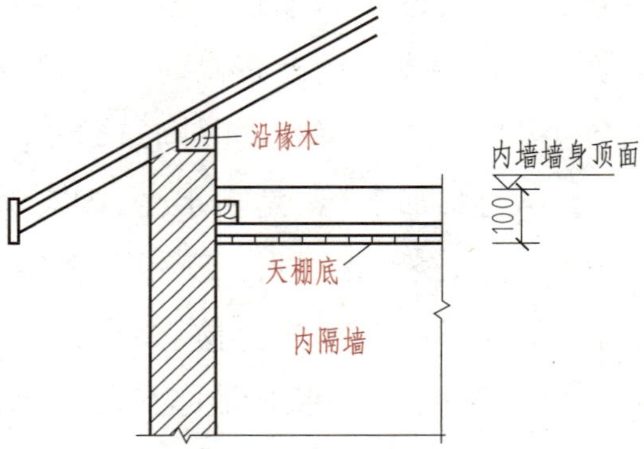

图 4-2-6 无屋架时的内墙高度

（4）内、外山墙：按其平均高度计算。外山墙高度如图 4-2-7 所示。

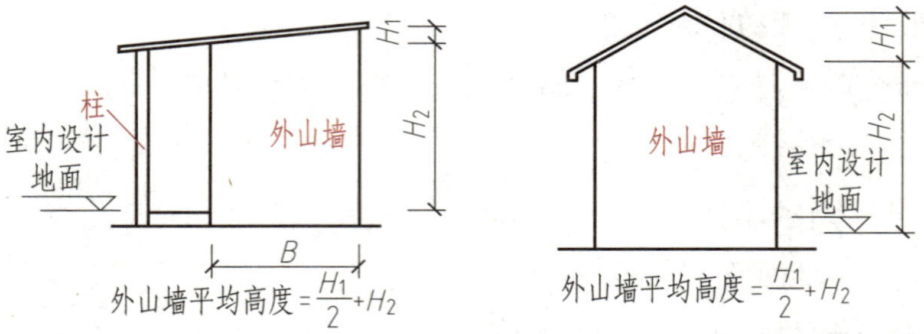

(a) 单坡屋顶外山墙　　(b) 双坡屋顶外山墙

图 4-2-7 外山墙高度

（5）框架墙：不分内、外墙，均按净高计算，$H_{净高}$ = 层高 － 梁高。

2. 墙身长度

（1）外墙按外墙中心线长度计算。

（2）内墙按内墙净长计算。

（3）附墙砖垛按折加长度合并计算。

（4）框架间墙不分内、外墙，均按柱间净长计算。

3. 墙身厚度

标准砖尺寸以 240 mm × 115 mm × 53 mm 为准，其砌体计算厚度按表 4-2-1 选取。

表 4-2-1 标准砖砌体计算厚度表　　mm

墙厚（砖数）	$\frac{1}{4}$	$\frac{1}{2}$	$\frac{3}{4}$	1	$1\frac{1}{2}$	2
计算厚度	53	115	178	240	365	490
图纸标注	60	120	180	240	370	490

4. 应扣面积

（1）门窗、洞口面积。

（2）单个面积大于 0.3 m^2 的孔洞。

5. 应扣除、不扣除体积

（1）应扣除：嵌入墙内的钢筋混凝土柱、梁、圈梁、挑梁、过梁及凹进墙内的壁龛、管槽、暖气槽、消火栓箱和单个面积在 0.3 m^2 以上的孔洞所占的体积。

（2）不扣除：梁头、檩头、垫木、木楞头、沿椽木、木砖、门窗走头、砖墙内加固钢筋、木筋、铁件、钢管及单个面积在 0.3 m^2 以内的孔洞所占的体积。

6. 应增加、不增加体积

（1）应增加：突出墙身的统腰线、1/2 砖以上的门窗套、二出檐以上的挑檐、凸出墙面的砖垛等体积。

（2）不增加：突出墙身的窗台、1/2 砖以内的门窗套、二出檐以内的挑檐等体积。

三、定额说明

（1）建筑物砌筑工程基础与上部结构的划分：基础与墙（柱）身使用同一种材料时，以室内设计地面为分界线（有地下室者，以地下室室内设计地面为分界线），以下为基础，以上为墙（柱）身；基础与墙（柱）身使用不同材料时，不同材料的分界线位于室内设计地面 ±300 mm 以内时，以不同材料为分界线，超过 ±300 mm 时，以室内设计地面为分界线。

（2）定额中砖、砌块和石料用量是按标准和常用规格编制的，设计规格与定额不同时，砌体材料（砖、砌块、砂浆、黏结剂）用量应做调整换算，其余用量不变。

（3）定额中所使用的砂浆均按干混预拌砂浆编制，若实际使用现拌砂浆或湿拌预拌砂浆，按以下方法调整：

① 使用现拌砂浆的，除将定额中的干混预拌砂浆调为现拌砂浆外，另按相应定额中每立方米砂浆增加人工 0.382 工日、200 L 灰浆搅拌机 0.167 台班，并扣除定额中干混预拌砂浆罐式搅拌机台班数量。

② 使用湿拌预拌砂浆的，除将定额中的干混预拌砂浆调为湿拌预拌砂浆外，另按相应定额中每立方米砂浆扣除人工 0.20 工日，并扣除定额中干混预拌砂浆罐式搅拌机台班数量。

（4）砖砌体和砌块砌体不分内、外墙，均执行对应品种及规格砖和砌块的同一定额，墙厚一砖以上的均套用一砖墙相应定额；定额中均已包括了立门窗框的调直以及腰线、窗台线、挑檐等一般出线用工。

（5）夹心保温墙（包括两侧）按单侧墙厚套用墙相应定额，人工乘以系数 1.15，保温填充料另行套用保温、隔热、防腐工程的相应定额。

（6）多孔砖、空心砖及砌块砌筑有防水、防潮要求的墙体时，若以实心砖作为导墙砌筑，导墙与上部墙身主体需分别计算，导墙部分套用零星砌体相应定额。

（7）定额中各类砖、砌块及石砌体的砌筑均按直形砌筑编制，如为圆弧形砌筑，相应定额人工用量乘以系数 1.10，砖、砌块、石材及砂浆（黏结剂）用量乘以系数 1.03。

【任务示例】

例 4-2-1　某建筑一层平面图如图 4-2-8 所示，层高 3.6 m，净高 3.48 m，计算高度 3.48 m，采用 M7.5 现拌水泥砂浆、非黏土烧结实心砖砌筑，外墙厚 365 mm，内墙厚 240 mm，内、外墙体和埋件体积及门窗表分别见表 4-2-2、表 4-2-3，试计算墙体工程量、综合单价及相关费用。(企业管理费费率取 16%，利润费率取 8%，不考虑风险费用。)

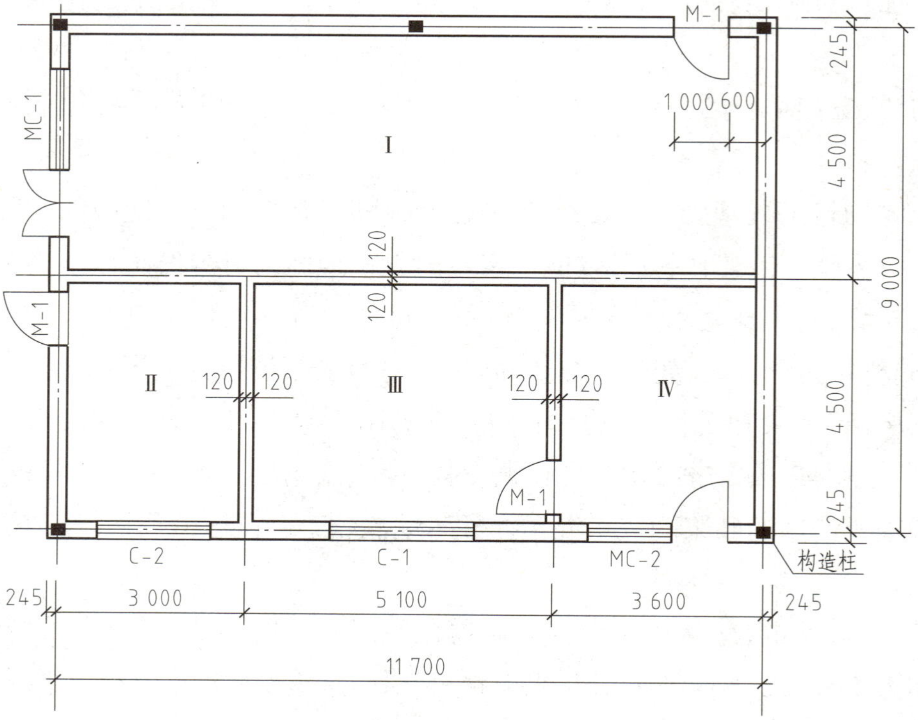

图 4-2-8　某建筑一层平面图

表 4-2-2　内、外墙体和埋件体积

墙体名称	混凝土体积 /m³		
	构造柱	过梁	圈梁
365 外墙	1.98	0.587	2.74
240 内墙		0.032	0.86

表 4-2-3　门　窗　表

门窗编号	洞口尺寸	数量	备注
C-1	2 400 mm × 1 800 mm	1	铝合金窗
C-2	1 800 mm × 1 800 mm	1	铝合金窗
MC-1	3 000 mm × 2 700 mm (门 1 200 mm × 2 700 mm，窗 1 800 mm × 1 800 mm)	1	铝合金门连窗

续表

门窗编号	洞口尺寸	数量	备注
MC-2	2 400 mm × 2 700 mm （门 900 mm × 2 700 mm，窗 1 500 mm × 1 800 mm）	1	铝合金门连窗
M-1	1 000 mm × 2 700 mm	3	铝合金窗

解：计算过程见表 4-2-4 和表 4-2-5。

表 4-2-4 工程量计算、定额套用表

项目名称	计算过程
M7.5 现拌水泥砂浆砌筑非黏土烧结实心一砖墙	（1）工程量计算 ① 365 mm 外墙 L=[11.7 m+（0.245 m−0.365 m/2）× 2+9 m+（0.245 m−0.365 m/2）× 2] × 2=41.9 m $S_{门窗}$=2.4 m × 1.8 m+1.8 m × 1.8 m+1 m × 2.7 m × 2+（1.8 m × 1.8 m+1.2 m × 2.7 m）+（1.5 m × 1.8 m+0.9 m × 2.7 m）=24.57 m^2 V=（41.9 m × 3.48 m−24.57 m^2）× 0.365 m−（1.98 m^3+0.587 m^3+2.74 m^3）≈38.95 m^3 ② 240 mm 内墙 L=11.7 m−0.24 m+（4.5 m−0.24 m）× 2=19.98 m $S_{门窗}$=1 m × 2.7 m=2.7 m^2 V=（19.98 m × 3.48 m−2.7 m^2）× 0.24−（0.032 m^3+0.86 m^3）≈15.15 m^3 合计 V=38.95 m^3+15.15 m^3=54.1 m^3 （2）定额套用 定额编号：4-27H 计量单位：m^3 人工费：（136.35+0.382 × 0.236 × 135）元≈148.52 元 材料费：[323.89+（215.81−413.73）× 0.236]元≈277.18 元 机械费：（2.29−0.011 8 × 193.83+0.167 × 0.236 × 154.97）元≈6.11 元

表 4-2-5 定额清单综合单价与合价计价表

序号	定额编号	定额名称	计量单位	工程量	综合单价 / 元							合价 / 元	其中	
					定额人工费	定额材料费	定额机械费	企业管理费	利润	风险费用	小计		人工费 / 元	机械费 / 元
1	4-27H	M7.5 现拌水泥砂浆砌筑非黏土烧结实心一砖墙	m^3	54.1	148.52	277.18	6.11	24.74	12.37	0	468.92	25 368.57	8 034.93	330.55

【任务实施】

1. 某房屋一层平面图、外墙身详图如图 4–2–9 所示，墙体采用 M5 现拌混合砂浆、非黏土烧结实心砖砌筑，尺寸为 240 mm × 115 mm × 53 mm，门窗、过梁尺寸见表 4–2–6，①②⑤轴上有构造柱，构造柱总体积为 2.96 m^3，370 mm 外墙、240 mm 内墙一层圈梁梁底标高为 3.300 m，试计算房屋墙体砌筑工程量、综合单价及相关费用。（企业管理费费率取 16%，利润费率取 8%，不考虑风险费用。）

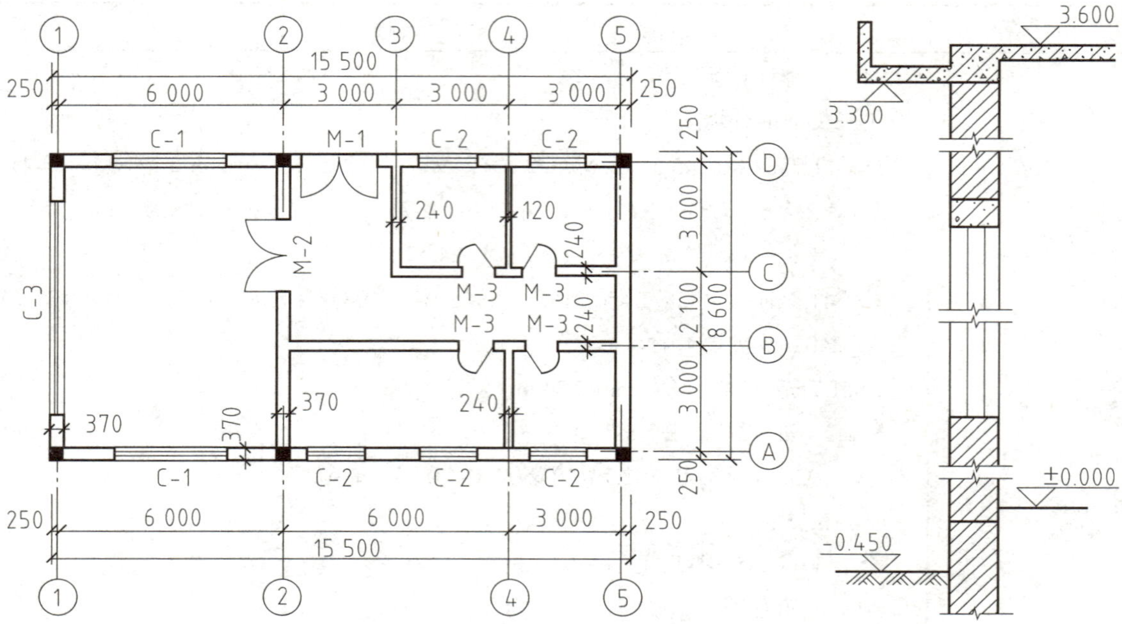

图 4–2–9　某房屋一层平面图、外墙身详图

表 4–2–6　门窗、过梁尺寸

序号	门窗名称	门窗尺寸		过梁体积 /m^3	数量
		宽 /mm	高 /mm		
1	M–1	2 000	2 500	0.170	1
2	M–2	2 000	2 500	0.180	1
3	M–3	900	2 000	0.052	4
4	C–1	3 000	1 500	0.260	2
5	C–2	1 500	1 500	0.150	5
6	C–3	6 000	2 000	0.825	1

2. 某框架结构房屋平面图、剖面图如图 4–2–10 所示，层高 4.8 m，已知墙体采用混凝土实心砖，尺寸为 240 mm × 115 mm × 53 mm，砂浆为 M7.5 干混砌筑砂浆，框架柱 KZ1 截面尺寸为

400 mm×400 mm，框架梁截面尺寸见屋顶结构平面图，试计算墙体砌筑工程量、综合单价及相关费用。（企业管理费费率取 16%，利润费率取 8%，不考虑风险费用。）

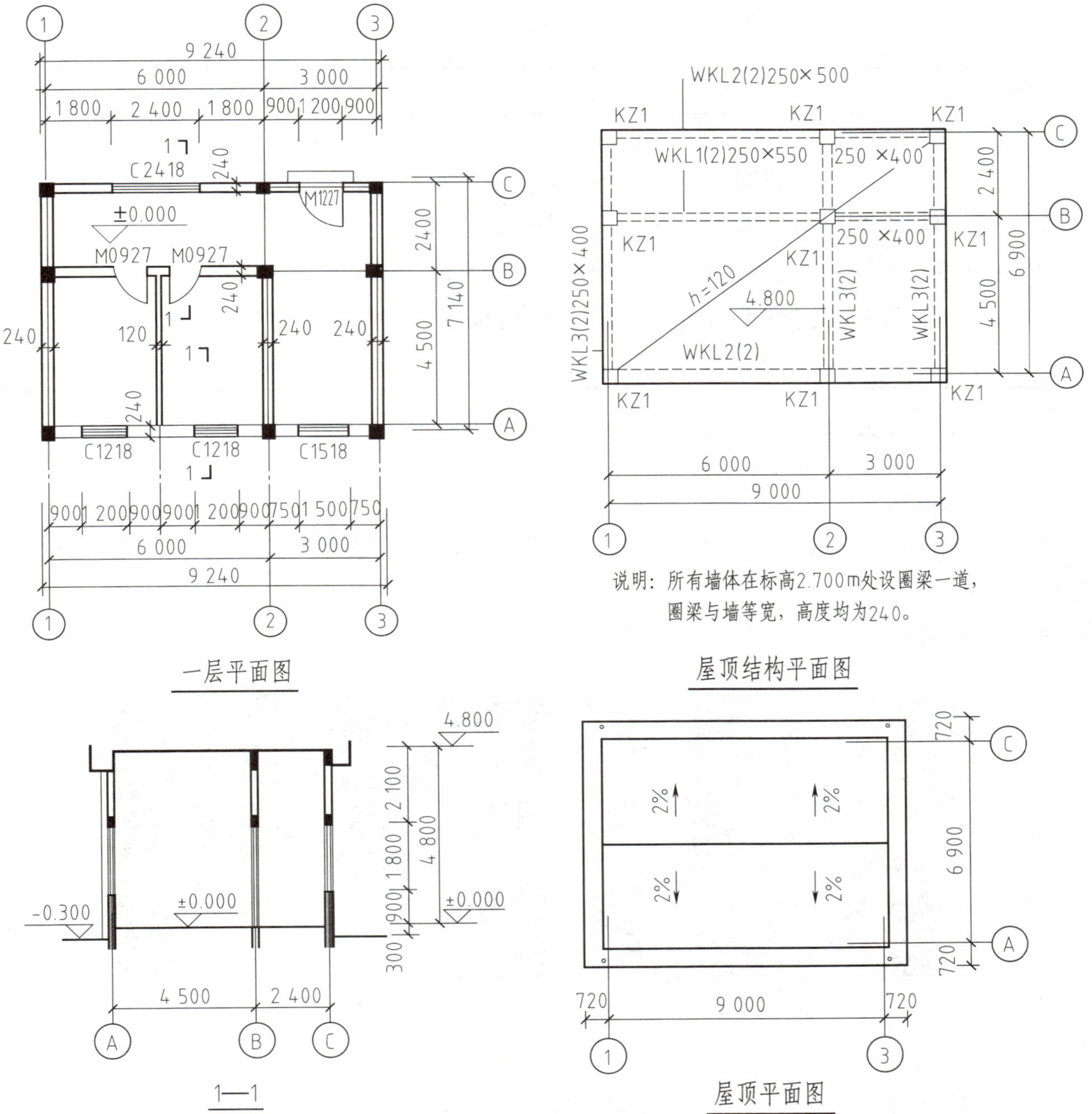

图 4-2-10　某框架结构房屋平面图、剖面图

【任务拓展】

根据书后附图某单位仓库图纸，试计算一层墙体砌筑工程量、综合单价及相关费用。（企业管理费费率取 16%，利润费率取 8%，不考虑风险费用。）

任务 3　楼梯混凝土、模板工程定额清单计量与计价

【任务目标】

1. 熟悉混凝土楼梯的类型。
2. 掌握楼梯混凝土与模板工程量计算规则及定额说明。
3. 能熟练识读楼梯平面图、楼梯剖面图与对应的设计说明。
4. 能熟练计算楼梯混凝土与模板工程量、综合单价及相关费用。

【知识准备】

一、知识链接

钢筋混凝土楼梯是房屋的竖向通道,将楼梯段、平台和梯梁浇筑成一个整体,其整体性好,抗震性强。

混凝土楼梯按形状不同可分为直形楼梯和弧形楼梯,如图 4–3–1 所示。

(a) 直形楼梯　　(b) 弧形楼梯

图 4–3–1　混凝土楼梯

混凝土楼梯按构件受力不同可分为板式楼梯和梁式楼梯。

1. 板式楼梯

板式楼梯由梯板、梯梁和平台板组成,梯板是一块斜板,板的两端支承在平台梁上,便于支模施工。当荷载和楼梯段跨度不大时,常采用板式楼梯。板式楼梯如图 4–3–2 所示。

2. 梁式楼梯

梁式楼梯由斜梁、踏步板、平台板、梯梁组成,在踏步板侧面设置斜梁,斜梁两端支承在平台梁上,平台梁支承在墙上或柱上。当荷载和楼梯段跨度较大时,采用梁式楼梯。梁式

楼梯如图 4–3–3 所示。

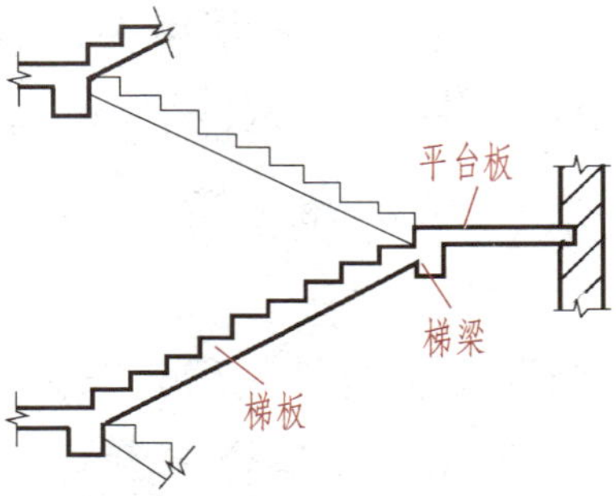

图 4–3–2　板式楼梯

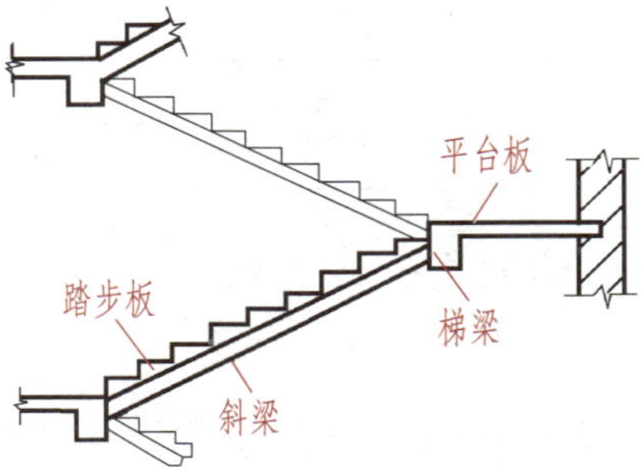

图 4–3–3　梁式楼梯

二、工程量计算规则

1. 混凝土工程量

混凝土工程量按水平投影面积计算（图 4–3–4）。

$$S=\text{水平投影面积}=A\times B$$

（1）工程量包括休息平台、平台梁、斜梁、楼梯段、楼梯与楼面的连接梁，无连接梁时，算至最上一级踏步边沿加 30 cm 处。

（2）不扣除宽度小于 50 cm 的楼梯井，伸入墙内部分不计算。

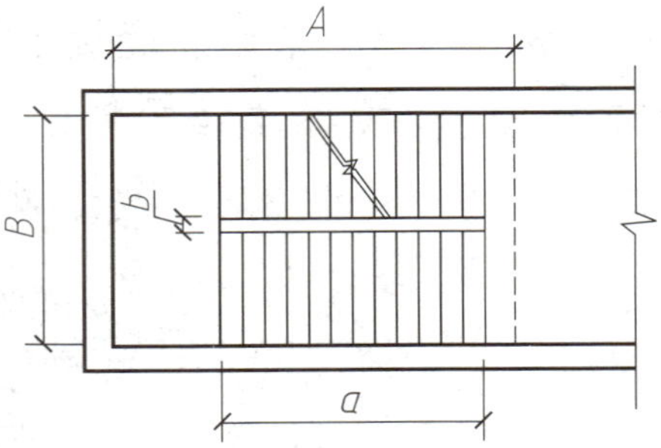

图 4–3–4　楼梯平面图

（3）与楼梯休息平台脱离的平台梁按梁或圈梁计算。

（4）直形楼梯与弧形楼梯相连者，直形、弧形应分别计算，套相应定额。

（5）楼梯基础、起步以下的基础梁、梯柱、栏板扶手另行计算。

2. 模板工程量

$$S=\text{水平投影面积}=A\times B$$

模板工程量计算与混凝土工程量计算相同。

三、定额说明

（1）定额中混凝土除另有注明外，均按泵送商品混凝土编制，实际采用非泵送商品混凝土、现场搅拌混凝土时仍套用泵送定额，混凝土价格按实际使用的种类换算，混凝土浇捣人工乘以系数 1.05，其余不变。现场搅拌的混凝土还应按混凝土消耗量执行现场搅拌调整费定额。

（2）定额中商品混凝土按常用强度等级考虑，当混凝土的设计强度等级与定额不同时，应作换算。

（3）现浇混凝土构件的模板按照不同构件，分别以复合木模、铝模、钢模单独编制。定额未注明模板类型的，均按复合木模考虑。

（4）楼梯设计指标超过表 4–3–1 所示定额取定值时，混凝土浇捣定额按比例调整，其余不变。

表 4–3–1　楼梯底板折实厚度取定表

项目名称	指标名称	取定值 /mm	备注
直形楼梯	底板厚度	180	梁式楼梯的斜梁并入楼梯底板内计算折实厚度
弧形楼梯		300	

（5）弧形楼梯指梯段为弧形的楼梯，仅平台弧形的，按直形楼梯定额执行，平台另计弧形板增加费。

（6）自行车坡道带有台阶的，按楼梯相应定额执行；无底模的自行车坡道及 4 步以上的混凝土台阶按楼梯定额执行，其模板按楼梯相应定额乘以 0.20 计算。

【任务示例】

例 4–3–1　某钢筋混凝土楼梯平面图、剖面图如图 4–3–5 所示，采用 C25 非泵送商品混凝土、复合木模。求楼梯混凝土与模板的工程量、综合单价及相关费用。（企业管理费费率取 16%，利润费率取 8%，不考虑风险费用。）

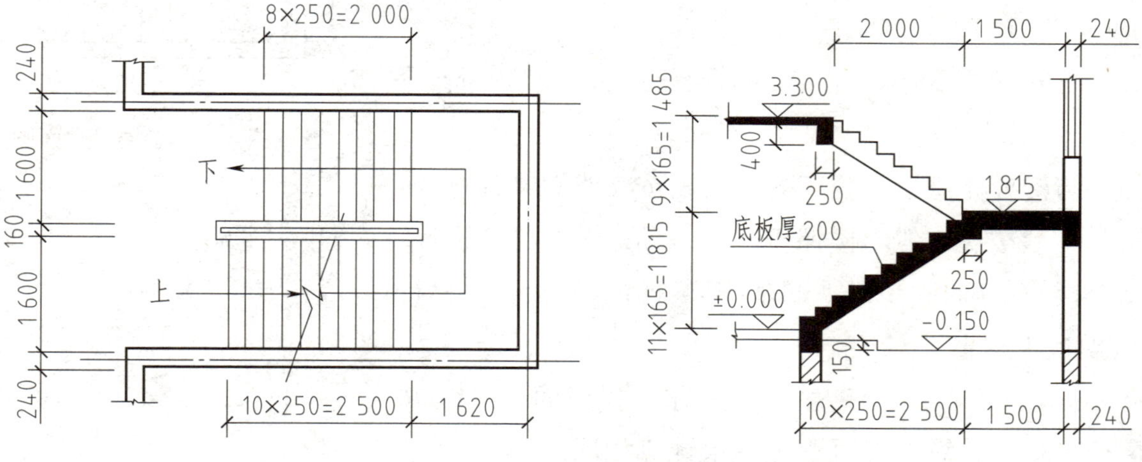

图 4–3–5　某钢筋混凝土楼梯平面图、剖面图

解：计算过程见表 4-3-2 和表 4-3-3。

表 4-3-2　工程量计算、定额套用表

项目名称	计算过程
1. C25 非泵送商品混凝土直形楼梯	（1）工程量计算 S=3.36 m/2 × [（2.5 m+1.5 m）+（2 m+1.5 m+0.25 m）]=13.02 m^2 （2）定额套用 楼梯底板厚 200 mm>180 mm，定额按比例换算；采用 C25 非泵送商品混凝土，与定额不同，应换算。 定额编号：5-24H 计量单位：m^2 人工费：（15.59 × 1.05 × 200/180）元≈18.19 元 材料费：{[114.60+（421-461）× 0.243] × 200/180}元≈116.53 元 机械费：0.15 × 200/180 元≈0.17 元
2. 直形楼梯（复合木模）模板	（1）工程量计算 S=13.02 m^2 （2）定额套用 定额编号：5-170 计量单位：m^2 人工费：87.63 元 材料费：35.67 元 机械费：3.83 元

表 4-3-3　定额清单综合单价与合价计价表

序号	定额编号	定额名称	计量单位	工程量	综合单价 / 元							合价 / 元	其中	
					定额人工费	定额材料费	定额机械费	企业管理费	利润	风险费用	小计		人工费 / 元	机械费 / 元
1	5-24H	C25 非泵送商品混凝土直形楼梯	m^2	13.02	18.19	116.53	0.17	2.94	1.47	0	139.30	1 813.69	236.83	2.21
2	5-170	直形楼梯（复合木模）模板	m^2	13.02	87.63	35.67	3.83	14.63	7.32	0	149.08	1 941.02	1 140.94	49.87

例 4–3–2 某钢筋混凝土楼梯平面图、剖面图如图 4–3–6 所示,楼梯底板厚 160 mm,采用 C20 泵送商品混凝土、组合钢模板。求楼梯混凝土与模板的工程量、综合单价及相关费用。(企业管理费费率取 16%,利润费率取 8%,不考虑风险费用。)

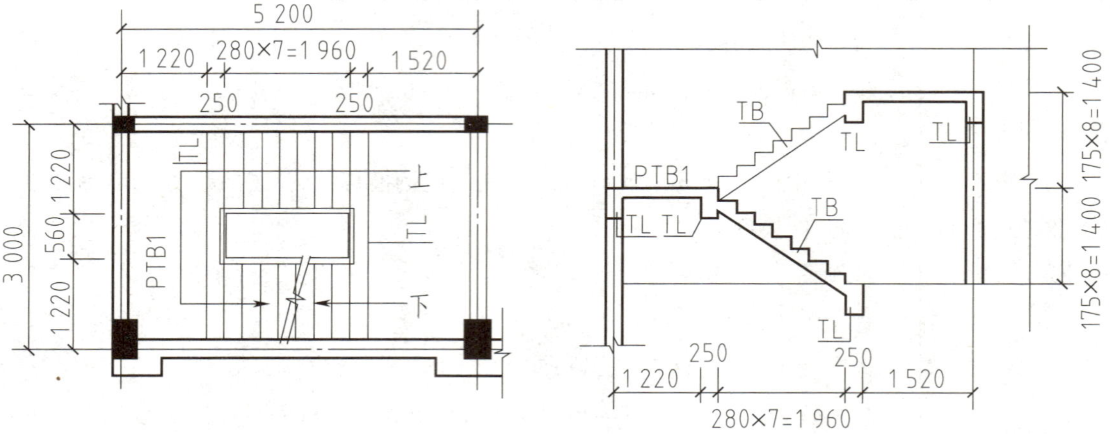

图 4–3–6 某钢筋混凝土楼梯平面图、剖面图

解:计算过程见表 4–3–4 和表 4–3–5。

表 4–3–4 工程量计算、定额套用表

项目名称	计算过程
1. C20 泵送商品混凝土直形楼梯	(1)工程量计算 S=2.76 m×(1.1 m+0.25 m+1.96 m+0.25 m)–0.56 m×1.96 m≈8.73 m^2 (2)定额套用 楼梯底板厚 160 mm,小于 180 mm,定额不换算;采用 C20 泵送商品混凝土,与定额不同,应换算。 定额编号:5–24H 计量单位:m^2 人工费:15.59 元 材料费:[114.60+(431–461)×0.243]元 =107.31 元 机械费:0.15 元
2. 直形楼梯(组合钢模)模板	(1)工程量计算 S=8.73 m^2 (2)定额套用 定额编号:5–168 计量单位:m^2 人工费:105.15 元 材料费:50.75 元 机械费:3.99 元

表 4-3-5　定额清单综合单价与合价计价表

序号	定额编号	定额名称	计量单位	工程量	综合单价 / 元							合价 / 元	其中	
					定额人工费	定额材料费	定额机械费	企业管理费	利润	风险费用	小计		人工费 / 元	机械费 / 元
1	5-24H	C20 泵送商品混凝土直形楼梯	m^2	8.73	15.59	107.31	0.15	2.52	1.26	0	126.83	1 107.23	136.10	1.31
2	5-168	直形楼梯（组合钢模）模板	m^2	8.73	105.15	50.75	3.99	17.46	8.73	0	186.08	1 624.48	917.96	34.83

【任务实施】

1. 某钢筋混凝土楼梯平面图、剖面图如图 4-3-7 所示，楼梯底板厚 180 mm，采用 C20 泵送商品混凝土、复合木模。求楼梯混凝土与模板的工程量、综合单价及相关费用。（企业管理费费率取 16%，利润费率取 8%，不考虑风险费用。）

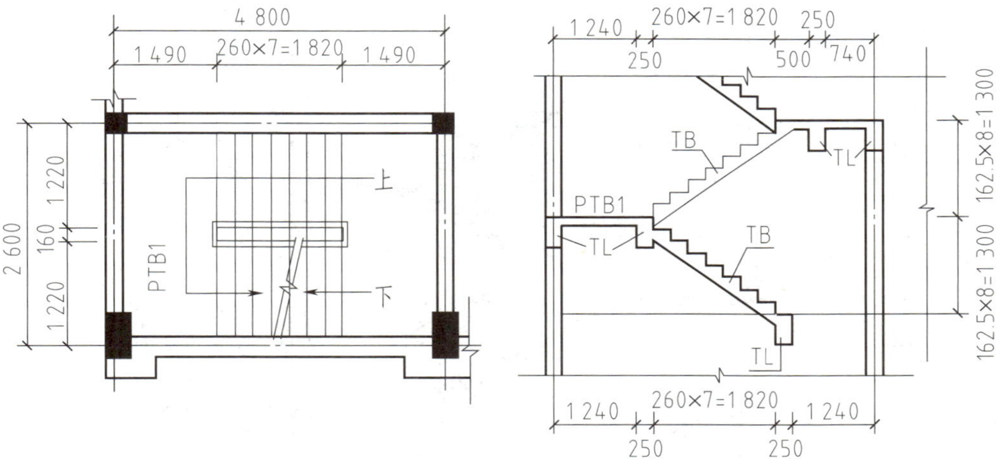

图 4-3-7　某钢筋混凝土楼梯平面图、剖面图

2. 某钢筋混凝土楼梯平面图、剖面图如图 4-3-8 所示，采用 C25 现浇现拌混凝土，楼梯底板厚 150 mm，楼层梁宽 250 mm，采用复合木模。求楼梯混凝土与模板的工程量、综合单价及相关费用。（企业管理费费率取 16%，利润费率取 8%，不考虑风险费用。）

3. 某钢筋混凝土楼梯平面图、剖面图如图 4-3-9 所示，采用 C20 泵送商品混凝土，楼梯底板厚 200 mm，采用组合钢模。求楼梯混凝土与模板的工程量、综合单价及相关费用。（企业管理费费率取 16%，利润费率取 8%，不考虑风险费用。）

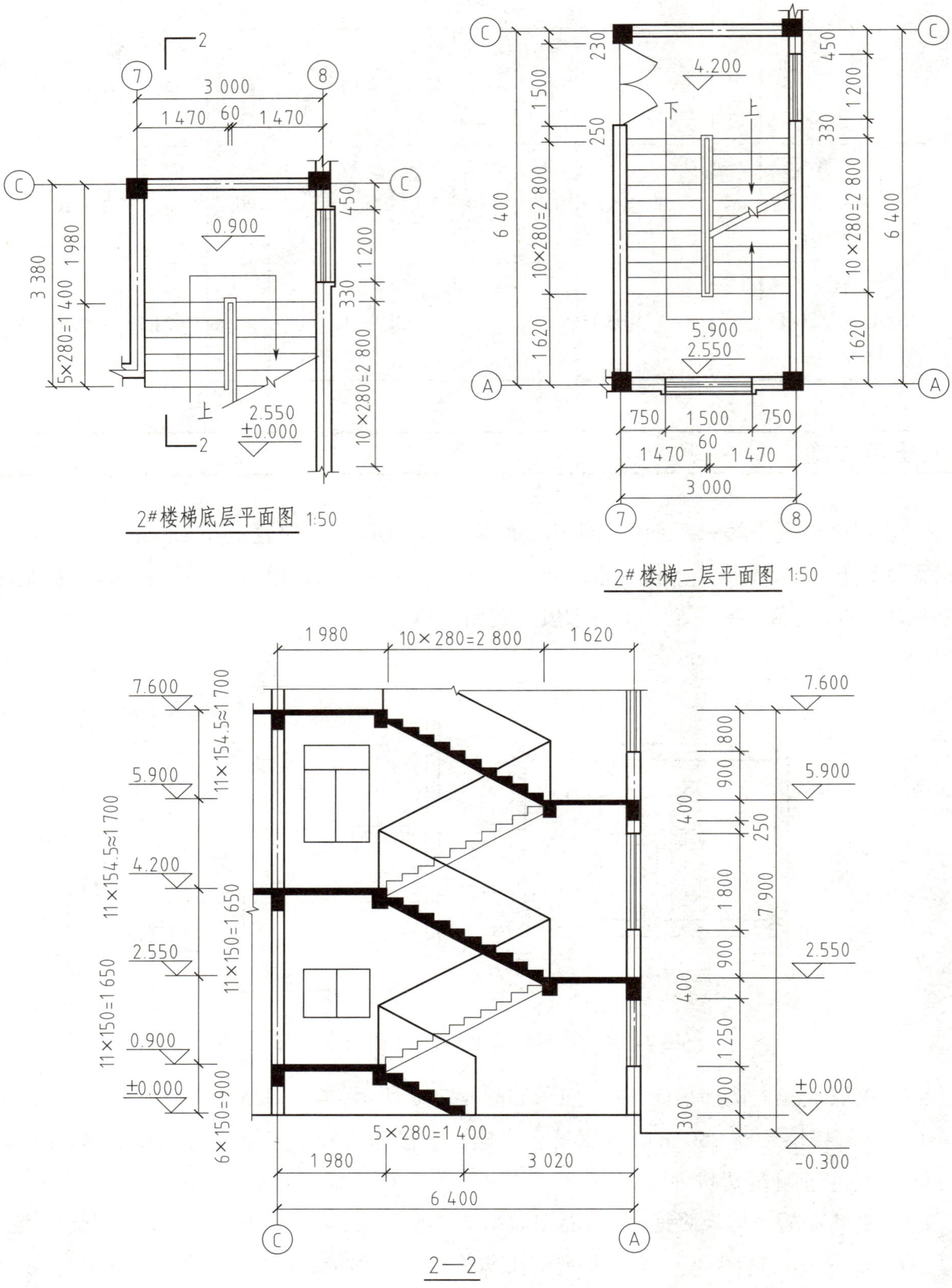

图 4-3-8 某钢筋混凝土楼梯平面图、剖面图

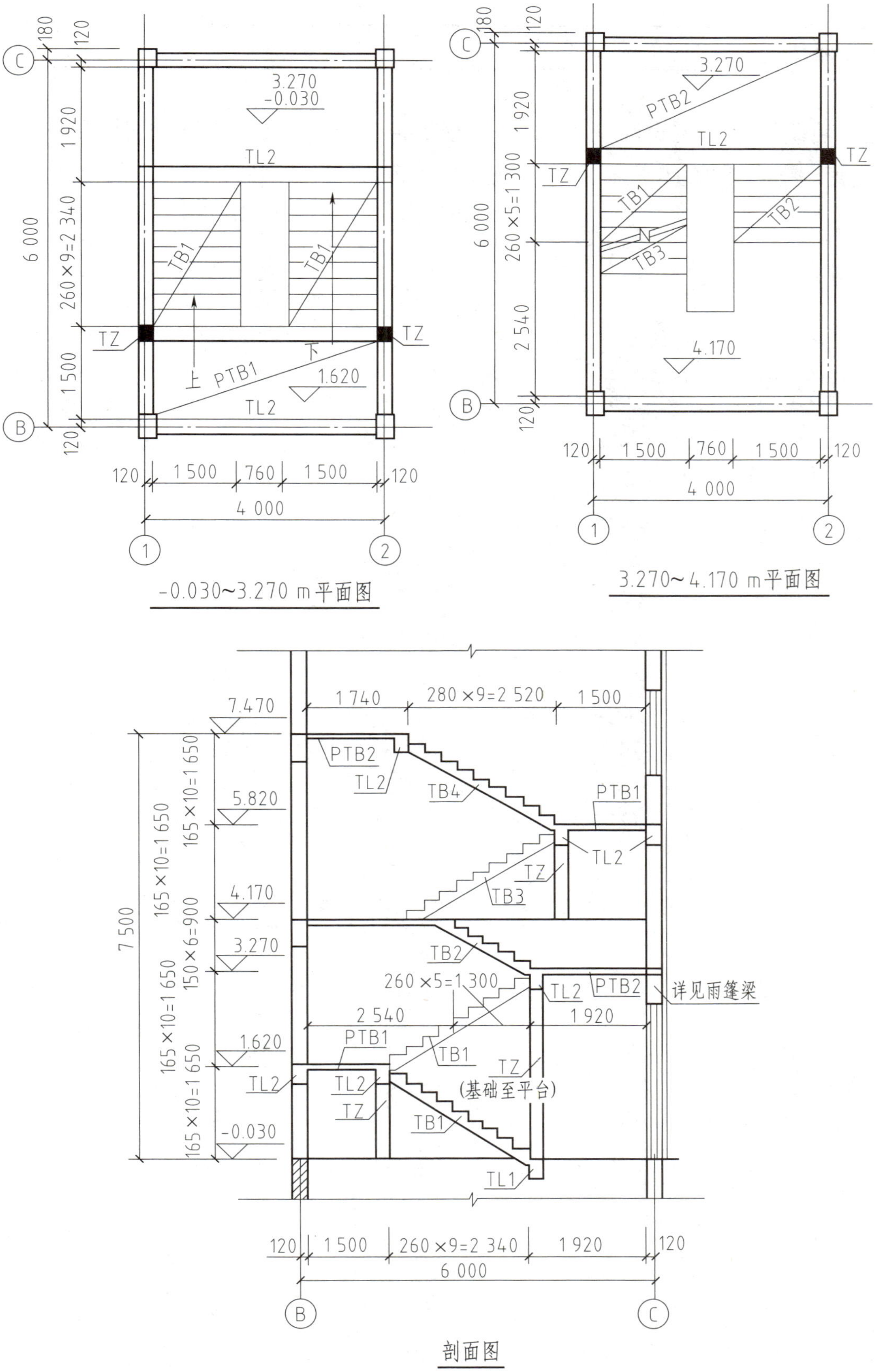

图 4-3-9　某钢筋混凝土楼梯平面图、剖面图

【任务拓展】

根据书后附图某单位仓库图纸,试计算楼梯混凝土与模板的工程量、综合单价及相关费用。(企业管理费费率取16%,利润费率取8%,不考虑风险费用。)

任务 4　雨篷、阳台等部（构）件混凝土、模板工程定额清单计量与计价

【任务目标】

1. 熟悉钢筋混凝土雨篷、阳台、栏板、翻沿、檐沟等部（构）件。
2. 掌握雨篷、阳台等部（构）件混凝土与模板工程量计算规则及定额说明。
3. 能熟练识读雨篷、阳台等部（构）件平面图、剖面图、断面图与对应的设计说明。
4. 能熟练计算雨篷、阳台等部（构）件混凝土与模板工程量、综合单价及相关费用。

【知识准备】

一、知识链接

1. 雨篷

雨篷是设置在建筑物门、窗上方，由底板、翻沿、挑梁、台口梁等组成的非上人平台，主要用来遮挡雨水。雨篷如图 4–4–1 所示，雨篷剖面图如图 4–4–2 所示。

图 4–4–1　雨篷

2. 阳台

阳台是附设于建筑物外墙，设有栏杆或栏板的上人平台，主要由底板、挑梁、台口梁、栏板（栏杆）等组成，供居住者休息、眺望、晾晒等。阳台按与外墙的关系可为全悬挑阳台、半悬挑阳台、非悬挑阳台。阳台如图 4–4–3 所示，阳台剖面图 4–4–4 所示。

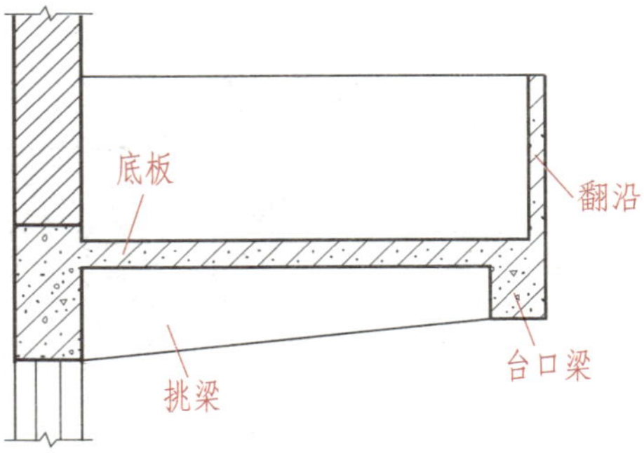

图 4–4–2　雨篷剖面图

3. 挑檐、檐沟

挑檐是建筑屋盖挑出墙面的部分。

图 4-4-3　阳台

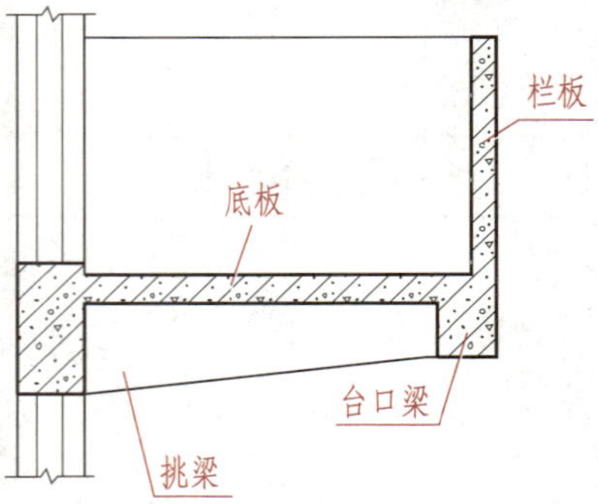

图 4-4-4　阳台剖面图

檐沟是屋顶四周靠近屋檐的排水沟，用于承接屋顶的雨水，然后由竖管引到地面。檐沟按其与外墙的关系可分为外檐沟和天沟（内天沟），如图 4-4-5 所示。

(a) 外檐沟　　(b) 内天沟

图 4-4-5　檐沟

（1）外檐沟：外墙或外梁边线以外的檐沟称为外檐沟，主要由底板、侧板及挑梁组成，无挑梁檐沟剖面图如图 4-4-6 所示。

（2）内天沟：檐沟底板两边同时与梁或墙相连接的檐沟称为内天沟，如图 4-4-7 所示。

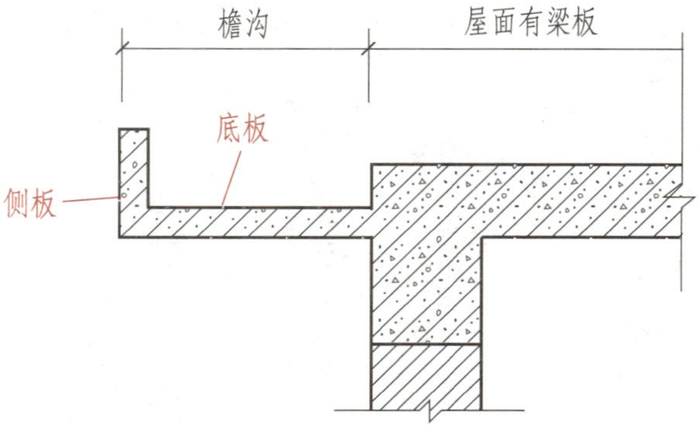

图 4-4-6　无挑梁檐沟剖面图

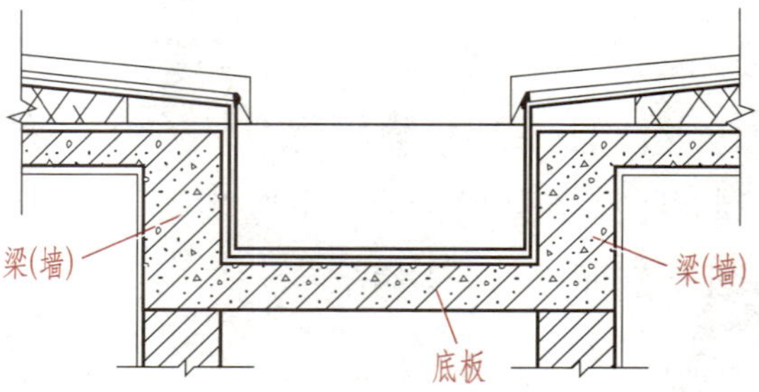

图 4-4-7　内天沟剖面图

二、工程量计算规则

1. 悬挑雨篷混凝土与模板工程量

(1) 混凝土工程量

混凝土工程量按挑出墙(梁)外的体积计算。

$$V_{雨篷}=V_{板}+V_{挑梁}+V_{台口梁}+V_{翻沿}$$

翻沿工程量按设计图示尺寸以体积计算。高度小于或等于 250 mm 的翻沿,并入雨篷体积内计算;高度大于 250 mm 的翻沿,另按栏板项目计算。

(2) 模板工程量

模板工程量按雨篷挑梁及台口梁外侧面(含外挑线条)范围内的水平投影面积计算。

$$S_{雨篷}=外挑部分水平投影面积$$

① 雨篷台口梁上有外挑线条时,另行计算线条模板增加费。

② 雨篷含净高 250 mm 以内的翻沿模板,超过 250 mm 时,全部翻沿另按栏板项目计算。

2. 全悬挑阳台、栏板混凝土与模板工程量

(1) 混凝土工程量

全悬挑阳台混凝土工程量按挑出墙(梁)外体积计算,包括外挑牛腿、台口梁、高度小于 250 mm 的栏板。

$$V_{阳台}=V_{底板}+V_{挑梁}+V_{台口梁}+V_{栏板}$$

栏板工程量按设计图示尺寸以体积计算。栏板柱并入栏板体积内计算,当栏板净高小于 250 mm 时,并入阳台体积内计算。当栏板净高大于 250 mm 时,单独按栏板项目计算。

(2) 模板工程量

① 阳台模板工程量按阳台挑出墙(梁)外部分的水平投影面积计算。

$$S_{阳台}=外挑部分水平投影面积$$

② 栏板模板工程量按混凝土与模板接触面的面积计算。

3. 檐沟、挑檐混凝土与模板工程量

(1) 混凝土工程量

混凝土工程量按挑出墙(梁)外的体积计算。

$$V_{檐沟}=V_{底板}+V_{侧板}+V_{挑梁}$$

① $V_{底板}$ = 底板截面积 × 底板中心线长度

② $V_{侧板}$ = 侧板截面积 × 侧板中心线长度

(2) 模板工程量

檐沟、挑檐模板工程量按混凝土与模板接触面的面积计算。

① 檐沟、挑檐与板(包括屋面板、楼板)连接时,以外墙外边线为分界线。

② 檐沟、挑檐与梁(包括圈梁)连接时,以梁外边线为分界线。

三、定额说明

（1）现浇混凝土构件的模板依据不同构件，分别以组合钢模、铝模、复合木模单独列项，定额未注明模板类型的，均按复合木模考虑。

（2）定额中混凝土除另有注明外，均按泵送商品混凝土编制，实际采用非泵送商品混凝土、现场搅拌混凝土时仍套用泵送定额，混凝土价格按实际使用的种类换算，混凝土浇捣人工乘以系数 1.05，其余不变。现场搅拌的混凝土还应按混凝土消耗量执行现场搅拌调整费定额。

（3）定额中商品混凝土按常用强度等级考虑，当混凝土的设计强度等级与定额不同时，应作换算。

（4）阳台、雨篷支模高度超高时，按板的支模超高定额计算；有梁时展开计算并入板工程量内。

（5）弧形阳台、雨篷按普通阳台、雨篷定额执行，另行计算弧形模板增加费。

（6）现浇飘窗板、水平遮阳板、空调板等平挑檐外挑≤500 mm 时，并入板内计算，>500 mm 时，套用雨篷相应定额；屋面挑出的带翻沿平挑檐套用檐沟、挑檐定额；拱形雨篷套用拱形板定额。

（7）半悬挑及非悬挑的阳台、雨篷，按梁、板有关规则计算，套用相应定额。

（8）屋面女儿墙、栏板（含扶手）及翻沿净高超过 1.2 m 时，套用墙相应定额，小于 1.2 m 时套用栏板定额。翻沿高度小于 250 mm 时，体积并入所依附的构件计算。

（9）屋面内天沟按梁、板规则计算，套用梁、板相应定额。

（10）雨篷与檐沟相连时，梁板式雨篷按雨篷规则计算并套用相应定额，板式雨篷并入檐沟计算。

【任务示例】

例 4–4–1　某雨篷平面图、剖面图如图 4–4–8 所示，已知设计采用 C30 泵送商品混凝土，试计算雨篷混凝土与模板的工程量、综合单价及相关费用。（企业管理费费率取 16%，利润费率取 8%，不考虑风险费用。）

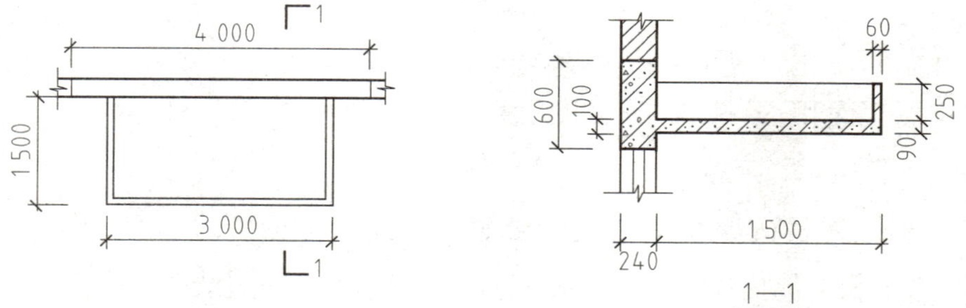

图 4–4–8　某雨篷平面图、剖面图

解：计算过程见表 4–4–1 和表 4–4–2。

表 4–4–1　工程量计算、定额套用表

项目名称	计算过程
1. C30 泵送商品混凝土雨篷	（1）工程量计算 翻沿高度 250 mm，翻沿混凝土工程量合并到雨篷工程量内计算。 $V=3\ \text{m}\times1.5\ \text{m}\times\dfrac{0.1\ \text{m}+0.09\ \text{m}}{2}+0.25\ \text{m}\times0.06\ \text{m}\times[3\ \text{m}-0.06\ \text{m}+(1.5\ \text{m}-0.03\ \text{m})\times2]\approx0.52\ \text{m}^3$ （2）定额套用 定额编号：5–22 计量单位：m^3 人工费：70.79 元 材料费：476.95 元 机械费：0.61 元
2. 雨篷模板	（1）工程量计算 $S=1.5\ \text{m}\times3\ \text{m}=4.5\ \text{m}^2$ （2）定额套用 定额编号：5–174 计量单位：m^2 人工费：65.99 元 材料费：33.19 元 机械费：4.87 元

表 4–4–2　定额清单综合单价与合价计价表

序号	定额编号	定额名称	计量单位	工程量	综合单价 / 元							合价 / 元	其中	
					定额人工费	定额材料费	定额机械费	企业管理费	利润	风险费用	小计		人工费 / 元	机械费 / 元
1	5–22	C30 泵送商品混凝土雨篷	m^3	0.52	70.79	476.95	0.61	11.42	5.71	0	565.48	294.05	36.81	0.32
2	5–174	雨篷模板	m^2	4.5	65.99	33.19	4.87	11.34	5.67	0	121.06	544.77	296.96	21.92

例 4–4–2　上题中，如果翻沿高度改为 600 mm，其他条件不变，试计算雨篷混凝土与模板的工程量、综合单价及相关费用。（企业管理费费率取 16%，利润费率取 8%，不考虑风险费用。）

解：计算过程见表 4–4–3 和表 4–4–4。

表 4-4-3 工程量计算、定额套用表

项目名称	计算过程
1. C30 泵送商品混凝土雨篷	（1）工程量计算 翻沿高度 600 mm，翻沿混凝土工程量单独计算。 $V=3\ \text{m}\times 1.5\ \text{m}\times \dfrac{0.1\ \text{m}+0.09\ \text{m}}{2}\approx 0.43\ \text{m}^3$ （2）定额套用 定额编号：5–22 计量单位：m^3 人工费：70.79 元 材料费：476.95 元 机械费：0.61 元
2. 雨篷模板	（1）工程量计算 $S=1.5\ \text{m}\times 3\ \text{m}=4.5\ \text{m}^2$ （2）定额套用 定额编号：5–174 计量单位：m^2 人工费：65.99 元 材料费：33.19 元 机械费：4.87 元
3. C30 泵送商品混凝土翻沿	（1）工程量计算 $V=0.6\ \text{m}\times 0.06\ \text{m}\times [3\ \text{m}-0.06\ \text{m}+(1.5\ \text{m}-0.03\ \text{m})\times 2]\approx 0.21\ \text{m}^3$ （2）定额套用 定额编号：5–20 计量单位：m^3 人工费：131.45 元 材料费：467.74 元 机械费：0.63 元
4. 翻沿模板	（1）工程量计算 $S=0.6\ \text{m}\times (3\ \text{m}+1.5\ \text{m}\times 2)+0.6\ \text{m}\times [3\ \text{m}-0.06\ \text{m}+(1.5\ \text{m}-0.03\ \text{m})\times 2]\approx 7.13\ \text{m}^2$ （2）定额套用 定额编号：5–176 计量单位：m^2 人工费：25.84 元 材料费：21.58 元 机械费：1.27 元

表 4-4-4　定额清单综合单价与合价计价表

序号	定额编号	定额名称	计量单位	工程量	综合单价 / 元							合价 / 元	其中	
					定额人工费	定额材料费	定额机械费	企业管理费	利润	风险费用	小计		人工费 / 元	机械费 / 元
1	5-22	C30 泵送商品混凝土雨篷	m^3	0.43	70.79	476.95	0.61	11.42	5.71	0	565.48	243.16	30.44	0.26
2	5-174	雨篷模板	m^2	4.5	65.99	33.19	4.87	11.34	5.67	0	121.06	544.77	296.96	21.92
3	5-20	C30 泵送商品混凝土翻沿	m^3	0.21	131.45	467.74	0.63	21.13	10.57	0	631.52	132.62	27.60	0.13
4	5-176	翻沿模板	m^2	7.13	25.84	21.58	1.27	4.34	2.17	0	55.20	393.58	184.24	9.06

例 4-4-3　某屋顶平面图、剖面图如图 4-4-9 所示，房屋顶层层高为 3.6 m，采用 C30 泵送商品混凝土，试计算檐沟混凝土与模板的工程量、综合单价及相关费用。（企业管理费费率取 16%，利润费率取 8%，不考虑风险费用。）

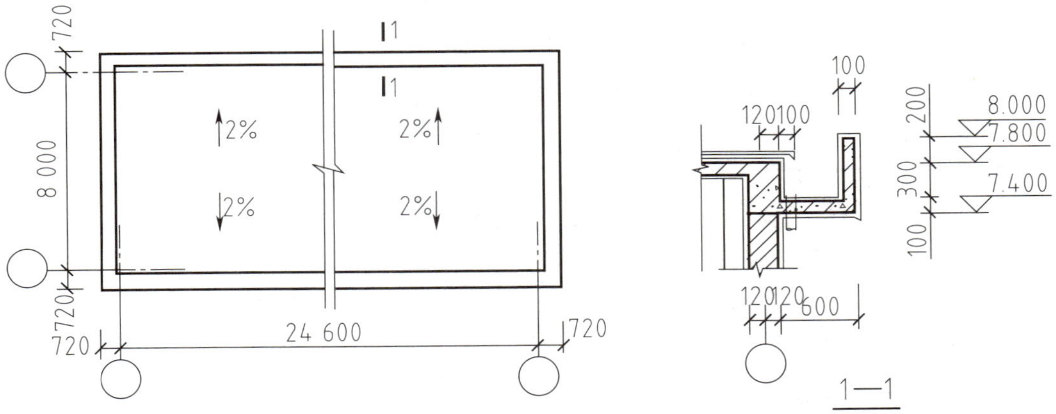

图 4-4-9　某屋顶平面图、剖面图

解：计算过程见表 4-4-5 和表 4-4-6。

表 4-4-5 工程量计算、定额套用表

项目名称	计算过程
1. C30 泵送商品混凝土檐沟	(1)工程量计算 $V_{底板}$=0.6 m×0.1 m×(24.6 m+0.24 m+0.3 m×2+8 m+0.24 m+0.3 m×2)×2≈4.11 m^3 $V_{侧板}$=0.1 m×0.5 m×(24.6 m+0.24 m+0.55 m×2+8 m+0.24 m+0.55 m×2)×2 ≈3.53 m^3 $V_{合计}$=4.11 m^3+3.53 m^3=7.64 m^3 (2)定额套用 定额编号:5–21 计量单位:m^3 人工费:81.95 元 材料费:475.52 元 机械费:1.71 元
2. 檐沟模板	(1)工程量计算 $S_{底板}$=0.6 m×(24.6 m+0.24 m+0.3 m×2+8 m+0.24 m+0.3 m×2)×2≈41.14 m^2 $S_{侧板}$=0.6 m×(24.6 m+0.24 m+0.6 m×2+8 m+0.24 m+0.6 m×2)×2+ 0.5 m×(24.6 m+0.24 m+0.5 m×2+8 m+0.24 m+0.5 m×2)×2≈77.66 m^2 $S_{合计}$=41.14 m^3+77.66 m^3=118.80 m^3 (2)定额套用 定额编号:5–178 计量单位:m^2 人工费:43.16 元 材料费:20.86 元 机械费:1.18 元

表 4-4-6 定额清单综合单价与合价计价表

序号	定额编号	定额名称	计量单位	工程量	综合单价 / 元							合价 / 元	其中	
					定额人工费	定额材料费	定额机械费	企业管理费	利润	风险费用	小计		人工费 / 元	机械费 / 元
1	5–21	C30 泵送商品混凝土檐沟	m^3	7.64	81.95	475.52	1.71	13.39	6.69	0	579.26	4 425.55	626.10	13.06
2	5–178	檐沟模板	m^2	118.80	43.16	20.86	1.18	7.09	3.55	0	75.84	9 009.79	5 127.41	140.18

【任务实施】

1. 某雨篷平面图、剖面图如图 4-4-10 所示，采用 C30 泵送商品混凝土，试计算雨篷混凝土与模板的工程量、综合单价及相关费用。（企业管理费费率取 20%，利润费率取 8%，不考虑风险费用。）

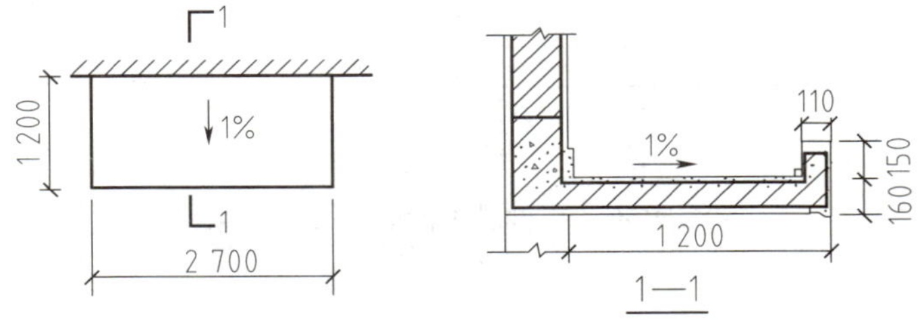

图 4-4-10　某雨篷平面图、剖面图

2. 某雨篷平面图、剖面图如图 4-4-11 所示，采用 C25 泵送商品混凝土，试计算雨篷混凝土与模板的工程量、综合单价及相关费用。（企业管理费费率取 20%，利润费率取 8%，不考虑风险费用。）

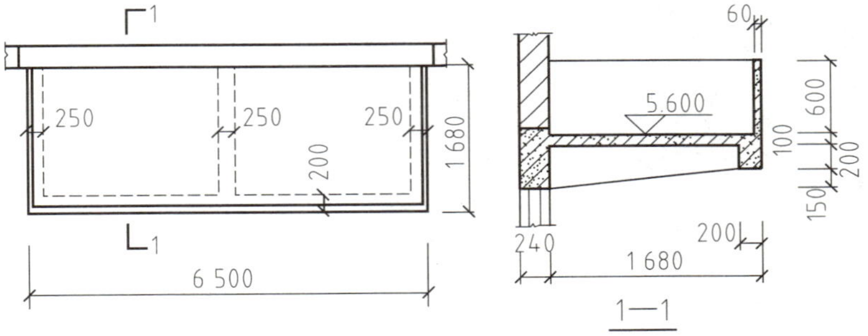

图 4-4-11　某雨篷平面图、剖面图

3. 计算图 4-4-12 所示阳台混凝土与模板的工程量、综合单价及相关费用，已知采用 C30 泵送商品混凝土。（企业管理费费率取 16%，利润费率取 8%，不考虑风险费用。）

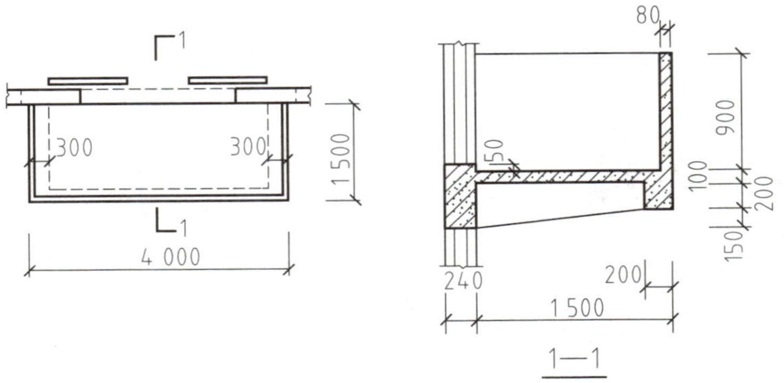

图 4-4-12　阳台平面图、剖面图

4. 试计算图 4-4-13 所示檐沟混凝土与模板的工程量、综合单价及相关费用,已知采用 C30 泵送商品混凝土。(企业管理费费率取 16%,利润费率取 8%,不考虑风险费用。)

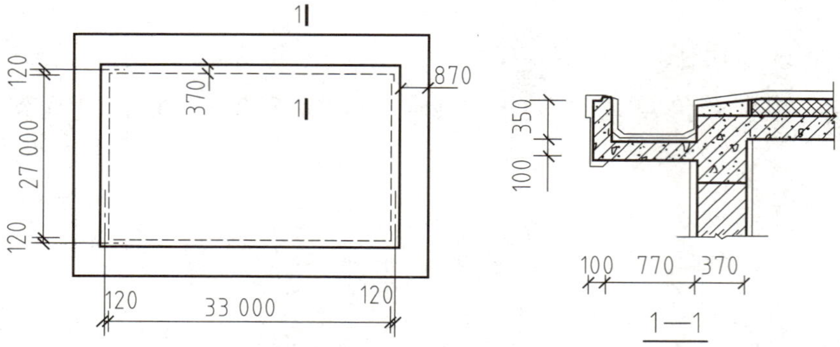

图 4-4-13 檐沟平面图、断面图

【任务拓展】

根据书后附图某单位仓库图纸,试计算雨篷、栏板、檐沟混凝土与模板的工程量、综合单价及相关费用。(企业管理费费率取 16%,利润费率取 8%,不考虑风险费用。)

任务 5　屋面防水、保温隔热工程定额清单计量与计价

【任务目标】

1. 熟悉屋面防水、保温隔热的类型。
2. 掌握屋面防水、保温隔热工程量计算规则及定额说明。
3. 能熟练识读屋顶平面图、节点详图与对应的做法说明。
4. 能熟练计算屋面防水、保温隔热工程量、综合单价及相关费用。

【知识准备】

一、知识链接

1. 屋面防水

屋面防水是房屋建筑的一项重要工程，按照施工方法和防水原理分为刚性屋面防水、卷材屋面防水和涂膜屋面防水等。

（1）刚性屋面防水是指利用刚性防水材料做防水层进行的防水，主要有普通细石混凝土屋面防水、补偿收缩混凝土屋面防水等。刚性屋面防水如图 4–5–1 所示。

图 4–5–1　刚性屋面防水

（2）卷材屋面防水是利用胶黏材料黏结卷材进行的防水，具有质量小、防水性能好的优点。卷材屋面防水如图 4–5–2 所示。

（3）涂膜屋面防水是在屋面基层上涂刷防水涂料，经固化后形成一层有一定厚度和弹性的整体涂膜，从而达到防水目的。涂膜屋面防水如图 4–5–3 所示。

图 4-5-2　卷材屋面防水

图 4-5-3　涂膜屋面防水

2. 屋面保温隔热

屋面保温隔热是指在屋面板上铺设保温砂浆、泡沫玻璃、保温板材等保温隔热材料，如图 4-5-4 所示，其主要作用是避免夏日屋顶温度较高，降低顶层室内温度，改善人居环境。屋面的保温做法有正置保温和倒置保温两种：① 正置保温的保温层铺设在防水层下面，是比较传统的做法；② 倒置保温的保温层铺设在防水层上面，是现在比较常用的做法。

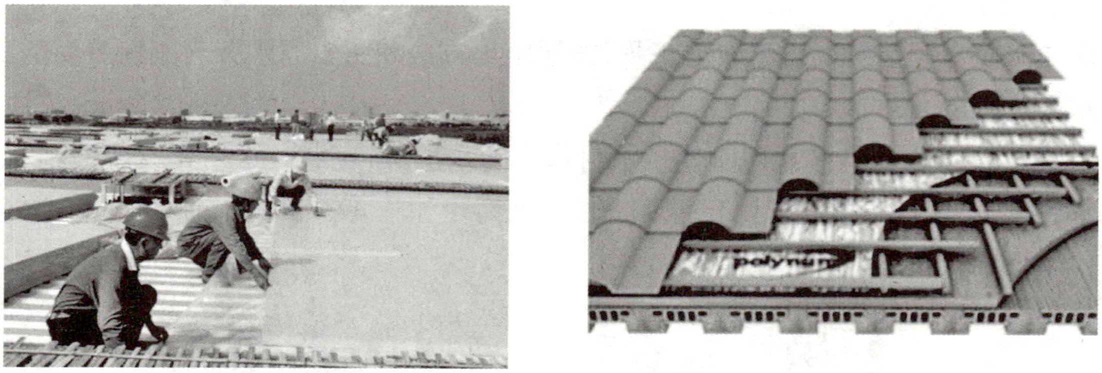

图 4-5-4　屋面保温隔热

二、工程量计算规则

1. 屋面防水工程量

（1）屋面面层工程量

各种屋面（包括挑檐部分）的工程量均按设计图示尺寸以面积计算（斜屋面按斜面面积计算），不扣除房上烟囱、风帽底座、风道、小气窗、斜沟和脊瓦等所占的面积，小气窗的出檐部分也不增加。

（2）屋面防水工程量

屋面防水工程量按设计图示尺寸以面积计算（斜屋面按斜面面积计算）。

① 天沟、挑檐工程量按展开面积计算，并入相应防水工程量中。

② 不扣除房上烟囱、风道、风帽底座、屋面小气窗和斜沟等所占的面积，上翻部分也不另计算。

③ 屋面的女儿墙、伸缩缝和天窗的弯起部分，按设计图示尺寸计算，如设计无规定，女儿墙、伸缩缝和天窗的弯起部分按 500 mm 计算，并入屋面防水工程量内。

2. 屋面保温隔热工程量

（1）屋面保温砂浆、泡沫玻璃、聚氨酯喷涂、保温板铺贴等工程量按设计图示尺寸以面积计算。

（2）屋面其他保温材料工程量按设计图示面积乘以厚度以体积计算。

注意：在计算面积时，不扣除屋面排烟道、通风孔、伸缩缝、屋面检查洞及单个面积 0.3 m^2 以内孔洞所占的面积，洞口翻沿也不增加。

三、定额说明

1. 屋面防水定额说明

（1）细石混凝土防水层定额已综合考虑了滴水线、泛水和伸缩缝翻沿等各种加高的工料，但伸缩缝应另列项目计算。

（2）细石混凝土防水层定额按非泵送商品混凝土编制，如使用泵送商品混凝土，除材料换算外，相应项目人工乘以系数 0.95。

（3）水泥砂浆保护层定额已综合了预留伸缩缝的工料，掺防水剂时材料费另加。

（4）防水卷材的接缝、收头（含收口处油膏）、冷底子油、胶黏剂等工料已计入定额内，不另计算。设计有金属压条时，材料费另行计算。

（5）本定额不包括找平层，发生时按相应定额执行。

2. 屋面保温隔热定额说明

（1）定额中保温材料的品种、型号、规格和厚度等与设计不同时，应按设计规定进行调整。

（2）本章定额中未包含基层界面剂涂刷、找平层、基层抹灰及装饰面层，发生时套用相应子目另行计算。

（3）屋面、墙面聚苯乙烯板、挤塑保温板、硬泡聚氨酯防水保温板等保温板材铺贴子目中，厚度不同，板材单价调整，其他不变。

【任务示例】

例 4–5–1　某工程屋顶平面图、节点详图如图 4–5–5 所示。其屋面做法：

（1）20 mm 厚干混地面砂浆 DS M15 保护层。

（2）热熔法改性沥青防水卷材一道。

（3）20 mm 厚干混地面砂浆 DS M20 找平层。

（4）炉渣混凝土 CL7.5 找坡 3%，最薄处 30 mm 厚。

（5）50 mm 厚挤塑乙烯泡沫保温板。

（6）钢筋混凝土基层。

试计算屋面各分项工程量、综合单价及相关费用。（企业管理费费率取 16%，利润费率取 8%，不考虑风险费用。）

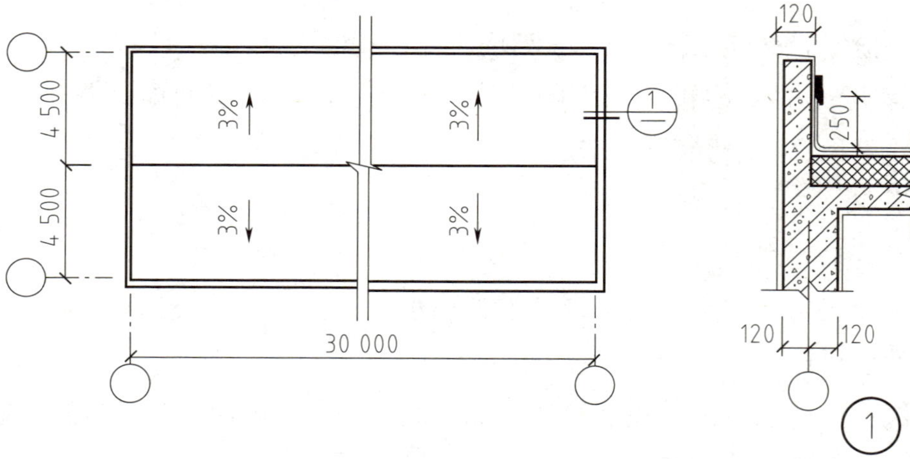

图 4–5–5　某工程屋顶平面图、节点详图

解：计算过程见表 4–5–1 和表 4–5–2。

表 4–5–1　工程量计算、定额套用表

项目名称	计算过程
1. 50 mm 厚挤塑乙烯泡沫保温板	（1）工程量计算 S=9 m × 30 m=270 m^2 （2）定额套用 定额编号：10–33 计量单位：m^2 人工费：4.79 元 材料费：28.21 元 机械费：0.01 元
2. 炉渣混凝土 CL7.5 找坡	（1）工程量计算 $V=270\ \text{m}^2\times\left(0.03\ \text{m}+4.5\ \text{m}\times 3\%\times\dfrac{1}{2}\right)\approx 26.33\ \text{m}^3$ （2）定额套用 定额编号：10–40 计量单位：m^3 人工费：69.53 元 材料费：366.42 元 机械费：10.18 元

续表

项目名称	计算过程
3. 20 mm 厚干混地面砂浆 DS M20 找平层	（1）工程量计算 S=9 m × 30 m=270 m^2 （2）定额套用 定额编号：11–1 计量单位：m^2 人工费：8.03 元 材料费：9.23 元 机械费：0.20 元
4. 热熔法改性沥青防水卷材	（1）工程量计算 S=270 m^2+（30 m+9 m）× 2 × 0.25 m=289.50 m^2 （2）定额套用 定额编号：9–47 计量单位：m^2 人工费：2.97 元 材料费：30.46 元 机械费：0
5. 20 mm 厚干混地面砂浆 DS M15 保护层	（1）工程量计算 S=9 m × 30 m=270 m^2 （2）定额套用 定额编号：9–5 计量单位：m^2 人工费：9.61 元 材料费：10.68 元 机械费：0.20 元

表 4–5–2　定额清单综合单价与合价计价表

序号	定额编号	定额名称	计量单位	工程量	综合单价 / 元							合价 / 元	其中	
					定额人工费	定额材料费	定额机械费	企业管理费	利润	风险费用	小计		人工费 / 元	机械费 / 元
1	10–33	50 mm 厚挤塑乙烯泡沫保温板	m^2	270	4.79	28.21	0.01	0.77	0.38	0	34.16	9 223.20	1 293.30	2.70
2	10–40	炉渣混凝土 CL7.5 找坡	m^3	26.33	69.53	366.42	10.18	12.75	6.38	0	465.26	12 250.30	1 830.72	268.04

续表

序号	定额编号	定额名称	计量单位	工程量	综合单价 / 元							合价 / 元	其中	
					定额人工费	定额材料费	定额机械费	企业管理费	利润	风险费用	小计		人工费 / 元	机械费 / 元
3	11–1	20 mm 厚干混地面砂浆 DS M20 找平层	m^2	270	8.03	9.23	0.20	1.32	0.66	0	19.44	5 248.80	2 168.10	54.00
4	9–47	热熔法改性沥青防水卷材	m^2	289.5	2.97	30.46	0.00	0.48	0.24	0	34.15	9 886.43	859.82	0.00
5	9–5	20 mm 厚干混地面砂浆 DS M15 保护层	m^2	270	9.61	10.68	0.20	1.57	0.78	0	22.84	6 166.80	2 594.70	54.00

【任务实施】

1. 某工程屋顶平面图、节点详图如图 4–5–6 所示，试计算屋面各分项工程量、综合单价及相关费用。（企业管理费费率取 16%，利润费率取 8%，不考虑风险费用。）

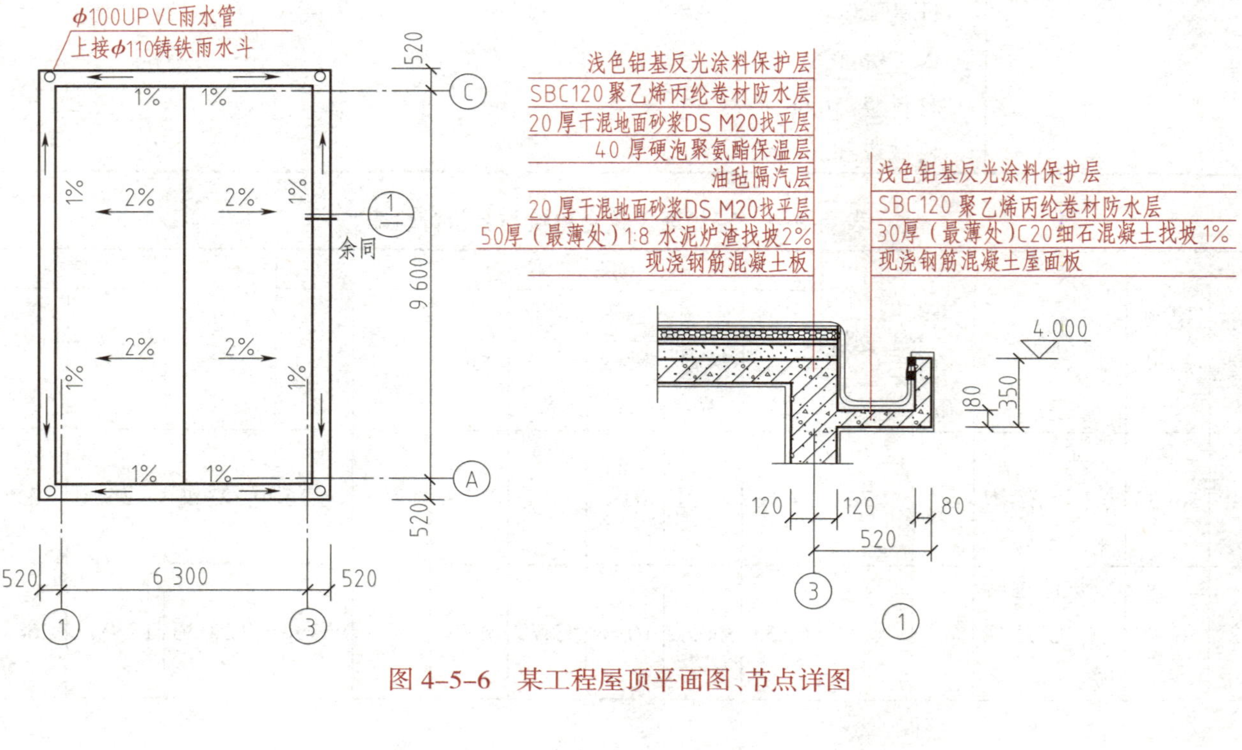

图 4–5–6 某工程屋顶平面图、节点详图

2. 某工程屋顶平面图、节点详图如图 4-5-7 所示，试计算屋面各分项工程量、综合单价及相关费用。（企业管理费费率取 16%，利润费率取 8%，不考虑风险费用。）

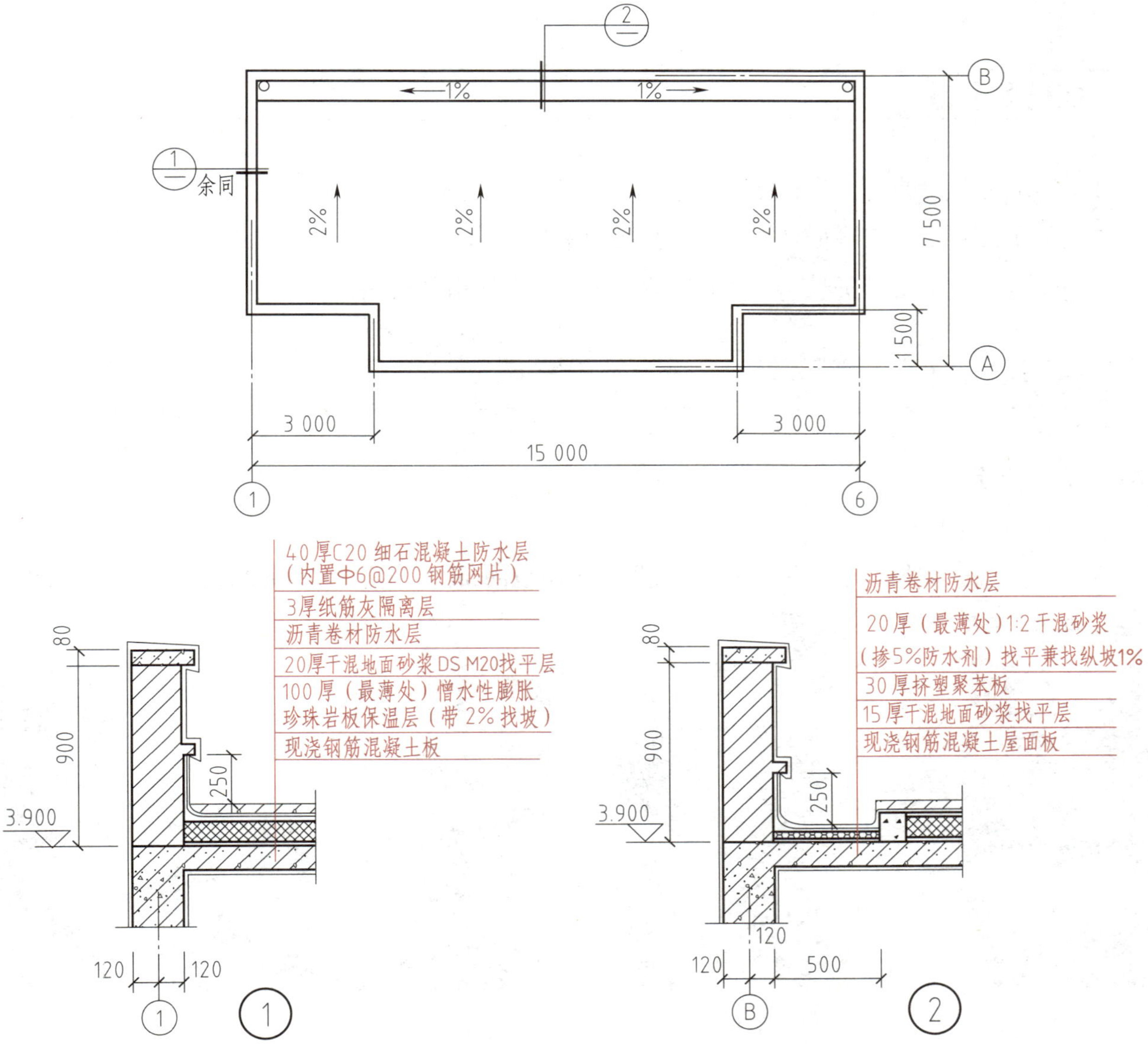

图 4-5-7　某工程屋顶平面图、节点详图

【任务拓展】

根据书后附图某单位仓库图纸，计算屋面各分项工程量、综合单价及相关费用。（企业管理费费率取 16%，利润费率取 8%，不考虑风险费用。）

任务 6　墙脚护坡、台阶等混凝土工程定额清单计量与计价

【任务目标】

1. 掌握墙脚护坡、台阶等工程量计算规则及定额说明。
2. 能熟练识读建筑平面图与对应的建筑设计说明。
3. 能熟练计算墙脚护坡、台阶工程量、综合单价及相关费用。

【知识准备】

一、知识链接

1. 墙脚护坡(散水)

墙脚护坡是与外墙勒脚垂直交接倾斜的室外地面部分,用以排除雨水,保护墙基免受雨水侵蚀。墙脚护坡如图 4–6–1 所示。

图 4–6–1　墙脚护坡

2. 台阶和坡道

台阶和坡道是建筑物室内外的联系通道。台阶供人们进出建筑物使用,如图 4–6–2 所示;坡道是为车辆及残疾人设置的通道,如图 4–6–3 所示。

二、工程量计算规则

1. 墙脚护坡(散水)、明沟混凝土工程量

(1)墙脚护坡混凝土工程量按外墙中心线长度乘以墙脚护坡的宽度计算,不扣除每个长度在 5 m 以内的踏步或斜坡。

(2)墙脚护坡边的明沟长度按外墙中心线长度计算。

图 4-6-2　台阶

图 4-6-3　坡道

2. 台阶和坡道混凝土工程量

台阶和坡道混凝土工程量按水平投影面积计算。

注意：如台阶与平台相连，平台面积在 10 m^2 以内时，平台按台阶计算，平台面积在 10 m^2 以上时，平台按楼地面工程计算并套用相应定额，工程量以最上一级台阶边沿加 30 cm 处为分界线。

三、定额说明

（1）台阶、坡道定额未包括面层，如发生，应按设计面层做法，另行套用楼地面装饰工程相应定额。

（2）室外排水及墙脚护坡、明沟、翼墙、台阶中的混凝土按非泵送商品混凝土考虑，如采用泵送商品混凝土，每立方混凝土扣除人工 0.11 工日。

（3）墙脚护坡混凝土护坡厚度为 8 cm，如设计不同，有关材料、机械按比例调整，其余不变。

（4）四步以上翼墙、台阶应按土方、垫层、抹灰等相应定额分别计算。

（5）弧形混凝土台阶按基础弧形边增加费另行计算，弧形砖砌台阶按砌筑工程规定调整砖块及其砌筑砂浆用量。

【任务示例】

例 4-6-1　某工程一层平面图如图 4-6-4 所示。墙厚 240 mm，散水、台阶、坡道采用 C20 非泵送商品混凝土，明沟采用砖砌，试计算散水、明沟、台阶、坡道工程量、综合单价及相关费用。（企业管理费费率取 16%，利润费率取 8%，不考虑风险费用。）

解：计算过程见表 4-6-1 和表 4-6-2。

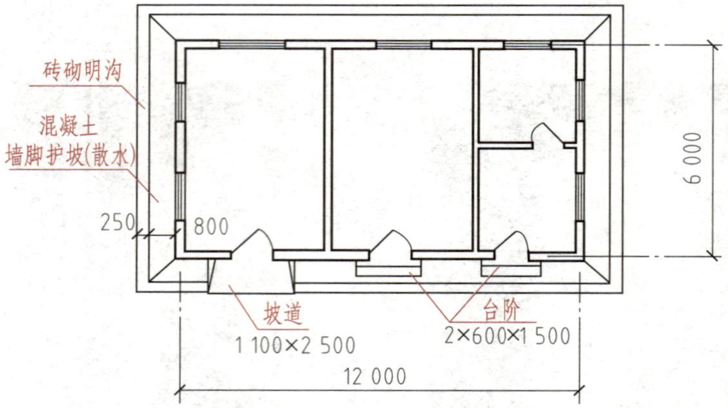

图 4-6-4 某工程一层平面图

表 4-6-1 工程量计算、定额套用表

项目名称	计算过程
1. C20 非泵送商品混凝土散水	（1）工程量计算 S=（6 m+12 m）×2×0.8 m=28.8 m^2 （2）定额套用 定额编号：17–179H 计量单位：m^2 人工费：22.74 元 材料费：[55.73+（412–399）×0.081 2]元≈56.79 元 机械费：0.38 元
2. 砖砌明沟	（1）工程量计算 L=（6 m+12 m）×2=36 m （2）定额套用 定额编号：17–183 计量单位：m 人工费：17.44 元 材料费：43.70 元 机械费：0.31 元
3. C20 非泵送商品混凝土台阶	（1）工程量计算 S=0.6 m×1.5 m×2=1.8 m^2 （2）定额套用 定额编号：17–187H 计量单位：m^2 人工费：83.62 元 材料费：[134.67+（412–399）×0.211]元≈137.41 元 机械费：0.77 元

续表

项目名称	计算过程
4. C20 非泵送商品混凝土坡道	（1）工程量计算 S=1.1 m × 2.5 m=2.75 m^2 （2）定额套用 定额编号：17–189H 计量单位：m^2 人工费：31.00 元 材料费：[73.86+（412–399）× 0.102] 元≈75.19 元 机械费：0.20 元

表 4–6–2　定额清单综合单价与合价计价表

序号	定额编号	定额名称	计量单位	工程量	综合单价 / 元							合价 / 元	其中	
					定额人工费	定额材料费	定额机械费	企业管理费	利润	风险费用	小计		人工费 / 元	机械费 / 元
1	17–179H	C20 非泵送商品混凝土散水	m^2	28.8	22.74	56.79	0.38	3.70	1.85	0	85.46	2 461.25	654.91	10.94
2	17–183	砖砌明沟	m	36	17.44	43.70	0.31	2.84	1.42	0	65.71	2 365.56	627.84	11.16
3	17–187H	C20 非泵送商品混凝土台阶	m^2	1.8	83.62	137.41	0.77	13.50	6.75	0	242.05	435.69	150.52	1.39
4	17–189H	C20 非泵送商品混凝土坡道	m^2	2.75	31.00	75.19	0.20	4.99	2.50	0	113.88	313.17	85.25	0.55

【任务实施】

1. 某工程大门平台与台阶相连，如图 4–6–5 所示，台阶采用 C20 非泵送商品混凝土，试计算台阶混凝土工程量、综合单价及相关费用。（企业管理费费率取 16%，利润费率取 8%，不考虑风险费用。）

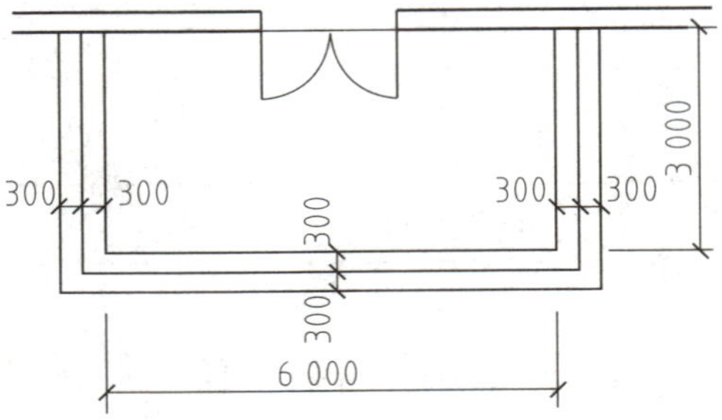

图 4–6–5　台阶

2. 某工程一层平面图如图 4–6–6 所示，散水、台阶都采用 C20 非泵送商品混凝土，试计算散水、台阶混凝土工程量、综合单价及相关费用。(企业管理费费率取 16%,利润费率取 8%,不考虑风险费用。)

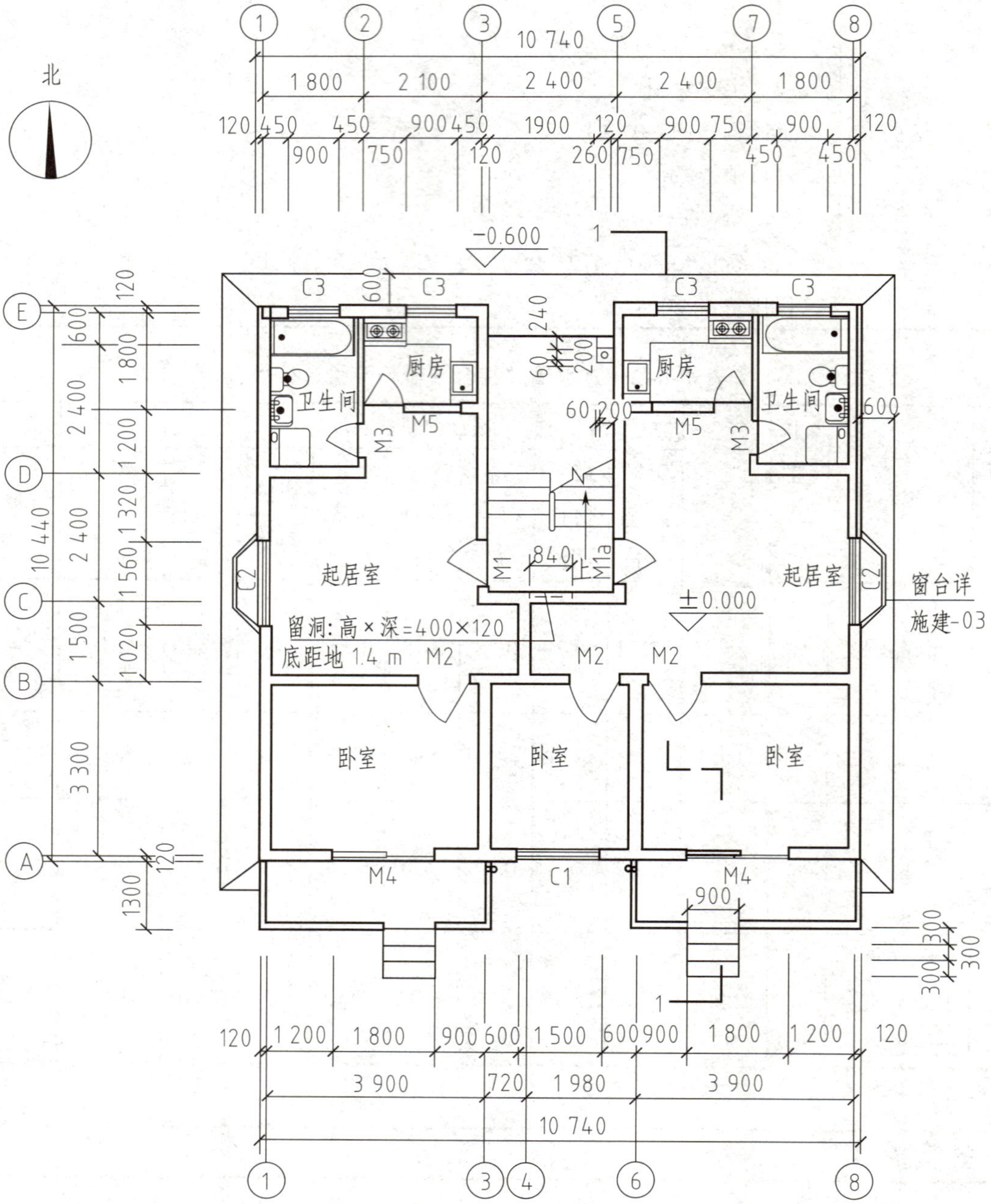

图 4-6-6 某工程一层平面图

【任务拓展】

根据书后附图某单位仓库图纸,试计算台阶、散水混凝土工程量、综合单价及相关费用。(企业管理费费率取 16%,利润费率取 8%,不考虑风险费用。)

任务 7　柱、梁、板钢筋工程量计算

【任务目标】

1. 熟悉计算钢筋工程量的有关规定。
2. 能熟练识读柱、梁、板的平法施工图与对应的设计说明。
3. 掌握柱、梁、板的钢筋工程量计算规则。
4. 能熟练计算柱、梁、板的钢筋工程量。

【知识准备】

一、知识链接

1. 混凝土保护层

混凝土保护层厚度 c 是指最外层钢筋（包括箍筋、构造钢筋、分布筋等）的外边缘到混凝土表面的距离，如图 4–7–1 所示。混凝土保护层厚度与混凝土构件的强度等级和混凝土构件所处的环境类别有关，结构设计总说明中通常注明梁、板、柱、基础等构件的混凝土保护层厚度。当结构设计总说明中未注明时，按表 4–7–1 计算。

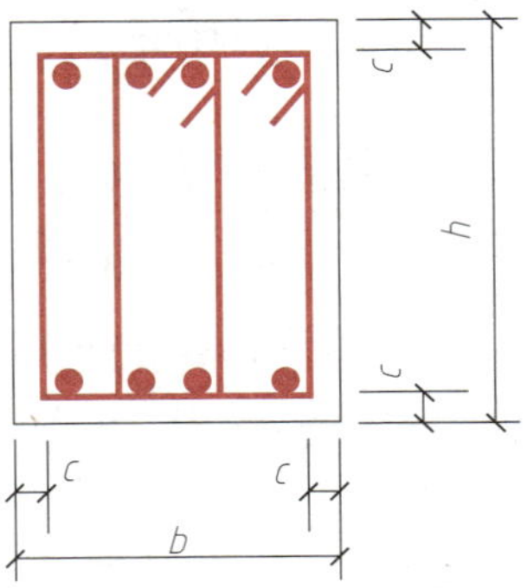

图 4–7–1　混凝土保护层厚度

表 4–7–1　混凝土强度等级大于 C25 的混凝土保护层最小厚度　mm

环境类别	板、墙	梁、柱
一（室内干燥环境；无侵蚀性静水浸没环境）	15	20
二 a（室内潮湿环境；非严寒和非寒冷地区的露天环境等）	20	25
二 b（干湿交替环境；水位频繁变动环境；严寒和寒冷地区的露天环境等）	25	35

注：1. 混凝土强度等级不大于 C25 时，表中混凝土保护层厚度数值应增加 5 mm。
2. 钢筋混凝土基础应设置混凝土垫层，基础中钢筋的混凝土保护层厚度从垫层顶面算起，且不应小于 40 mm。

2. 纵向受力钢筋的锚固长度

纵向受力钢筋的锚固长度是指受力钢筋依靠其表面与混凝土的黏结作用而达到设计承受应力所需的长度，一般指梁、板、柱等构件的纵向受力钢筋伸入支座或基础中的长度。纵向受力钢筋的锚固长度分为纵向受拉钢筋的锚固长度和纵向受压钢筋的锚固长度，通常使用纵向受拉钢筋的锚固长度。

纵向受拉钢筋的锚固长度用符号 l_a（非抗震）、l_{aE}（抗震）表示，它与钢筋种类和直径、结构抗震等级、混凝土强度等级有关。结构设计总说明中通常注明梁、板、柱等构件纵向受拉钢筋的锚固长度，当结构设计总说明中未注明时，按表 4–7–2 计算。

表 4–7–2　直径≤25 mm 的纵向受拉钢筋锚固长度 l_a、l_{aE}

钢筋种类	抗震等级	混凝土强度等级	
		C25	C30
HPB300	三级抗震（l_{aE}）	36*d*	32*d*
	四级抗震（l_{aE}）及非抗震（l_a）	34*d*	30*d*
HRB400 HRBF400 RRB400	三级抗震（l_{aE}）	42*d*	37*d*
	四级抗震（l_{aE}）及非抗震（l_a）	40*d*	35*d*

注：1. HPB300 级钢筋末端应做 180° 弯钩，弯后平直段长度不应小于 3*d*。

2. 纵向受压钢筋的锚固长度不应小于纵向受拉钢筋锚固长度的 70%。

3. 带肋钢筋的直径大于 25 mm 时，锚固长度应增长 10%。

3. 纵向受力钢筋的连接方式和搭接长度

工程中常用的钢筋定尺长度为 8 m，纵向受力钢筋的连接方式分为绑扎搭接、机械连接和焊接连接三种，通常板钢筋采用绑扎搭接，梁、柱钢筋采用焊接连接，直径 >25 mm 的钢筋宜采用机械连接。纵向受拉钢筋绑扎搭接长度按纵向受拉钢筋锚固长度乘以搭接长度修正系数确定，见表 4–7–3。

表 4–7–3　纵向受拉钢筋绑扎搭接长度 l_l（非抗震）、l_{lE}（抗震）计算表

纵向受拉钢筋绑扎搭接长度 l_l、l_{lE}			
抗震		非抗震	
$l_{lE}=\zeta_l l_{aE}$		$l_l=\zeta_l l_a$	
纵向受拉钢筋搭接长度修正系数			
纵向受拉钢筋搭接接头面积百分率 /%	≤25	50	100
ζ_l	1.2	1.4	1.6

注：1. 两根直径不同钢筋的绑扎搭接长度以较细钢筋的直径计算。

2. 在任何情况下，纵向受拉钢筋的绑扎搭接长度不应小于 300 mm。

3. 纵向受拉钢筋搭接接头面积百分率，对梁、板、墙不应大于 25%，对柱不应大于 50%。

4. l_a、l_{aE} 取值见表 4–7–2。

4. 钢筋单位质量

根据钢筋的直径和钢筋的密度可得钢筋单位质量计算公式：

$$m=0.006\ 17d^2$$

具体取值见表 4–7–4。

表 4-7-4　钢筋单位质量取值表

直径 /mm	6	8	10	12	14
钢筋单位质量 /（kg/m）	0.222	0.395	0.617	0.888	1.21
直径 /mm	16	18	20	22	25
钢筋单位质量 /（kg/m）	1.58	2	2.47	2.98	3.86

二、工程量计算规则

1. 柱钢筋工程量

柱钢筋包括柱纵向受力钢筋（柱纵筋）和箍筋。

（1）柱纵筋长度计算

柱纵筋如图 4-7-2 所示。

L= 柱高 *H*– 基础混凝土保护层厚度 – 柱顶混凝土保护层厚度 + 柱纵筋底部弯折长度 *a*+ 柱纵筋顶层弯折长度 + 钢筋搭接长度。

① 柱高 *H*= 柱基础底面至顶层柱顶面的结构标高差值。

② 柱纵筋底部弯折长度如图 4-7-3 所示。柱纵筋底部弯折长度按表 4-7-5 计算。

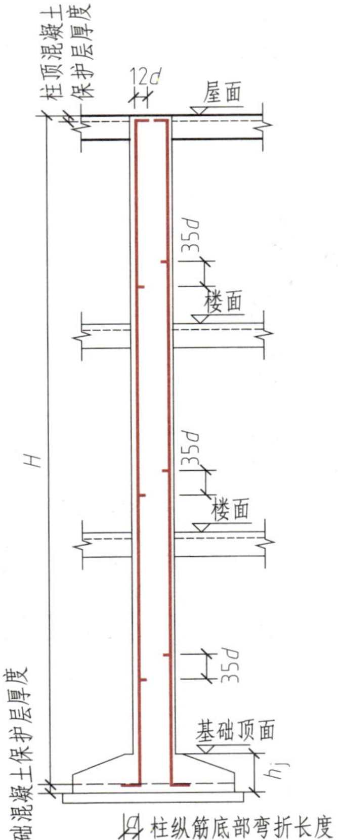

图 4-7-2　柱纵筋

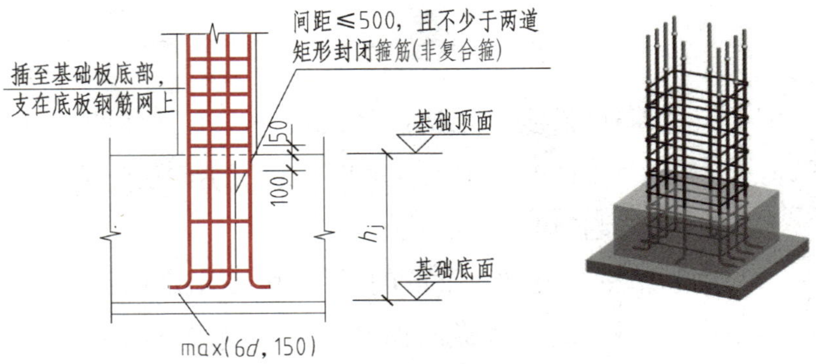

图 4-7-3　柱纵筋底部弯折长度

表 4-7-5　柱纵筋底部弯折长度

基础高度 h_j/mm	底部弯折长度 a/mm
$h_j>l_{aE}(l_a)$	max（6d，150）
$l_{aE}(l_a)\geqslant h_j\geqslant 0.6\,l_{aE}(l_a)$	max（15d，150）

③ 柱纵筋顶层弯折长度：

a. 顶层中柱纵筋伸至柱顶并弯折，弯折长度取 12d，如图 4-7-4 所示。

b. 顶层边柱和角柱外侧纵筋伸至柱顶，内侧纵筋伸至柱顶并弯折，弯折长度取 12d，如图 4-7-5 所示。

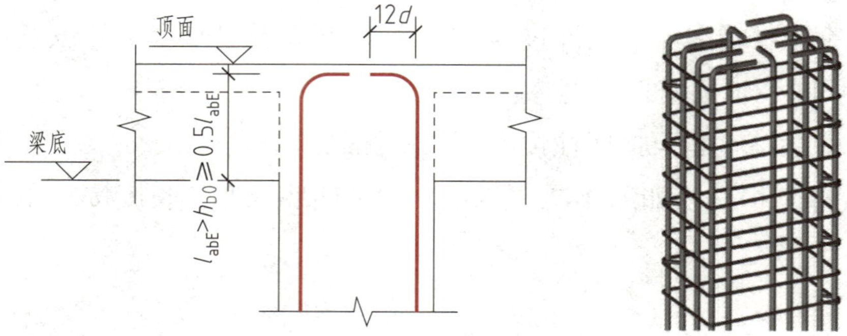

图 4-7-4　顶层中柱纵筋弯折

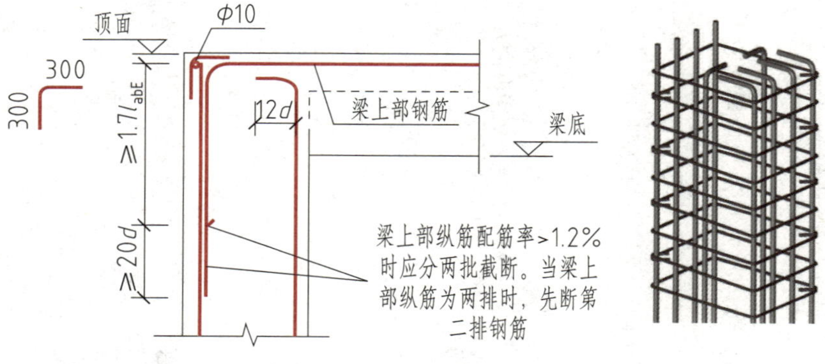

图 4-7-5　顶层边柱和角柱纵筋弯折

④ 钢筋搭接长度。结构设计总说明中通常注明钢筋的连接方式和钢筋搭接长度的相关要求，当结构设计总说明中未注明时，钢筋的搭接长度及搭接数量按以下规则计算：

a. 钢筋定尺长度取 8 m。

b. 钢筋单根长度超过 8 m 时，计算因超出定尺长度引起的搭接长度取 35d。

c. 建筑物柱、墙构件纵向钢筋搭接数量按自然层计算。

d. 钢筋搭接长度 = 搭接数量（N）× 35d。

（2）箍筋计算

① 箍筋长度：按中心线长度计算。柱箍筋如图 4-7-6 所示。

a. 双肢箍长度：$l=2\times[(h-2c-d)+(b-2c-d)]+2\times$弯钩长度

b. 单肢箍长度：$l=(h-2c-d)+2\times$弯钩长度

c. 四肢箍（大肢箍套小肢箍）长度：大肢箍长度参考双肢箍计算，小肢箍长度按以下公式计算：

$$l=[(b-2c-2d-D)/3+D+d]\times 2+(h-2c-d)\times 2+2\times\text{弯钩长度}$$

式中　b、h——柱截面尺寸；

D——柱纵筋直径；

d——柱箍筋直径；

c——混凝土保护层厚度；

弯钩长度——箍筋弯钩为 135°，抗震取 $11.9d$，非抗震取 $6.9d$，如图 4-7-7 所示。

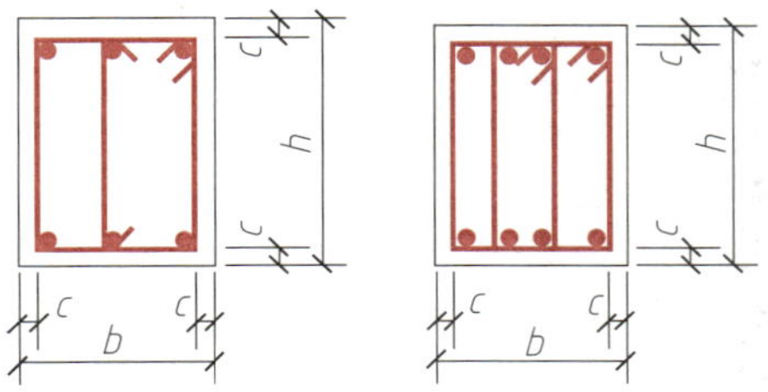

图 4-7-6　柱箍筋

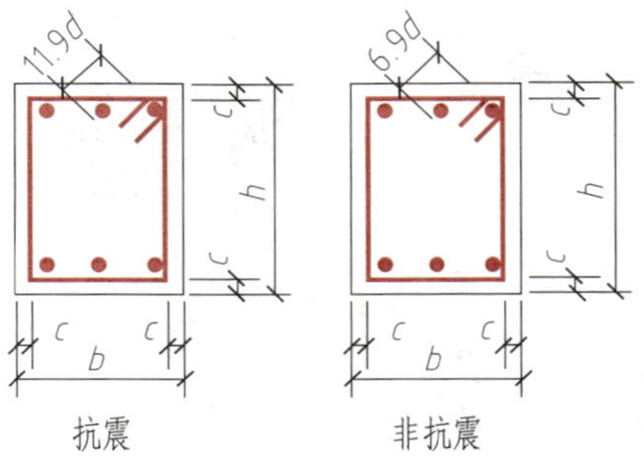

图 4-7-7　箍筋弯钩长度

② 箍筋（抗震）根数。抗震框架柱箍筋加密区如图 4-7-8 所示。柱箍筋（抗震）根数：

$$N=N_1+N_2+N_3+N_4+1$$

a. N_1：基础内箍筋根数。

基础内箍筋间距应≤500 mm，且不少于两道矩形封闭箍筋，取 $N_1=3$。

b. N_2：底层箍筋根数。

$$N_2=\frac{\text{柱根部加密区长度}(H_n/3)}{\text{加密区间距}}+\frac{\text{柱上部加密区长度}[\max(H_n/6,h_c,500\text{ mm})+h]}{\text{加密区间距}}+\frac{\text{非加密区长度}[H_n-H_n/3-\max(H_n/6,h_c,500\text{ mm})]}{\text{非加密区间距}}$$

c. N_3：楼层箍筋根数。

$$N_3=\frac{\text{柱下部加密区长度}\max(H_n/6,h_c,500\text{ mm})}{\text{加密区间距}}+\frac{\text{柱上部加密区长度}[\max(H_n/6,h_c,500\text{ mm})+h]}{\text{加密区间距}}+\frac{\text{非加密区长度}[H_n-\max(H_n/6,h_c,500\text{ mm})\times 2]}{\text{非加密区间距}}$$

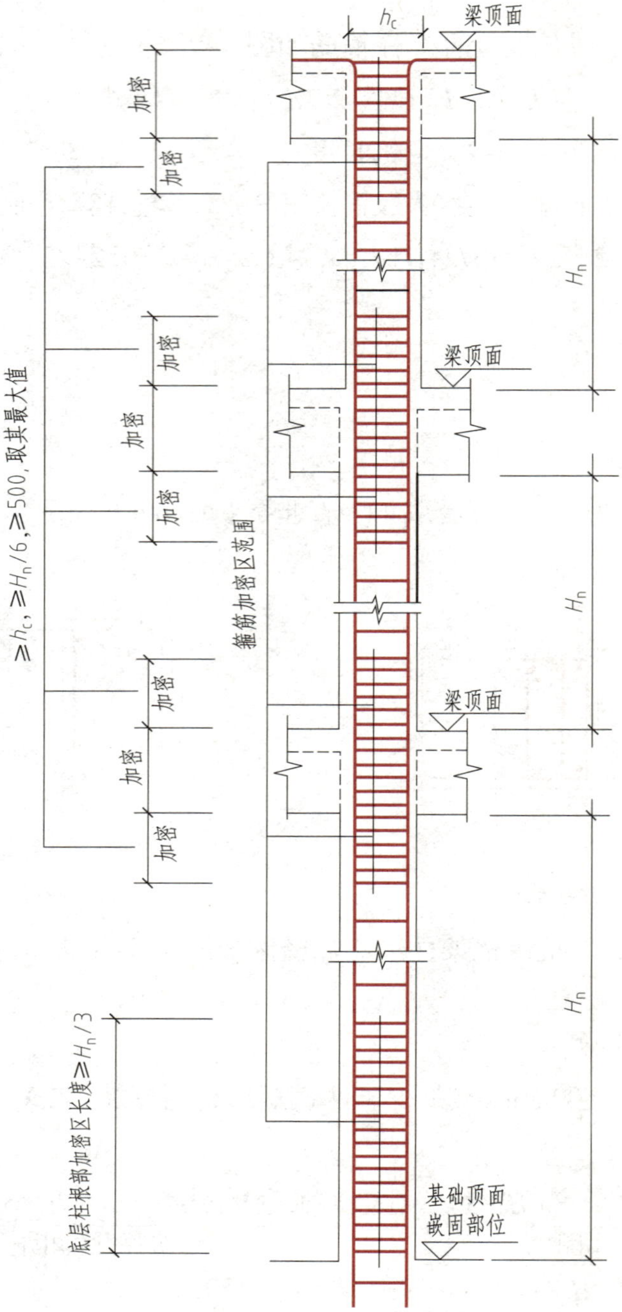

图 4-7-8 抗震框架柱箍筋加密区

d. N_4：顶层箍筋根数。

$$N_4=\frac{\text{柱下部加密区长度}\max(H_n/6,h_c,500\text{ mm})}{\text{加密区间距}}+\frac{\text{柱上部加密区长度}[\max(H_n/6,h_c,500\text{ mm})+h-\text{柱保护层厚度}]}{\text{加密区间距}}+\frac{\text{非加密区长度}[H_n-\max(H_n/6,h_c,500\text{ mm})\times 2]}{\text{非加密区间距}}$$

式中　H_n——所在楼层的柱净高，底层 H_n 是指基础顶面至梁底的高差，其余各层 H_n 是指结构层高 - 梁高；

h_c——柱截面长边尺寸；

h——所在楼层的梁高。

抗震箍筋加密区长度根据 max（H_n/6，h_c，500 mm）选用。

非抗震箍筋加密区长度：绑扎搭接按 2.3l_l 高度加密；机械连接、焊接连接按图 4-7-9 所示长度加密。

箍筋根数分段计算，计算结果向上取整。

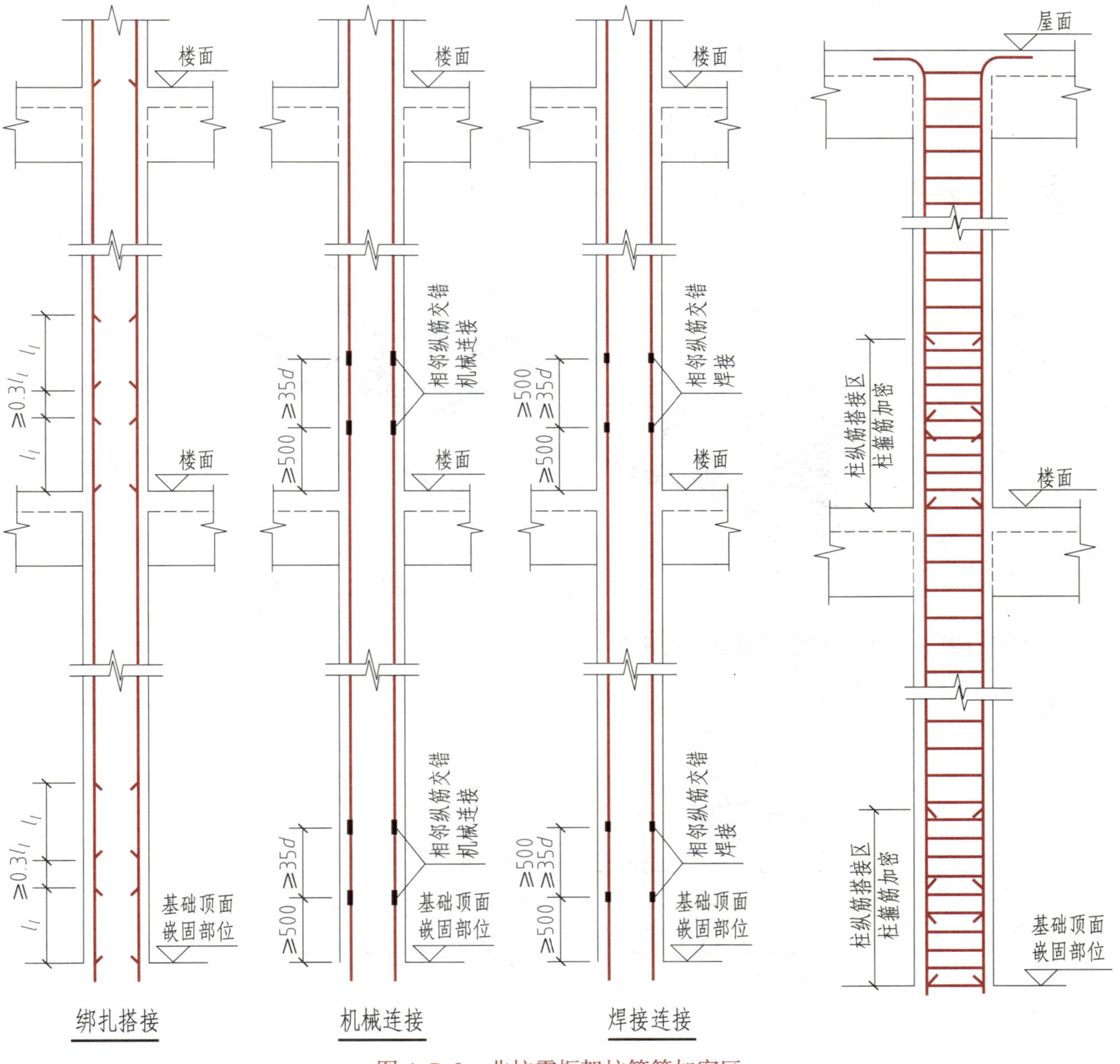

图 4-7-9　非抗震框架柱箍筋加密区

2. 梁钢筋工程量

梁钢筋包括纵向钢筋、箍筋和附加钢筋。

框架结构中梁构件中的钢筋种类有：

- 梁钢筋种类
  - 纵向钢筋
    - 上部通长钢筋
    - 左端支座钢筋（支座负筋）
    - 架立钢筋
    - 右端支座钢筋（支座负筋）
    - 侧面纵向构造钢筋或受扭钢筋
    - 下部通长 / 非通长钢筋
  - 箍筋
  - 附加钢筋
    - 附加箍筋
    - 吊筋

框架结构中梁构件中的钢筋骨架如图 4–7–10 所示。

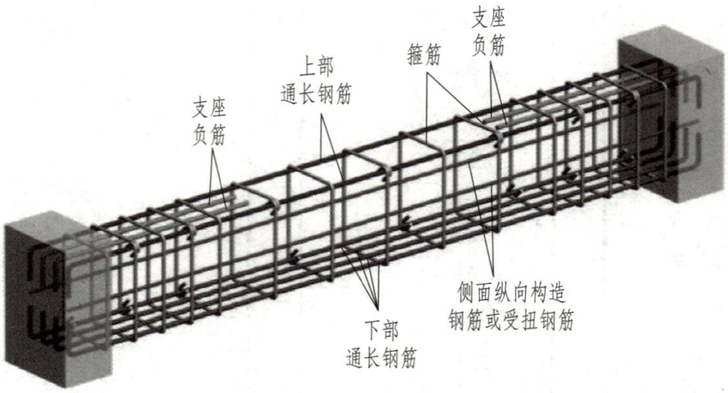

图 4–7–10　框架结构中梁构件的钢筋骨架

楼层框架梁中常见的钢筋形状如图 4–7–11 所示。

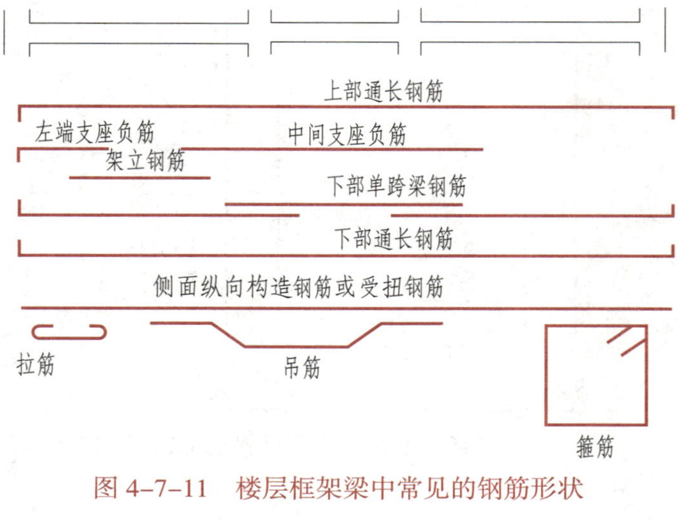

图 4–7–11　楼层框架梁中常见的钢筋形状

（1）楼层框架梁上部通长钢筋如图 4–7–12 所示，其长度计算见表 4–7–6。

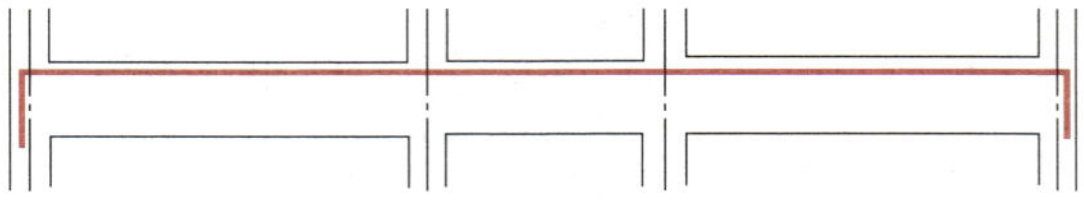

图 4–7–12　楼层框架梁上部通长钢筋

表 4–7–6　楼层框架梁上部通长钢筋长度计算表

计算步骤	计算方法	
第一步	查表得 $l_{aE}(l_a)$	
第二步	判断是直锚还是弯锚	
第三步	计算直锚或弯锚长度	直锚长度 =max[$l_{aE}(l_a)$, $0.5h_c+5d$]
		弯锚长度 =$h_c-c+15d$
第四步	计算上部通长钢筋无搭接总长度	
第五步	计算钢筋搭接个数和搭接长度	
第六步	计算上部通长钢筋总长度	

① l_a（非抗震）、l_{aE}（抗震）具体取值参考表 4–7–2。

② 当 $h_c-c \geqslant l_{aE}(l_a)$ 且 $h_c-c \geqslant 0.5h_c+5d$ 时，上部通长钢筋采用直锚，如图 4–7–13 所示。

$$直锚长度 = \max[l_{aE}(l_a), 0.5h_c+5d]$$

式中　h_c——支座宽度。

c——梁混凝土保护层厚度（表 4–7–1）。

d——上部通长钢筋直径。

③ 当 $h_c-c<l_{aE}(l_a)$ 时，上部通长钢筋采用弯锚，如图 4–7–14 所示。

$$弯锚长度 = 平直段长度(h_c-c) + 弯折段长度(15d)$$

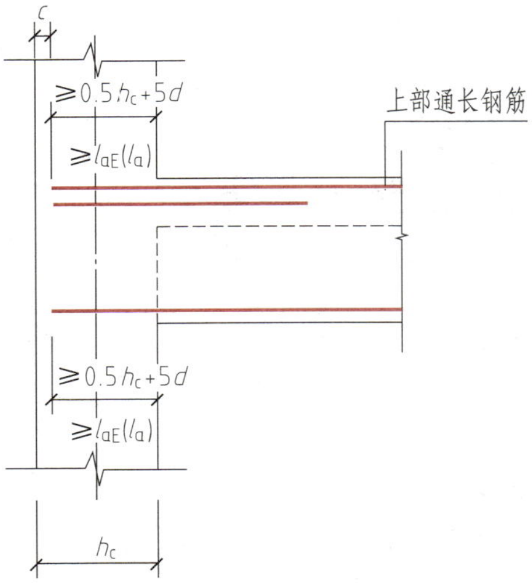

图 4–7–13　直锚做法

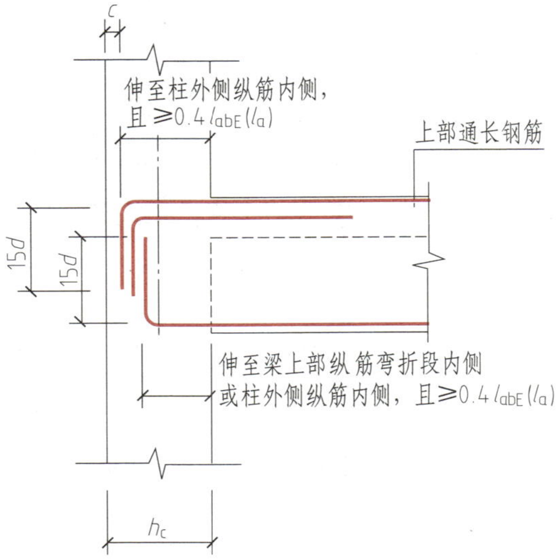

图 4–7–14　弯锚做法

④ 上部通长钢筋无搭接总长度 = 通长钢筋净长 + 首尾端锚固长度。

通长钢筋净长即首尾支座之间的净长，如图 4–7–15 所示。

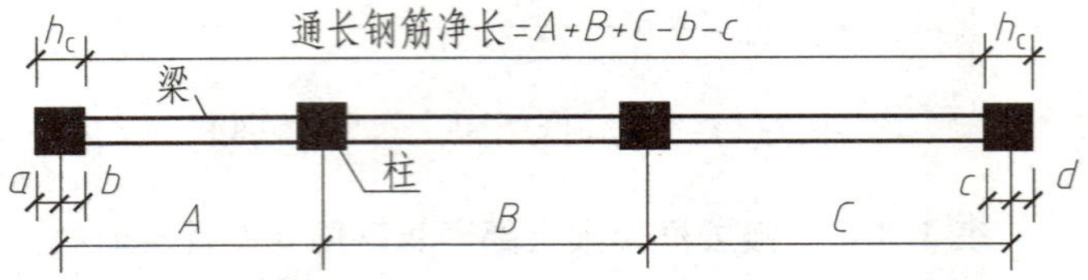

图 4–7–15 通长钢筋净长

⑤ 若无明确规定，钢筋定尺长度取 8 m，钢筋单根长度超过 8 m 时，计算因超出定尺长度引起的搭接长度为 35*d*。

钢筋搭接个数 *N*= 上部通长钢筋无搭接总长度 /8 m（取整数）。

钢筋搭接长度 = $N\times 35d$。

⑥ 上部通长钢筋总长度 *l*= 通长钢筋净长 + 首尾端锚固长度 + 搭接长度。

（2）楼层框架梁上部端支座负筋如图 4–7–16 所示，其长度计算见表 4–7–7。

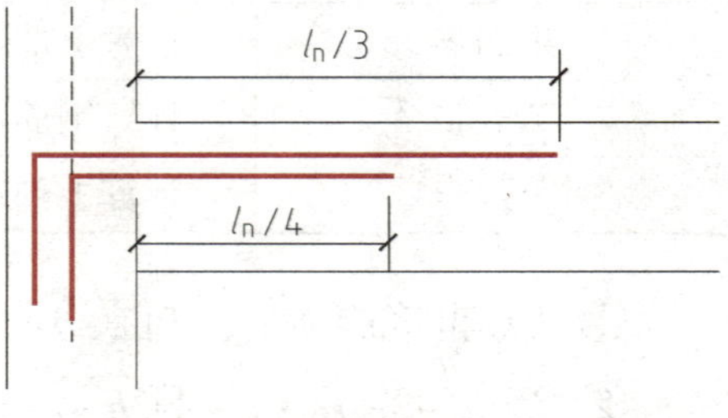

图 4–7–16 楼层框架梁上部端支座负筋

表 4–7–7 楼层框架梁上部端支座负筋长度计算表

位置	计算方法
上部第一排端支座	$l=l_n/3$ + 锚固长度
上部第二排端支座	$l=l_n/4$ + 锚固长度

注：l_n 为本跨净长。图 4–7–17 中左跨净长为 l_{n1}，右跨净长为 l_{n2}，锚固长度计算方法同楼层框架梁上部通长钢筋锚固长度计算方法。

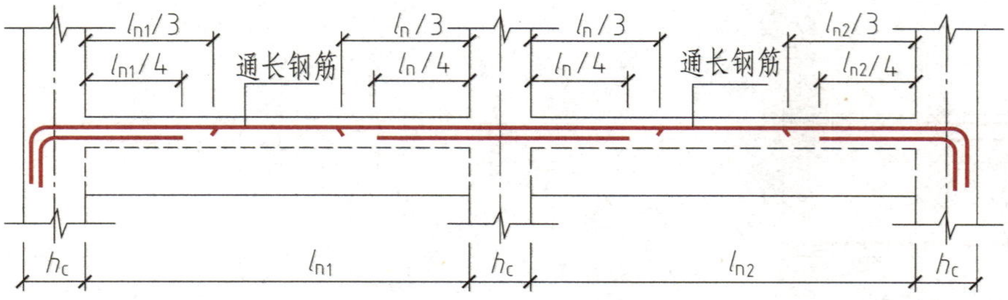

图 4–7–17 支座负筋

（3）楼层框架梁中间支座负筋如图 4–7–18 所示，其长度计算见表 4–7–8。

（4）楼层框架梁架立筋如图 4–7–19 所示，其长度计算方法如下：

楼层框架梁架立筋长度 $l=l_n/3+2\times$ 搭接长度（可按 2×150 mm 计算）

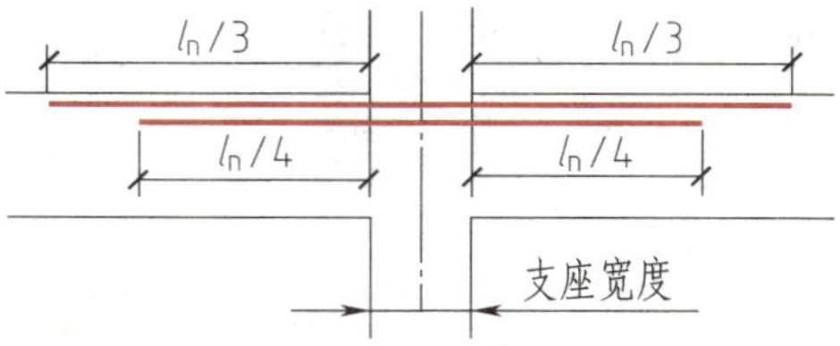

图 4–7–18　楼层框架梁中间支座负筋

表 4–7–8　楼层框架梁中间支座负筋长度计算表

位置	计算方法
上部第一排中间支座	l=2 × l_n/3 + 支座宽度
上部第二排中间支座	l=2 × l_n/4 + 支座宽度

注：l_n 为相邻两跨净长的较大值。图 4–7–17 中 l_n= max（l_{n1}，l_{n2}）。

（5）楼层框架梁下部通长钢筋如图 4–7–20 所示，其长度计算方法如下：

下部通长钢筋总长度 l= 通长钢筋净长 + 首尾端锚固长度 + 搭接长度

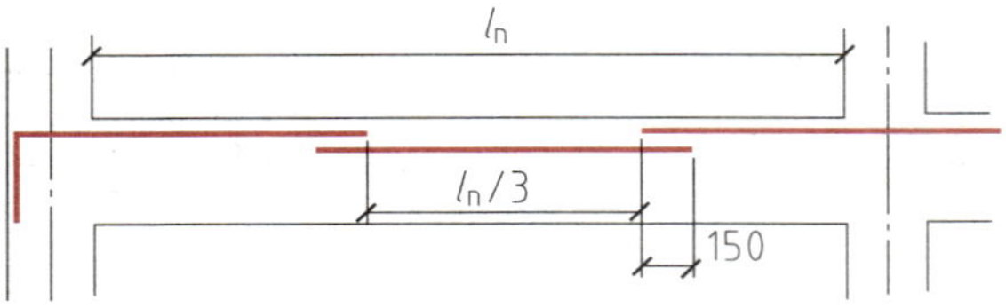

图 4–7–19　楼层框架梁架立筋

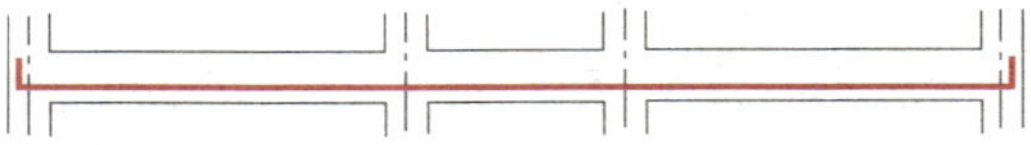
图 4–7–20　楼层框架梁下部通长钢筋

下部通长钢筋总长度计算方法同上部通长钢筋计算方法。

（6）楼层框架梁下部单跨梁钢筋如图 4–7–21 所示，其长度计算方法如下：

楼层框架梁下部单跨梁钢筋长度 l= 本跨净跨长度 l_n + 2 × 首尾端锚固长度 + 搭接长度

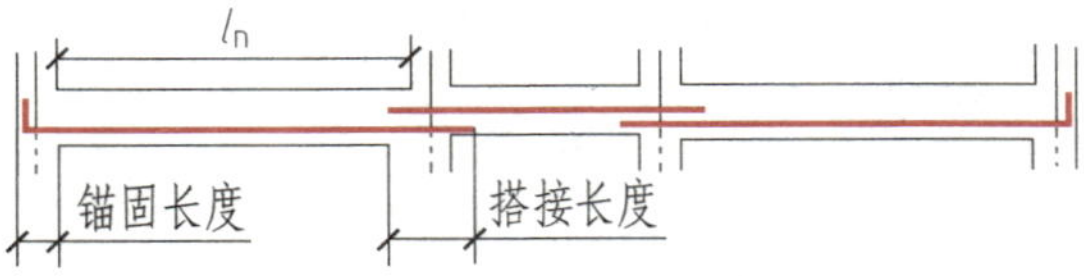

图 4–7–21　楼层框架梁下部单跨梁钢筋

端支座锚固长度计算方法同楼层框架梁上部通长钢筋计算方法。其锚固长度按表 4–7–9 计算。

表 4–7–9　下部单跨梁钢筋锚固长度计算表

锚固位置	锚固长度	锚固类型
中间支座	max[l_{aE}（l_a），0.5h_c+5d]	直锚
端部支座	max[l_{aE}（l_a），0.5h_c+5d]	直锚（需判断）
	h_c−c+15d	弯锚（需判断）

（7）楼层框架梁侧面钢筋如图 4–7–22 所示，其长度计算方法如下：

楼层框架梁侧面钢筋总长度 l= 通长钢筋净长 + 锚固长度 + 搭接长度

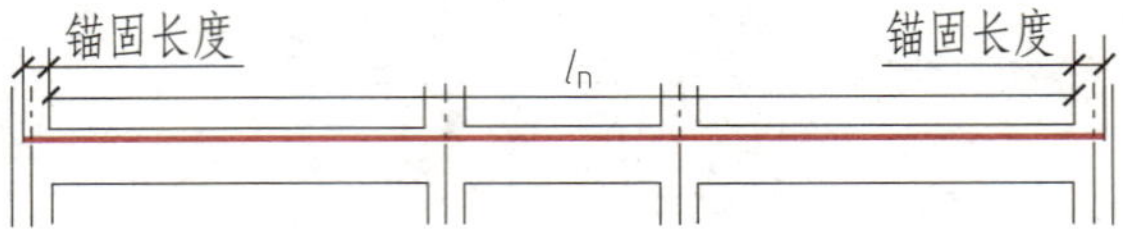

图 4–7–22　楼层框架梁侧面钢筋

当楼层框架梁侧面为构造钢筋时，搭接长度与锚固长度均为 15d，见表 4–7–10。

当楼层框架梁侧面为受扭钢筋时，搭接长度与锚固长度见表 4–7–10。

表 4–7–10　楼层框架梁侧面钢筋搭接长度、锚固长度计算表

侧面钢筋类型	搭接长度	锚固长度	锚固位置
构造钢筋	15d	15d	全部
受扭钢筋	35d	max［l_{aE}（l_a），0.5h_c+5d］	端部支座直锚（需判断）、中间支座直锚
		h_c–c+15d	端部支座弯锚（需判断）

（8）楼层框架梁拉筋如图 4–7–23 所示。若无明确规定，本书拉筋直径同箍筋直径，间距为梁箍筋非加密区间距的 2 倍，每 2 根侧面钢筋布置一根拉筋。拉筋长度计算方法如下：

拉筋长度 $l=h-2c-d+2\times$弯钩长度

式中　弯钩长度——抗震取 11.9d，非抗震取 6.9d。

拉筋根数 N =（梁净跨长度 – 2 × 50 mm）/（梁箍筋非加密区间距 ×2）+1

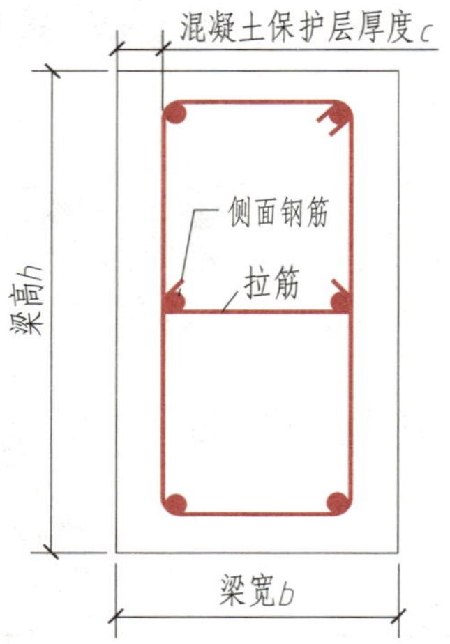

图 4–7–23　楼层框架梁内拉筋

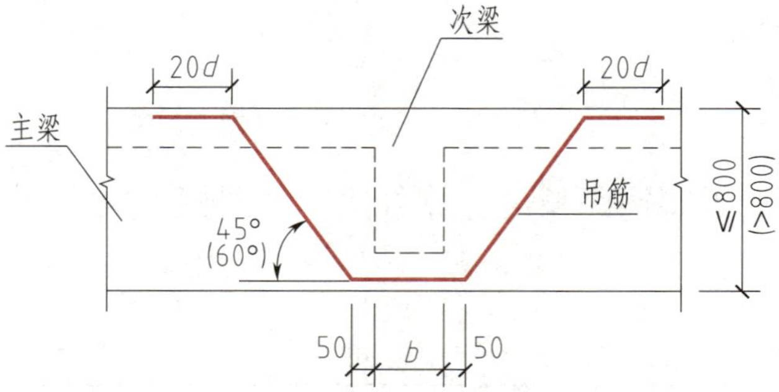

图 4–7–24　楼层框架梁内吊筋

（9）楼层框架梁吊筋如图 4–7–24 所示，其长度计算方法如下：

吊筋长度 l=2 × 20d（锚固长度）+ 2 × 斜段长度 + 次梁宽度 + 2 × 50 mm

d 为吊筋直径，斜段长度按表 4–7–11 计算。

表 4-7-11　斜段长度计算表

主梁高度 /mm	斜段长度 /mm
梁高≤800	梁高 −2× 混凝土保护层厚度 /sin45°
梁高 >800	梁高 −2× 混凝土保护层厚度 /sin60°

（10）楼层框架梁箍筋计算方法参照柱箍筋计算方法。

① 箍筋长度

$$双肢箍长度\ l=2\times(h-2c-d+b-2c-d)+2\times弯钩长度$$

式中　弯钩长度——抗震取 $11.9d$，非抗震取 $6.9d$。

② 箍筋根数

a. 抗震箍筋根数按加密区和非加密区长度分别计算。抗震楼层框架梁箍筋加密区与非加密区位置如图 4-7-25 所示。

N= 2×［（加密区长度 − 50 mm）/ 加密区间距］+（非加密区长度 / 非加密区间距）+1

加密区长度按表 4-7-12 计算，箍筋根数分段计算并向上取整。

表 4-7-12　加密区长度计算表

抗震等级	加密区长度
一级抗震	max（2× 梁高，500 mm）
二～四级抗震	max（1.5× 梁高，500 mm）

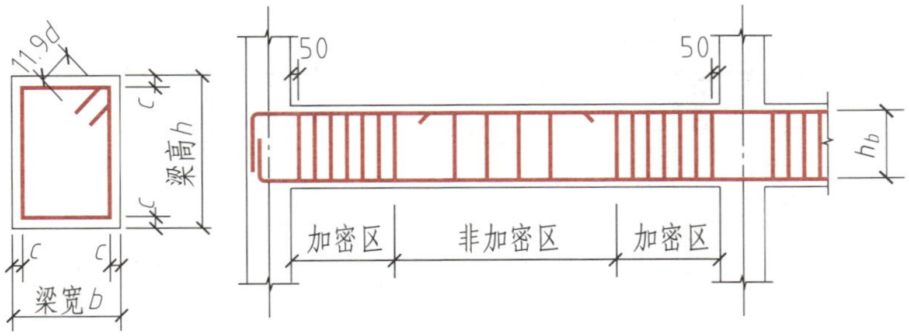

图 4-7-25　抗震楼层框架梁箍筋加密区与非加密区位置

b. 非抗震箍筋根数按梁净跨非加密区长度计算。

N=（梁净跨长度 −2×50 mm）/ 非加密间距 +1

（11）屋面框架梁上部钢筋计算方法（图 4-7-26）。

$$屋面框架梁上部钢筋端部锚固长度\ l=h_c-c+1.7l_{abE}$$

式中　h_c——支座宽度；

c——梁混凝土保护层厚度。

屋面框架梁上部钢筋其余部分计算方法同楼层框架梁钢筋计算方法。

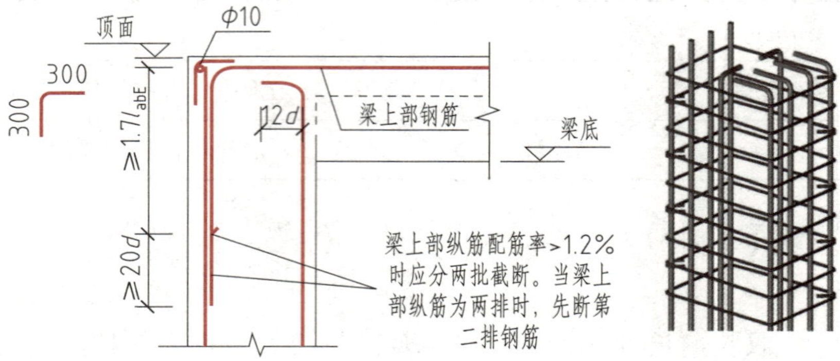

图 4-7-26 屋面框架梁上部钢筋端部锚固

3. 板钢筋工程量

板钢筋包括板底筋、板顶筋和支座负筋。

楼板分离式配筋如图 4-7-27 所示。

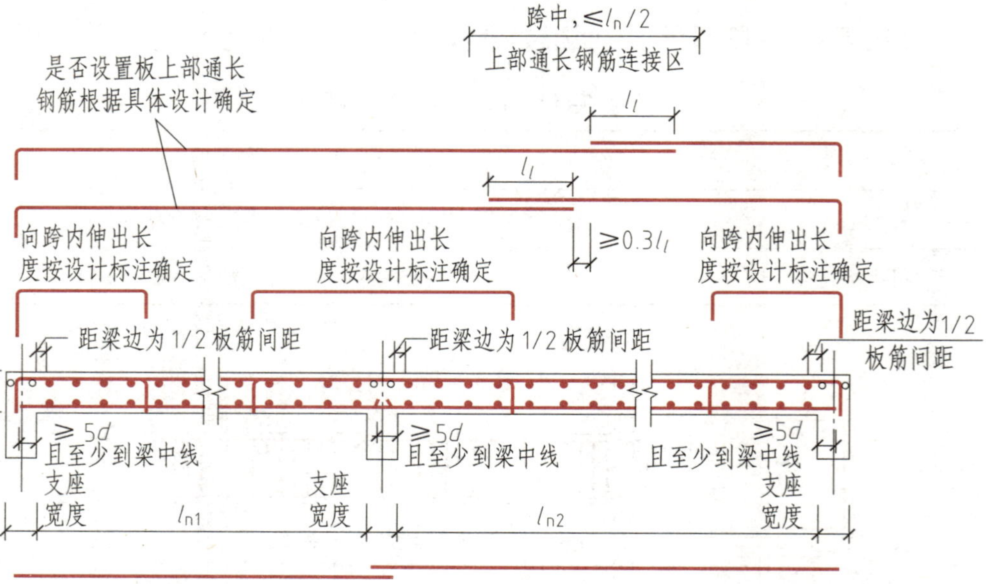

图 4-7-27 楼板分离式配筋

（1）板底筋（图 4-7-28）长度计算方法

① 单根长度 l= 梁净跨长度 l_n + 伸入支座内的长度 max（B/2，5d）×2 + 搭接长度。

a. 梁净跨长度 l_n 取梁与梁之间的净距离。

b. 伸入支座内的长度 max（B/2，5d），B 为梁宽，d 为钢筋直径。

当板底筋为一级钢筋时，伸入支座内的长度每边另加 6.25d。

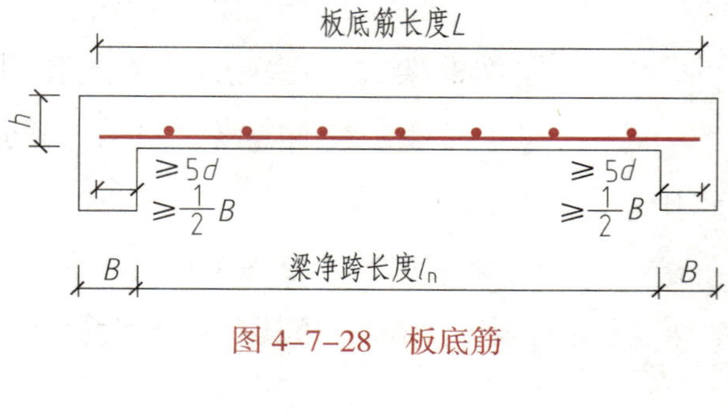

图 4-7-28 板底筋

② 根数 $N=\dfrac{\sum_{1}^{n}\text{梁净跨长度 }l_n-2a}{\text{板底筋间距}}+1=\dfrac{\sum_{1}^{n}\text{梁净跨长度 }l_n}{\text{板底筋间距}}$（向上取整）。

a. 钢筋布置位置：平行于支座梁的贯通纵筋的 a 值为距梁边 1/2 板筋间距，如图 4–7–29 所示。

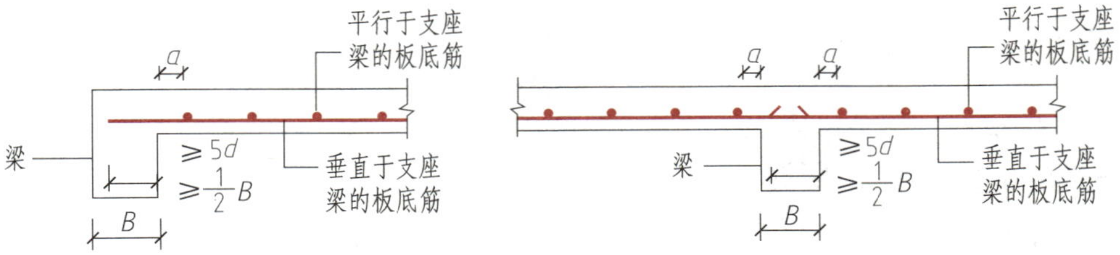

图 4–7–29　端支座为梁和中间支座为梁的板底筋布置

b. 梁净跨长度 l_n 取值为板底筋布置范围净跨长度，如图 4–7–30 所示。

c. 单跨根数 $N=\dfrac{\text{梁净跨长度 }l_n}{\text{板底筋间距}}$（向上取整）。

（2）板顶筋（图 4–7–31）长度计算方法

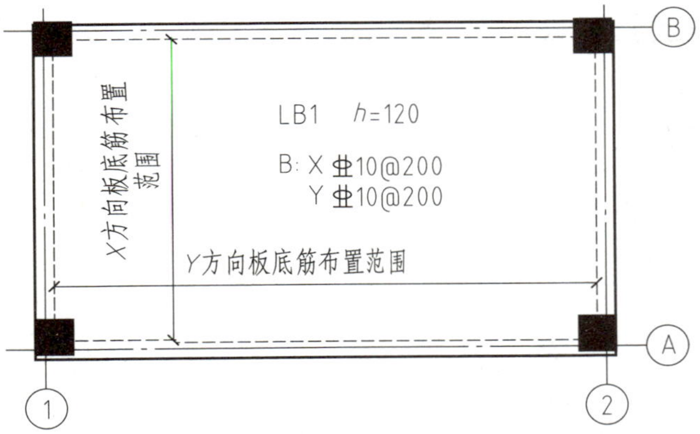

图 4–7–30　计算板底筋长度时的梁净跨长度

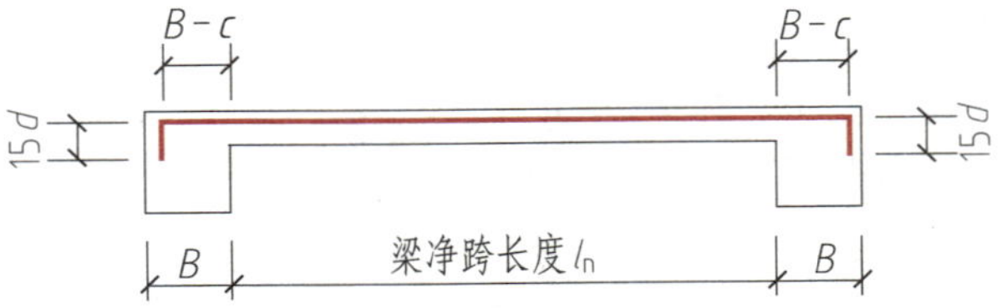

图 4–7–31　板顶筋

① 单根长度 $l=$ 梁净跨长度 $l_n+2\times(B-c)+2\times15d+$ 搭接长度

a. 净跨长度 l_n：单跨时取梁与梁之间的净距离，多跨时取首尾端梁间净距离。

b. B 为梁宽，c 为梁的混凝土保护层厚度，d 为板顶筋直径。

② 根数 $N=\dfrac{\sum_{1}^{n}\text{梁净跨长度 }l_n-2a}{\text{板顶筋间距}}+1=\dfrac{\sum_{1}^{n}\text{梁净跨长度 }l_n}{\text{板顶筋间距}}$（向上取整）

板顶筋根数计算方法同板底筋，板顶筋布置如图 4–7–32 所示。

（3）板支座负筋长度计算

① 端支座负筋如图 4–7–33 所示。

端支座负筋长度 = 水平长度 + 两端弯折长度 = 向右伸出长度 $l_{右}+(B/2-c)+15d+h-2c'$

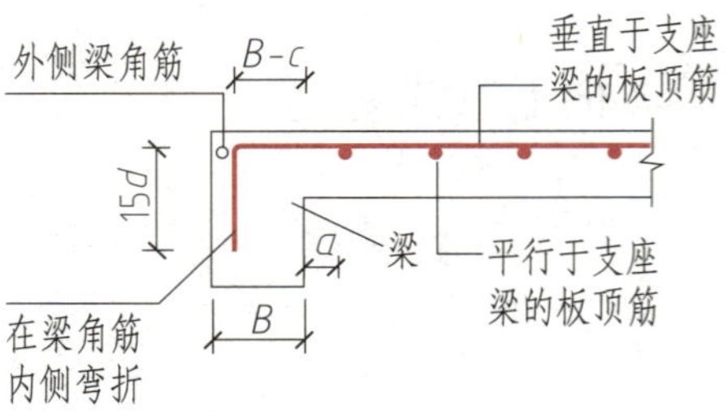

图 4-7-32 板顶筋布置

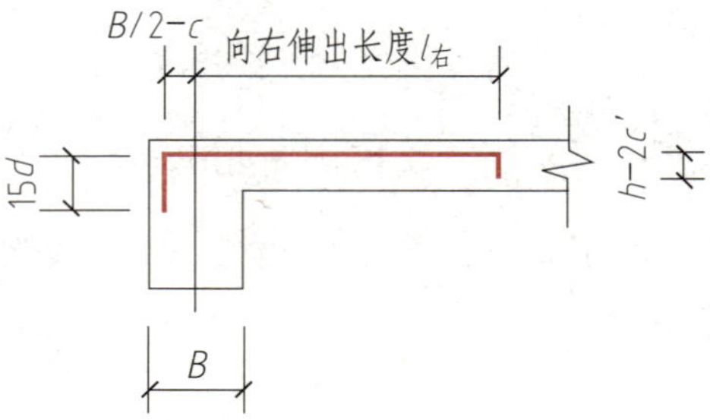

图 4-7-33 端支座负筋

式中 B——梁宽；

c——梁的混凝土保护层厚度；

d——钢筋直径；

h——板厚；

c'——板的混凝土保护层厚度。

② 中间支座负筋如图 4-7-34 所示。

中间支座负筋长度 = 水平长度 + 两端弯折长度 = 向左伸出长度 $l_{左}$ + 向右伸出长度 $l_{右}$ + $2\times(h-2c')$

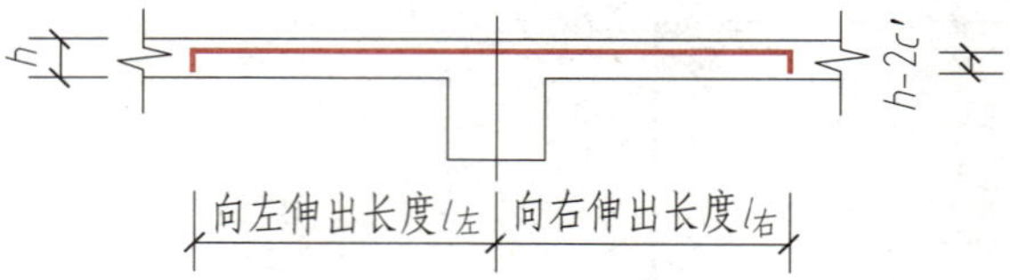

图 4-7-34 中间支座负筋

式中 h——板厚；

c'——板的混凝土保护层厚度。

③ 根数 $N=\dfrac{\sum\limits_{1}^{n}\text{梁净跨长度 } l_n-2a}{\text{板支座负筋间距}}+1=\dfrac{\sum\limits_{1}^{n}\text{梁净跨长度 } l_n}{\text{板支座负筋间距}}$(向上取整)。

板支座负筋根数计算方法同板底筋，端支座和中间支座为梁的支座负筋布置如图 4-7-35 所示。

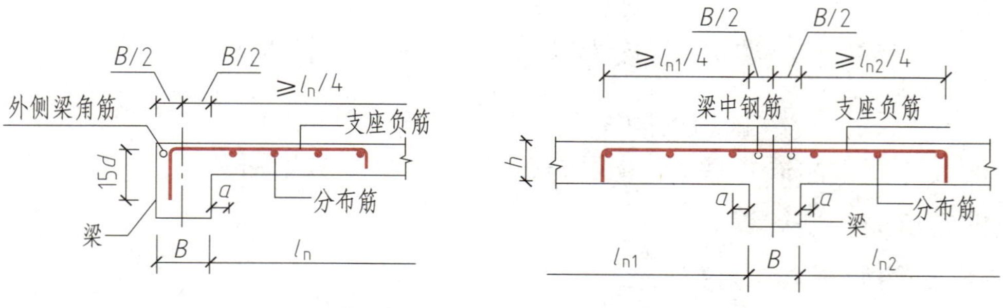

图 4-7-35 端支座和中间支座为梁的支座负筋布置

（4）撑脚钢筋计算

双层钢筋的撑脚钢筋按设计规定计算，设计未规定时，均按板中小规格主筋计算，基础底板每平方米 1 根撑脚钢筋，长度按底板板厚乘以 2 再加 1 m 计算。普通板每平方米 3 只撑脚钢筋，长度按板厚乘以 2 再加 0.1 m 计算。双层钢筋的撑脚钢筋布置数量均按板（不包括梁）的净面积计算。

三、定额说明

（1）钢筋工程按不同钢种，以现浇构件、预制构件、预应力构件分别列项，定额中钢筋的规格比例、钢筋品种按常规工程综合考虑。

（2）除定额规定单独列项计算外，各类钢筋、铁件的制作成型、绑扎、安装、固定所用人工、材料、机械消耗均已列入相应定额。

（3）设计套用标准图集时，按标准图集钢筋（铁件）用量表所列数量计算，标准图集未列钢筋（铁件）用量表时，按标准图集图示及本规则计算。

（4）箍筋（板筋）的设计间距、拉筋的长度及数量应按设计图示、标准图集和规范要求计算，遇设计图示、标准图集和规范要求不明确时，箍筋（板筋）的设计间距、拉筋的长度及数量可按以下规则计算：

① 墙板 S 形拉筋长度按墙板厚度扣除混凝土保护层厚度，再加两端弯钩长度计算。

② 弯起钢筋不分弯起角度，每个斜边增加长度按梁高（或板厚）乘以 0.4 计算。

③ 箍筋（板筋）排列根数为柱、梁、板净长除以箍筋（板筋）的设计间距；设计间距不同时，应分段计算。柱净长按层高计算，梁净长按混凝土规则计算，板净长指主（次）梁与主梁之间的净长。计算中有小数时，向上取整。

【任务示例】

例 4-7-1　某框架柱平法施工图如图 4-7-36 所示，计算参数见表 4-7-13，柱箍筋加密区如图 4-7-37 所示，计算柱钢筋工程量。

表 4-7-13　计算参数表

计算参数	计算值	计算参数	计算值
混凝土强度等级	C25	柱混凝土保护层厚度	25 mm
		基础混凝土保护层厚度	40 mm
抗震等级	三级	抗震锚固长度 l_{aE}	42d
纵筋连接方式	电渣压力焊	搭接长度	35d

续表

计算参数	计算值	计算参数	计算值
4 层结构顶标高	15.270 m	4 层结构层高	3.6 m
3 层结构顶标高	11.670 m	3 层结构层高	3.6 m
2 层结构顶标高	8.070 m	2 层结构层高	3.6 m
1 层结构顶标高	4.470 m	1 层结构层高	5.02 m
基础顶标高	–0.550 m	基础厚度	650 mm
		梁高	600 mm

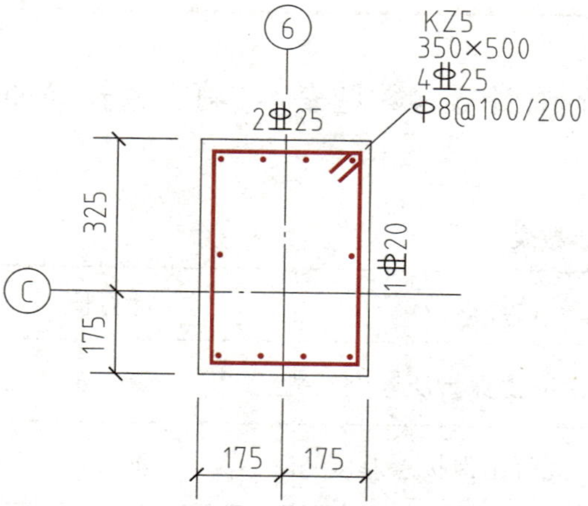

图 4–7–36　某框架柱平法施工图

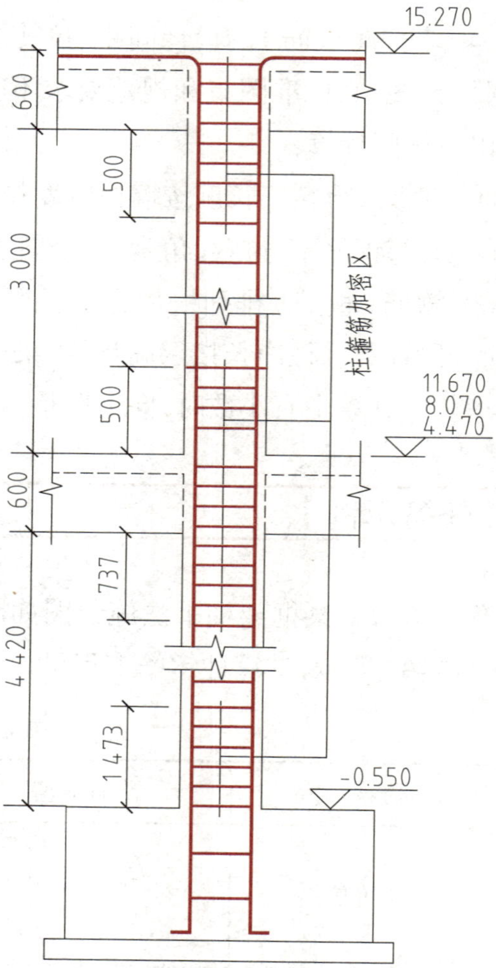

图 4–7–37　柱箍筋加密区

解：柱钢筋工程量计算见表 4-7-14。

表 4-7-14　柱钢筋工程量计算表

构件名称	钢筋规格	计算过程	质量 /kg
KZ5	1. 柱纵筋Φ25	（1）柱高 H=15.27 m+0.55 m+0.65 m=16.47 m （2）柱纵筋底部弯折长度： 因为 650 mm>0.6 × 42 × 25 mm，所以 a=15 × 0.025 m=0.375 m （3）柱纵筋长度 l=16.47 m−0.04 m−0.025 m+0.375 m+12 × 0.025 m+35 × 0.025 m × 4=20.58 m （4）柱纵筋根数 N=8 （5）质量 m=20.58 m × 8 × 3.86 kg/m ≈ 635.51 kg	635.51
	2. 柱纵筋Φ20	（1）柱高 H=16.47 m （2）柱纵筋底部弯折长度 因为 650 mm>0.6 × 42 × 2 mm，所以 a=15 × 0.02 m=0.3 m （3）柱纵筋长度 l=16.47 m−0.04 m−0.025 m+0.3 m+12 × 0.020 m+35 × 0.020 m × 4 =19.745 m （4）柱纵筋根数 N=2 （5）质量 m=19.745 m × 2 × 2.47 kg/m ≈ 97.54 kg	97.54
	3. 箍筋ϕ8	柱箍筋加密区如图 4-7-37 所示。 （1）柱箍筋长度 l=2 ×（0.3 m+0.45 m−2 × 0.008 m）+2 × 11.9 × 0.008 m ≈ 1.658 m （2）柱箍筋根数 ① 基础内柱箍筋根数 N_1=3 ② 1 层柱箍筋根数 N_2 计算如下： H_n/3=（4 470 mm+550 mm−600 mm）/3 ≈ 1 473 mm H_n/6 ≈ 737 mm 由 max（H_n/6，h_c，500 mm）确定柱上部加密区长度取值为 737 mm	80.55

续表

构件名称	钢筋规格	计算过程	质量 /kg
KZ5	3. 箍筋 ϕ8	$N_2=\frac{1\,473\text{ mm}}{100\text{ mm}}+\frac{737\text{ mm}+600\text{ mm}}{100\text{ mm}}+\frac{5\,020\text{ mm}-1\,473\text{ mm}-737\text{ mm}-600\text{ mm}}{200\text{ mm}}$ $\approx 15+14+12=41$ ③ 2、3 层柱箍筋根数 N_3 计算如下： $H_n/6=(3\,600\text{ mm}-600\text{ mm})/6=500\text{ mm}$ 由 max（$H_n/6$，h_c，500 mm）确定柱上、下部加密区长度取 500 mm $N_3=\frac{500\text{ mm}}{100\text{ mm}}+\frac{500\text{ mm}+600\text{ mm}}{100\text{ mm}}+\frac{3\,600\text{ mm}-500\text{ mm}-500\text{ mm}-600\text{ mm}}{200\text{ mm}}$ $=5+11+10=26$ ④ 4 层柱箍筋根数 N_4 计算如下： $H_n/6=(3\,600\text{ mm}-600\text{ mm})/6=500\text{ mm}$ 由 max（$H_n/6$，h_c，500 mm）确定柱上、下部加密区长度取 500 mm $N_4=\frac{500\text{ mm}}{100\text{ mm}}+\frac{500\text{ mm}+600\text{ mm}-25\text{ mm}}{100\text{ mm}}+\frac{3\,600\text{ mm}-500\text{ mm}-500\text{ mm}-600\text{ mm}}{200\text{ mm}}$ $\approx 5+11+10=26$ 合计 $N=3+41+26\times 3+1=123$ （3）质量 $m=1.658\text{ m}\times 123\times 0.395\text{ kg/m}\approx 80.55\text{ kg}$	80.55

例 4–7–2 某楼层框架梁平法施工图如图 4–7–38 所示，计算参数见表 4–7–15，试计算梁钢筋工程量。

表 4–7–15 计算参数表

计算参数	计算值	计算参数	计算值
混凝土强度等级	C25	梁、柱混凝土保护层厚度	25 mm
抗震等级	四级	抗震锚固长度 l_{aE}	$40d$
纵筋连接方式	电渣压力焊	钢筋定尺长度	8 m

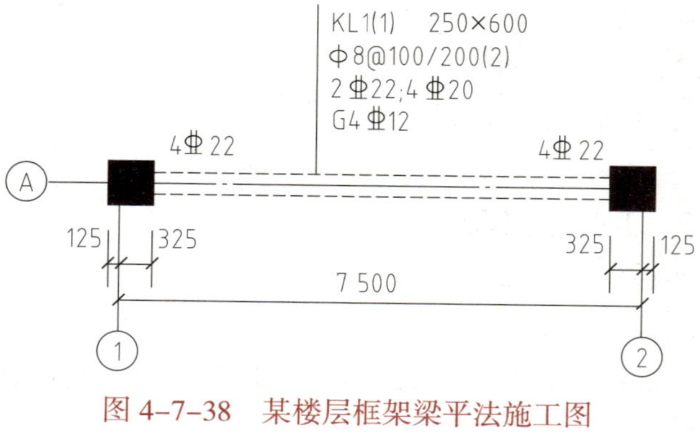

图 4–7–38 某楼层框架梁平法施工图

解：梁钢筋工程量计算见表 4-7-16。

表 4-7-16　梁钢筋工程量计算表

构件名称	钢筋规格	计算过程	质量 /kg
KL1	1. 上部通长钢筋  	（1）锚固方式 因为 h_c-c=450 mm−25 mm=425 mm<l_{aE}，所以采用弯锚 （2）左端支座弯锚长度 $h_c-c+15d$=0.450 m−0.025 m+15×0.022 m=0.755 m （3）右端支座弯锚长度 $h_c-c+15d$=0.450 m−0.025 m+15×0.022 m=0.755 m （4）无搭接总长度 7.5 m−0.325 m−0.325 m+0.755 m×2=8.36 m （5）搭接个数 8.36 m/8 m=1.045，取整数 1 （6）搭接长度 35d=35×0.022 m=0.77 m （7）单根总长度 8.36 m+0.77 m=9.13 m （8）根数 N=2 （9）质量 m=2×9.13 m×2.98 kg/m≈54.41 kg	54.41
	2. 支座 1 支座负筋 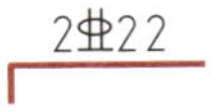 	（1）锚固方式 因为 h_c-c=450 mm−25 mm=425 mm<l_{aE}，所以采用弯锚 （2）左端支座弯锚长度 $h_c-c+15d$=0.45 m−0.025 m+15×0.022 m=0.755 m （3）单根总长度 （7.5 m−0.325 m−0.325 m）/3+0.755 m≈3.038 m （4）根数 N=2 （5）质量 m=2×3.038 m×2.98 kg/m≈18.11 kg	18.11
	3. 支座 2 支座负筋 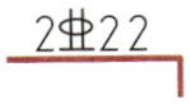 	计算同支座 1 支座负筋	18.11

续表

构件名称	钢筋规格	计算过程	质量 /kg
KL1	4. 下部通长钢筋 4Φ20	(1)锚固方式 因为 h_c-c=450 mm−25 mm=425 mm<l_{aE},所以采用弯锚 (2)左端支座弯锚长度 $h_c-c+15d$=0.45 m−0.025 m+15×0.02 m=0.725 m (3)右端支座弯锚长度 $h_c-c+15d$=0.450 m−0.025 m+15×0.02 m=0.725 m (4)无搭接总长度 7.5 m−0.325 m−0.325 m+0.725 m×2=8.3 m (5)搭接个数 8.3 m/8 m=1.037 5,取整数 1 (6)搭接长度 $35d$=35×0.02 m=0.7 m (7)单根总长度 8.3 m+0.7 m=9.0 m (8)根数 N=4 (9)质量 m=4×9.0 m×2.47 kg/m=88.92 kg	88.92
	5. 侧面构造钢筋 G4Φ12	(1)单根总长度 (7.5 m−0.325 m−0.325 m)+ 15×0.012 m×2=7.21 m (2)根数 N=4 (3)质量 m=4×7.21 m×0.888 kg/m≈25.61 kg	25.61
	6. 拉筋 φ8	(1)单根拉筋长度 0.25 m−2×0.025 m−0.008 m+2×11.9×0.008 m≈0.382 m (2)拉筋根数 2×[(7.5 m−0.375 m−0.375 m)/(0.2 m×2)+1]≈36 (3)质量 m=0.382 m×36×0.395 kg/m≈5.43 kg	5.43

续表

构件名称	钢筋规格	计算过程	质量 /kg
KL1	7. 箍筋 ф8@100/200(2) 	（1）单根箍筋长度 2×（0.25 m+0.6 m−4×0.025 m−2×0.008 m）+ 2×11.9×0.008 m≈1.658 m （2）加密区长度 max（1.5× 梁高，500 mm）=900 mm （3）加密区梁箍筋根数 （900 mm−50 mm）/100 mm≈9 2×9=18 （4）非加密区梁箍筋根数 （7 500 mm−325 mm−325 mm−1 800 mm）/200 mm≈26 （5）梁箍筋总根数： N=18+26+1=45 （6）质量 m=1.658 m×45×0.395 kg/m≈29.47 kg	29.47

例 4-7-3　某楼层框架板平法施工图如图 4-7-39 所示，计算参数见表 4-7-17，试计算板钢筋工程量。

表 4-7-17　计算参数表

计算参数	计算值	计算参数	计算值
混凝土强度等级	C25	梁混凝土保护层厚度	25 mm
板四周梁宽	250 mm	板混凝土保护层厚度	20 mm
板厚	120 mm	钢筋定尺长度	8 m

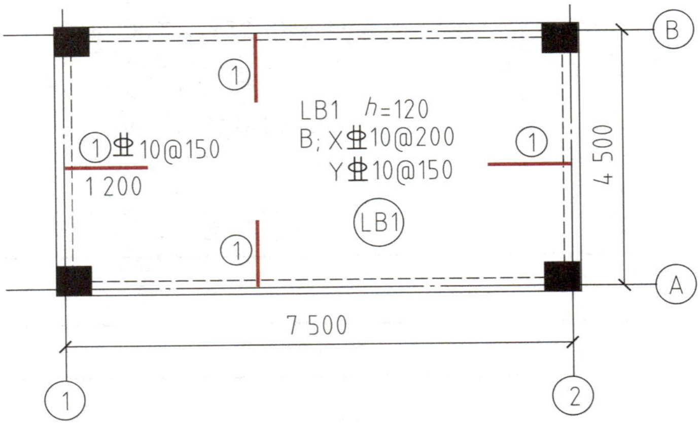

图 4-7-39　某楼层框架板平法施工图

解：板钢筋工程量计算见表 4-7-18。

表 4-7-18 板钢筋工程量计算表

构件名称	钢筋规格	计算过程	质量 /kg
LB1	支座负筋 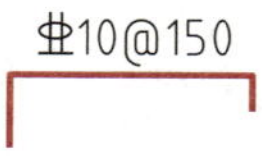	（1）单根长度 $l=l_{右}+(B/2-c)+15d+h-2c'$ $=1.2\ \text{m}+(0.25\ \text{m}/2-0.025\ \text{m})+15\times0.01\ \text{m}+0.12\ \text{m}-2\times0.02\ \text{m}$ $=1.53\ \text{m}$ （2）根数 A~B 轴根数 $n=(4.5\ \text{m}-0.25\ \text{m})/0.15\ \text{m}\approx29$ 1~2 轴根数 $n=(7.5\ \text{m}-0.25\ \text{m})/0.15\ \text{m}\approx49$ 总根数 $N=(29+49)\times2=156$ （3）质量 $m=1.53\ \text{m}\times156\times0.617\ \text{kg/m}\approx147.27\ \text{kg}$	147.27
	X 向板底钢筋 	（1）伸入支座内的长度 $\max(B/2,5d)=\max(0.25\ \text{m}/2,5\times0.01\ \text{m})=0.125\ \text{m}$ （2）单根长度 $l=(7.5\ \text{m}-0.25\ \text{m}+0.125\ \text{m}\times2)=7.5\ \text{m}$ （3）根数 $N=(4.5\ \text{m}-0.25\ \text{m})/0.2\ \text{m}\approx22$ （4）质量 $m=22\times7.5\ \text{m}\times0.617\ \text{kg/m}\approx101.81\ \text{kg}$	101.81
	Y 向板底钢筋 	（1）伸入支座内的长度 $\max(B/2,5d)=\max(0.25\ \text{m}/2,5\times0.01\ \text{m})=0.125\ \text{m}$ （2）单根长度 $L=4.5\ \text{m}-0.25\ \text{m}+0.125\ \text{m}\times2=4.5\ \text{m}$ （3）根数 $N=(7.5\ \text{m}-0.25\ \text{m})/0.15\ \text{m}\approx49$ （4）质量 $m=49\times4.5\ \text{m}\times0.617\ \text{kg/m}\approx136.05\ \text{kg}$	136.05

【任务实施】

1. 某框架柱平法施工图如图 4-7-40 所示，计算参数见表 4-7-19，计算柱钢筋工程量。

表 4-7-19　计算参数表

计算参数	计算值	计算参数	计算值
混凝土强度等级	C30	抗震等级	非抗震
基础混凝土保护层厚度	40 mm	钢筋连接方式	电渣压力焊
柱混凝土保护层厚度	30 mm	锚固长度	29d
4 层结构顶标高	15.870 m	4 层结构层高	3.6 m
3 层结构顶标高	12.270 m	3 层结构层高	3.6 m
2 层结构顶标高	8.670 m	2 层结构层高	4.2 m
1 层结构顶标高	4.470 m	1 层结构层高	4.47 m
基础顶标高	-1.03 m	基础厚度	800 mm
梁高	700 mm		

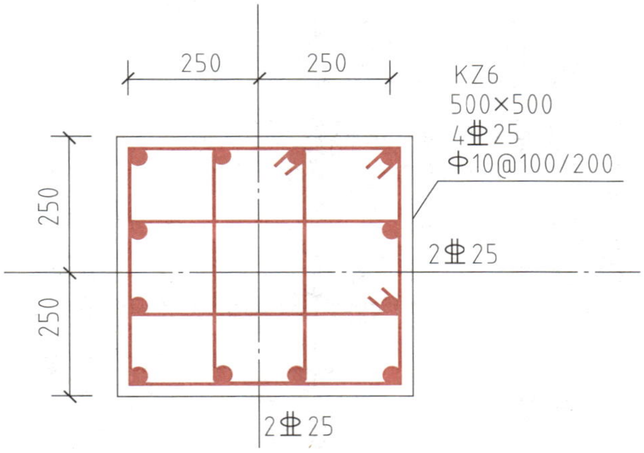

图 4-7-40　某框架柱平法施工图

2. 某楼层框架梁平法施工图如图 4-7-41 所示，计算参数见表 4-7-20，试计算梁钢筋工程量。

表 4-7-20　计算参数表

计算参数	计算值	计算参数	计算值
混凝土强度等级	C25	梁、柱混凝土保护层厚度	25 mm
抗震等级	三级	抗震锚固长度 l_{aE}	42d
纵筋连接方式	电渣压力焊	钢筋定尺长度	8 m

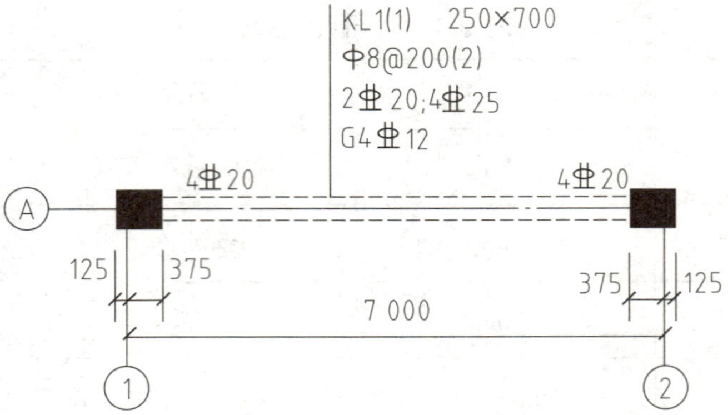

图 4-7-41 某楼层框架梁平法施工图

3. 某屋面框架梁平法施工图如图 4-7-42 所示,计算参数见表 4-7-21,试计算梁钢筋工程量。

表 4-7-21 计算参数表

计算参数	计算值	计算参数	计算值
混凝土强度等级	C25	梁、柱混凝土保护层厚度	25 mm
抗震等级	三级	抗震锚固长度 l_{aE}	$42d$
纵筋连接方式	电渣压力焊	钢筋定尺长度	8 m

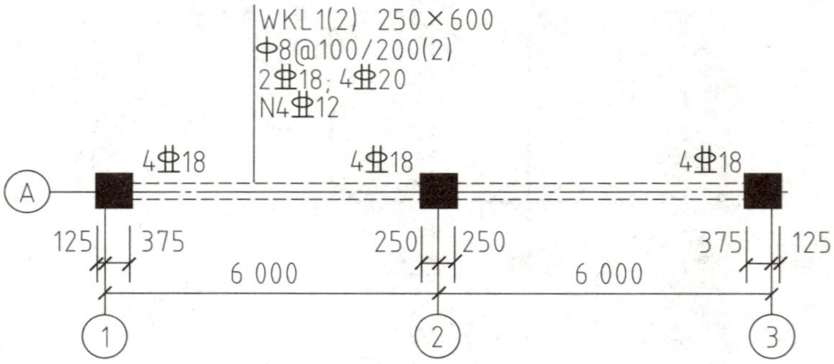

图 4-7-42 某屋面框架梁平法施工图

4. 某楼层框架板平法施工图如图 4-7-43 所示,计算参数见表 4-7-22,试计算板钢筋工程量。

表 4-7-22 计算参数表

计算参数	计算值	计算参数	计算值
混凝土强度等级	C25	梁混凝土保护层厚度	25 mm
板四周梁宽	250 mm	板混凝土保护层厚度	20 mm
板厚	120 mm	钢筋定尺长度	8 m

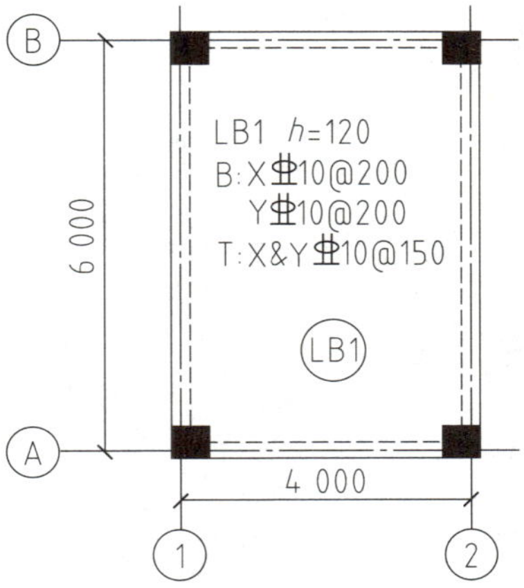

图 4-7-43　某楼层框架板平法施工图

5. 某楼层框架板平法施工图如图 4-7-44 所示，计算参数见表 4-7-23，试计算板钢筋工程量。

表 4-7-23　计算参数表

计算参数	计算值	计算参数	计算值
混凝土强度等级	C25	梁混凝土保护层厚度	25 mm
板四周梁宽	250 mm	板混凝土保护层厚度	20 mm
板厚	100 mm	钢筋定尺长度	8 m

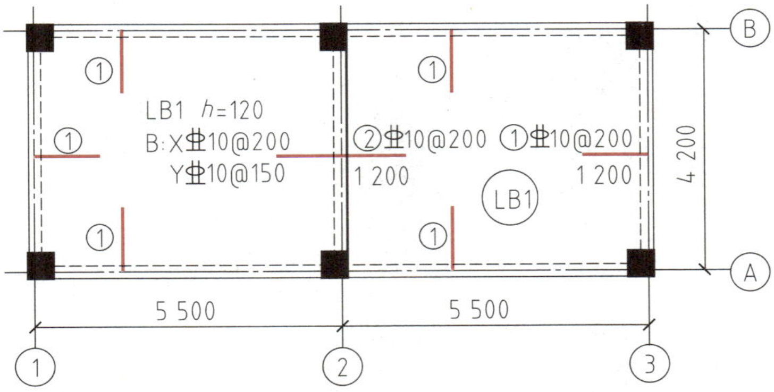

图 4-7-44　某楼层框架板平法施工图

【任务拓展】

根据书后附图某单位仓库图纸，试计算：

1. 框架柱 KZ1 的钢筋工程量。

2. 二层框架梁 KL1 和屋面框架梁 WKL3 的钢筋工程量。

3. 二层消防器材库、水管配件库和值班室三间房间及二层走廊的板钢筋工程量。

项目 5 装饰工程、门窗工程定额清单计量与计价

【项目描述】

装饰装修是指为保护建筑物主体结构，完善建筑物使用功能，美化家居环境，采用建筑装饰装修材料，对建筑物室内外表面及空间进行装修的施工过程。其工程主要包括楼地面工程，楼梯装饰工程，墙柱面工程，阳台、雨篷、檐沟抹灰工程，天棚工程，门窗工程，油漆、涂料、裱糊工程等。

【学习目标】

1. 熟悉油漆、涂料、裱糊工程的工程量计算规则及定额说明。

2. 掌握楼地面，楼梯装饰，墙柱面，阳台、雨篷、檐沟抹灰，天棚，门窗工程的工程量计算规则及定额说明。

3. 能进行油漆、涂料、裱糊工程的定额清单计量与计价。

4. 会熟练进行楼地面，楼梯装饰，墙柱面，阳台、雨篷、檐沟抹灰，天棚，门窗工程的定额清单计量与计价。

任务1 楼地面工程定额清单计量与计价

【任务目标】

1. 熟悉楼地面组成。
2. 掌握楼地面工程量计算规则及定额说明。
3. 能熟练识读楼地面施工图与对应的建筑设计说明。
4. 能熟练计算楼地面工程量、综合单价及相关费用。

【知识准备】

一、知识链接

1. 楼地面

楼地面工程是指使用各种面层材料对地面或楼面进行装饰的工程。楼地面是地面和楼面的总称，一般由基层（结构层）、垫层、附加层、面层（装饰层）四部分组成，如图5-1-1所示。附加层是为满足找平、防水、防潮、保温隔热、管线敷设等功能上的要求而设置的中间层。面层起着保护垫层和室内装饰的作用，面层有多种做法，按定额划分为整体面层、石材与块料面层、其他材料面层等，整体面层和石材与块料面层构造如图5-1-2所示。

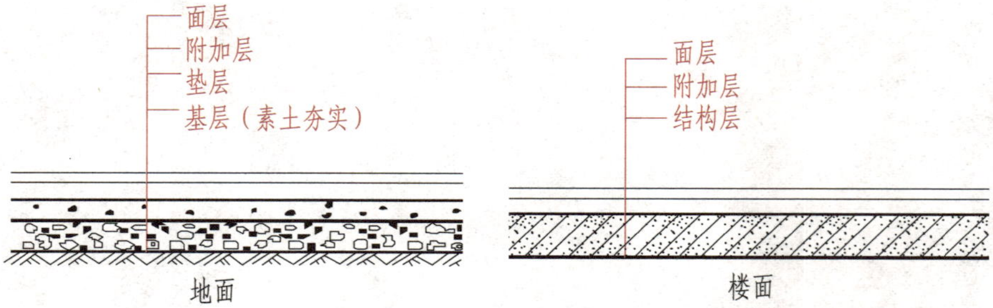

图5-1-1 楼地面结构

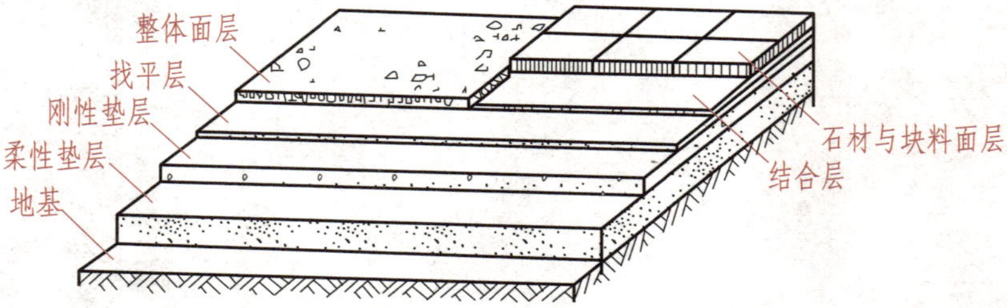

图5-1-2 整体面层和石材与块料面层构造

2. 踢脚线

踢脚线是脚踢得着的墙面区域，是室内地面与墙面相交处的构造处理，如图 5–1–3 所示。踢脚线的主要作用是避免外力碰撞造成墙体破坏，同时还起视觉平衡作用，可以得到较好的美化装饰效果。

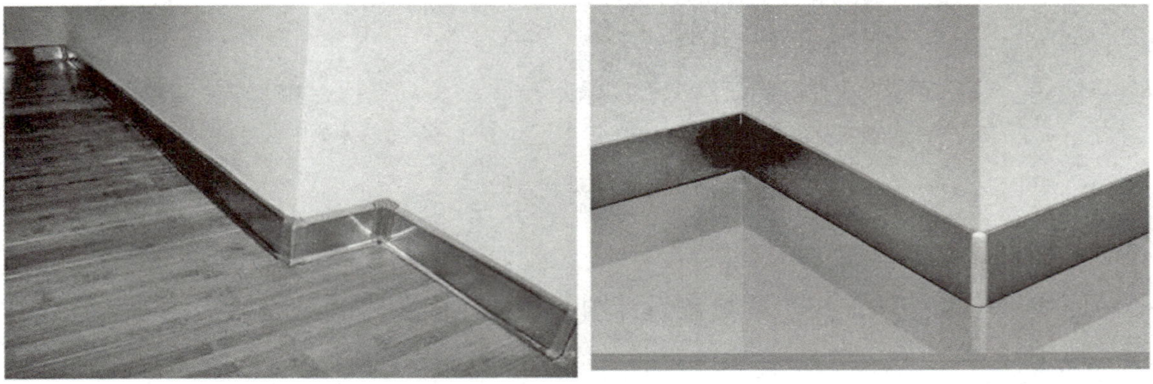

图 5–1–3　踢脚线

踢脚线面层宜用强度高、光滑、耐磨、耐脏的材料做成，一般与楼地面的材料相同，高度通常为 100~150 mm，踢脚线按定额划分为水泥砂浆踢脚线、水磨石踢脚线和石材踢脚线、块料踢脚线、木踢脚线等。部分踢脚线的构造如图 5–1–4 所示。

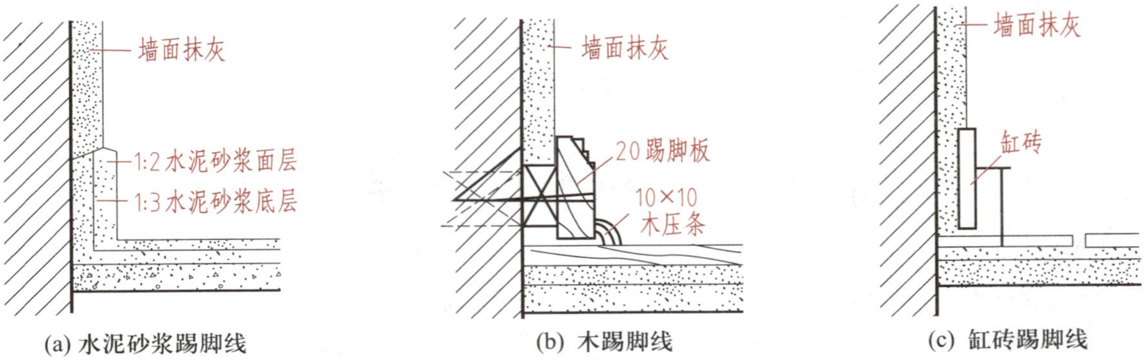

图 5–1–4　部分踢脚线的构造

3. 台阶

台阶由平台与踏步组成，是联系不同高度地面的踏步段。台阶踏步宽度一般为 300~400 mm，踏步高度宜为 100~150 mm。台阶面按定额划分为整体面层台阶面、石材与块料面层台阶面等。台阶如图 5–1–5 所示。

二、楼地面工程量计算规则

1. 楼地面找平层及整体面层

（1）适用范围

干混砂浆楼地面、细石混凝土楼地面、现浇水磨石楼地面等。

(a) 大理石台阶 (b) 水磨石台阶

图 5-1-5 台阶

（2）工程量计算

楼地面找平层及整体面层工程量按设计图示尺寸以面积（m^2）计算。

（3）规则释义

① 应扣除：凸出地面的构筑物、设备基础、室内管道、地沟等所占面积。

② 不扣除：间壁墙及 0.3 m^2 以内的柱、垛、附墙烟囱及孔洞所占面积。

③ 不增加：门洞、空圈（暖气包槽、壁龛）开口部分的面积。

④ 间壁墙：指地面面层做好后再进行施工的墙体。

2. 石材与块料及其他材料面层等

（1）适用范围

面层为大理石、花岗岩、地砖、木地板等的地面。

（2）工程量计算

石材、块料及其他材料面层工程量按设计图示尺寸以面积（m^2）计算。

（3）规则释义

① 应扣除：凸出地面的构筑物、设备基础、室内管道、地沟等所占面积。

② 不扣除：间壁墙及 0.3 m^2 以内的柱、垛、附墙烟囱及孔洞所占面积。

③ 应增加：门洞、空圈（暖气包槽、壁龛）开口部分的面积。

④ 石材与块料面层不扣除点缀所占面积，点缀按“个”计算。

⑤ 石材拼花按最大外围尺寸以矩形面积计算，有拼花的石材地面，按设计图示尺寸扣除拼花的最大外围矩形面积计算面积。

3. 踢脚线

（1）适用范围

干混砂浆、石材、块料等踢脚线。

（2）工程量计算

踢脚线工程量按设计图示长度乘以高度以面积（m^2）计算。

（3）规则释义

① 应扣除：门洞、空圈的长度。

② 应增加：门洞、空圈和垛的侧壁长度。

③ 门洞侧壁长度：图纸有说明，按说明计算门洞侧壁长度；图纸没有说明，门框按 100 mm 厚放在墙中间计算侧壁长度。

4. 台阶

（1）适用范围

干混砂浆、石材、块料等台阶面。

（2）工程量计算

① 整体面层台阶工程量按设计图示尺寸以台阶水平投影面积（m^2）计算。

② 石材、块料面层等台阶工程量按设计图示尺寸以展开台阶面积（m^2）计算。

（3）规则释义

① 台阶与平台相连时，平台面积在 10 m^2 以内的按台阶计算。

② 平台面积在 10 m^2 以上时，台阶算至最上层踏步边沿加 300 mm，平台按楼地面工程计算，套用相应定额。

三、定额说明

（1）凡砂浆、混凝土的厚度、种类、配合比及材料的品种、型号、规格、间距等设计与定额不同时，可按设计规定调整。

（2）找平层及整体面层定额说明：

① 找平层及整体面层设计厚度与定额不同时，根据厚度每增减子目按比例调整。

② 楼地面找平层上如单独找平扫毛，每平方米增加人工 0.04 工日、其他材料费 0.50 元。

③ 厚度 100 mm 以内的细石混凝土按找平层项目执行，定额已综合找平层分块浇捣等支模费用；厚度 100 mm 以上的细石混凝土按混凝土及钢筋混凝土工程垫层项目执行。

④ 细石混凝土找平层定额中的混凝土按非泵送商品混凝土编制，如使用泵送商品混凝土，除材料换算外，相应定额人工乘以系数 0.95。

（3）整体面层、块料面层中的楼地面项目均不包括找平层，发生时套用找平层相应子目。

（4）块料面层定额说明：

① 块料面层砂浆黏结层厚度设计与定额不同时，按水泥砂浆找平层厚度每增减子目进行调整换算。

② 块料面层结合砂浆采用干硬性水泥砂浆的，除换算材料单价外，人工乘以系数 0.85。

③ 块料面层铺贴定额子目包括块料安装的切割，未包括块料磨边及弧形块的切割。如设

计要求磨边，套用磨边相应子目，如设计采用弧形块贴面，弧形切割费另行计算。

（5）踢脚线定额说明：

① 踢脚线高度超过30 cm的，按墙、柱面工程相应定额执行。

② 弧形踢脚线按相应项目人工、机械乘以系数1.15。

③ 金属踢脚线折边、铣槽费另计。

（6）砂浆台阶面层包括台阶侧面抹灰。

【任务示例】

例5–1–1 某工程一层建筑平面图如图5–1–6所示，已知门尺寸为900 mm×2 400 mm，墙体厚度为240 mm，门框厚度为100 mm，居中安装，计算面层、找平层、踢脚线工程量、综合单价及相关费用。地面、踢脚线做法见表5–1–1。（企业管理费费率取16%，利润费率取8%，不考虑风险费用。）

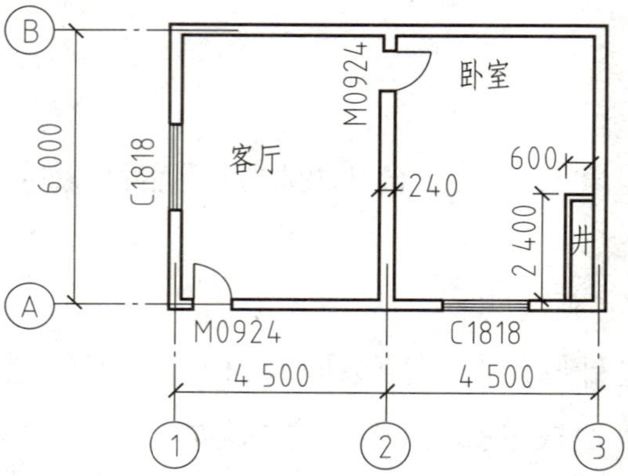

图5–1–6 某工程一层建筑平面图

表5–1–1 地面、踢脚线做法

名称	做法	位置
地砖面层	300 mm×300 mm防滑地砖面层 25 mm厚DS M20.0干混地面砂浆黏结层 20 mm厚DS M20.0干混地面砂浆找平层	客厅
花岗岩面层	20 mm厚花岗岩面层 30 mm厚DS M20.0干混地面砂浆黏结层	卧室
花岗岩踢脚线	150 mm高花岗岩踢脚线	卧室、客厅

解: 计算过程见表 5-1-2 和表 5-1-3。

表 5-1-2　工程量计算、定额套用表

项目名称	计算过程
1. 300 mm×300 mm 防滑地砖面层，25 mm 厚 DS M20.0 干混地面砂浆黏结层	（1）工程量计算 S=（4.5 m−0.24 m）×（6 m−0.24 m）+0.9 m×0.24 m×2 m^2≈24.97 m^2 （2）定额套用 定额编号:（11−44）+（11−3）×5 计量单位: m^2 人工费: 31.94 元 +0.16 元 ×5=32.74 元 材料费: 56.68 元 +0.46 元 ×5=58.98 元 机械费: 0.20 元 +0.01 元 ×5=0.25 元
2. 20 mm 厚 DS M20.0 干混地面砂浆找平层	（1）工程量计算 S=（4.5 m−0.24 m）×（6 m−0.24 m）≈24.54 m^2 （2）定额套用 定额编号: 11−1 计量单位: m^2 人工费: 8.03 元 材料费: 9.23 元 机械费: 0.20 元
3. 20 mm 厚花岗岩面层，30 mm 厚 DS M20.0 干混地面砂浆黏结层	（1）工程量计算 S=（4.5 m−0.24 m）×（6 m−0.24 m）−2.4 m×0.6 m≈23.10 m^2 （2）定额套用 定额编号:（11−31）+（11−3）×10 计量单位: m^2 人工费: 33.41 元 +0.16 元 ×10=35.01 元 材料费: 172.66 元 +0.46 元 ×10=177.26 元 机械费: 0.20 元 +0.01 元 ×10=0.30 元
4. 150 mm 高花岗岩踢脚线	（1）工程量计算 S=[（4.5 m−0.24 m+6 m−0.24 m）×2×2−0.9 m×3+0.07 m×2×3]×0.15=5.67 m^2 （2）定额套用 定额编号: 11−96 计量单位: m^2 人工费: 47.45 元 材料费: 173.77 元 机械费: 0.10 元

表 5-1-3　定额清单综合单价与合价计价表

序号	定额编号	定额名称	计量单位	工程量	综合单价 / 元							合价 / 元	其中	
					定额人工费	定额材料费	定额机械费	企业管理费	利润	风险费用	小计		人工费 / 元	机械费 / 元
1	(11-44)+(11-3)×5	300 mm×300 mm 防滑地面面层，25 mm 厚 DS M20.0 干混地面砂浆黏结层	m^2	24.97	32.74	58.98	0.25	5.28	2.64	0	99.89	2 494.25	817.52	6.24
2	11-1	20 mm 厚 DS M20.0 干混地面砂浆找平层	m^2	24.54	8.03	9.23	0.20	1.32	0.66	0	19.44	477.06	197.06	4.91
3	(11-31)+(11-3)×10	20 mm 厚花岗岩面层，30 mm 厚 DS M20.0 干混地面砂浆黏结层	m^2	23.10	35.01	177.26	0.30	5.65	2.82	0	221.04	5 106.02	808.73	6.93
4	11-96	150 mm 高花岗岩踢脚线	m^2	5.67	47.45	173.77	0.10	7.61	3.80	0	232.73	1 319.58	269.04	0.57

例 5-1-2　某工程大门平台与台阶相连，如图 5-1-7 所示，踏步高为 150 mm，平台面与台阶面做法：20 mm 厚 DS M20.0 干混地面砂浆面层，100 mm 厚 C20 非泵送商品混凝土垫层，素土夯实。试计算台阶与平台面层工程量、综合单价及相应的费用。若本题采用 20 mm 厚花岗岩面层，20 mm 厚 DS M20.0 干混地面砂浆黏结层，其他条件相同，台阶与平台面层工程量、综合单价及相关费用又是多少？（企业管理费费率取 16%，利润费率取 8%，不考虑风险费用。）

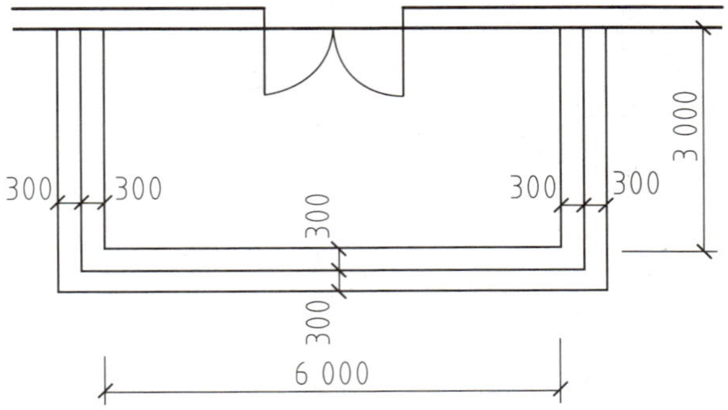

图 5-1-7　某工程大门平台与台阶平面图

解：计算过程见表 5-1-4 和表 5-1-5。

表 5-1-4　工程量计算、定额套用表

项目名称	计算过程
1. 20 mm 厚 DS M20.0 干混地面砂浆平台面层	（1）工程量计算 平台面积 S=（6 m−0.3 m×2）×（3 m−0.3 m）=14.58 m²>10 m²，平台与台阶分别计算 S=14.58 m² （2）定额套用 定额编号：11-8 计量单位：m² 人工费：10.80 元 材料费：9.37 元 机械费：0.20 元
2. 20 mm 厚 DS M20.0 干混地面砂浆台阶面层	（1）工程量计算 S=（6 m+0.3 m×4）×（3 m+0.3 m×2）−14.58 m²=11.34 m² （2）定额套用 定额编号：11-131 计量单位：m² 人工费：33.44 元 材料费：13.74 元 机械费：0.29 元

续表

项目名称	计算过程
3. 20 mm 厚花岗岩平台面层，20 mm 厚 DS M20.0 干混地面砂浆黏结层	（1）工程量计算 $S=(6\ m-0.3\ m\times2)\times(3\ m-0.3\ m)=14.58\ m^2$ （2）定额套用 定额编号：11–31 计量单位：m^2 人工费：33.41 元 材料费：172.66 元 机械费：0.20 元
4. 20 mm 厚花岗岩台阶面层，20 mm 厚 DS M20.0 干混地面砂浆黏结层	（1）工程量计算 $S_{平面}=(6\ m+0.3\ m\times4)\times(3\ m+0.3\ m\times2)-14.58\ m^2=11.34\ m^2$ $S_{侧面}=[(6\ m+0.3\ m\times2)+(3\ m+0.3\ m)\times2]\times3\times0.15\ m=5.94\ m^2$ 合计 $S=11.34\ m^2+5.94\ m^2=17.28\ m^2$ （2）定额套用 定额编号：11–133 计量单位：m^2 人工费：44.64 元 材料费：175.07 元 机械费：0.29 元

表 5–1–5　定额清单综合单价与合价计价表

序号	定额编号	定额名称	计量单位	工程量	综合单价 / 元							合价 / 元	其中	
					定额人工费	定额材料费	定额机械费	企业管理费	利润	风险费用	小计		人工费 / 元	机械费 / 元
1	11–8	20 mm 厚 DS M20.0 干混地面砂浆平台面层	m^2	14.58	10.80	9.37	0.20	1.76	0.88	0	23.01	335.49	157.46	2.92
2	11–131	20 mm 厚 DS M20.0 干混地面砂浆台阶面层	m^2	11.34	33.44	13.74	0.29	5.40	2.70	0	55.57	630.16	379.21	3.29

续表

序号	定额编号	定额名称	计量单位	工程量	综合单价 / 元							合价 / 元	其中	
					定额人工费	定额材料费	定额机械费	企业管理费	利润	风险费用	小计		人工费 / 元	机械费 / 元
3	11–31	20 mm 厚花岗岩台阶面层，20 mm 厚 DS M20.0 干混地面砂浆黏结层	m^2	14.58	33.41	172.66	0.20	5.38	2.69	0	214.34	3 125.08	487.12	2.92
4	11–133	20 mm 厚花岗岩台阶面层，20 mm 厚 DS M20.0 干混地面砂浆黏结层	m^2	17.28	44.64	175.07	0.29	7.19	3.59	0	230.78	3 987.88	771.38	5.01

【任务实施】

1. 某工程底层平面图如图 5–1–8 所示，地面做法：① 20 mm 厚大理石面层；② 20 mm 厚 DS M20.0 干混地面砂浆黏结层；③ 30 mm 厚 C25 细石混凝土找平层。采用 150 mm 高地砖踢脚线。计算面层、地砖踢脚线工程量、综合单价及相关费用。（企业管理费费率取 16%，利润费率取 8%，不考虑风险费用。）

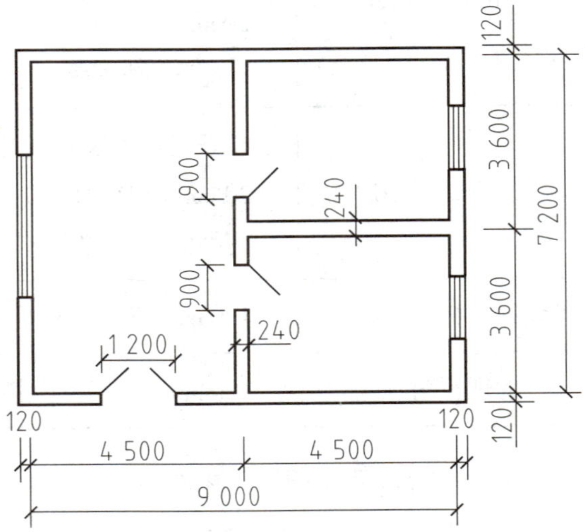

图 5–1–8　某工程底层平面图

2. 某工程底层平面图如图 5–1–9 所示，地面、踢脚线做法见表 5–1–6，计算面层、找平层、踢脚线工程量、综合单价及相关费用。已知卫生间隔墙厚 120 mm，其余墙厚 240 mm，未注门宽为 900 mm。（企业管理费费率取 16%，利润费率取 8%，不考虑风险费用。）

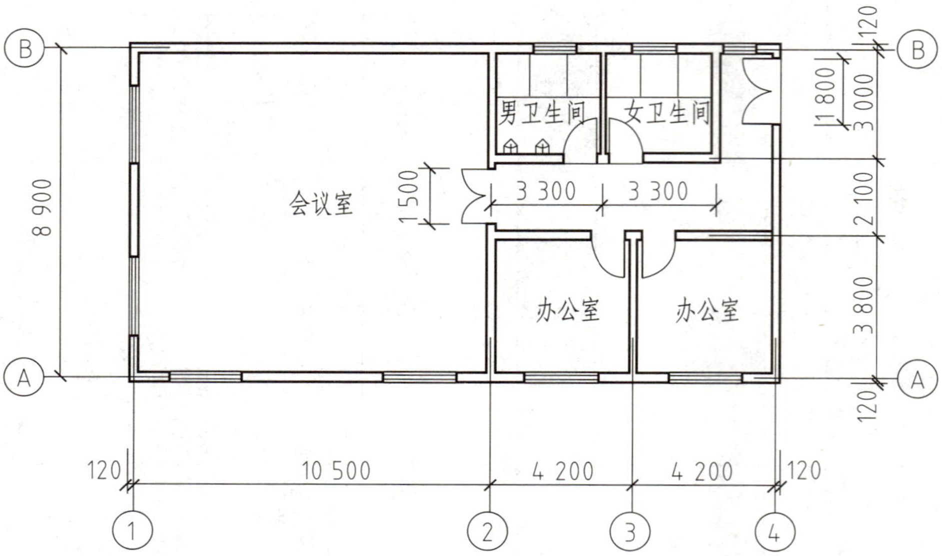

图 5-1-9 某工程底层平面图

表 5-1-6 地面、踢脚线做法

名称	做法	位置
地砖面层	300 mm × 300 mm 防滑地砖面层 25 mm 厚 DS M20.0 干混地面砂浆黏结层 100 mm 厚 C20 混凝土垫层	卫生间
花岗岩面层	20 mm 厚花岗岩面层 20 mm 厚 DS M20.0 干混地面砂浆黏结层 20 mm 厚 DS M20.0 干混地面砂浆找平层 商品混凝土楼板	办公室、走廊
复合地板面层	长条复合木地板面层 20 mm 厚 DS M20.0 干混地面砂浆找平层 商品混凝土楼板	会议室
装饰夹板木踢脚板	120 mm 高装饰夹板木踢脚线	会议室
大理石踢脚线	120 mm 高大理石踢脚线	办公室、走廊

3. 台阶与平台平面图如图 5-1-10 所示，台阶的踏步高为 150 mm，台阶面做法为：① 20 mm 厚大理石台阶面层；② 20 mm 厚 DS M20.0 干混地面砂浆黏结层；③ 25 mm 厚 DS M20.0 干混地面砂浆找平层。计算台阶面层工程量、综合单价及相关费用。（企业管理费费率取 16%，利润费率取 8%，不考虑风险费用。）

4. 某工程底层平面图、剖面图如图 5-1-11 所示，未标注的柱为 KZ1。KZ2：600 mm × 600 mm，KZ1：500 mm × 500 mm，M1：900 mm × 2 100 mm，M2：1 800 mm × 2 100 mm，墙厚全部为 240 mm，踢脚线、台阶踏步高度都为 150 mm，楼地面做法见表 5-1-7，计算楼地面、找平层、踢脚线工程量、综合单价及相关费用。（企业管理费费率取 16%，利润费率取 8%，不考虑风险费用。）

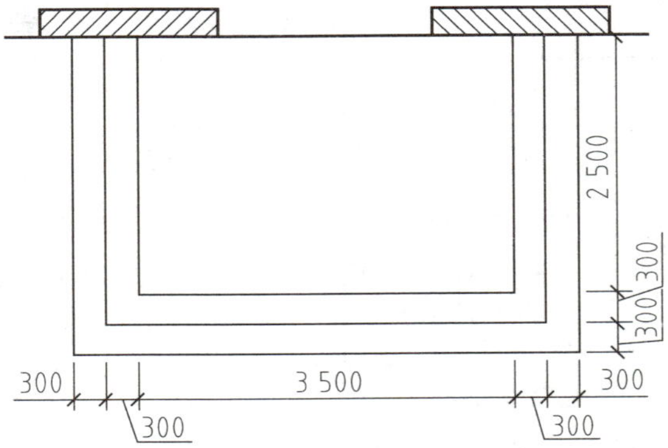

图 5-1-10　台阶与平台平面图

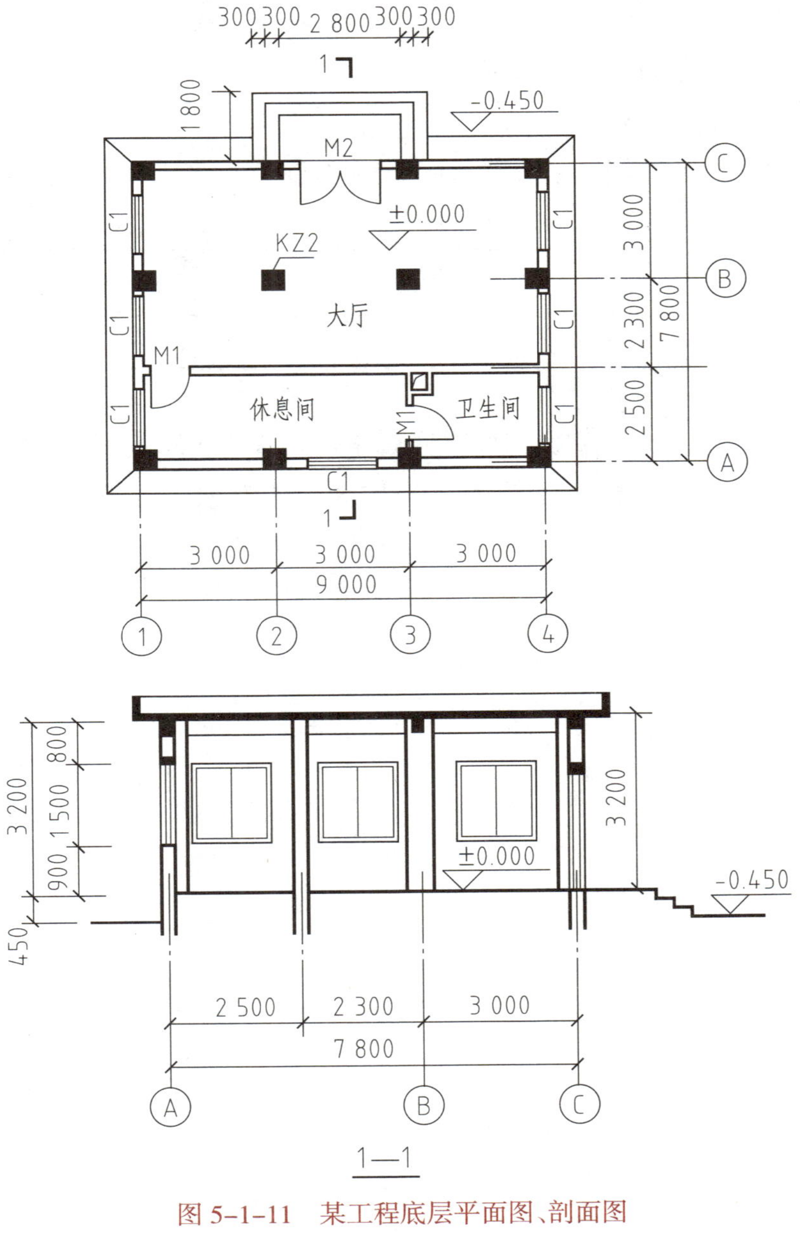

图 5-1-11　某工程底层平面图、剖面图

表 5-1-7　楼地面做法

名称	做法	部位
花岗岩地面及踢脚线	20 mm 厚花岗岩面层 20 mm 厚 DS M20.0 干混地面砂浆黏结层 20 mm 厚 DS M20.0 干混地面砂浆找平层 80 mm 厚 C20 混凝土垫层	大厅
水泥砂浆地面及踢脚线	25 mm 厚 DS M20.0 干混地面砂浆面层 80 mm 厚 C20 混凝土垫层	休息间
地砖地面	500 mm × 500 mm 地砖面层 25 mm 厚 DS M20.0 干混地面砂浆黏结层 80 mm 厚 C20 混凝土垫层	卫生间
大理石台阶面	20 mm 厚大理石面层 25 mm 厚 DS M20.0 干混地面砂浆黏结层 80 mm 厚 C20 混凝土垫层	台阶

【任务拓展】

根据书后附图某单位仓库图纸，试计算底层室内地面、踢脚线、台阶等工程量、综合单价及相关费用。（企业管理费费率取 16%，利润费率取 8%，不考虑风险费用。）

任务 2　楼梯装饰工程定额清单计量与计价

【任务目标】

1. 熟悉楼梯装饰类别划分。
2. 掌握楼梯装饰工程量计算规则。
3. 能熟练识读楼梯装饰施工图与对应的建筑设计说明。
4. 能熟练计算楼梯装饰工程量、综合单价及相关费用。

【知识准备】

一、知识链接

楼梯由楼梯段、平台、栏杆、扶手组成。楼梯装饰工程包括楼梯面（面层、板底）装饰，扶手、栏杆、栏板装饰，楼梯踢脚线装饰等。

二、楼梯装饰工程量计算规则

1. 楼梯面装饰

（1）适用范围

楼梯面层装饰适用于干混砂浆、石材与块料、木地板、地毯等饰面；楼梯底板装饰适用于干混砂浆饰面。

（2）工程量计算

① 楼梯面层工程量

楼梯面层工程量按设计图示尺寸以楼梯水平投影面积（m^2）计算。

② 楼梯底板工程量

a. 板式楼梯底板抹灰工程量按水平投影面积乘以系数 1.15 计算。

b. 锯齿形楼梯底板抹灰工程量按水平投影面积乘以系数 1.37 计算。

（3）规则释义

① 楼梯面层工程量包括踏步、休息平台及 500 mm 以内的楼梯井；楼梯与楼地面相连时，算至梯口梁外侧边沿，无梯口梁者，算至最上一级踏步边沿加 300 mm 处。

② 楼梯底板工程量包括梯段、休息平台、平台梁、楼梯与楼面板的连接梁（无梁连接时算至最上一级踏步边沿加 300 mm 处）、宽度 500 mm 以内的楼梯井、单跑楼梯上下平台与楼梯段等。

2. 扶手、栏杆、栏板装饰

（1）适用范围

不锈钢栏杆带扶手、木栏杆带扶手、型钢栏杆带扶手及半玻璃、全玻璃栏板等。楼梯扶手、栏杆如图 5-2-1 所示。

（2）工程量计算

扶手、栏杆、栏板工程量均按其中心线长度（m）计算。

（3）规则释义

① 工程量包括楼梯扶手水平段长度与斜扶手长度。

② 斜扶手长度按结构尺寸以斜长计算。

③ 楼梯井扶手长度按楼梯井宽度每边加 0.05 m 计算。

④ 不扣除弯头长度。如遇木扶手、大理石扶手为整体弯头，扶手消耗量需扣除整体弯头的长度，设计不明确者，每只整体弯头按 400 mm 扣除。

⑤ 单独弯头按设计图示数量计算。

3. 楼梯踢脚线装饰

（1）适用范围

石材、块料踢脚线等。楼梯踢脚线如图 5-2-2 所示。

图 5-2-1　楼梯扶手、栏杆

图 5-2-2　楼梯踢脚线

（2）工程量计算

楼梯踢脚线（含锯齿形部分）贴块料工程量按设计图示面积（m^2）计算。

（3）规则释义

① 工程量包括平直段踢脚线和楼梯段踢脚线。

② 楼梯段踢脚线面积 = 梯段斜长 × 踢脚高 + 三角板面积总和。

③ 梯段斜长按结构尺寸计算。

三、定额说明

（1）楼梯面层定额不包括楼梯底板装饰，楼梯底板装饰套天棚定额。砂浆楼梯面层包括楼梯侧面抹灰。

（2）除砂浆面层楼梯外，楼梯定额子目均不包括踢脚线。

（3）螺旋形楼梯的装饰，套用相应定额子目，人工与机械乘以系数 1.1，块料面层材料用量乘以系数 1.15，其他材料乘以系数 1.05。

（4）石材螺旋形楼梯，按弧形楼梯项目人工乘以系数 1.20。

（5）扶手、栏杆、栏板项目（护窗栏杆除外）适用于楼梯、走廊、回廊及其他装饰性扶手、栏杆、栏板。

（6）扶手、栏杆、栏板项目已综合考虑扶手弯头（非整体弯头）的费用。如遇木扶手、大理石扶手为整体弯头，弯头另按相应项目执行。

（7）扶手、栏杆、栏板均按成品安装考虑。

【任务示例】

例 5–2–1　某工程一层楼梯的平面图、剖面图如图 5–2–3 所示。楼梯面做法：① DS M20.0 干混砂浆铺贴石材面层；② 干混砂浆铺贴石材踢脚线（150 mm 高）。楼梯底板采用干混砂浆 DP M15.0 抹灰。扶手采用硬木扶手带型钢栏杆。试计算楼梯面层、楼梯扶手、踢脚线工程量、综合单价及相关费用。（企业管理费费率取 16%，利润费率取 8%，不考虑风险费用。）

解：计算过程见表 5–2–1 和表 5–2–2。

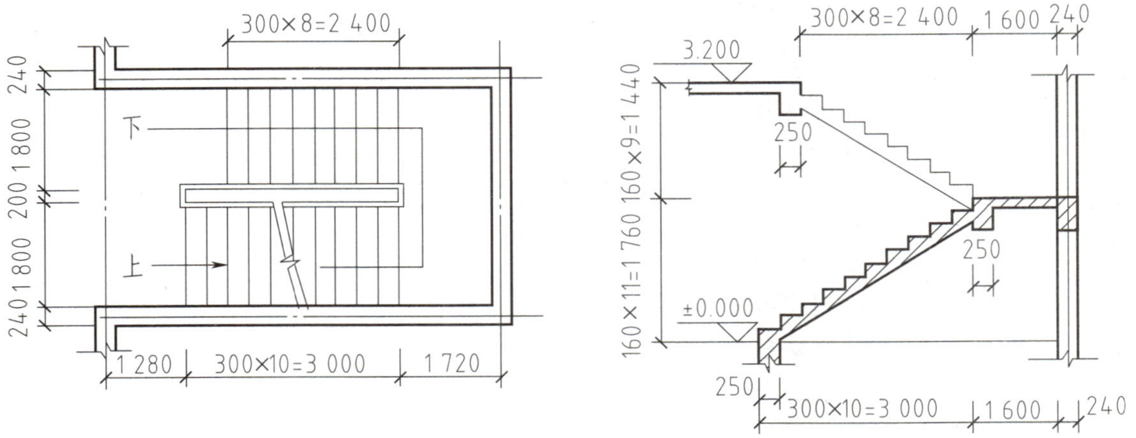

图 5–2–3　某工程一层楼梯的平面图、剖面图

表 5-2-1　工程量计算、定额套用表

项目名称	计算过程
1. DS M20.0 干混砂浆铺贴石材楼梯面层	（1）工程量计算 $S=(1.8\ \text{m}+0.1\ \text{m})\times(3\ \text{m}+1.6\ \text{m}+2.4\ \text{m}+1.6\ \text{m}+0.25\ \text{m})\approx16.82\ \text{m}^2$ （2）定额套用 定额编号：11–114 计量单位：m^2 人工费：48.66 元 材料费：247.35 元 机械费：0.27 元
2. 干混砂浆 DP M15.0 楼梯底板抹灰	（1）工程量计算 $S=16.82\ \text{m}^2\times1.15\approx19.34\ \text{m}^2$ （2）定额套用 定额编号：13–1 计量单位：m^2 人工费：12.49 元 材料费：7.57 元 机械费：0.16 元
3. 硬木扶手带型钢栏杆	（1）工程量计算 $L=\sqrt{(3\ \text{m})^2+(1.76\ \text{m})^2}+0.3\ \text{m}+\sqrt{(2.65\ \text{m})^2+(1.44\ \text{m})^2}\approx6.79\ \text{m}$ （2）定额套用 定额编号：15–84 计量单位：m 人工费：76.51 元 材料费：132.02 元 机械费：16.68 元
4. 干混砂浆铺贴石材踢脚线	（1）工程量计算 $S_{\text{平直段}}=(1.4\ \text{m}-0.3\ \text{m}+1.6\ \text{m}+3.8\ \text{m}+1.6\ \text{m}-0.3\ \text{m}+1.4\ \text{m}+0.6\ \text{m})\times0.15\ \text{m}=1.47\ \text{m}^2$ $S_{\text{楼梯段}}=(\sqrt{(3.3\ \text{m})^2+(1.76\ \text{m})^2}+\sqrt{(2.7\ \text{m})^2+(1.44\ \text{m})^2})\times0.15\ \text{m}=1.02\ \text{m}^2$ $S_{\text{三角形}}=0.3\ \text{m}\times0.16\ \text{m}\times\frac{1}{2}\times(11+9)=0.48\ \text{m}^2$ $S_{\text{合计}}=1.47\ \text{m}^2+1.02\ \text{m}^2+0.48\ \text{m}^2=2.97\ \text{m}^2$ （2）定额套用 定额编号：11–96 计量单位：m^2 人工费：47.45 元 材料费：173.77 元 机械费：0.10 元

表 5-2-2　定额清单综合单价与合价计价表

序号	定额编号	定额名称	计量单位	工程量	综合单价 / 元							合价 / 元	其中	
					定额人工费	定额材料费	定额机械费	企业管理费	利润	风险费用	小计		人工费 / 元	机械费 / 元
1	11-114	DS M20.0 干混砂浆铺贴石材楼梯面层	m^2	16.82	48.66	247.35	0.27	7.83	3.91	0	308.02	5 180.90	818.46	4.54
2	13-1	干混砂浆 DP M15.0 楼梯底板抹灰	m^2	19.34	12.49	7.57	0.16	2.02	1.01	0	23.25	449.66	241.56	3.09
3	15-84	硬木扶手带型钢栏杆	m	6.79	76.51	132.02	16.68	14.91	7.46	0	247.58	1 681.07	519.50	113.26
4	11-96	干混砂浆铺贴石材踢脚线	m^2	2.97	47.45	173.77	0.10	7.61	3.80	0	232.73	691.21	140.93	0.30

【任务实施】

1. 某工程一层楼梯的平面图、剖面图如图 5-2-4 所示。楼梯面做法：① 20 mm 厚花岗岩面层；② 20 mm 厚 1 : 3 干硬性水泥砂浆黏结层；③ 水泥净浆一道。采用 150 mm 高缸砖踢脚线和铝合金扶手半玻栏杆。试计算楼梯面层、楼梯扶手、踢脚线工程量、综合单价及相关费用。（企业管理费费率取 16%，利润费率取 8%，不考虑风险费用。）

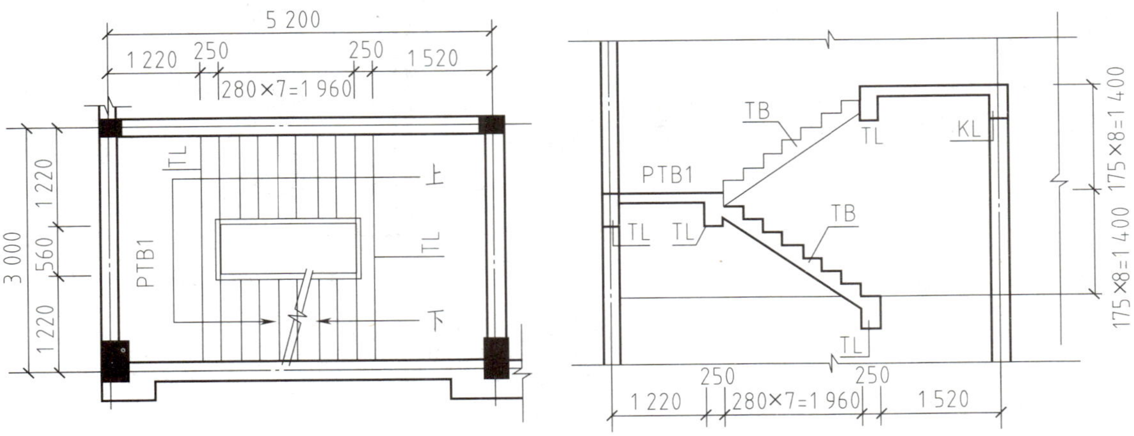

图 5-2-4　某工程一层楼梯的平面图、剖面图

2. 某楼梯平面图、剖面图如图 5-2-5 所示，楼梯面做法：① 20 mm 厚花岗岩面层；② 20 mm 厚 DS M20.0 干混地面砂浆黏结层。采用 150 mm 高花岗岩踢脚线，扶手采用硬木扶手木栏杆

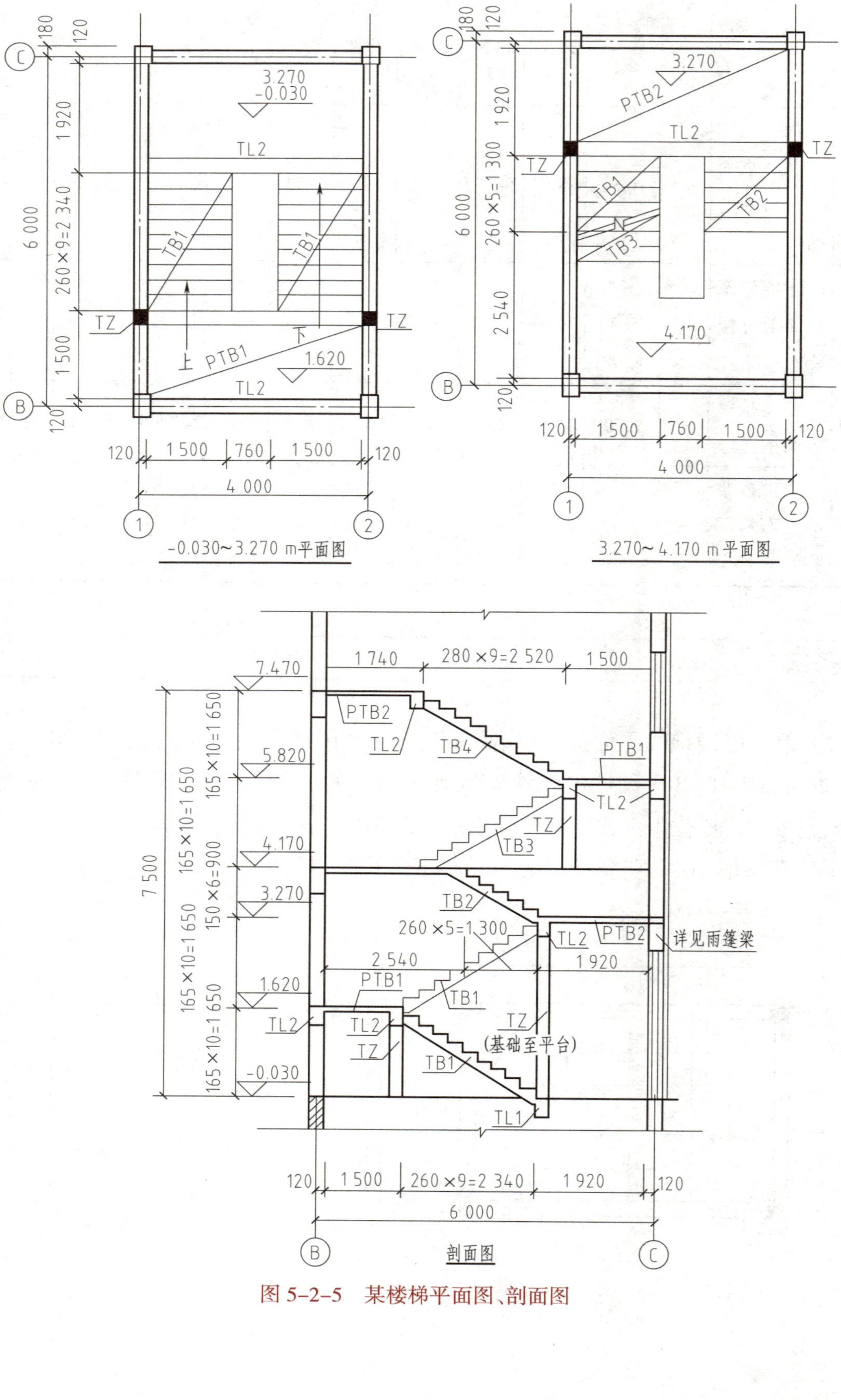

图 5-2-5 某楼梯平面图、剖面图

车花。试计算楼梯面层、楼梯扶手、踢脚线工程量、综合单价及相关费用。（企业管理费费率取 16%，利润费率取 8%，不考虑风险费用。）

【任务拓展】

根据书后附图某单位仓库图纸，试计算楼梯面层、踢脚线、楼梯扶手工程量、综合单价及相关费用。（企业管理费费率取 16%，利润费率取 8%，不考虑风险费用。）

任务3　墙柱面工程定额清单计量与计价

【任务目标】

1. 熟悉墙柱面工程内容。
2. 掌握墙柱面工程量计算规则及定额说明。
3. 能熟练识读墙柱面建筑施工图与对应的建筑设计说明。
4. 能熟练计算墙柱面工程量、综合单价及相关费用。

【知识准备】

一、知识链接

墙柱面工程包括墙柱面抹灰、墙柱面镶贴、墙柱面饰面等。

1. 墙柱面抹灰

墙柱面抹灰是用水泥砂浆、混合砂浆等进行室内外墙面抹灰，按施工工艺可分为墙柱面一般抹灰、墙柱面装饰抹灰两大类。墙柱面一般抹灰分为石灰砂浆抹灰、水泥砂浆抹灰、混合砂浆抹灰等。墙面抹灰做法如图5-3-1所示。

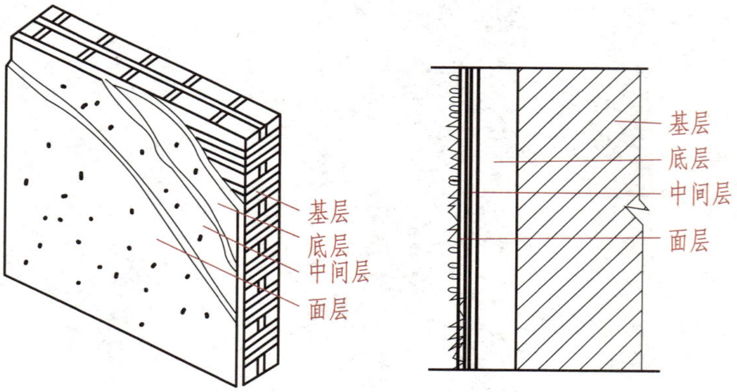

图5-3-1　墙面抹灰做法

2. 墙柱面镶贴

墙柱面镶贴是用天然石材、饰面砖等材料进行室内外墙面装饰，通常有瓷砖墙面、花岗岩墙面、大理石墙面等。瓷砖墙面、干挂大理石墙面做法如图5-3-2、图5-3-3所示。

3. 墙柱面饰面

墙柱面饰面是将各种天然材料或人造薄板镶钉在墙面上的装修做法，墙柱面饰面由骨架和面板两部分组成。墙面饰面如图 5-3-4 所示。

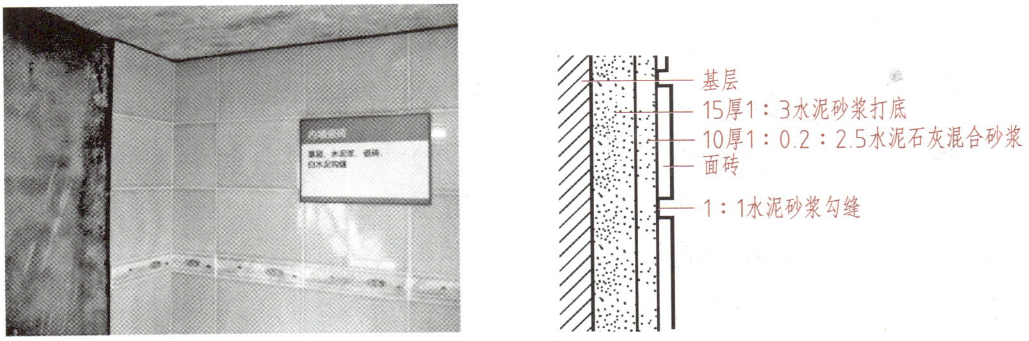

图 5-3-2　瓷砖墙面做法

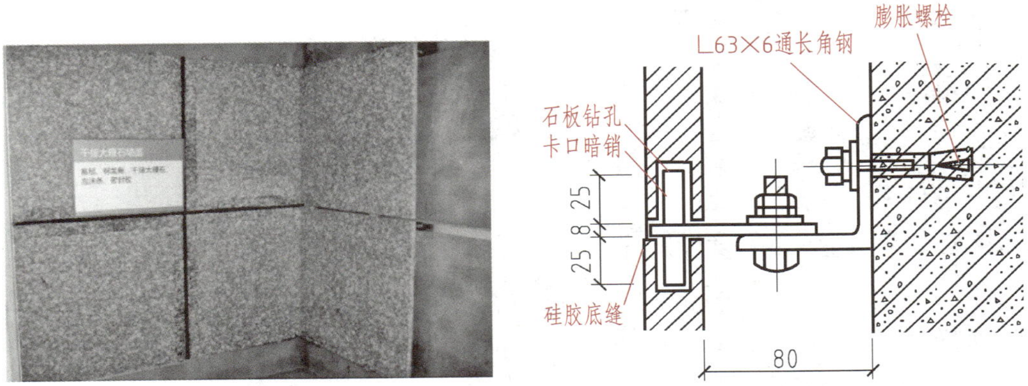

图 5-3-3　干挂大理石墙面做法

图 5-3-4　墙面饰面

二、墙柱面工程量计算规则

1. 墙柱面抹灰

（1）适用范围

墙柱面一般抹灰、装饰抹灰。

（2）工程量计算

① 墙面抹灰工程量按设计图示尺寸以面积（m^2）计算。

S= 墙净长 × 墙净高 $-S_{应扣除}+S_{应增加}$

② 柱面抹灰工程量按设计图示尺寸以柱截面周长乘以高度（m^2）计算。

（3）规则释义

① 应扣除：墙裙、门窗洞口及单个面积 0.3 m^2 以外的孔洞所占面积。

② 应增加：附墙柱、梁、垛的侧面面积。

③ 不扣除：踢脚线、装饰线和墙与构件交接处的面积。

④ 不增加：门窗洞口和孔洞的侧壁面积。

⑤ 内墙抹灰有吊顶而不抹到顶者，高度算至天棚底面。

⑥ 女儿墙（包括泛水、挑砖）内侧与外侧、阳台栏板（不扣除花格所占孔洞面积）内侧与外侧抹灰工程量按设计图示尺寸以面积计算。

2. 墙柱面镶贴

（1）适用范围

石材、面砖及其他块料等墙柱面镶贴。

（2）工程量计算

墙柱面镶贴块料工程量按设计图示尺寸以实铺面积（m^2）计算。

$$S= 墙净长 \times 墙净高 -S_{应扣除}+S_{应增加}$$

（3）规则释义

① 应扣除：门窗洞口及单个面积 0.3 m^2 以外的孔洞所占面积。

② 应增加：门窗洞口和孔洞的侧壁及顶面面积；附墙柱、梁、垛、烟道等的侧面面积。

③ 门窗洞口侧壁厚度：图纸有说明，按说明计算；图纸没有说明，门窗框按 100 mm 厚放在墙中间计算。

④ 除干挂石材面层和保温面层外，其他块料镶贴面积均按结构尺寸进行计算。

三、定额说明

（1）定额中凡砂浆的厚度、种类、配合比及装饰材料的品种、型号、规格、间距等与设计不同时，可按设计规定调整。

（2）墙面抹灰定额说明

① 墙面一般抹灰定额子目，除定额另有说明外均按厚度 20 mm、三遍抹灰取定考虑。设计抹灰厚度、遍数与定额取定不同时按以下原则调整：

a. 抹灰厚度设计与定额不同时，按每增减 1 mm 相应定额进行调整。

b. 当抹灰遍数增加（或减少）一遍时，每 100 m^2 另增加（或减少）2.94 工日。

② 高度超过 250 mm 的栏板套用墙面抹灰定额。

（3）弧形墙、柱、梁等抹灰、块料面层按相应项目人工乘以系数 1.10，材料乘以系数 1.02。

（4）女儿墙和阳台栏板的内外侧抹灰套用外墙抹灰定额。女儿墙无泛水挑砖者，人工及机械乘以系数 1.10，女儿墙带泛水挑砖者，人工及机械乘以系数 1.30。

【任务示例】

例 5-3-1　某房屋平面图、剖面图如图 5-3-5 所示，未标注的柱为 KZ1。KZ2：600 mm × 600 mm，KZ1：500 mm × 500 mm，C1：1 500 mm × 1 500 mm，M1：900 mm × 2 100 mm，M2：1 800 mm × 2 100 mm，墙厚全部为 200 mm，外墙门窗与内墙面平齐安装，内墙门沿墙厚居中安装，门窗框厚 60 mm，墙柱面做法见表 5-3-1。试计算墙柱面工程量、综合单价及相关费用。（企业管理费费率取 16%，利润费率取 8%，不考虑风险费用。）

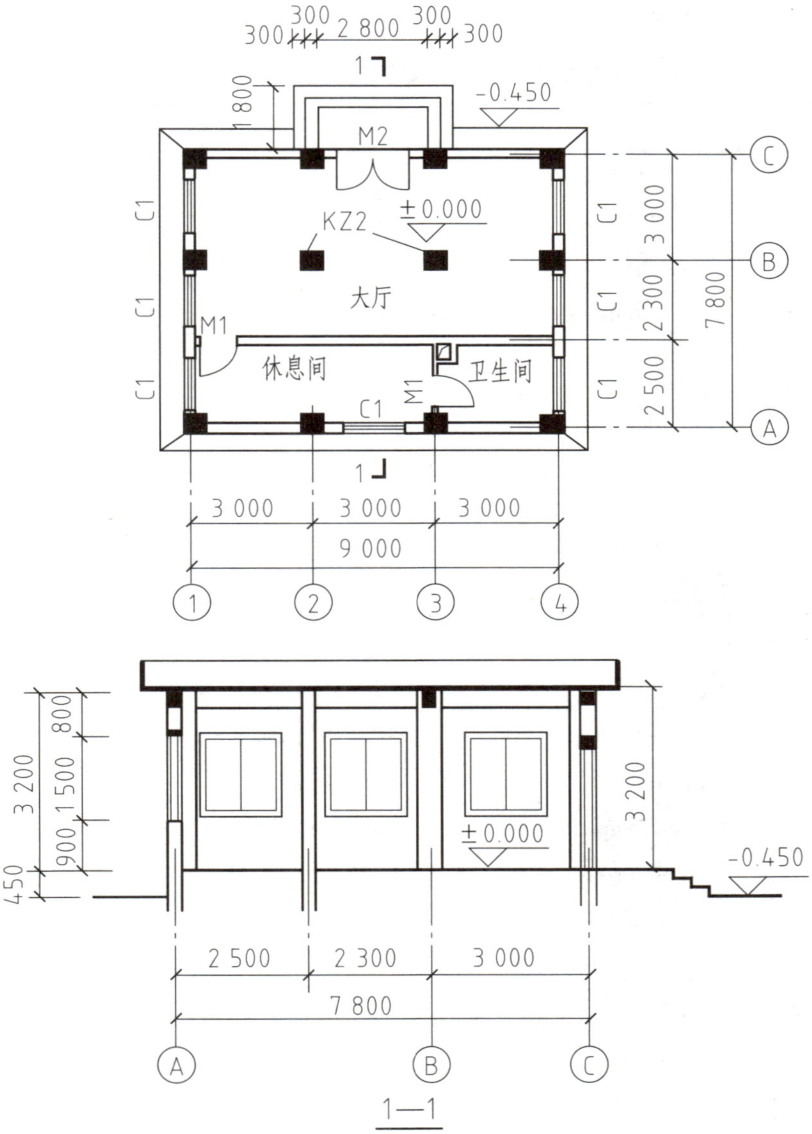

图 5-3-5　某房屋平面图、剖面图

表 5–3–1 墙柱面做法

名称	做法	位置
干混砂浆抹灰	6 mm 厚 DP M15.0 干混抹灰砂浆面层 14 mm 厚 DP M15.0 干混抹灰砂浆底层	外墙面
干混砂浆抹灰	6 mm 厚 DP M15.0 干混抹灰砂浆面层 14 mm 厚 DP M15.0 干混抹灰砂浆底层	内墙面
瓷砖墙裙	152 mm × 152 mm × 5 mm 瓷砖墙裙高 1.8 m 5 mm 厚 DP M20.0 干混抹灰砂浆黏结层 15 mm 厚 DP M20.0 干混抹灰砂浆底层	卫生间墙裙
干混砂浆抹灰	6 mm 厚 DP M15.0 干混抹灰砂浆面层 14 mm 厚 DP M15.0 干混抹灰砂浆底层	卫生间墙面

解: 计算过程见表 5–3–2 和表 5–3–3。

表 5–3–2 工程量计算、定额套用表

项目名称	计算过程
1. 外墙面干混砂浆抹灰	(1)工程量计算 $S_{毛}=[(7.8\ \text{m}+0.2\ \text{m})+(9\ \text{m}+0.2\ \text{m})]\times 2\times(3.2\ \text{m}+0.45\ \text{m})=125.56\ \text{m}^2$ $S_{门窗}=1.8\ \text{m}\times 2.1\ \text{m}+1.5\ \text{m}\times 1.5\ \text{m}\times 7=19.53\ \text{m}^2$ $S=125.56\ \text{m}^2-19.53\ \text{m}^2=106.03\ \text{m}^2$ (2)定额套用 定额编号:12–2 计量单位:m^2 人工费:21.52 元 材料费:10.43 元 机械费:0.22 元
2. 内墙面干混砂浆抹灰	(1)工程量计算 $S_{大厅}=[(7.8\ \text{m}-2.5\ \text{m}-0.2\ \text{m})+(9\ \text{m}-0.2\ \text{m})]\times 2\times 3.2\ \text{m}=88.96\ \text{m}^2$ $S_{休息}=[(2.5\ \text{m}-0.2\ \text{m})+(6\ \text{m}-0.2\ \text{m})]\times 2\times 3.2\ \text{m}=51.84\ \text{m}^2$ $S_{柱侧}=0.3\ \text{m}\times 2\times 3.2\ \text{m}\times 5=9.6\ \text{m}^2$ $S_{门窗}=1.8\ \text{m}\times 2.1\ \text{m}+0.9\ \text{m}\times 2.1\ \text{m}\times 3+1.5\ \text{m}\times 1.5\ \text{m}\times 6=22.95\ \text{m}^2$ $S=88.96\ \text{m}^2+51.84\ \text{m}^2+9.6\ \text{m}^2-22.95\ \text{m}^2=127.45\ \text{m}^2$ (2)定额套用 定额编号:12–1 计量单位:m^2 人工费:14.98 元 材料费:10.43 元 机械费:0.22 元

续表

项目名称	计算过程
3. 卫生间墙面干混砂浆抹灰	（1）工程量计算 $S_{毛}=[(3\text{ m}-0.2\text{ m})+(2.5\text{ m}-0.2\text{ m})]\times2\times(3.2\text{ m}-1.8\text{ m})=14.28\text{ m}^2$ $S_{门窗}=0.9\text{ m}\times(2.1\text{ m}-1.8\text{ m})+1.5\text{ m}\times(2.4\text{ m}-1.8\text{ m})=1.17\text{ m}^2$ $S=14.28\text{ m}^2-1.17\text{ m}^2=13.11\text{ m}^2$ （2）定额套用 定额编号：12-1 计量单位：m^2 人工费：14.98 元 材料费：10.43 元 机械费：0.22 元
4. 柱面干混砂浆抹灰	（1）工程量计算 $S=(0.6\text{ m}\times4+0.5\text{ m}\times4)\times3.2\text{ m}=14.08\text{ m}^2$ （2）定额套用 定额编号：12-21 计量单位：m^2 人工费：20.96 元 材料费：10.17 元 机械费：0.22 元
5. 卫生间 1.8 m 瓷砖墙裙，5 mm 厚 DP M20.0 干混抹灰砂浆黏结层	（1）工程量计算 $S_{毛}=[(3\text{ m}-0.2\text{ m})+(2.5\text{ m}-0.2\text{ m})]\times2\times1.8\text{ m}=18.36\text{ m}^2$ $S_{门窗}=0.9\text{ m}\times1.8\text{ m}+1.5\text{ m}\times0.9\text{ m}=2.97\text{ m}^2$ $S_{门侧壁}=1.8\text{ m}\times2\times0.07\text{ m}\approx0.25\text{ m}^2$ $S=18.36\text{ m}^2-2.97\text{ m}^2+0.25\text{ m}^2=15.64\text{ m}^2$ （2）定额套用 定额编号：12-47 计量单位：m^2 人工费：52.47 元 材料费：29.45 元 机械费：0.05 元
6. 卫生间 1.8 m 瓷砖墙裙，15 mm 厚 DP M20.0 干混抹灰砂浆底层	（1）工程量计算 $S=18.36\text{ m}^2-2.97\text{ m}^2=15.39\text{ m}^2$ （2）定额套用 定额编号：12-16 计量单位：m^2 人工费：10.09 元 材料费：7.17 元 机械费：0.16 元

表 5-3-3　定额清单综合单价与合价计价表

序号	定额编号	定额名称	计量单位	工程量	综合单价 / 元							合价 / 元	其中	
					定额人工费	定额材料费	定额机械费	企业管理费	利润	风险费用	小计		人工费 / 元	机械费 / 元
1	12-2	外墙面干混砂浆抹灰	m^2	106.03	21.52	10.43	0.22	3.48	1.74	0	37.39	3 964.46	2 281.77	23.33
2	12-1	内墙面干混砂浆抹灰	m^2	127.45	14.98	10.43	0.22	2.43	1.22	0	29.28	3 731.74	1 909.20	28.04
3	12-1	卫生间墙面干混砂浆抹灰	m^2	13.11	14.98	10.43	0.22	2.43	1.22	0	29.28	383.86	196.39	2.88
4	12-21	柱面干混砂浆抹灰	m^2	14.08	20.96	10.17	0.22	3.39	1.69	0	36.43	512.93	295.12	3.10
5	12-47	卫生间 1.8 m 瓷砖墙裙，5 mm 厚 DP M20.0 干混抹灰砂浆黏结层	m^2	15.64	52.47	29.45	0.05	8.40	4.20	0	94.57	1 479.07	820.63	0.78
6	12-16	卫生间 1.8 m 瓷砖墙裙，15 mm 厚 DP M20.0 干混抹灰砂浆底层	m^2	15.39	10.09	7.17	0.16	1.64	0.82	0	19.88	305.95	155.29	2.46

【任务实施】

1. 某房屋平面图、剖面图如图 5-3-6 所示，墙厚 240 mm，内墙面采用 14 mm 厚 DP M15.0 干混砂浆底灰、6 mm 厚 DP M15.0 干混砂浆面灰；外墙面采用 14 mm 厚 DP M15.0 干混砂浆底灰、6 mm 厚 DP M15.0 干混砂浆面灰。试计算内、外墙面抹灰工程量、综合单价及相关费用。（企业管理费费率取 16%，利润费率取 8%，不考虑风险费用。）

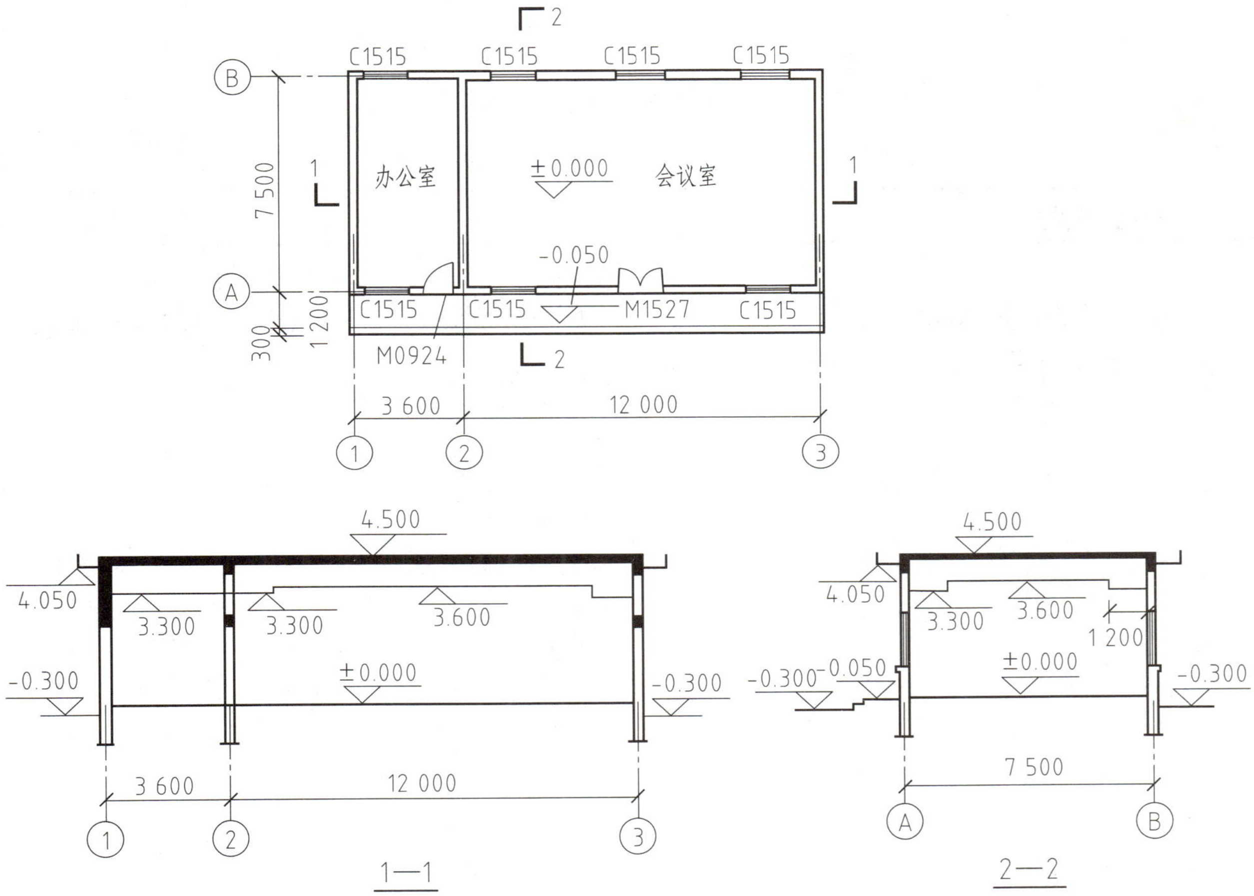

图 5-3-6　某房屋平面图、剖面图

2. 某房屋一层平面图、剖面图如图 5-3-7 所示，墙厚 240 mm，窗台高 900 mm，门窗尺寸：C1515（1 500 mm × 1 500 mm），M1224（1 200 mm × 2 400 mm），内墙采用 1.8 m 高 500 mm × 500 mm 的瓷砖墙裙、5 mm 厚 DP M20.0 干混砂浆黏结层、15 mm 厚 DP M15.0 干混砂浆底层；女儿墙压顶采用 100 mm 厚 C20 的混凝土，压顶底标高 5.400 m；外墙面采用 14 mm 厚 DP M15.0 干混砂浆底层、6 mm 厚 DP M15.0 干混砂浆面灰。试计算内墙瓷砖墙裙、外墙面抹灰工程量、综合单价及相关费用。（企业管理费费率取 16%，利润费率取 8%，不考虑风险费用。）

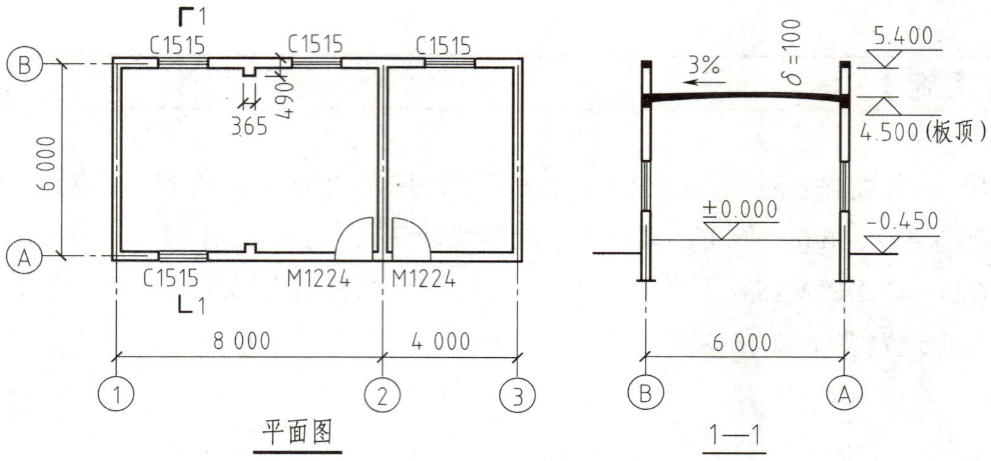

图 5-3-7 某房屋一层平面图、剖面图

【任务拓展】

根据书后附图某单位仓库图纸，试计算一层内、外墙面抹灰工程量、综合单价及相关费用。（企业管理费费率取 16%，利润费率取 8%，不考虑风险费用。）

任务 4　阳台、雨篷、檐沟抹灰工程定额清单计量与计价

【任务目标】

1. 熟悉混凝土阳台、雨篷、檐沟装饰方法。
2. 掌握阳台、雨篷、檐沟工程量计算规则及定额说明。
3. 能熟练识读阳台、雨篷、檐沟建筑施工图与对应的建筑设计说明。
4. 能熟练计算阳台、雨篷、檐沟的工程量、综合单价及相关费用。

【知识准备】

一、知识链接

阳台是建筑中房间与室外接触的上人平台。混凝土阳台装饰通常采用干混砂浆抹灰 + 外墙涂料或干混砂浆抹底灰 + 块料镶贴。

雨篷是设置在建筑物门、窗上方的遮雨、遮阳篷。混凝土雨篷装饰通常采用干混砂浆抹灰 + 外墙涂料或干混砂浆抹底灰 + 块料镶贴。

檐沟是屋面四周靠近屋檐的排水沟。为了防水，混凝土檐沟装饰一般采用干混砂浆抹灰 + 防水卷材。

二、阳台、雨篷、檐沟抹灰工程量计算规则

1. 适用范围

阳台、雨篷、檐沟干混砂浆抹灰。

2. 工程量计算

（1）阳台、雨篷、檐沟板面抹灰工程量按设计图示尺寸以面积（m^2）计算，套用楼地面整体面层定额。

（2）阳台、雨篷、檐沟板底抹灰工程量按设计结构尺寸以展开面积（m^2）计算，套用天棚抹灰定额。

（3）阳台、雨篷、檐沟栏板的内外侧及顶面抹灰工程量按设计图示尺寸以面积（m^2）计算，套用外墙抹灰定额。

三、定额说明

（1）阳台、雨篷、檐沟等抹灰按工作内容分别套用相应章节定额子目。外墙抹灰与天棚抹灰以梁下滴水线为分界，滴水线计入墙面抹灰内。

（2）阳台、雨篷、水平遮阳板、檐沟底面抹灰套用天棚抹灰定额；阳台、雨篷台口梁抹灰工程量按展开面积并入板底面积；檐沟及面积 1 m^2 以内板的底面抹灰人工乘以系数 1.20。

（3）零星抹灰适用于各种壁柜、碗柜、飘窗板、空调搁板、暖气罩、池槽、花台、高度 250 mm 以内的栏板、内空截面面积 0.4 m^2 以内的地沟以及面积 0.5 m^2 以内的其他各种零星抹灰。

【任务示例】

例 5–4–1　某雨篷平面图、断面图如图 5–4–1 所示，雨篷翻沿厚度为 60 mm，雨篷做法采用干混砂浆抹灰，翻沿外侧板采用斩假石抹灰，试计算雨篷抹灰工程量、综合单价及相关费用。（企业管理费费率取 16%，利润费率取 8%，不考虑风险费用。）

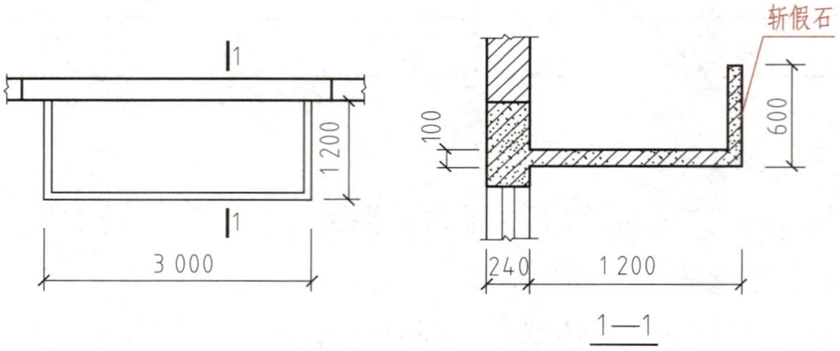

图 5–4–1　某雨篷平面图、断面图

解：计算过程见表 5–4–1 和表 5–4–2。

表 5–4–1　工程量计算、定额套用表

项目名称	计算过程
1. 雨篷干混砂浆板面抹灰	（1）工程量计算 S=（1.2 m–0.06 m）×（3 m–2×0.06 m）≈3.28 m^2 （2）定额套用 定额编号：11–8 计量单位：m^2 人工费：10.80 元 材料费：9.37 元 机械费：0.20 元
2. 雨篷干混砂浆板底抹灰	（1）工程量计算 S=1.2 m×3 m=3.6 m^2 （2）定额套用 定额编号：13–1 计量单位：m^2

续表

项目名称	计算过程
2. 雨篷干混砂浆板底抹灰	人工费：12.49 元 材料费：7.57 元 机械费：0.16 元
3. 雨篷翻沿内侧板及板顶干混砂浆抹灰	（1）工程量计算 S=（0.6 m−0.1 m）×［（1.2 m−0.06 m）×2+3 m−0.06 m×2］+3.6 m^2−3.28 m^2=2.9 m^2 （2）定额套用 定额编号：12−2 计量单位：m^2 人工费：21.52 元 材料费：10.43 元 机械费：0.22 元
4. 雨篷翻沿外侧板斩假石抹灰	（1）工程量计算 S=0.6 m×（1.2 m×2+3 m）=3.24 m^2 （2）定额套用 定额编号：12−12 计量单位：m^2 人工费：48.47 元 材料费：9.24 元 机械费：0.21 元

表 5−4−2　定额清单综合单价与合价计价表

序号	定额编号	定额名称	计量单位	工程量	综合单价 / 元							合价 / 元	其中	
					定额人工费	定额材料费	定额机械费	企业管理费	利润	风险费用	小计		人工费 / 元	机械费 / 元
1	11−8	雨篷干混砂浆板面抹灰	m^2	3.28	10.80	9.37	0.20	1.76	0.88	0	23.01	75.47	35.42	0.66
2	13−1	雨篷干混砂浆板底抹灰	m^2	3.6	12.49	7.57	0.16	2.02	1.01	0	23.25	83.70	44.96	0.58
3	12−2	雨篷翻沿内侧板及板顶干混砂浆抹灰	m^2	2.9	21.52	10.43	0.22	3.48	1.74	0	37.39	108.43	62.41	0.64
4	12−12	雨篷翻沿外侧板斩假石抹灰	m^2	3.24	48.47	9.24	0.21	7.79	3.89	0	69.60	225.50	157.04	0.68

例 5–4–2　已知檐沟平面图、断面图如图 5–4–2 所示，做法：20 mm 厚 DP M15.0 干混砂浆抹灰，檐沟侧板外侧采用外墙面砖（周长 600 mm 以内），试计算檐沟抹灰工程量、综合单价及相关费用。（企业管理费费率取 16%，利润费率取 8%，不考虑风险费用。）

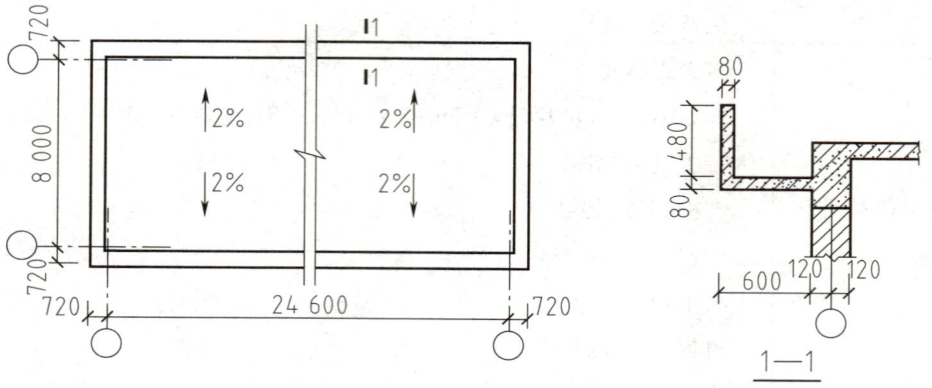

图 5–4–2　檐沟平面图、断面图

解：计算过程见表 5–4–3 和表 5–4–4。

表 5–4–3　工程量计算、定额套用表

项目名称	计算过程
1. 檐沟板底干混砂浆抹灰	（1）工程量计算 S=（24.84 m+0.6 m+8.24 m+0.6 m）× 2 × 0.6 m ≈ 41.14 m^2 （2）定额套用 定额编号：13–1 计量单位：m^2 人工费：12.49 元 材料费：7.57 元 机械费：0.16 元
2. 檐沟板面干混砂浆抹灰	（1）工程量计算 S=（24.84 m+0.52 m+8.24 m+0.52 m）× 2 ×（0.6 m–0.08 m）≈ 35.48 m^2 （2）定额套用 定额编号：11–8 计量单位：m^2 人工费：10.80 元 材料费：9.37 元 机械费：0.20 元

续表

项目名称	计算过程
3. 檐沟内侧板及顶面干混砂浆抹灰	（1）工程量计算 $S=(24.84\ m+0.52\ m\times2+8.24\ m+0.52\ m\times2)\times2\times0.48\ m+$ $(24.84\ m+0.52\ m\times2+0.08\ m+8.24\ m+0.52\ m\times2+0.08\ m)\times2\times0.08\ m$ $\approx39.40\ m^2$ （2）定额套用 定额编号：12–2 计量单位：m^2 人工费：21.52 元 材料费：10.43 元 机械费：0.22 元
4. 檐沟外侧板外墙面砖	（1）工程量计算 $S=(24.6\ m+0.72\ m\times2+8\ m+0.72\ m\times2)\times2\times0.56\ m\approx39.74\ m^2$ （2）定额套用 定额编号：12–54 计量单位：m^2 人工费：49.52 元 材料费：33.30 元 机械费：0.07 元

表 5–4–4　定额清单综合单价与合价计价表

序号	定额编号	定额名称	计量单位	工程量	综合单价 / 元							合价 / 元	其中	
					定额人工费	定额材料费	定额机械费	企业管理费	利润	风险费用	小计		人工费 / 元	机械费 / 元
1	13–1	檐沟板底干混砂浆抹灰	m^2	41.14	12.49	7.57	0.16	2.02	1.01	0	23.25	956.51	513.84	6.58
2	11–8	檐沟板面干混砂浆抹灰	m^2	35.48	10.8	9.37	0.20	1.76	0.88	0	23.01	816.39	383.18	7.10
3	12–2	檐沟内侧板及顶面干混砂浆抹灰	m^2	39.40	21.52	10.43	0.22	3.48	1.74	0	37.39	1 473.17	847.89	8.67
4	12–54	檐沟外侧板外墙面砖	m^2	39.74	49.52	33.30	0.07	7.93	3.97	0	94.79	3 766.95	1 967.92	2.78

【任务实施】

1. 某阳台平面图、剖面图如图5-4-3所示。阳台采用干混砂浆抹灰，栏板外侧采用瓷砖贴面（周长650 mm以内）。试计算阳台抹灰工程量、综合单价及相关费用。（企业管理费费率取16%，利润费率取8%，不考虑风险费用。）

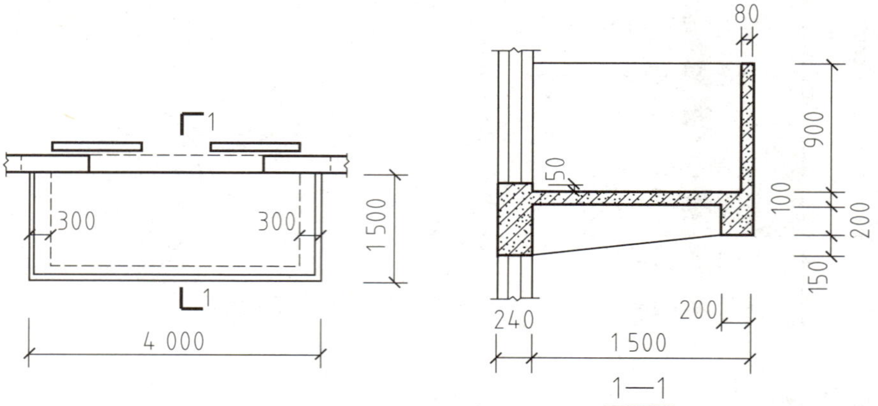

图5-4-3 某阳台平面图、剖面图

2. 某雨篷平面图、剖面图如图5-4-4所示，采用干混砂浆抹灰，翻沿采用外墙面砖干混砂浆粘贴（周长300 mm以内），试计算雨篷抹灰工程量、综合单价及相关费用。（企业管理费费率取16%，利润费率取8%，不考虑风险费用。）

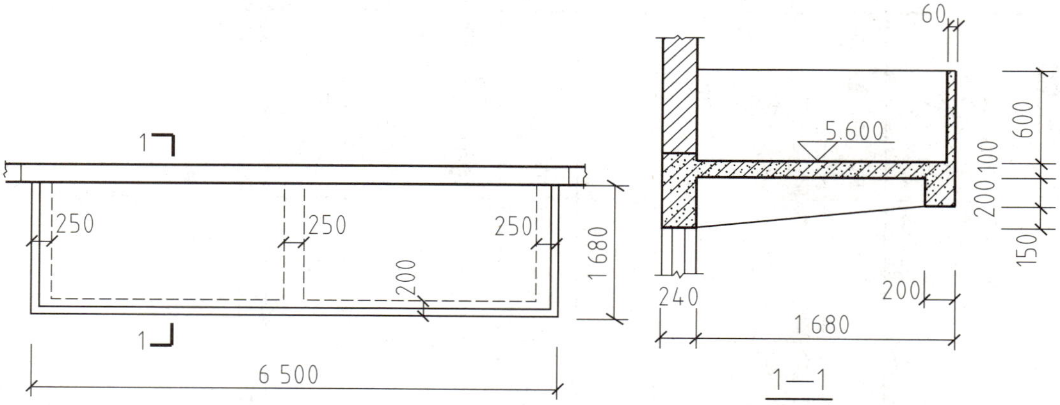

图5-4-4 某雨篷平面图、剖面图

3. 某工程屋顶平面图、节点详图如图5-4-5所示，混凝土檐沟采用干混砂浆抹灰，侧板外侧为马赛克贴面，试计算檐沟抹灰工程量、综合单价及相关费用。（企业管理费费率取16%，利润费率取8%，不考虑风险费用。）

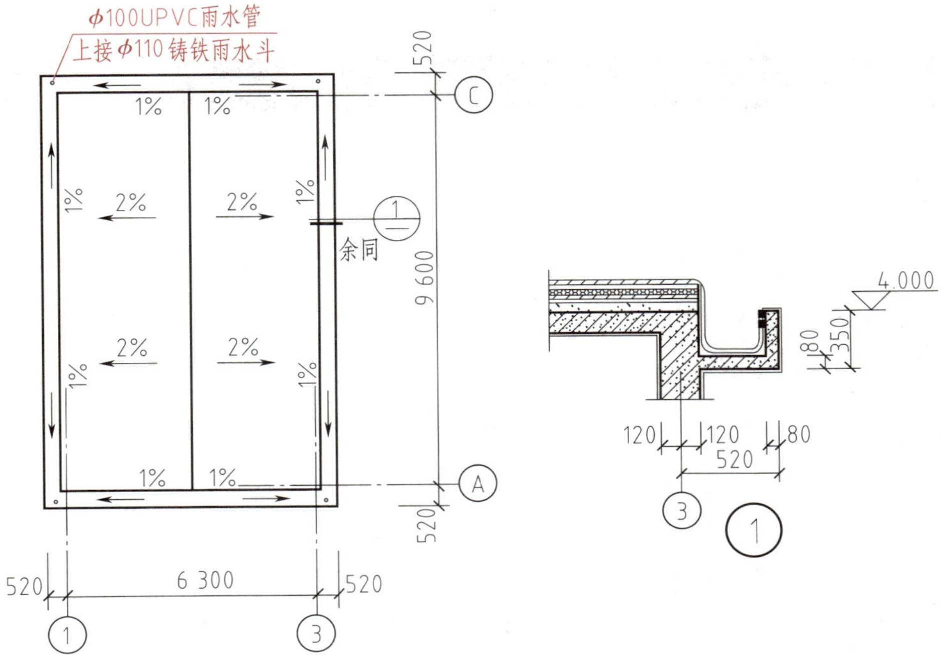

图 5-4-5　某工程屋顶平面图、节点详图

【任务拓展】

根据书后附图某单位仓库图纸，试计算檐沟抹灰工程量、综合单价及相关费用。（企业管理费费率取 16%，利润费率取 8%，不考虑风险费用。）

任务 5 天棚工程定额清单计量与计价

【任务目标】

1. 熟悉天棚工程内容。
2. 掌握天棚工程量计算规则及定额说明。
3. 能熟练识读天棚建筑施工图与对应的建筑设计说明。
4. 能熟练计算天棚工程量、综合单价及相关费用。

【知识准备】

一、知识链接

天棚又称顶棚或天花板，天棚是楼板层的最下面部分，是建筑物室内主要饰面之一，天棚装饰是指在楼板底面进行装饰的施工工艺。常见的天棚有直接式天棚和悬吊式天棚、平面天棚和跌级天棚。

1. 直接式天棚和悬吊式天棚

（1）直接式天棚是在屋面板、楼板等底面直接喷浆、抹灰、粘贴面砖、粘贴墙纸等饰面材料。天棚抹灰如图 5–5–1 所示。

（2）悬吊式天棚离开屋顶或楼板的底面一定距离，通过悬挂件与主体结构连接在一起，主要由吊筋、龙骨、基层、面层组成。悬吊式天棚如图 5–5–2 所示。

2. 平面天棚和跌级天棚

天棚面层在同一标高的天棚称为平面天棚，天棚面层不在同一标高的天棚称为跌级天棚。平面天棚、跌级天棚如图 5–5–3 所示。

二、工程量计算规则

1. 天棚抹灰

（1）适用范围

干混砂浆、石膏浆等天棚抹灰。

（2）工程量计算

天棚抹灰工程量按设计结构尺寸以展开面积（m^2）计算。

（3）规则释义

① 不扣除间壁墙、垛、柱、附墙烟囱、检查口和管道所占的面积。

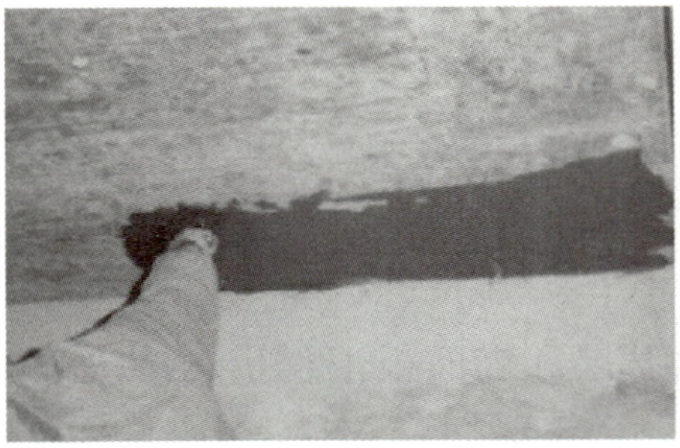

抹2 mm厚水泥砂浆

抹8 mm厚水泥石灰

边角修整

海绵拉毛顺平

图 5-5-1 天棚抹灰

图 5-5-2 悬吊式天棚

平面天棚

跌级天棚

图 5-5-3 平面天棚和跌级天棚

② 带梁天棚的梁两侧抹灰面积并入天棚面积内。

2. 天棚吊顶

（1）适用范围

天棚骨架、天棚基层、天棚面层等。

（2）工程量计算

① 平面天棚及跌级天棚的平面部分，龙骨、基层和饰面板工程量均按设计图示尺寸以面积（m^2）计算。

② 跌级天棚侧面部分的龙骨、基层、面层工程量按跌级高度乘以相应的长度以面积（m^2）计算。

③ 灯槽工程量以展开面积（m^2）计算。

（3）规则释义

① 不扣除间壁墙、检查口、附墙烟囱、柱、垛和管道所占的面积。

② 扣除单个面积 0.3 m^2 以外的独立柱、孔洞（灯孔、检查孔面积不扣除）及与天棚相连的窗帘盒所占的面积。

三、定额说明

（1）混凝土面天棚抹灰定额说明：

① 设计抹灰砂浆种类、配合比与定额不同时可以调整，砂浆厚度、抹灰遍数与定额不同时不调整。

② 天棚抹灰，设计基层需涂刷水泥浆或界面剂的，套用墙、柱面装饰相应定额，人工乘以系数 1.10。

③ 梁与天棚板底抹灰材料不同时，梁抹灰套用墙、柱面装饰中柱（梁）面抹灰定额。

④ 天棚混凝土板底批腻子套用油漆、涂料、裱糊工程相应定额子目。

（2）天棚吊顶定额说明：

① 天棚龙骨、基层、面层除装配式成品天棚安装外，其余均按龙骨、基层、面层分别列项，套用相应定额子目。

② 天棚龙骨、基层、面层材料如设计与定额不同，按设计要求做相应调整。

③ 跌级天棚按平面、侧面分别列项，套用相应定额子目。

④ 在夹板基层上贴石膏板，套用每增加一层石膏板定额。

⑤ 木质龙骨、基层、面层等涂刷防火涂料或防腐油时，套用油漆、涂料、裱糊工程相应定额子目。

⑥ 天棚基层及面层如为拱形、圆弧形等曲面，按相应定额人工乘以系数 1.15 计算。

（3）定额中吊筋定额均按后施工打膨胀螺栓考虑，如设计为预埋铁件，另行换算；吊筋高度按 1.5 m 以内综合考虑。如设计需做二次支撑，应另按相关定额子目计算。

（4）定额已综合考虑石膏板，木板面层上开灯孔、检修孔等孔洞的费用，如在金属板、玻璃、石材面板上开孔，费用另行计算。检修孔、风口等洞口加固的费用已包含在天棚定额中。

（5）灯槽内侧板高度在 150 mm 以内的套用灯槽子目，高度大于 150 mm 的套用天棚侧板子目，宽度 500 mm 以上或面积 1 m^2 以上的嵌入式灯槽按跌级天棚计算。

【任务示例】

例 5–5–1　某现浇钢筋混凝土天棚结构平面图如图 5–5–4 所示。柱截面尺寸 400 mm×400 mm，Ⓐ、Ⓑ、①、③轴为外墙，外墙与柱外边平齐，墙厚 240 mm，无内墙，天棚做法：① 14 mm 厚 1∶1∶4 水泥石灰纸筋砂浆；② 刷素水泥浆一道；③ 现浇混凝土板底。试计算天棚粉刷工程量、综合单价及相关费用。（企业管理费费率取 16%，利润费率取 8%，不考虑风险费用。）

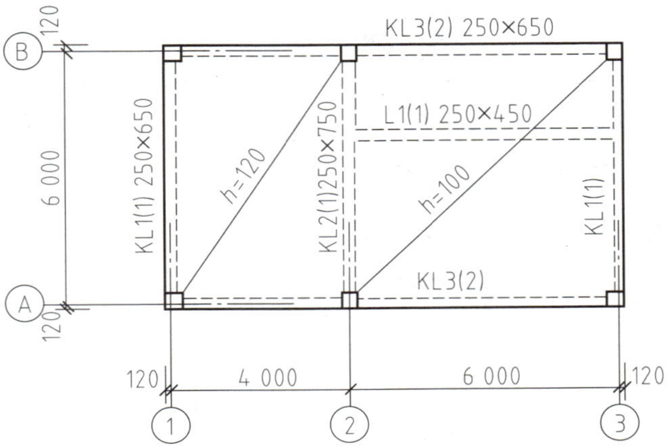

图 5–5–4　某现浇钢筋混凝土天棚结构平面图

解：计算过程见表 5–5–1 和表 5–5–2。

表 5–5–1　工程量计算、定额套用表

项目名称	计算过程
1. 14 mm 厚 1∶1∶4 水泥石灰纸筋砂浆	（1）工程量计算 $S_{水平}$=（6.24 m–0.24 m×2）×（10.24 m–0.24 m×2）≈56.22 m^2 $S_{KL2梁侧}$=（6.24 m–0.4 m×2）×（0.65 m+0.63 m）≈6.96 m^2 $S_{L1梁侧}$=（6 m–0.125 m–0.13 m）×0.35 m×2≈4.02 m^2 $S_{总}$=56.22 m^2+6.96 m^2+4.02 m^2=67.2 m^2 （2）定额套用 定额编号：13–1H 计量单位：m^2 查表得：砂浆用量 1.695 m^3/100 m^2 200 L 灰浆搅拌机单价 154.97 元 / 台班 1∶1∶4 水泥石灰纸筋砂浆单价 285.42 元 / m^3 人工费：[155×（8.06+1.695×0.382）]/100 元≈13.50 元 材料费：（285.42×1.695/100）元≈4.84 元 机械费：（154.97×1.695×0.167/100）元≈0.44 元

续表

项目名称	计算过程
2. 刷素水泥浆一道	（1）工程量计算 S=67.2 m² （2）定额套用 定额编号：12–17H 计量单位：m² 人工费：1.25 元 ×1.1≈1.38 元 材料费：0.5 元 机械费：0

表 5–5–2　定额清单综合单价与合价计价表

序号	定额编号	定额名称	计量单位	工程量	综合单价 / 元							合价 / 元	其中	
					定额人工费	定额材料费	定额机械费	企业管理费	利润	风险费用	小计		人工费 / 元	机械费 / 元
1	13–1H	14 mm 厚 1 ∶ 1 ∶ 4 水泥石灰纸筋砂浆	m²	67.2	13.50	4.84	0.44	2.23	1.12	0	22.13	1 487.14	907.20	29.57
2	12–17H	刷素水泥浆一道	m²	67.2	1.38	0.5	0	0.22	0.11	0	2.21	148.51	92.74	0

例 5–5–2　某工程天棚平面图、剖面图如图 5–5–5 所示，设计采用 U38 轻钢龙骨、细木工板基层、石膏板面层吊顶。试计算天棚装饰工程量、综合单价及相关费用。（企业管理费费率取 16%，利润费率取 8%，不考虑风险费用。）

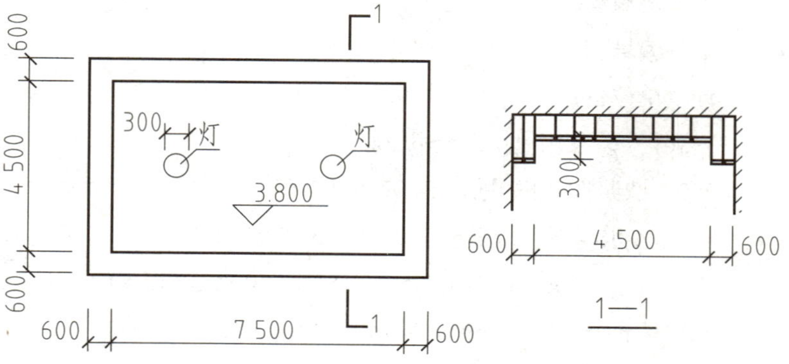

图 5–5–5　某工程天棚平面图、剖面图

解: 计算过程见表 5–5–3 和表 5–5–4。

表 5–5–3　工程量计算、定额套用表

项目名称	计算过程
1. U38 轻钢龙骨吊顶(平面)	(1)工程量计算 $S_{平面}$=(4.5 m+0.6 m×2)×(7.5 m+0.6 m×2)=49.59 m^2 (2)定额套用 定额编号: 13–8 计量单位: m^2 人工费: 17.64 元 材料费: 11.04 元 机械费: 0
2. U38 轻钢龙骨吊顶(侧面)	(1)工程量计算 $S_{侧面}$=(4.5 m+7.5 m)×2×0.3 m=7.2 m^2 (2)定额套用 定额编号: 13–9 计量单位: m^2 人工费: 21.33 元 材料费: 7.59 元 机械费: 0
3. 细木工板基层(平面)	(1)工程量计算 $S_{平面}$=49.59 m^2 (2)定额套用 定额编号: 13–17 计量单位: m^2 人工费: 11.15 元 材料费: 23.32 元 机械费: 0
4. 细木工板基层(侧面)	(1)工程量计算 $S_{侧面}$=7.2 m^2 (2)定额套用 定额编号: 13–18 计量单位: m^2 人工费: 14.44 元 材料费: 24.50 元 机械费: 0

续表

项目名称	计算过程
5. 石膏板面层	（1）工程量计算 $S_{总}=S_{平面}+S_{侧面}=49.59\ m^2+7.2\ m^2=56.79\ m^2$ （2）定额套用 定额编号：13–26 计量单位：m^2 人工费：7.60 元 材料费：11.06 元 机械费：0

表 5–5–4　定额清单综合单价与合价计价表

序号	定额编号	定额名称	计量单位	工程量	综合单价 / 元							合价 / 元	其中	
					定额人工费	定额材料费	定额机械费	企业管理费	利润	风险费用	小计		人工费 / 元	机械费 / 元
1	13–8	U38 轻钢龙骨吊顶（平面）	m^2	49.59	17.64	11.04	0	2.82	1.41	0	32.91	1 632.01	874.77	0
2	13–9	U38 轻钢龙骨吊顶（侧面）	m^2	7.2	21.33	7.59	0	3.41	1.71	0	34.04	245.09	153.58	0
3	13–17	细木工板基层（平面）	m^2	49.59	11.15	23.32	0	1.78	0.89	0	37.14	1 841.77	552.93	0
4	13–18	细木工板基层（侧面）	m^2	7.2	14.44	24.50	0	2.31	1.16	0	42.41	305.35	103.97	0
5	13–26	石膏板面层	m^2	56.79	7.60	11.06	0	1.22	0.61	0	20.49	1 163.63	431.60	0

【任务实施】

1. 某现浇框架结构房屋的三层结构平面图如图 5–5–6 所示。已知板厚 100 mm，柱截面尺寸 KZ1：500 mm × 500 mm，KZ2：400 mm × 400 mm，梁截面尺寸如图 5–5–6 所示，无内外墙，天棚做法：① 7 mm 厚 1 : 2.5 水泥砂浆面层；② 12 mm 厚 1 : 3 水泥砂浆底层；③ 水泥净浆一道。试计算天棚抹灰工程量、综合单价及相关费用。（企业管理费费率取 16%，利润费率取 8%，不考虑风险费用。）

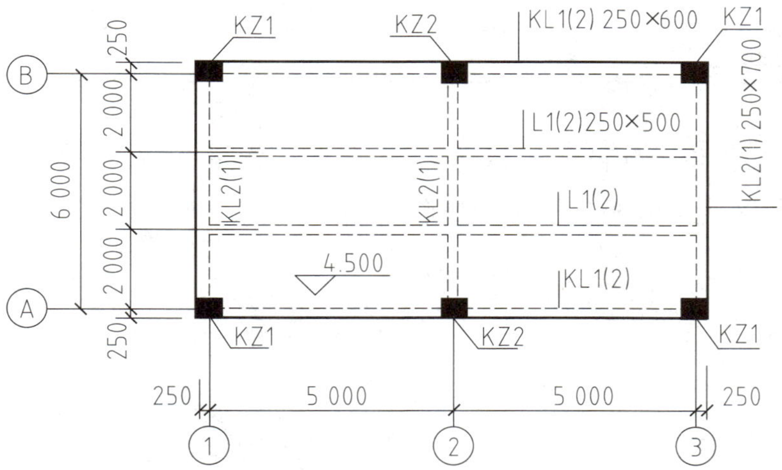

图 5-5-6　某现浇框架结构房屋的三层结构平面图

2. 某天棚示意图如图 5-5-7 所示，墙体采用 200 mm 厚的空心砖墙。KZ2：600 mm × 600 mm，其余的柱为 KZ1：500 mm × 500 mm，窗帘盒宽 200 mm。天棚做法：① U38 轻钢龙骨吊顶；② 石膏板面层；③ 乳胶漆涂料（本题不做计算）。试计算天棚饰面和灯槽的工程量、综合单价及相关费用。（企业管理费费率取 16%，利润费率取 8%，不考虑风险费用。）

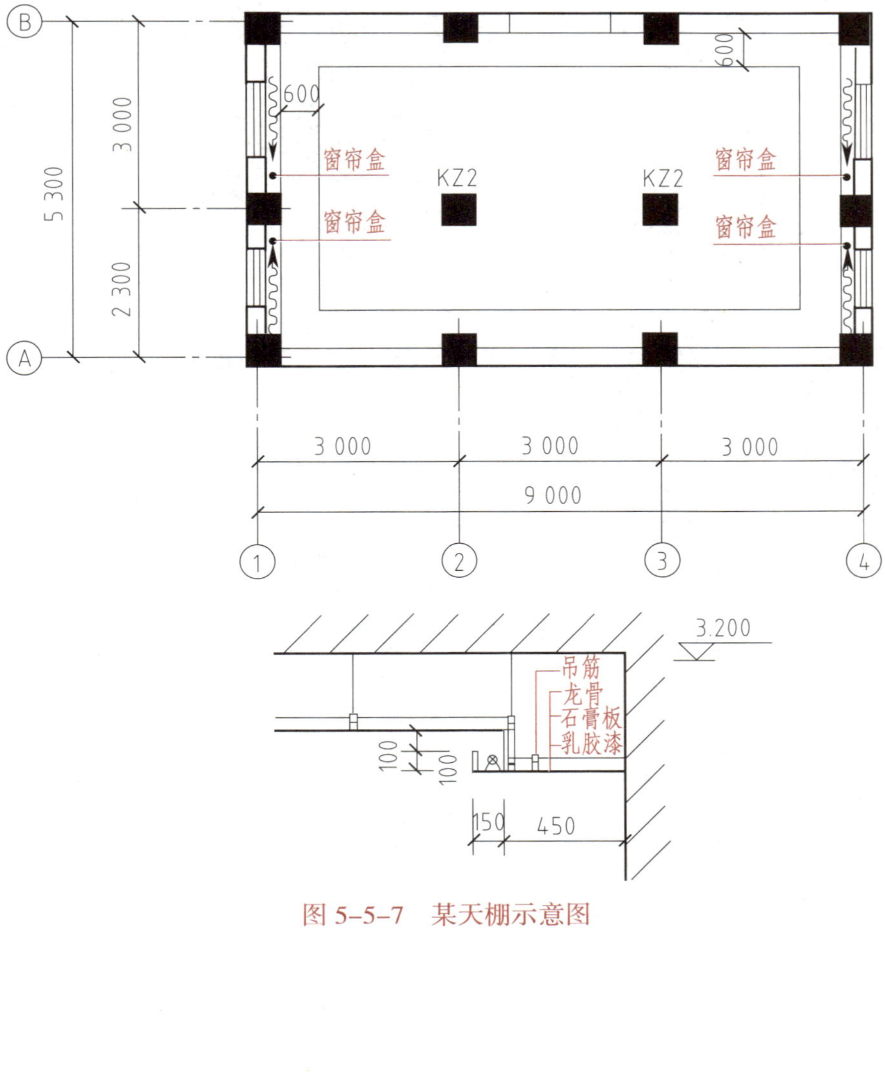

图 5-5-7　某天棚示意图

【任务拓展】

根据书后附图某单位仓库图纸，试计算一层天棚工程量、综合单价及相关费用。（企业管理费费率取 16%，利润费率取 8%，不考虑风险费用。）

任务 6　门窗工程定额清单计量与计价

【任务目标】

1. 熟悉门窗工程内容。
2. 掌握门窗工程量计算规则及定额说明。
3. 能熟练识读建筑施工图与对应的建筑设计说明。
4. 能熟练计算门窗工程量、综合单价及相关费用。

【知识准备】

一、知识链接

门和窗是房屋建筑中不可缺少的部分，又是建筑造型的重要组成部分。

（1）门是室内外交通联系的枢纽，具有保温、隔热、隔声、防水、防火、节能等功能，门按定额划分为木门、金属门、金属卷帘门等。

（2）窗具有通风、采光、观景眺望的作用，窗可分为木窗、金属窗等。

各种门、窗如图 5-6-1 所示。

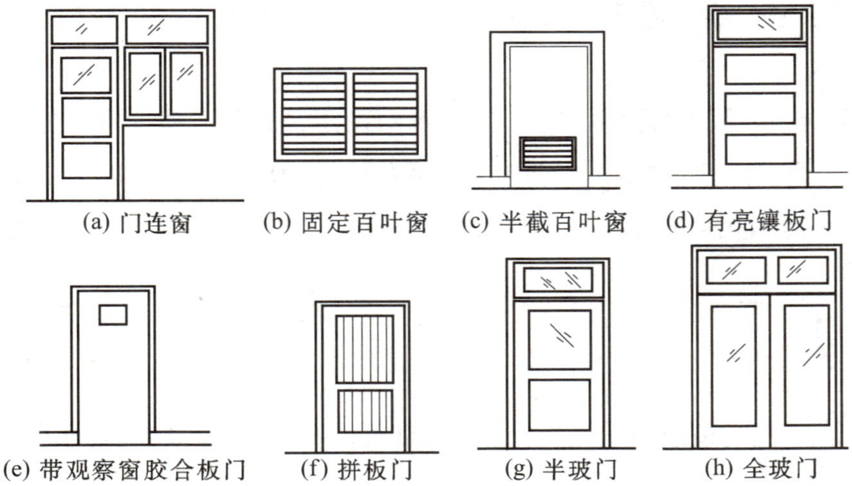

图 5-6-1　各种门、窗

二、工程量计算规则

1. 适用范围

木门窗、金属门窗、金属卷帘门、厂库房大门等。

2. 工程量计算

（1）普通木门窗、铝合金门窗、塑钢门窗工程量均按设计图示门窗洞口面积（m^2）计算（飘窗除外）。

（2）钢制防火门、防盗门工程量按设计图示门洞口面积（m^2）计算。

（3）金属卷帘门工程量按设计图示门洞口面积计算。电动装置工程量按“套”计算，活动小门工程量按“个”计算。

3. 规则释义

（1）成品木门框工程量按设计图示框的外围尺寸以长度（m）计算，成品木门扇工程量按设计图示扇面积（m^2）计算。装饰木门扇工程量按门扇外围面积（m^2）计算。

（2）防盗窗工程量按外围展开面积（m^2）计算。

（3）门连窗工程量按设计图示洞口面积（m^2）分别计算，设计有明确时按设计明确尺寸分别计算，设计不明确时，门宽度算至门框线外边线。

（4）弧形门窗工程量按展开面积（m^2）计算。

三、定额说明

（1）铝合金成品门窗安装项目按隔热断桥铝合金型材考虑，如设计为普通铝合金型材，按相应定额项目执行。采用单片玻璃时，除材料换算外，相应定额子目的人工乘以系数 0.80；采用中空玻璃时，除材料换算外，相应定额子目的人工乘以系数 0.90。

（2）普通木门窗一般小五金，如普通折页、蝴蝶折页、铁插销、风钩、铁拉手、木螺丝等已综合在五金材料费内，不另计算。地弹簧、门锁、门拉手、闭门器及铜合页另套相应定额计算。

（3）成品金属门窗、金属卷帘门安装项目包括五金安装人工，五金材料费包括在成品门窗价格中。

（4）门连窗，门、窗应分别套用相应定额；木门窗定额采用普通玻璃，如设计玻璃品种与定额不同，单价调整；厚度增加时，另按定额的玻璃面积每 10 m^2 增加玻璃人工 0.73 工日。

（5）弧形门窗套用相应定额，人工乘以系数 1.15；型材弯弧形费用另行增加。

【任务示例】

例 5-6-1 某工程门窗统计表见表 5-6-1，试计算门窗工程量、综合单价及相关费用。（企业管理费费率取 16%，利润费率取 8%，不考虑风险费用。）

表 5-6-1 某工程门窗统计表

名称	编号	洞口尺寸	数量	备注
门	M-1	1 800 mm × 2 400 mm	6	钢质防盗门
	M-2	900 mm × 2 400 mm	5	有亮镶板门

续表

名称	编号	洞口尺寸	数量	备注
门	M−3	800 mm × 2 000 mm	2	无亮镶板门
窗	C−1	1 500 mm × 1 500 mm	20	铝合金推拉窗
	C−2	1 500 mm × 900 mm	3	铝合金推拉窗

解：计算过程见表 5−6−2 和表 5−6−3。

表 5−6−2　工程量计算、定额套用表

项目名称	计算过程
1. 钢质防盗门 M−1	（1）工程量计算 S=1.8 m × 2.4 m × 6=25.92 m^2 （2）定额套用 定额编号：8−49 计量单位：m^2 人工费：31.67 元 材料费：362.81 元 机械费：0.26 元
2. 有亮镶板门 M−2	（1）工程量计算 S=0.9 m × 2.4 m × 5=10.8 m^2 （2）定额套用 定额编号：8−1 计量单位：m^2 人工费：70.00 元 材料费：100.46 元 机械费：1.03 元
3. 无亮镶板门 M−3	（1）工程量计算 S=0.8 m × 2 m × 2=3.2 m^2 （2）定额套用 定额编号：8−4 计量单位：m^2 人工费：57.00 元 材料费：97.08 元 机械费：0.97 元

续表

项目名称	计算过程
4. 铝合金推拉窗 C-1、C-2	（1）工程量计算 S=1.5 m × 1.5 m × 20+1.5 m × 0.9 m × 3=49.05 m^2 （2）定额套用 定额编号：8-110 计量单位：m^2 人工费：18.14 元 材料费：491.09 元 机械费：0

表 5-6-3　定额清单综合单价与合价计价表

序号	定额编号	定额名称	计量单位	工程量	综合单价 / 元							合价 / 元	其中	
					定额人工费	定额材料费	定额机械费	企业管理费	利润	风险费用	小计		人工费 / 元	机械费 / 元
1	8-49	钢质防盗门 M-1	m^2	25.92	31.67	362.81	0.26	5.11	2.55	0	402.40	10 430.21	820.89	6.74
2	8-1	有亮镶板门 M-2	m^2	10.8	70.00	100.46	1.03	11.36	5.68	0	188.53	2 036.12	756.00	11.12
3	8-4	无亮镶板门 M-3	m^2	3.2	57.00	97.08	0.97	9.28	4.64	0	168.97	540.70	182.40	3.10
4	8-110	铝合金推拉窗 C-1、C-2	m^2	49.05	18.14	491.09	0	2.90	1.45	0	513.58	25 191.10	889.77	0

【任务实施】

1. 某工程底层平面图如图 5-6-2 所示，门采用金属防盗门，窗采用成品铝合金推拉窗。试计算门窗工程量、综合单价及相关费用。（企业管理费费率取 16%，利润费率取 8%，不考虑风险费用。）

2. 某单层建筑物平面图如图 5-6-3 所示，门窗统计表见表 5-6-4（其中 C-1、C-2 采用普通铝合金型材，单片玻璃），试计算门窗工程量、综合单价及相关费用。（企业管理费费率取 16%，利润费率取 8%，不考虑风险费用。）

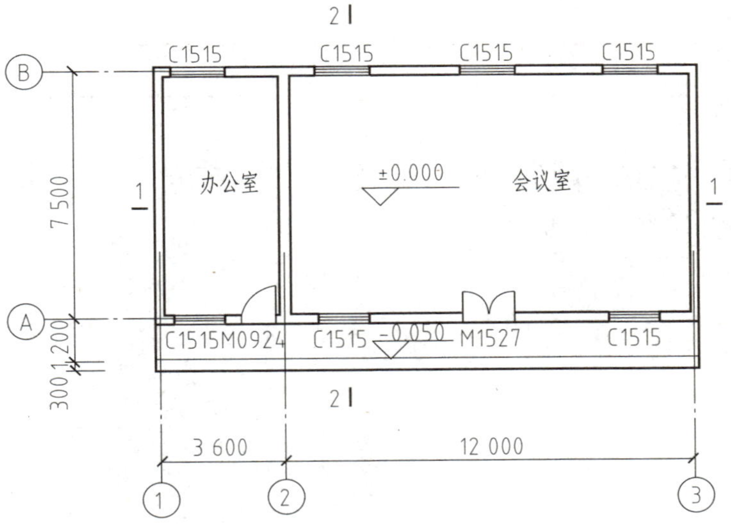

图 5-6-2　某工程底层平面图

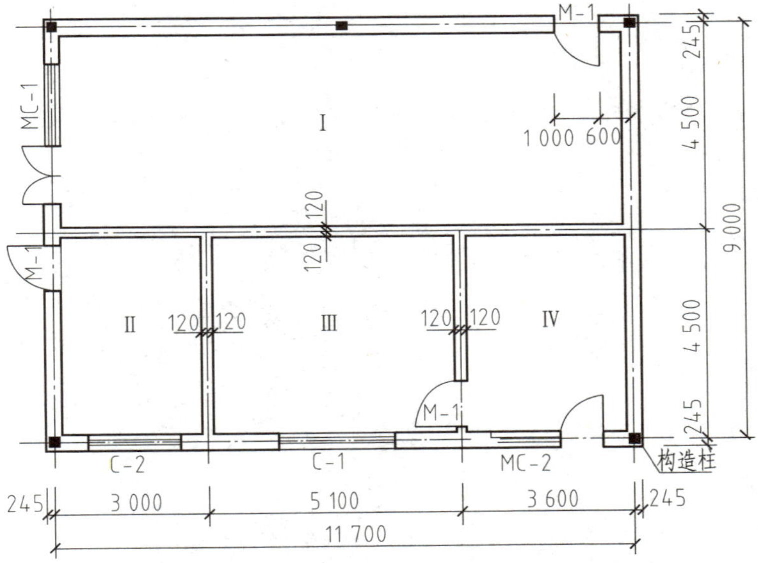

图 5-6-3　某单层建筑物平面图

表 5-6-4　门窗统计表

门窗编号	洞口尺寸	数量	备注
C-1	2 400 mm × 1 800 mm	1	铝合金推拉窗
C-2	1 800 mm × 1 800 mm	1	铝合金推拉窗
MC-1	3 000 mm × 2 700 mm （门 1 200 mm × 2 700 mm、窗 1 800 mm × 1 800 mm）	1	铝合金门连窗
MC-2	2 400 mm × 2 700 mm （门 900 mm × 2 700 mm、窗 1 500 mm × 1 800 mm）	1	铝合金门连窗
M-1	1 000 mm × 2 700 mm	3	普通钢门

【任务拓展】

根据书后附图某单位仓库图纸，试计算门窗工程量、综合单价及相关费用。（企业管理费费率取 16%，利润费率取 8%，不考虑风险费用。）

任务 7　油漆、涂料、裱糊工程定额清单计量与计价

【任务目标】

1. 熟悉油漆、涂料、裱糊工程内容。
2. 掌握油漆、涂料、裱糊工程量计算规则及定额说明。
3. 能熟练识读建筑施工图与对应的建筑设计说明。
4. 能熟练计算油漆、涂料、裱糊工程量、综合单价及相关费用。

【知识准备】

一、知识链接

涂刷装饰是用涂料或油漆在内、外墙体表面进行装修的施工方法，通常做法是外墙在水泥砂浆找平后进行施工，内墙在刮腻子后进行施工。根据施工要求，可以采取刷涂、滚涂、喷涂等施工方法以形成不同的质感效果。涂刷装饰的优点是省工、省料、工期短、自重轻、更新方便、造价低，缺点是墙面易污染、使用年限短，故多用于大量性、中档以下的建筑装修。

裱糊装饰是将各种装饰性壁纸、墙布等卷材用黏结剂裱糊在墙面上而形成的一种饰面，施工简单、美观耐用，适用于内墙中高档装修。

涂刷、裱糊装饰如图 5–7–1 所示。

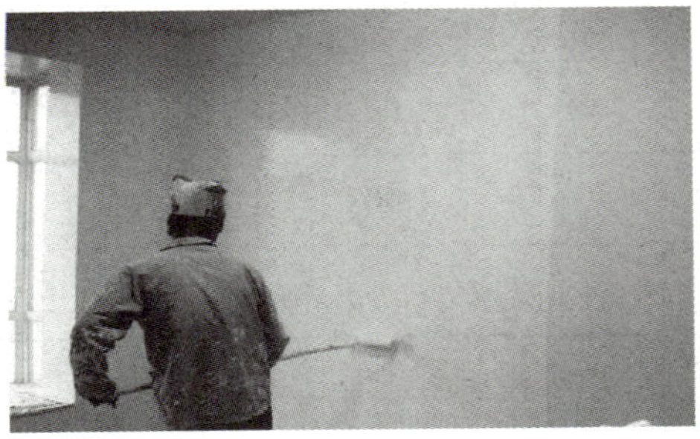

(a) 涂刷

(b) 裱糊

图 5–7–1　涂刷、裱糊装饰

二、工程量计算规则

1. 适用范围

木门窗、木材面油漆、金属面油漆、抹灰面油漆、刮腻子、涂料、裱糊等。

2. 工程量计算

（1）楼地面、墙柱面、天棚的喷（刷）涂料及抹灰面油漆，刮腻子、板缝贴胶带点锈除定额另有规定外，其工程量按设计图示尺寸以面积（m^2）计算。

（2）单层木门（窗）的油漆及涂料工程量按表5-7-1的规定并乘以表中相应系数计算，套用单层木门（窗）定额。

表5-7-1 单层木门（窗）工程量计算表

定额项目	项目名称	系数	工程量计算规则
单层木门	单层木门	1.00	按门洞口面积计算
	双层（一板一纱）木门	1.36	
	全玻自由门	0.83	
	半截玻璃门	0.93	
	带通风百叶门	1.30	
	厂库大门	1.10	
	带框装饰门（凹凸、带线条）	1.10	
	无框装饰门、成品门	1.10	按门扇面积计算
单层木窗	木平开窗、木推拉窗、木翻窗	0.70	按窗洞口面积计算
	木百叶窗	1.05	
	半圆形玻璃窗	0.75	

（3）木地板、木楼梯油漆及涂料工程量按表5-7-2的规定并乘以表中相应系数计算，套用木地板定额。

表5-7-2 木地板、木楼梯工程量计算表

定额项目	项目名称	系数	工程量计算规则
木地板	木地板	1.00	按地板工程量计算
	木地板打蜡	1.00	
	木楼梯（不包括底面）	2.30	按水平投影面积计算

3. 规则释义

（1）计算涂料及抹灰面油漆工程量，应增加门窗洞口侧壁及顶面面积。

（2）门窗洞口侧壁长度：图纸有说明的，按说明计算；图纸没有说明的，门窗框按100 mm厚放在墙中间计算。

三、定额说明

（1）油漆、涂料、刮腻子项目以遍数不同设置子目，当厚度与定额不同时，不做调整。

（2）木门、木扶手、木线条、其他木材面、木地板油漆定额已包括满刮腻子。

（3）抹灰面油漆、涂料、裱糊定额均不包括刮腻子，发生时单独套用相应定额。

（4）调和漆定额按两遍考虑，聚酯清漆、聚酯混漆定额按三遍考虑，磨退定额按五遍考虑。硝基清漆、硝基混漆按五遍考虑，磨退定额按十遍考虑。设计遍数与定额取定不同时，按每增减一遍定额调整计算。

【任务示例】

例 5-7-1　某房屋的一层平面图、剖面图如图 5-7-2 所示，外墙厚 240 mm，女儿墙采用 100 mm 厚的混凝土压顶，压顶底标高 5.400 m，屋面采用卷材防水，卷材上翻 250 mm，门窗及外墙装修明细见表 5-7-3，试计算外墙乳胶漆、门窗油漆工程量、综合单价及相关费用。（企业管理费费率取 16%，利润费率取 8%，不考虑风险费用。）

表 5-7-3　门窗及外墙装修明细

名称	材料做法
外墙	乳胶漆两遍
木门（1 200 mm × 2 400 mm）	调和漆两遍
木窗（1 500 mm × 1 500 mm）	调和漆两遍

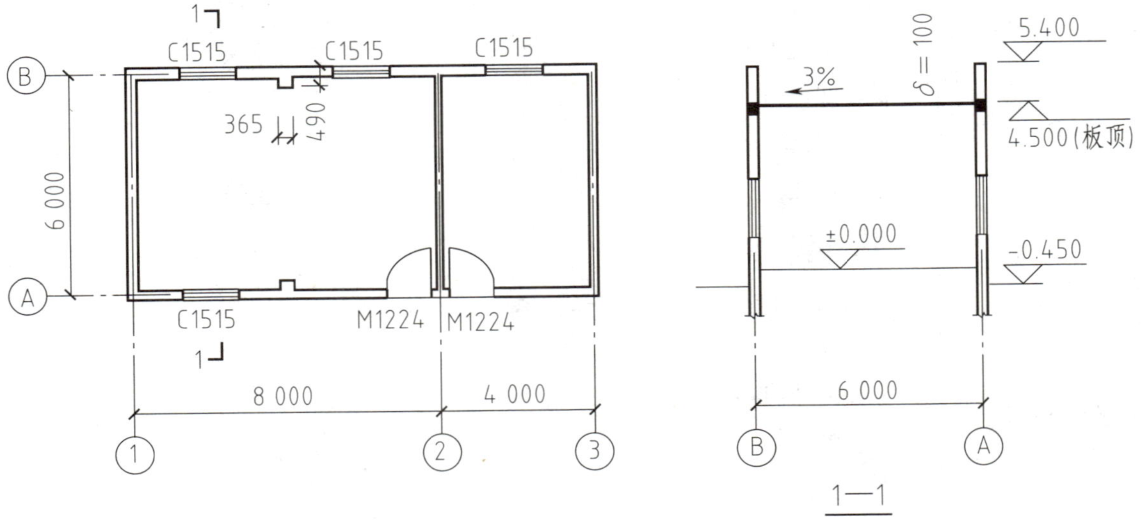

图 5-7-2　某房屋的一层平面图、剖面图

解：计算过程见表 5-7-4 和表 5-7-5。

表 5-7-4　工程量计算、定额套用表

项目名称	计算过程
1. 外墙乳胶漆两遍	（1）工程量计算 $S_{外墙}$=（12.24 m+6.24 m）×2×（5.4 m+0.1 m+0.45 m）≈219.91 m^2 $S_{女儿墙内侧、压顶}$=[（12 m−0.24 m）+（6 m−0.24 m）]×2×（5.4 m+0.1 m−4.5 m−0.25 m）+（12 m+6 m）×2×0.24 m=34.92 m^2 $S_{门窗}$=1.5 m×1.5 m×4+1.2 m×2.4 m×2=14.76 m^2 $S_{门窗侧壁}$=1.5 m×4×0.07 m×4+（1.2 m+2.4 m×2）×0.07 m×2=2.52 m^2 S=219.91 m^2+34.92 m^2−14.76 m^2+2.52 m^2=242.59 m^2 （2）定额套用 定额编号：14–128 计量单位：m^2 人工费：6.39 元 材料费：4.70 元 机械费：0
2. 木门调和漆两遍	（1）工程量计算 S=1.2 m×2.4 m×2=5.76 m^2 （2）定额套用 定额编号：14–17 计量单位：m^2 人工费：27.30 元 材料费：7.07 元 机械费：0
3. 木窗调和漆两遍	（1）工程量计算 S=1.5 m×1.5 m×4×0.7 m=6.3 m^2 （2）定额套用 定额编号：14–17 计量单位：m^2 人工费：27.30 元 材料费：7.07 元 机械费：0

表 5-7-5　定额清单综合单价与合价计价表

序号	定额编号	定额名称	计量单位	工程量	综合单价 / 元							合价 / 元	其中	
					定额人工费	定额材料费	定额机械费	企业管理费	利润	风险费用	小计		人工费 / 元	机械费 / 元
1	14–128	外墙乳胶漆两遍	m^2	242.59	6.39	4.70	0	1.02	0.51	0	12.62	3 061.49	1 550.15	0
2	14–17	木门调和漆两遍	m^2	5.76	27.30	7.07	0	4.37	2.18	0	40.92	235.70	157.25	0
3	14–17	木窗调和漆两遍	m^2	6.3	27.30	7.07	0	4.37	2.18	0	40.92	257.80	171.99	0

【任务实施】

1. 某一层房屋平面图、剖面图如图5-7-3所示，内墙面采用乳胶漆两遍，150 mm高花岗岩踢脚线，试计算内墙乳胶漆工程量、综合单价及相关费用。（企业管理费费率取16%，利润费率取8%，不考虑风险费用。）

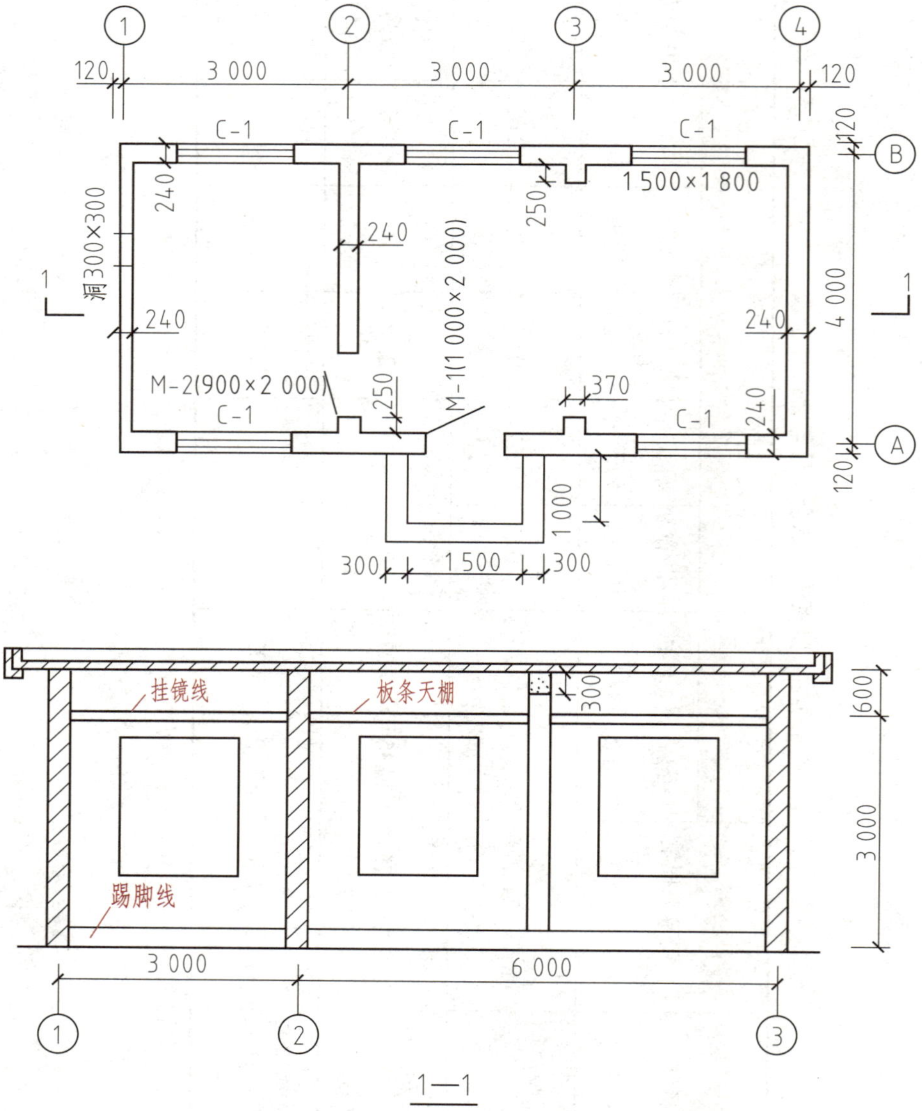

图5-7-3　某一层房屋平面图、剖面图

2. 某一层房屋平面图、外墙详图如图5-7-4所示，屋面板厚120 mm，内墙和天棚均采用803内墙涂料两遍，外墙采用仿石型涂料，门窗统计表见表5-7-6，试计算内外墙、天棚涂料工程量、综合单价及相关费用。（企业管理费费率取16%，利润费率取8%，不考虑风险费用。）

表 5-7-6　门窗统计表

序号	门窗名称	门窗尺寸	数量
1	M-1	2 000 mm × 2 500 mm	1
2	M-2	2 000 mm × 2 500 mm	1
3	M-3	900 mm × 2 000 mm	4
4	C-1	3 000 mm × 1 500 mm	2
5	C-2	1 500 mm × 1 500 mm	5
6	C-3	6 000 mm × 2 000 mm	1

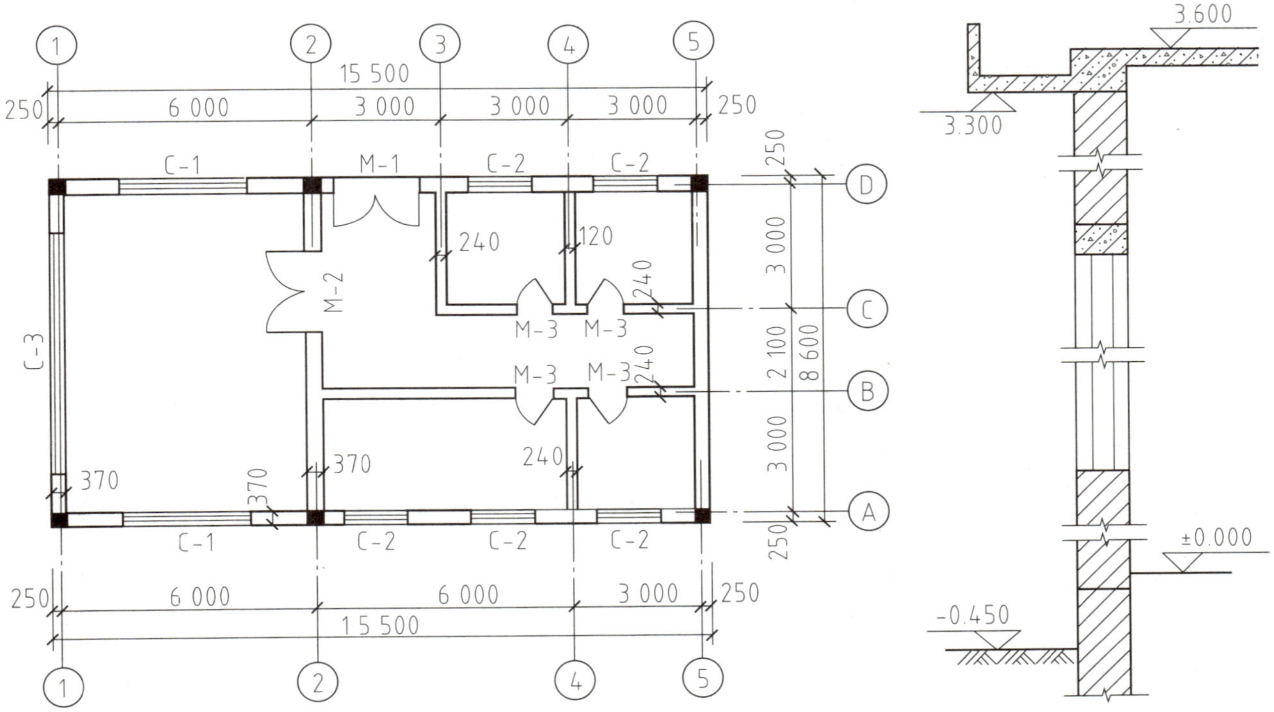

图 5-7-4　某一层房屋平面图、外墙详图

【任务拓展】

根据书后附图某单位仓库图纸，试计算外墙涂料工程量、综合单价及相关费用。（企业管理费费率取 16%，利润费率取 8%，不考虑风险费用。）

项目 6 其他工程定额清单计量与计价

【项目描述】

其他工程定额清单计量与计价是指房屋地下工程、主体工程、装饰工程、钢筋工程等以外的定额清单计量与计价，主要包括脚手架工程量及相关费用、垂直运输工程量及相关费用、建筑物超高施工增加费、单独计算的台班费用等，属于施工技术措施费项目。

【学习目标】

1. 熟悉单独计算的台班费用的定额规定与工程量计算规则。

2. 掌握脚手架工程、垂直运输工程、建筑物超高施工增加费的定额规定与工程量计算规则。

3. 能进行单独计算的台班费用的计算。

4. 会熟练进行脚手架工程、垂直运输工程的定额清单计量与计价。

5. 会熟练进行建筑物超高施工增加费的计算。

任务 1 脚手架工程定额清单计量与计价

【任务目标】

1. 熟悉脚手架工程的内容。
2. 掌握脚手架工程量计算规则及定额说明。
3. 能熟练计算脚手架工程量、综合单价及相关费用。

【知识准备】

一、知识链接

1. 脚手架

脚手架是专为高空施工操作、堆放和运送材料，并保证施工安全而搭设的操作平台。脚手架的材料通常有木、竹、金属等，目前最常用的是钢管脚手架。脚手架按定额划分为综合脚手架和单项脚手架。脚手架如图 6–1–1 所示。

图 6–1–1 脚手架

2. 檐高

檐高是指室外设计地面至檐口板底的垂直高度。各种类型屋顶的檐高如图 6–1–2 所示。突出主体建筑屋顶的电梯间、水箱间等不计入檐高中。

二、工程量计算规则

1. 综合脚手架

（1）适用范围

房屋工程及其地下室。

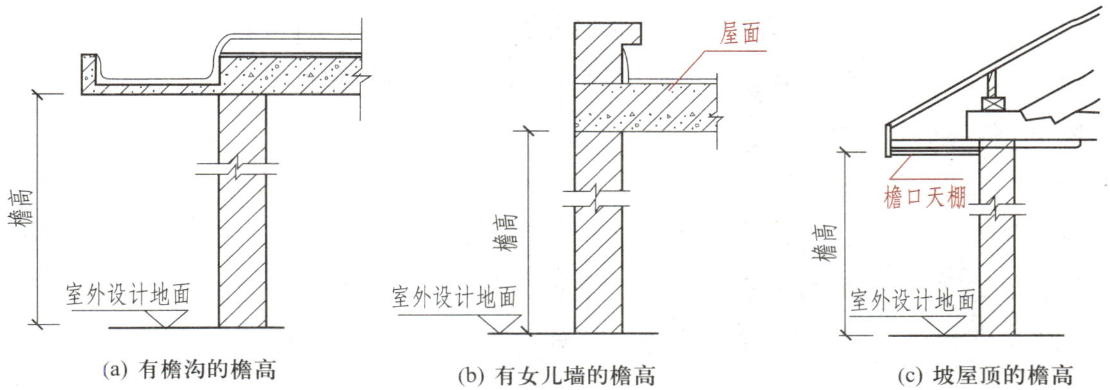

(a) 有檐沟的檐高　(b) 有女儿墙的檐高　(c) 坡屋顶的檐高

图 6-1-2　各种类型屋顶的檐高

（2）工程量计算

综合脚手架工程量 = 建筑面积 + 增加面积。

① 建筑面积：工程量按房屋建筑面积（《建筑工程建筑面积计算规范》GB/T 50353—2013）计算，有地下室时，地下室面积与上部建筑物面积分别计算，套用相应定额。半地下室并入上部建筑物计算。

② 增加面积：

a. 骑楼、过街楼底层的开放公共空间和建筑物通道，层高在 2.2 m 及以上者，按墙（柱）外围水平面积计算；层高不足 2.2 m 者，计算 1/2 面积。

b. 建筑物屋顶上或楼层外围的混凝土构架，高度在 2.2 m 及以上者，按构架外围水平投影面积的 1/2 计算。

c. 凸（飘）窗按其围护结构外围水平面积计算，扣除已计入《建筑工程建筑面积计算规范（GB/T 50353—2013）》第 3.0.13 条的面积。

d. 建筑物门廊按其混凝土结构顶板水平投影面积计算，扣除已计入《建筑工程建筑面积计算规范（GB/T 50353—2013）》第 3.0.16 条的面积。

e. 建筑物阳台均按其结构底板水平投影面积计算，扣除已计入《建筑工程建筑面积计算规范（GB/T 50353—2013）》第 3.0.21 条的面积。

f. 与阳台相连的设备平台、在主体结构内的设备平台等，按结构底板水平投影面积计算，扣除已按《建筑工程建筑面积计算规范（GB/T 50353—2013）》计入的相应面积。

2. 单项脚手架

（1）适用范围

房屋加层、构筑物及附属工程脚手架和综合脚手架未包括的内容。

（2）工程量计算

① 满堂脚手架工程量按天棚水平投影面积计算。

② 深度超过 2 m 的无地下室基础采用非泵送商品混凝土时的满堂脚手架工程量，按底层

外围面积计算。局部加深时，按加深部分基础宽度每边各增加 50 cm 计算。

③ 砌筑脚手架工程量按内、外墙面积计算（不扣除门窗洞口、空洞等面积）。外墙乘以系数 1.15，内墙乘以系数 1.10。

（3）规则释义

① 满堂脚手架

a. 工作面高度即为房屋层高，斜天棚（屋面）按平均高度计算。

b. 局部高度超过 3.6 m 的天棚，按超过部分面积计算。

② 深基础运输脚手架

a. 工作面高度自交付施工场地标高或室外设计地面起算。

b. 使用泵送商品混凝土除外。

三、定额说明

（1）本定额脚手架按钢管脚手架编制，不同搭设材料均按定额执行。

（2）综合脚手架定额已综合内、外墙砌筑脚手架，外墙饰面脚手架，斜道和上料平台，高度在 3.6 m 以内的内墙及天棚装饰脚手架，基础深度（自室外设计地面起）2 m 以内的脚手架。地下室综合脚手架定额已综合了基础脚手架。

（3）综合脚手架定额除另有说明外，层高以 6 m 内为准，层高超过 6 m，另按每增加 1 m 定额计算；檐高 30 m 以上的房屋，层高超过 6 m 时，按檐高 30 m 以内每增加 1 m 定额执行。

（4）综合脚手架定额根据相应结构类型以不同檐高划分。同一建筑物有不同檐高时，应根据不同高度的垂直分界面分别计算建筑面积，套用相应的定额；同一建筑物结构类型不同时，应分别计算建筑面积，套用相应定额；同一檐高下的不同结构类型应根据水平分界面分别计算建筑面积，套用同一檐高的相应定额。

（5）装配整体式混凝土结构执行混凝土结构综合脚手架定额。当装配式混凝土结构预制装配率（以下简称 PC 率）<30% 时，按相应混凝土结构综合脚手架定额执行；当 30% ≤ PC 率 <40% 时，按相应混凝土结构综合脚手架定额乘以系数 0.95 执行；当 40% ≤ PC 率 <50% 时，按相应混凝土结构综合脚手架定额乘以系数 0.90 执行；当 PC 率 ≥ 50% 时，按相应混凝土结构综合脚手架定额乘以系数 0.85 执行。

（6）综合脚手架定额未包括下列施工脚手架，发生时按单项脚手架规定另列项目计算。

① 高度在 3.6 m 以上的内墙和天棚饰面或吊顶安装脚手架。

② 建筑物屋顶上或楼层外围的混凝土构架高度在 3.6 m 以上的装饰脚手架。

③ 深度超过 2 m（自室外设计地面起）的无地下室基础采用非泵送商品混凝土的脚手架。

④ 电梯安装井道脚手架、人行过道防护脚手架、网架安装脚手架。

（7）深度超过 2 m（自室外设计地面起）的无地下室基础采用非泵送商品混凝土时，应计算混凝土运输脚手架，按满堂脚手架基本层定额乘以系数 0.6 计算；深度超过 3.6 m 时，另按增加层定额乘以系数 0.60 计算。

（8）高度在 3.6~5.2 m（含 5.2 m）的天棚饰面或相应油漆涂料脚手架，按满堂脚手架基本层计算；高度超过 5.2 m 另按增加层定额计算。满堂脚手架在同一操作地点进行多次操作时（不另行搭设），只可计算一次脚手架费用。

【任务示例】

例 6–1–1　某房屋剖面图如图 6–1–3 所示，钢筋混凝土基础深度为 5.2 m，采用非泵送商品混凝土浇筑，每层建筑面积 800 m^2，其中二层为技术管道设备层，天棚投影面积为 720 m^2，板厚为 100 mm，试计算脚手架工程量、综合单价及相关费用。（企业管理费费率取 16%，利润费率取 8%，不考虑风险费用。）

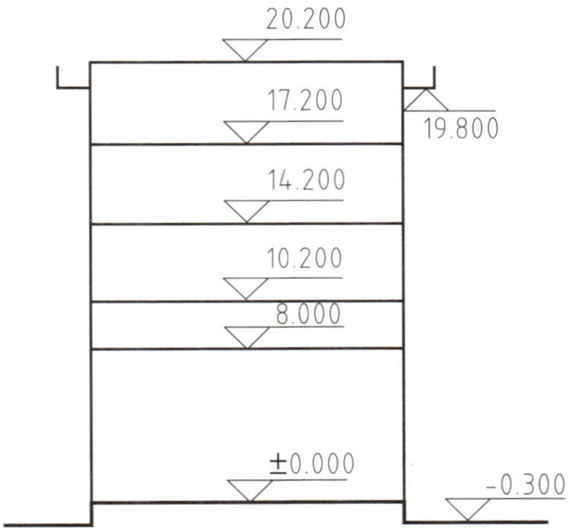

图 6–1–3　某房屋剖面图

解：计算过程见表 6–1–1 和表 6–1–2。

表 6–1–1　工程量计算、定额套用表

项目名称	计算过程
1. 一层综合脚手架	（1）工程量计算 S_1=800 m^2 （2）定额换算 层高 8 m，ΔH=8 m−6 m=2 m，檐高 =19.8 m+0.3 m=20.1 m 定额编号：（18–7）+（18–8）×2 计量单位：m^2 人工费：14.69 元 +1.47 元 ×2=17.63 元 材料费：12.60 元 +0.95 元 ×2=14.5 元 机械费：1.12 元 +0.11 元 ×2=1.34 元

续表

项目名称	计算过程
2. 二、三、四、五层综合脚手架	（1）工程量计算 $S_2=S_3=S_4=S_5=800\ m^2$ $S=4\times800\ m^2=3\ 200\ m^2$ （2）定额套用 层高 <6 m 定额编号：18–7 计量单位：m^2 人工费：14.69 元 材料费：12.60 元 机械费：1.12 元
3. 一层满堂脚手架	（1）工程量计算 $S_1=720\ m^2$ （2）定额换算 层高 8 m，ΔH=8 m–5.2 m=2.8 m，增加 3 个 1.2 m 定额编号：（18–47）+（18–48）×3 计量单位：m^2 人工费：8.06 元 +1.59 元 ×3=12.83 元 材料费：1.47 元 +0.31 元 ×3=2.40 元 机械费：0.34 元 +0.08 元 ×3=0.58 元
4. 三层满堂脚手架	（1）工程量计算 $S_1=720\ m^2$ （2）定额套用 层高 4 m，在 3.6~5.2 m 之间 定额编号：18–47 计量单位：m^2 人工费：8.06 元 材料费：1.47 元 机械费：0.34 元
5. 基础满堂脚手架	（1）工程量计算 $S=800\ m^2$ （2）定额换算 基础 H=5.2 m，ΔH=5.2 m–3.6 m=1.6 m，增加 2 个 1.2 m 定额编号：（18–47）+（18–48）×2 计量单位：m^2 人工费：（8.06 元 +1.59 元 ×2）×0.6 ≈ 6.74 元 材料费：（1.47 元 +0.31 元 ×2）×0.6 ≈ 1.25 元 机械费：（0.34 元 +0.08 元 ×2）×0.6=0.3 元

表 6–1–2　定额清单综合单价与合价计价表

序号	定额编号	定额名称	计量单位	工程量	综合单价 / 元							合价 / 元	其中	
					定额人工费	定额材料费	定额机械费	企业管理费	利润	风险费用	小计		人工费 / 元	机械费 / 元
1	(18–7)+(18–8)×2	一层综合脚手架	m^2	800	17.63	14.50	1.34	3.04	1.52	0	38.03	30 424.00	14 104.00	1 072.00
2	18–7	二、三、四、五层综合脚手架	m^2	3 200	14.69	12.60	1.12	2.53	1.26	0	32.20	103 040.00	47 008.00	3 584.00
3	(18–47)+(18–48)×3	一层满堂脚手架	m^2	720	12.83	2.40	0.58	2.15	1.07	0	19.03	13 701.60	9 237.6	417.60
4	18–47	三层满堂脚手架	m^2	720	8.06	1.47	0.34	1.34	0.67	0	11.88	8 553.60	5 803.20	244.80
5	(18–47)+(18–48)×2	基础满堂脚手架	m^2	800	6.74	1.25	0.3	1.13	0.56	0	9.98	7 984.00	5 392.00	240.00

【任务实施】

1. 某单层工业厂房檐高 7.2 m，层高 7 m，室外地面标高 –0.450 m，建筑面积 2 000 m^2，天棚投影面积 1 800 m^2。试计算脚手架工程量、综合单价及相关费用。（企业管理费费率取 16%，利润费率取 8%，不考虑风险费用。）

2. 某楼房示意图如图 6–1–4 所示。地下室 1 层，层高 4.2 m，建筑面积 2 000 m^2；裙房共 5 层，层高 4.5 m，室外地面标高 –0.600 m，每层建筑面积 2 000 m^2，每层天棚投影面积 1 800 m^2，裙房屋顶标高 22.500 m；塔楼共 15 层，层高 3 m，每层建筑面积 800 m^2，塔楼屋顶标高 67.500 m，上有一出屋面的楼梯间和电梯机房，层高 3 m，建筑面积 50 m^2，采用泵送商品混凝土浇筑。试计算脚手架工程量、综合单价及相关费用。（企业管理费费率取 16%，利润费率取 8%，不考虑风险费用。）

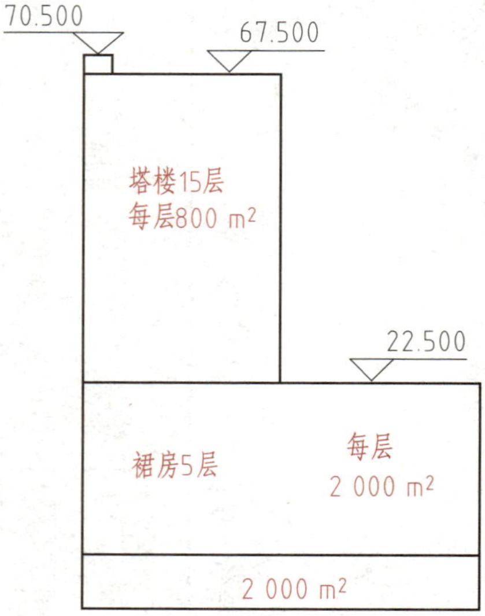

图 6–1–4 某楼房示意图

【任务拓展】

根据书后附图某单位仓库图纸，试计算脚手架工程量、综合单价及相关费用。（企业管理费费率取 16%，利润费率取 8%，不考虑风险费用。）

任务 2　垂直运输工程定额清单计量与计价

【任务目标】

1. 熟悉垂直运输工程的内容。
2. 掌握垂直运输工程量计算规则及定额说明。
3. 能熟练计算垂直运输工程量、综合单价及相关费用。

【知识准备】

一、知识链接

建筑物垂直运输机械费是建筑工程承发包价格中的一个重要组成部分，是建筑物施工中将所需要的人工、材料、机具自地面垂直提升到所需高度的机械费用。垂直运输机械主要包括塔吊、卷扬机及外用电梯和配合机械，如图 6–2–1 所示。

图 6–2–1　垂直运输机械

建筑工程垂直运输费包括单位工程在合理工期内完成全部工程项目所需的垂直运输机械台班费，不包括大型机械的场外运输、安装拆卸及轨道铺拆和基础等的费用。

二、工程量计算规则

1. 适用范围

房屋工程、构筑工程。

2. 工程量计算

（1）地下室垂直运输工程量以首层室内地面以下全部地下室的建筑面积计算，半地下室并入上部建筑物计算。

（2）上部建筑物垂直运输工程量以首层室内地面以上全部面积计算，计算规则同本项目任务 1 中的综合脚手架工程量的计算规则。

三、定额说明

（1）建筑物的垂直运输定额按常规方案以不同机械综合考虑，除另有规定或特殊要求者外，均按定额执行。

（2）垂直运输机械采用卷扬机井架和电动卷扬机时，定额中塔吊台班单价换算成卷扬机台班单价，数量按塔吊台班数量乘以系数 1.5 计算。

（3）檐高 3.6 m 以内的单层建筑，不计算垂直运输费用。

（4）建筑物层高超过 3.6 m 时，按每增加 1 m 相应定额计算，超高不足 1 m 的，每增加 1 m 相应定额按比例调整。钢结构厂（库）房、地下室层高定额已综合考虑。

（5）同一建筑物檐高不同时，应根据不同高度的垂直分界面分别计算建筑面积，套用相应定额；同一建筑物结构类型不同时，应分别计算建筑面积，套用相应定额；同一檐高下的不同结构类型应根据水平分界面分别计算建筑面积，套用同一檐高的相应定额。

（6）主体结构混凝土按泵送考虑，如采用非泵送，垂直运输费按相应定额乘以系数 1.05 计算。

（7）装配整体式混凝土结构垂直运输费套用相应混凝土结构定额，再乘以系数 1.4。

【任务示例】

例 6-2-1 某建筑物立面图如图 6-2-2 所示，分三个单元，单元一共 20 层，檐口标高 62.700 m，每层建筑面积 300 m^2；单元二共 18 层，檐口标高 49.700 m，每层建筑面积 500 m^2；单元三共 15 层，檐口标高 35.700 m，每层建筑面积 200 m^2；地下室一层，建筑面积 1 000 m^2。以上层高均小于 3.6 m。试计算垂直运输工程量、综合单价及相关费用。（企业管理费费率取 16%，利润费率取 8%，不考虑风险费用。）

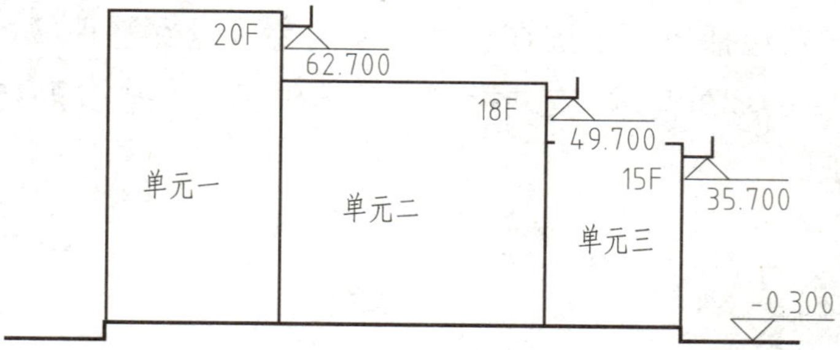

图 6-2-2 某建筑物立面图

解：计算过程见表 6-2-1 和表 6-2-2。

表 6-2-1　工程量计算、定额套用表

项目名称	计算过程
1. 单元一垂直运输费	（1）工程量计算 S_1=300 m^2 × 20=6 000 m^2 （2）定额套用 檐高 63 m 定额编号：19–7 计量单位：m^2 人工费：0 材料费：0 机械费：42.11 元
2. 单元二垂直运输费	（1）工程量计算 S_2=500 m^2 × 18=9 000 m^2 （2）定额套用 檐高 50 m 定额编号：19–6 计量单位：m^2 人工费：0 材料费：0 机械费：35.31 元
3. 单元三垂直运输费	（1）工程量计算 S_3=200 m^2 × 15=3 000 m^2 （2）定额套用 檐高 36 m 定额编号：19–6 计量单位：m^2 人工费：0 材料费：0 机械费：35.31 元
4. 地下室垂直运输费	（1）工程量计算 S_4=1 000 m^2 （2）定额套用 定额编号：19–1 计量单位：m^2 人工费：0 材料费：0 机械费：39.74 元

表 6-2-2　定额清单综合单价与合价计价表

序号	定额编号	定额名称	计量单位	工程量	综合单价/元							合价/元	其中	
					定额人工费	定额材料费	定额机械费	企业管理费	利润	风险费用	小计		人工费/元	机械费/元
1	19-7	单元一垂直运输费	m^2	6 000	0	0	42.11	6.74	3.37	0	52.22	313 320	0	252 660
2	19-6	单元二垂直运输费	m^2	9 000	0	0	35.31	5.65	2.82	0	43.78	394 020	0	317 790
3	19-6	单元三垂直运输费	m^2	3 000	0	0	35.31	5.65	2.82	0	43.78	131 340	0	105 930
4	19-1	地下室垂直运输费	m^2	1 000	0	0	39.74	6.36	3.18	0	49.28	49 280	0	39 740

【任务实施】

1. 某房屋为二层结构，室外地面标高 –0.350 m，檐口板底标高 7.400 m，一层层高 4.2 m，建筑面积 800 m^2，二层层高 3.6 m，建筑面积 720 m^2。试计算垂直运输工程量、综合单价及相关费用。（企业管理费费率取 16%，利润费率取 8%，不考虑风险费用。）

2. 某房屋立面图如图 6–2–3 所示，每层建筑面积 800 m^2，其中二层为技术管道设备层，地下室有一层，建筑面积 800 m^2。试计算垂直运输工程量、综合单价及相关费用。（企业管理费费率取 16%，利润费率取 8%，不考虑风险费用。）

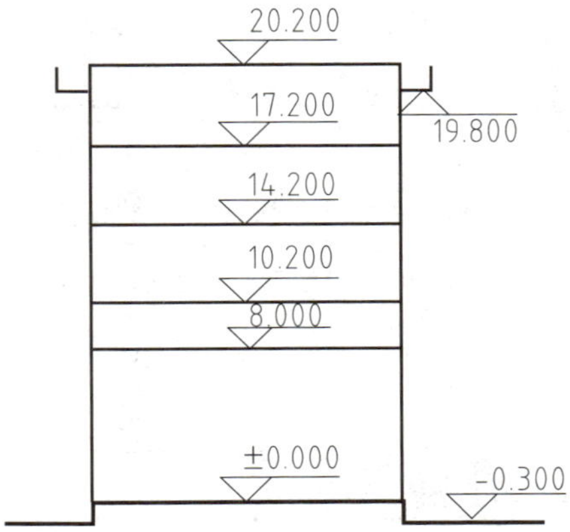

图 6–2–3　某房屋立面图

【任务拓展】

根据书后附图某单位仓库图纸，试计算垂直运输工程量、综合单价及相关费用。（企业管理费费率取 16%，利润费率取 8%，不考虑风险费用。）

任务3 建筑物超高施工增加费计算

【任务目标】

1. 熟悉建筑物超高施工增加费的内容。
2. 掌握建筑物超高施工增加费工程量计算规则及定额说明。
3. 能熟练计算建筑物超高施工增加费。

【知识准备】

一、知识链接

1. 建筑物超高施工增加费

建筑物超高施工增加费是指在高层建筑物(建筑物檐高超过20 m)上施工时,由于施工人员上下楼及自然休息时间增加,上下班降低工效,以及与之配合使用的施工机械使用效率降低,同时建筑物超高导致水压不足需要增加加压水泵台班等增加的费用。高层建筑物如图6-3-1所示。

图6-3-1 高层建筑物

2. 建筑物超高施工增加费的内容

(1)建筑物超高人工降效增加费。

(2)建筑物超高机械降效增加费。

(3)建筑物超高加压水泵台班及其他费用。

（4）建筑物层高超过 3.6 m 增加加压水泵台班的费用。

二、工程量计算规则

1. 适用范围

檐高 20 m 以上的建筑物工程。

2. 工程量计算

（1）建筑物超高人工降效增加费的计算基数为规定内容中的全部人工费。

（2）建筑物超高机械降效增加费的计算基数为规定内容中的全部机械台班费。

（3）建筑物超高加压水泵台班及其他费用，工程量同首层室内地面以上综合脚手架工程量。

3. 规则释义

（1）各项降效系数中包括的内容指建筑物首层室内地面以上的全部工程项目，不包括大型机械的基础、运输、安拆、垂直运输、各类构件单独水平运输、各项脚手架。

（2）同一建筑物有高低层时，应按首层室内地面以上不同檐高建筑面积的比例分别计算超高人工降效增加费及超高机械降效增加费。

三、定额说明

（1）同一建筑物檐高不同时，应分别计算，套用相应定额。

（2）建筑物层高超过 3.6 m 时，按每增加 1 m 相应定额计算，超高不足 1 m 的，每增加 1 m 相应定额按比例调整。如为钢结构工程，相应定额乘以系数 0.8。

【任务示例】

例 6–3–1　某施工企业承担某建筑物外墙干挂花岗岩的施工，已知檐口总高度为 28.6 m，层高均小于 3.6 m，首层室内地面以上建筑面积 5 000 m^2，算出其总的直接工程费为 440.19 万元。其中人工费为 54.48 万元，材料费为 380.16 万元，机械费为 5.55 万元（其中垂直运输费为 0.43 万元），试计算建筑物超高施工增加费工程量、综合单价及相关费用。（企业管理费费率取 16%，利润费率取 8%，不考虑风险费用。）

解: 计算过程见表 6-3-1 和表 6-3-2。

表 6-3-1　工程量计算、定额套用表

项目名称	计算过程
1. 人工降效增加费	檐高 H=28.6 m>20 m,应计算超高施工增加费。 (1)工程量计算 人工费 =54.48 万元 (2)定额套用 定额编号:20–1 计量单位:万元 人工费:200 元 材料费:0 机械费:0
2. 机械降效增加费	(1)工程量计算 机械费 =5.55 万元 –0.43 万元 =5.12 万元 (2)定额套用 定额编号:20–11 计量单位:万元 人工费:0 材料费:0 机械费:200 元
3. 超高加压水泵台班及其他费用	(1)工程量计算 S=5 000 m^2 (2)定额套用 定额编号:20–21 计量单位:m^2 人工费:0 材料费:1 元 机械费:0.92 元

表 6-3-2　定额清单综合单价与合价计价表

序号	定额编号	定额名称	计量单位	工程量	综合单价 / 元							合价 / 元	其中	
					定额人工费	定额材料费	定额机械费	企业管理费	利润	风险费用	小计		人工费 / 元	机械费 / 元
1	20–1	人工降效增加费	万元	54.48	200	0	0	32	16	0	248	13 511.04	10 896	0
2	20–11	机械降效增加费	万元	5.12	0	0	200	32	16	0	248	1 269.76	0	1 024
3	20–21	超高加压水泵台班及其他费用	m^2	5 000	0	1	0.92	0.15	0.07	0	2.14	10 700	0	4 600

【任务实施】

1. 某工程建筑物檐高 62.7 m，共 20 层，每层建筑面积 300 m^2，其中一层层高 5.8 m，其余层高均小于 3.6 m。有地下室一层，建筑面积 300 m^2，算出其总的直接工程费为 1 200 万元，其中人工费为 300 万元，材料费为 700 万元，机械费为 200 万元（其中垂直运输费为 21 万元、脚手架费为 72 万元）。试计算建筑物超高施工增加费工程量、综合单价及相关费用。（企业管理费费率取 16%，利润费率取 8%，不考虑风险费用。）

2. 某工程建筑物分 A、B 两楼，其中 A 楼檐高 28.6 m，层高均小于 3.6 m，建筑面积 3 306 m^2，无地下室。B 楼檐高 45.6 m，层高均小于 3.6 m，建筑面积 6 800 m^2，有地下室一层，建筑面积 1 000 m^2。该工程总的工程直接费为 2 021.2 万元，其中人工费为 404.24 万元，材料费为 1 414.84 万元，机械费为 202.12 万元（其中垂直运输费为 25.57 万元）。试计算建筑物超高施工增加费工程量、综合单价及相关费用。（企业管理费费率取 16%，利润费率取 8%，不考虑风险费用。）

【任务拓展】

某综合楼各层层高及檐高示意图如图 6-3-2 所示，A、B 单元各层建筑面积见表 6-3-3，经计算该单位工程（包括地下室）扣除垂直运输费、脚手架费、构件制作费和水平运输费后的人工费为 240 万元，机械费为 150 万元。试计算建筑物超高施工增加费工程量、综合单价及相关费用。（企业管理费费率取 16%，利润费率取 8%，不考虑风险费用。）

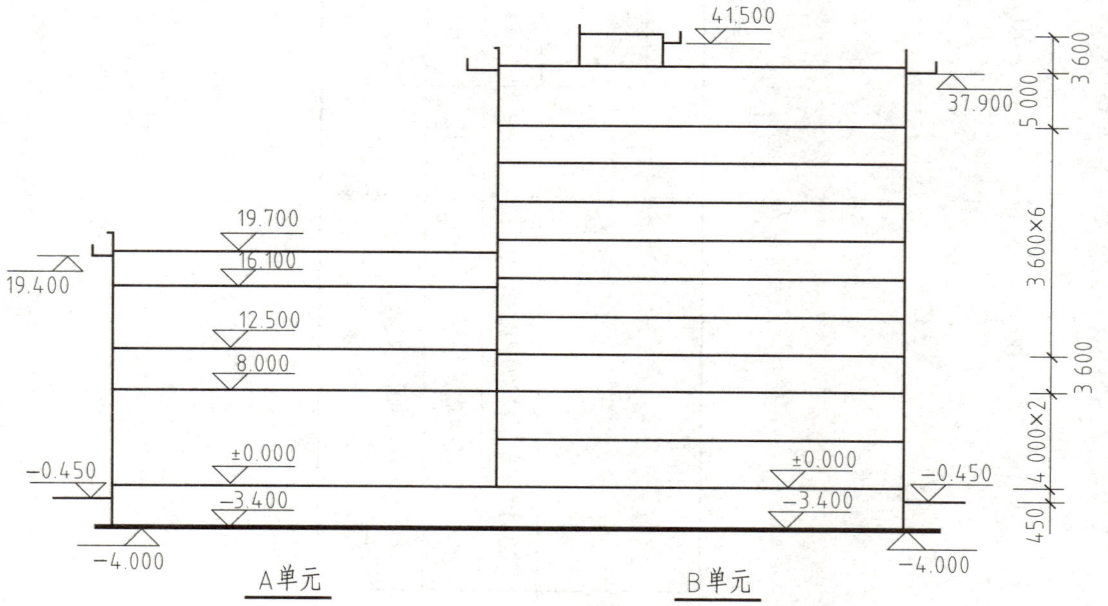

图 6-3-2　某综合楼各层层高及檐高示意图

表 6–3–3　A、B 单元各层建筑面积

层数	A 单元			B 单元		
	层数	层高 /m	建筑面积 /m^2	层数	层高 /m	建筑面积 /m^2
地下室	1	3.4	800	1	3.4	1 200
首层	1	8	800	1	4	1 200
二层	1	4.5	800	1	4	1 200
标准层	1	3.6	800	7	3.6	1 000
顶层	1	3.6	800	1	5	1 000
屋顶				1	3.6	20
合计	5		4 000	12		11 620

任务 4 单独计算的台班费用计算

【任务目标】

1. 熟悉单独计算的台班费用的内容。
2. 掌握单独计算的台班费用的工程量计算规则及定额说明。
3. 能熟练计算单独计算的台班费用。

【知识准备】

一、知识链接

单独计算的台班费用主要包括自升式塔式起重机、施工电梯基础费用，特、大型机械安装拆卸费用，特、大型机械场外运输费用。施工机械如图 6-4-1 所示。

图 6-4-1 施工机械

特、大型机械安装拆卸费用是指机械在施工现场进行安装、拆卸所需的人工费、材料费、机械费、试运转费以及安装所需的辅助设施的费用。

特、大型机械场外运输费用是指特、大型机械整体或分件自停放场地运至施工现场，或由一个工地运到另一个工地，运距 25 km 以内的机械进场和出场运输及转移费用（包括机械的装卸、运输、辅助材料及架线费用等）。

二、工程量计算规则

1. 适用范围

自升式塔式起重机、施工电梯基础费用，特、大型机械安装拆卸费用，特、大型机械场外运输费用。

2. 工程量计算

（1）自升式塔式起重机、施工电梯基础铺设工程量按座计算。

（2）特、大型机械安装拆卸费用工程量，按“台次”计算。每台大型机械安装、拆卸一次，为一个台次。

（3）特、大型机械场外运输费用工程量，按“台次”计算。每台大型机械进场和出场各一次，为一个台次。

3. 规则释义

（1）高速卷扬机组合井架固定基础工程量按固定式基础工程量乘以系数 0.20 计算。

（2）不带配重的自升式塔式起重机固定式基础工程量、混凝土搅拌站的基础工程量按实际计算。

三、定额说明

（1）固定式基础未考虑打桩，发生时可另行计算。

（2）安装、拆卸费用中已包括机械安装后的试运转费用。

（3）自升式塔式起重机安装、拆卸费用定额是按塔高 60 m 确定的，如塔高超过 60 m，每增高 15 m，安装、拆卸费用（扣除试车台班后）增加 10%。

（4）场外运输费用为运距 25 km 以内的机械进出场费用。

（5）凡利用自身行走装置转移的特、大型机械场外运输费用，按实际发生台班计算，不足 0.5 台班按 0.5 台班计算，超过 0.5 台班不足 1 台班的按 1 台班计算。

【任务示例】

例 6-4-1　某工程建筑面积 20 000 m^2，檐高 60 m，施工采用自升式塔式起重机[固定式基础（带配重）]，试计算单独计算的台班费用的工程量、综合单价及相关费用。（企业管理费费率取 16%，利润费率取 8%，不考虑风险费用。）

解：计算过程见表 6-4-1 和表 6-4-2。

表 6-4-1　工程量计算、定额套用表

项目名称	计算过程
1. 塔式起重机基础费用	（1）工程量计算 N=1 座 （2）定额套用 定额编号：1001 计量单位：座 人工费：2 095.20 元 材料费：22 653.52 元 机械费：74.75 元
2. 起重机安装、拆卸费用	（1）工程量计算 N=1 台次 （2）定额套用 定额编号：2001 计量单位：台次 人工费：12 825 元 材料费：299.44 元 机械费：12 814.08 元
3. 起重机场外运输费用	（1）工程量计算 N=1 台次 （2）定额套用 定额编号：3018 计量单位：台次 人工费：3 780 元 材料费：202.68 元 机械费：9 574.03 元

表 6-4-2　定额清单综合单价与合价计价表

序号	定额编号	定额名称	计量单位	工程量	综合单价 / 元							合价 / 元	其中	
					定额人工费	定额材料费	定额机械费	企业管理费	利润	风险费用	小计		人工费 / 元	机械费 / 元
1	1001	塔式起重机基础费用	座	1	2 095．2	22 653.52	74.75	347.19	173.60	0	25 344.26	25 344.26	2 095.2	74.75
2	2001	起重机安装、拆卸费用	台次	1	12 825	299.44	12 814.08	4 102.25	2 051.13	0	32 091.90	32 091.90	12 825	12 814.08
3	3018	起重机场外运输费用	台次	1	3 780	202.68	9 574.03	2 136.64	1 068.32	0	16 761.67	16 761.67	3 780	9 574.03

【任务实施】

某工程建筑物共两层，建筑面积为10 000 m^2，檐高65 m，施工机械采用1台自升式固定式塔式起重机（带配重）。试计算单独计算的台班费用的工程量、综合单价及相关费用。（企业管理费费率取16%，利润费率取8%，不考虑风险费用。）

【任务拓展】

某房屋工程檐高20.55 m，共5层，底层层高为5.8 m，其余层高均为3.6 m，每层建筑面积1 500 m^2，施工机械采用自升式固定式塔式起重机（带配重）。试计算单独计算的台班费用的工程量、综合单价及相关费用。（企业管理费费率取16%，利润费率取8%，不考虑风险费用。）

项目 7 工程量清单计价

【项目描述】

工程量清单计价是在建设工程招投标工作中，以招标人提供的工程量清单为平台，投标人根据自身的技术、财务、经营能力进行投标报价，招标人根据具体的评标细则进行优选的工程造价计价模式。工程量清单计价应根据招标文件有关规定，计算完成工程量清单所列项目的全部费用，包括分部分项工程费、措施项目费、其他项目费、规费和税金。本项目主要介绍分部分项工程量清单编制及清单计价表和清单综合单价计价表编制。

【学习目标】

1. 掌握工程量清单编制。
2. 掌握工程量清单计价表和清单综合单价计价表的编制。

任务1 编制分部分项工程量清单

【任务目标】

1. 熟悉分部分项工程量清单项目设置。
2. 掌握挖基础土方、基础混凝土项目的工程量清单编制。
3. 掌握柱、梁、板混凝土项目的工程量清单编制。
4. 掌握楼地面、墙柱面、天棚装饰项目的工程量清单编制。

【知识准备】

一、房屋建筑与装饰工程工程量计算规范

为规范房屋建筑与装饰工程造价计量行为，统一房屋建筑与装饰工程工程量计算规则、工程量清单的编制方法，由中华人民共和国住房和城乡建设部负责组织相关专家，依据《建设工程工程量清单计价规范》（GB 50500—2008）和有关国家标准，经过协调、讨论、修改，形成了《房屋建筑与装饰工程工程量计算规范》（GB 50854—2013，以下简称计算规范）。计算规范部分常用内容见附录2。计算规范规定：房屋建筑与装饰工程计价必须按本规范规定的工程量计算规则进行工程计量。

二、分部分项工程量清单项目设置

分部分项工程量清单项目是为了统一工程量清单名称、项目编码、项目特征、计量单位和工程量计算而制定的，是编制工程量清单的依据。分部分项工程量清单应根据计算规范规定的项目编码、项目名称、项目特征、计量单位和工程量计算规则进行编制。分部分项工程量清单项目示例见表7–1–1。

表7–1–1 分部分项工程量清单项目示例

序号	项目编码	项目名称	项目特征	计量单位	工程量
1	010101001001	平整场地	1. 三类土； 2. 弃土运距5 m； 3. 取土运距5 m	m^2	73.71
2	010101003001	挖沟槽土方	1. 三类土； 2. 挖土深度1.3 m； 3. 取土运距40 m	m^3	47.70

续表

序号	项目编码	项目名称	项目特征	计量单位	工程量
3	010101004001	挖基坑土方	1. 三类土； 2. 挖土深度 1.55 m； 3. 取土运距 40 m	m^3	8.20

1. 项目编码

工程量清单的项目编码采用 12 位阿拉伯数字表示。1~9 位应按计算规范规定设置，10~12 位根据拟建工程的工程量清单项目名称和项目特征设置，同一招标工程的项目编码不得有重码。

各位数字的含义如下所述。

（1）1、2 位为专业工程代码，专业工程代码见表 7-1-2。

表 7-1-2 专业工程代码

专业工程代码	工程名称	专业工程代码	工程名称
01	房屋建筑与装饰工程	06	矿山工程
02	仿古建筑工程	07	构筑物工程
03	通用安装工程	08	城市轨道交通工程
04	市政工程	09	爆破工程
05	园林绿化工程		

（2）3、4 位为计算规范附录分类顺序码，附录分类顺序码见表 7-1-3。

表 7-1-3 附录分类顺序码

附录分类顺序码	工程名称	附录分类顺序码	工程名称
01	附录 A 土石方工程	10	附录 K 保温、隔热、防腐工程
02	附录 B 地基处理与边坡支护工程	11	附录 L 楼地面装饰工程
03	附录 C 桩基工程	12	附录 M 墙、柱面装饰与隔断、幕墙工程
04	附录 D 砌筑工程	13	附录 N 天棚工程
05	附录 E 混凝土及钢筋混凝土工程	14	附录 P 油漆、涂料、裱糊工程
06	附录 F 金属结构工程	15	附录 Q 其他装饰工程
07	附录 G 木结构工程	16	附录 R 拆除工程
08	附录 H 门窗工程	17	附录 S 措施项目
09	附录 J 屋面及防水工程		

（3）5、6位为分部工程顺序码。

以砌筑工程为例，砌筑工程共有4个分部工程顺序码，见表7-1-4。

表 7-1-4 砌筑工程分部工程顺序码

分部工程顺序码	分部工程名称	分部工程顺序码	分部工程名称
01	砖砌体	03	石砌体
02	砌块砌体	04	垫层

（4）7、8、9位为分项工程项目名称顺序码。

以砌筑工程中的砌块砌体为例，砌块砌体共有2个分项工程项目名称顺序码，见表7-1-5。

表 7-1-5 砌块砌体分项工程项目名称顺序码

分项工程项目名称顺序码	分项工程项目名称	分项工程项目名称顺序码	分项工程项目名称
001	砌块墙	002	砌块柱

（5）10、11、12位为分部分项工程量清单项目名称顺序码。

当同一标段（或合同段）的一份工程量清单中含有多个单位工程且工程量清单是以单位工程为编制对象时，应特别注意项目编码10~12位不得有重码。例如，某一标段的工程量清单中有2个单位工程，每个单位工程中都有项目特征相同的现浇钢筋混凝土C30柱，在工程量清单中需反映2个不同单位工程的现浇钢筋混凝土C30柱，则第一个单位工程的现浇钢筋混凝土C30柱的项目编码应为010502001001，第二个单位工程的现浇钢筋混凝土C30柱的项目编码应为010502001002。

2. 项目名称

项目名称应按计算规范的规定根据拟建工程实际填写。项目名称填写存在两种情况：一是完全按照计算规范的项目名称；二是根据工程实际在计算规范项目名称下另定详细名称。这两种情况均是可行的，主要应针对具体项目而定，有的项目名称包含范围较大，这时采用具体的名称则较为恰当，如011407001墙面喷刷涂料，可采用011407001001外墙乳胶漆、011407001002内墙乳胶漆，这样较为直观。

3. 项目特征

项目特征是确定一个清单项目综合单价不可缺少的重要依据，在编制工程量清单时，必须对项目特征进行准确和全面的描述，达到规范、简洁、准确、全面的要求。项目特征描述按以下原则进行：① 项目特征描述的内容应符合计算规范规定和拟建工程的实际，能满足确定综合单价的需要；② 若采用标准图集或施工图纸能够全部或部分满足项目特征描述的要求，项目特征描述可直接采用详见 ×× 图集或 ×× 图号的方式，对不能满足项目特征描述要求的部分，仍应用文字描述。

项目特征必须描述的内容有：① 涉及正确计量的内容，如门窗工程中采用“樘”计量，必须描述门窗洞口尺寸；② 涉及结构要求的内容，如混凝土构件的混凝土强度等级，必须描述；③ 涉及材质要求的内容，如砖的品种、规格，管材的规格、型号等，必须描述；④ 涉及安装方式的内容，如钢管、塑料管的连接方式等，必须描述。

项目特征描述的方式可划分为“问答式”与“简化式”两种，由清单编制者自行选择。两种表达方式的区分见表 7-1-6。

表 7-1-6　“问答式”与“简化式”项目特征描述比较示例

序号	项目编码	项目名称	项目特征	
			问答式	简化式
1	010101003001	挖沟槽土方	1. 土方类别：三类； 2. 挖土深度：4.0 m； 3. 弃土运距：运距 10 km	三类土，挖土深 4.0 m，弃土运距 10 km
2	010401003001	实心主体砖墙	1. 砖品种、规格、强度等级：MU10 页岩标准砖 240 × 115 × 53； 2. 墙体类型：内墙； 3. 砂浆强度等级、配合比：M7.5 混合砂浆	内墙，M7.5 混合砂浆，砌筑 MU10 页岩标准砖 240 × 115 × 53
3	010502002001	现浇混凝土构造柱	1. 混凝土种类：现场搅拌； 2. 混凝土强度等级：C20	C20 现拌混凝土
4	011407001001	墙面乳胶漆	1. 基层类型：抹灰面； 2. 喷刷涂料部位：墙面； 3. 腻子种类：普通成品腻子膏； 4. 刮腻子要求：两遍； 5. 涂料品种、遍数：乳胶漆、底漆一遍、面漆两遍	抹灰墙面，普通成品腻子，满刮两遍，乳胶漆一底两面

4. 计量单位

计量单位应按计算规范规定填写。有的项目有两个或两个以上计量单位，应按照最适宜计量的方式选择其中一个填写。同一工程项目的计量单位应一致。

计量单位应采用基本单位，除各专业另有特殊规定之外，均按以下单位计量：

（1）以重量计算的项目：t 或 kg。

（2）以体积计算的项目：m^3。

（3）以面积计算的项目：m^2。

（4）以长度计算的项目：m。

（5）以自然计量单位计算的项目：个、株、丛、根、支、座、套、块、樘、组、台……

（6）没有具体数量的项目：系统、项……

5. 工程量

工程量主要根据设计图纸的尺寸和工程量计算规则计算得到。工程量计算规则依据计算规范相关规定。除另有说明外，所有清单项目的工程量应以实体工程量为准，并以完成后的净值计算；投标人投标报价时，应在单价中考虑施工中的各种损耗和需要增加的工程量。工程量计算示例见表7–1–7。

表7–1–7 工程量计算示例

序号	项目名称	计算过程
1	平整场地	S=（3.6 m×3+0.24 m）×3.24 m+5.1 m×（3.6 m×2+0.24 m）≈ 73.71 m^2
2	挖沟槽土方	L=（3.6 m×3+8.1 m）×2+3 m–0.92 m=39.88 m V=0.92 m×（1.75 m–0.45 m）×39.88 m ≈ 47.70 m^3
3	挖基坑土方	V=2.3 m×2.3 m×（2 m–0.45 m）≈ 8.20 m^3

工程量计算时，每一项目汇总的有效数应遵守下列规定：

（1）以"t"为单位，应保留三位小数，第四位小数四舍五入。

（2）以"m^3""m^2""m""kg"为单位，应保留两位小数，第三位小数四舍五入。

（3）以"个""根""件""组"等为单位，应取整数。

三、工程量清单编制的补充

在编制工程量清单时，当出现计算规范规定未包括的清单项目时，编制人应作补充。在编制补充项目时应注意以下三方面：

（1）补充项目的编码由房屋建筑与装饰工程的代码01与B和三位阿拉伯数字组成，并应从01B001起顺序编制，同一招标工程的项目编码不得有重码。

（2）在工程量清单中应补充项目的项目名称、项目特征、计量单位、工程量计算规则、工作内容。

（3）将编制的补充项目报省级或行业工程造价管理机构备案。

【任务示例】

例7–1–1 基础平面及断面图如图7–1–1所示。已知土壤类别为三类土，采用商品混凝土，C20混凝土垫层，C30钢筋混凝土基础，室外设计地面标高–0.300 m，试计算挖基础土方、基础和垫层混凝土的工程量，并编制其工程量清单。

解：由附录 2 可知挖基础土方、带形基础、独立基础、垫层工程量清单项目设置及计算规则，见表 7–1–8。

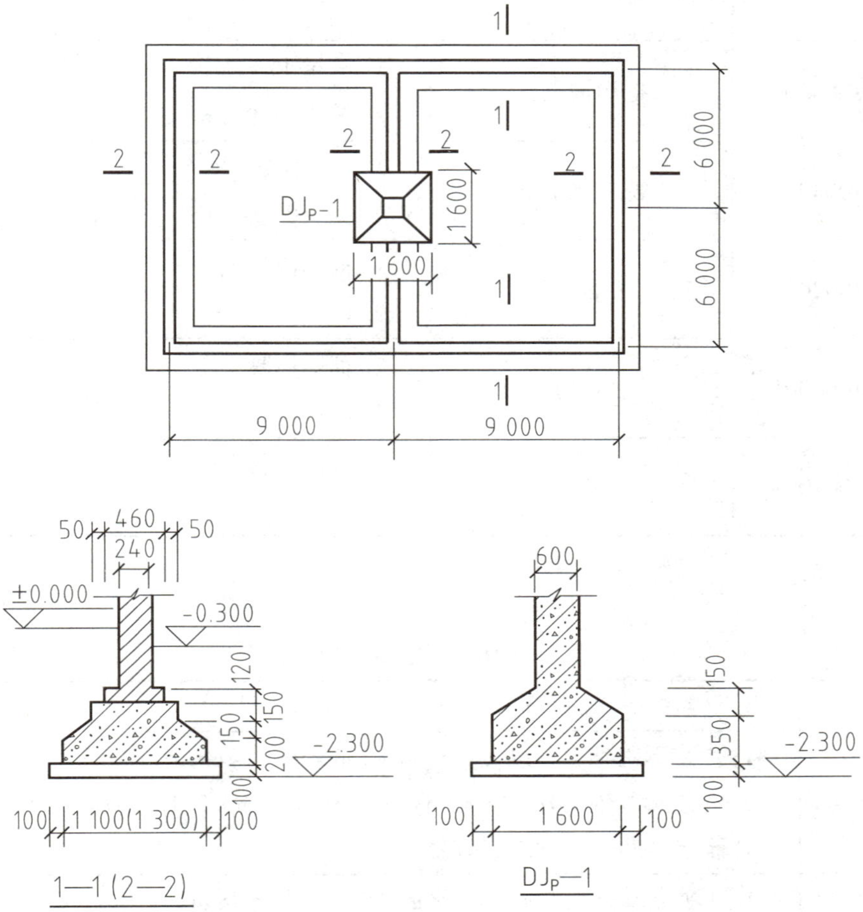

图 7–1–1　基础平面及断面图

表 7–1–8　挖基础土方、带形基础、独立基础、垫层工程量清单项目设置及计算规则

项目编码	项目名称	项目特征	计量单位	工程量计算规则
010101003	挖沟槽土方	1. 土壤类别； 2. 挖土深度； 3. 弃土运距	m^3	按设计图示尺寸以基础垫层底面积乘以挖土深度计算
010101004	挖基坑土方			
010501001	垫层	1. 混凝土种类； 2. 混凝土强度等级	m^3	按设计图示尺寸以体积计算。不扣除伸入承台基础的桩头所占体积
010501002	带形基础			
010501003	独立基础			

清单项目设置见表 7–1–9。

表 7–1–9　清单项目设置

序号	项目编码	项目名称	项目特征	计量单位	工程量
1	010101003001	挖沟槽土方	1. 三类土； 2. 挖土深度 2 m	m^3	192.3
2	010101004001	挖基坑土方	1. 三类土； 2. 挖土深度 2 m	m^3	6.48
3	010501002001	带形基础	1. 商品混凝土； 2. C30	m^3	31.61
4	010501003001	独立基础	1. 商品混凝土； 2. C30	m^3	1.09
5	010501001001	垫层	1. 商品混凝土； 2. C20	m^3	9.94

计算过程见表 7–1–10。

表 7–1–10　工程量清单计算

序号	项目名称	计算过程
1	挖沟槽土方	1—1 带形基础土方：$V_{1—1}$=1.3 m×2 m×9 m×4=93.6 m^3 2—2 带形基础土方：$V_{2—2}$=1.5 m×2 m×（12 m×2+12 m−1.8 m−2×0.65 m）=98.7 m^3 合计：V=93.6 m^3+98.7 m^3=192.3 m^3
2	挖基坑土方	J—1 独立基础土方：$V_{J—1}$=1.8 m×1.8 m×2=6.48 m^3
3	带形基础	$V_{1—1}$=（1.1 m×0.2 m+1.66 m×0.15 m /2+0.56 m×0.15 m）×36 m ≈ 15.43 m^3 $V_{2—2}$=（1.3 m×0.2 m+1.86 m×0.15 m /2+0.56 m×0.15 m）×（12 m×3−1.6 m−2×0.55 m）≈ 16.10 m^3 $V_{搭接}$=［0.56 m×0.15 m+（2×0.56 m+1.3 m）/6×0.15 m］×（1.1 m−0.56 m）≈ 0.08 m^3 合计：V=15.43 m^3+16.10 m^3+0.08 m^3=31.61 m^3
4	独立基础	$V_{J—1}$=1.6 m×1.6 m×0.35 m+［（0.6 m）^{2}+（1.6 m）^{2}+（2.2 m）^{2}］×0.15 m/6=1.09 m^3
5	垫层	带形基础 $V_{1—1}$=1.3 m×0.1 m×36 m=4.68 m^3 $V_{2—2}$=1.5 m×0.1 m×（12 m×2+12 m−1.8 m−2×0.65 m）≈ 4.94 m^3 独立基础 $V_{J—1}$=1.8 m×1.8 m×0.1 m ≈ 0.32 m^3 合计：V=4.68 m^3+4.94 m^3+0.32 m^3=9.94 m^3

例 7–1–2　某现浇框架结构房屋的二层结构平面图如图 7–1–2 所示，已知板厚 100 m，基础顶标高 −0.600 m，商品混凝土强度等级为 C25，柱截面尺寸：KZ1 为 500 mm×500 mm，KZ2 为

400 mm × 400 mm，梁截面尺寸如图 7-1-2 所示。外墙厚 240 mm，与梁外边线平齐，无内墙，天棚做法：① 8 mm 厚 1∶2.5 水泥砂浆面层；② 12 mm 厚 1∶3 水泥砂浆底层。试计算柱、梁、板混凝土工程量和天棚抹灰工程量，并编制其工程量清单。

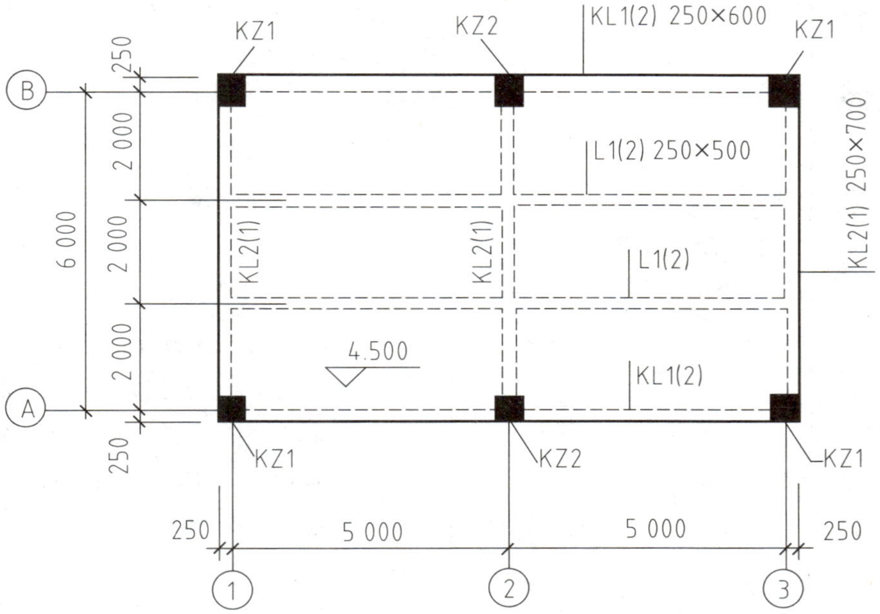

图 7-1-2　某现浇框架结构房屋的二层结构平面图

解： 由附录 2 可知矩形柱、矩形梁、平板、天棚抹灰工程量清单项目设置及计算规则，见表 7-1-11。

表 7-1-11　矩形柱、矩形梁、平板、天棚抹灰工程量清单项目设置及计算规则

项目编码	项目名称	项目特征	计量单位	工程量计算规则
010502001	矩形柱	1. 混凝土种类； 2. 混凝土强度等级	m^3	按设计图示尺寸以体积计算。 柱高： 1. 有梁板的柱高应自柱基上表面（或楼板上表面）至上一层楼板上表面之间的高度计算。 2. 无梁板的柱高应自柱基上表面（或楼板上表面）至柱帽下表面之间的高度计算。 3. 框架柱的柱高应自柱基上表面至柱顶高度计算。 4. 构造柱按全高计算，嵌接墙体部分（马牙槎）并入柱身体积。 5. 依附柱上的牛腿和升板的柱帽并入柱身体积计算

续表

<table>
<tr><th>项目编码</th><th>项目名称</th><th>项目特征</th><th>计量单位</th><th>工程量计算规则</th></tr>
<tr><td>010503002</td><td>矩形梁</td><td rowspan="2">1. 混凝土种类；
2. 混凝土强度等级</td><td rowspan="2">m^3</td><td>按设计图示尺寸以体积计算。伸入墙内的梁头、梁垫并入梁体积内。
梁长：
1. 梁与柱连接时，梁长算至柱侧面。
2. 主梁与次梁连接时，次梁长算至主梁侧面</td></tr>
<tr><td>010505003</td><td>平板</td><td>按设计图示尺寸以体积计算。不扣除单个面积≤0.3 m^2 的柱、垛以及孔洞所占体积。
压形钢板混凝土楼板扣除构件内压形钢板所占体积。
有梁板（包括主、次梁与板）按梁、板体积之和计算，无梁板按板和柱帽体积之和计算，各类板伸入墙内的板头并入板体积内，薄壳板的肋、基梁并入薄壳体积内计算</td></tr>
<tr><td>011301001</td><td>天棚抹灰</td><td>1. 基层类型；
2. 抹灰厚度、材料种类；
3. 砂浆配合比</td><td>m^2</td><td>按设计图示尺寸以水平投影面积计算。不扣除间壁墙、垛、柱、附墙烟囱、检查口和管道所占的面积，带梁天棚的梁两侧抹灰面积并入天棚面积内，板式楼梯底面抹灰按斜面积计算，锯齿形楼梯底板抹灰按展开面积计算</td></tr>
</table>

清单项目设置见表 7–1–12。

表 7–1–12　清单项目设置

序号	项目编码	项目名称	项目特征	计量单位	工程量
1	010502001001	矩形柱	1. 商品混凝土； 2. 混凝土强度等级 C25	m^3	6.73
2	010503002001	矩形梁	1. 商品混凝土； 2. 混凝土强度等级 C25	m^3	8.09
3	010505003001	平板	1. 商品混凝土； 2. 混凝土强度等级 C25	m^3	5.36

续表

序号	项目编码	项目名称	项目特征	计量单位	工程量
4	011301001001	天棚抹灰	1. 8 mm 厚 1∶2.5 水泥砂浆面层； 2. 12 mm 厚 1∶3 水泥砂浆底层	m^2	82.76

计算过程见表 7–1–13。

表 7–1–13　工程量清单计算

序号	项目名称	计算过程
1	矩形柱	KZ1：V_{KZ1}=0.5 m×0.5 m×（0.6 m+4.5 m）×4=5.10 m^3 KZ2：V_{KZ2}=0.4 m×0.4 m×（0.6 m+4.5 m）×2 ≈ 1.63 m^3 合计：5.10 m^3+1.63 m^3=6.73 m^3
2	矩形梁	KL1：V_{KL1}=0.25 m×0.6 m×（10.5 m–0.4 m–0.5 m×2）×2=2.73 m^3 KL2：V_{KL2}=0.25 m×0.7 m×（6.5 m–0.5 m×2）×2+0.25 m×0.7 m×（6.5 m–0.4 m×2）≈ 2.92 m^3 L1：V_{L1}=0.25 m×0.5 m×（10.5 m–0.25 m×3）×2 ≈ 2.44 m^3 合计：2.73 m^3+2.92 m^3+2.44 m^3=8.09 m^3
3	平板	*V*=（10.5 m–0.25 m×3）×（6.5 m–0.25 m×4）×0.1 m ≈ 5.36 m^3
4	天棚抹灰	*S*=（10.5 m–0.24 m×2）×（6.5 m–0.24 m×2）+0.6 m×（6.5 m–0.4 m×2）×2+0.4 m×（10.5 m–0.25 m×3）×2×2 ≈ 82.76 m^2

例 7–1–3　某房屋一层平面图及剖面图如图 7–1–3 所示，未标注的柱为 KZ1。KZ2：600 mm×600 mm，KZ1：500 mm×500 mm，C1：1 500 mm×1 500 mm，M1：900 mm×2 100 mm，M2：1 800 mm×2 100 mm，墙厚全部为 200 mm，外墙门窗与内墙面平齐安装，内墙门沿墙厚居中安装，门窗框厚 60 mm，墙柱面做法明细表见表 7–1–14，试计算楼地面及墙柱面装饰工程量，并编制其工程量清单。

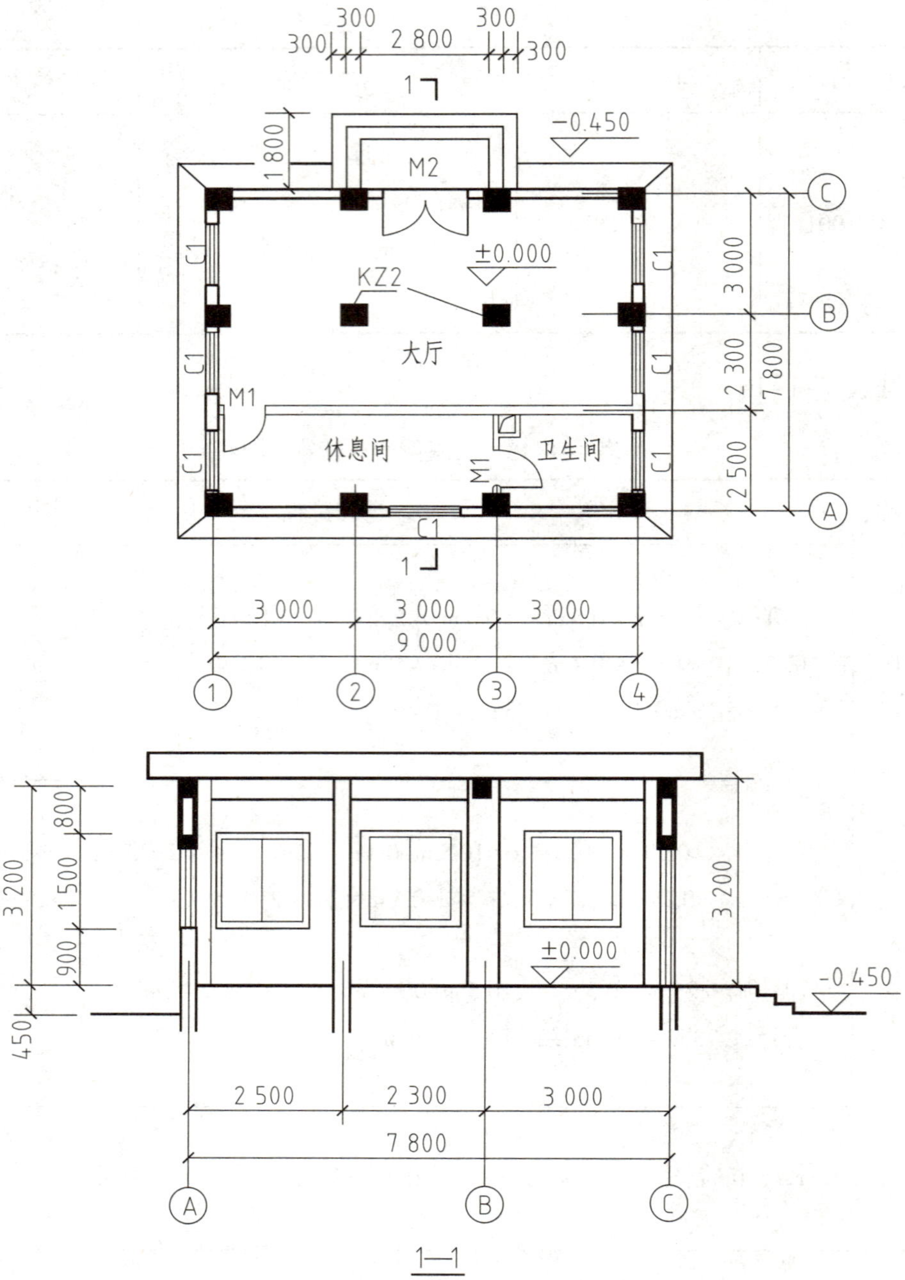

图 7-1-3 某房屋一层平面图及剖面图

表 7-1-14 墙柱面做法明细表

名称	做法	位置
水泥砂浆地面	25 mm 厚 1 : 2 水泥砂浆面层 80 mm 厚 C20 混凝土垫层	地面
水泥砂浆抹灰	6 mm 厚 1 : 2.5 水泥砂浆面层 14 mm 厚 1 : 3 水泥砂浆底层	外墙面

续表

名称	做法	位置
混合砂浆抹灰	6 mm 厚 1 : 1 : 4 混合砂浆面层 14 mm 厚 1 : 1 : 6 混合砂浆底层	内墙面
瓷砖墙裙	152 mm × 152 mm × 5 mm 瓷砖墙裙高 1.8 m 5 mm 厚 1 : 2 水泥砂浆黏结层 10 mm 厚 1 : 3 水泥砂浆底层	卫生间墙裙
水泥砂浆抹灰	6 mm 厚 1 : 2.5 水泥砂浆面层 14 mm 厚 1 : 3 水泥砂浆底层	卫生间墙面

解：由附录 2 可知水泥砂浆楼地面、墙面一般抹灰、柱面一般抹灰、块料墙面工程量清单项目设置及计算规则，见表 7–1–15。

表 7–1–15　水泥砂浆楼地面、墙面一般抹灰、柱面一般抹灰、块料墙面工程量清单项目设置及计算规则

项目编码	项目名称	项目特征	计量单位	工程量计算规则
011101001	水泥砂浆楼地面	1. 找平层厚度、砂浆配合比； 2. 素水泥浆遍数； 3. 面层厚度、砂浆配合比； 4. 面层做法要求	m^2	按设计图示尺寸以面积计算。扣除凸出地面构筑物、设备基础、室内管道、地沟等所占面积；不扣除间壁墙及≤ 0.3 m^2 柱、垛、附墙烟囱及孔洞所占面积；门洞、空圈、暖气包槽、壁龛的开口部分不增加面积
010501001	垫层	1. 混凝土种类； 2. 混凝土强度等级	m^3	按设计图示尺寸以体积计算。不扣除伸入承台基础的桩头所占体积
011201001	墙面一般抹灰	1. 墙体类型； 2. 底层厚度、砂浆配合比； 3. 面层厚度、砂浆配合比；	m^2	按设计图示尺寸以面积计算。扣除墙裙、门窗洞口及单个 >0.3 m^2 的孔洞面积，不扣除踢脚线、挂镜线和墙与构件交接处的面积，门窗洞口和孔洞的侧壁及顶面不增加面积。附墙柱、梁、垛、烟囱侧壁并入相应的墙面面积内。 1. 外墙抹灰面积按外墙垂直投影面积计算。 2. 外墙裙抹灰面积按其长度乘以高度计算。 3. 内墙抹灰面积按主墙间的净长乘以高度计算。

续表

项目编码	项目名称	项目特征	计量单位	工程量计算规则
011201001	墙面一般抹灰	4. 装饰面材料种类； 5. 分格缝宽度、材料种类		（1）无墙裙的，高度按室内楼地面至天棚底面计算。 （2）有墙裙的，高度按墙裙顶至天棚底面计算。 （3）有吊顶天棚抹灰的，高度算至天棚底。 4. 内墙裙抹灰面积按内墙净长乘以高度计算
011202001	柱、梁面一般抹灰	1. 柱（梁）体类型； 2. 底层厚度、砂浆配合比； 3. 面层厚度、砂浆配合比； 4. 装饰面材料种类； 5. 分格缝宽度、材料种类	m^2	1. 柱面抹灰：按设计图示柱断面周长乘以高度以面积计算。 2. 梁面抹灰：按设计图示梁断面周长乘以长度以面积计算
011204003	块料墙面	1. 墙体类型； 2. 安装方式； 3. 面层材料品种、规格、颜色； 4. 缝宽、嵌缝材料种类； 5. 防护材料种类； 6. 磨光、酸洗、打蜡要求		按镶贴表面积计算

清单项目设置见表 7–1–16。

表 7–1–16　清单项目设置

序号	项目编码	项目名称	项目特征	计量单位	工程量
1	011101001001	水泥砂浆地面	25 mm 厚 1 : 2 水泥砂浆面层	m^2	66.74
2	010501001001	地面混凝土垫层	80 mm 厚 C20 混凝土垫层	m^3	5.34
3	011201001001	外墙面水泥砂浆抹灰	6 mm 厚 1 : 2.5 水泥砂浆面层 14 mm 厚 1 : 3 水泥砂浆底层	m^2	106.03
4	011201001002	内墙面混合砂浆抹灰	6 mm 厚 1 : 1 : 4 混合砂浆面层 14 mm 厚 1 : 1 : 6 混合砂浆底层	m^2	127.45
5	011201001003	卫生间墙面水泥砂浆抹灰	6 mm 厚 1 : 2.5 水泥砂浆面层 14 mm 厚 1 : 3 水泥砂浆底层	m^2	13.11

续表

序号	项目编码	项目名称	项目特征	计量单位	工程量
6	011202001001	柱面混合砂浆抹灰	6 mm 厚 1 : 1 : 4 混合砂浆面层 14 mm 厚 1 : 1 : 6 混合砂浆底层	m^2	14.08
7	011204003001	卫生间瓷砖墙裙	152 mm × 152 mm × 5 mm 瓷砖墙裙高 1.8 m 5 mm 厚 1 : 2 水泥砂浆黏结层 10 mm 厚 1 : 3 水泥砂浆底层	m^2	15.64

计算过程见表 7–1–17。

表 7–1–17　工程量清单计算

序号	项目名称	计算过程
1	水泥砂浆地面	S=(7.8 m−0.2 m × 2) × (9 m−0.2 m)−0.6 m × 0.6 m+(2.8 m−0.3 m × 2) × (1.8 m−0.3 m × 3)=66.74 m^2
2	地面混凝土垫层	V=66.74 m^2 × 0.08 m ≈ 5.34 m^3
3	外墙面水泥砂浆抹灰	$S_{毛}$=[(7.8 m+0.2 m)+(9 m+0.2 m)] × 2 × (3.2 m+0.45 m)=125.56 m^2 $S_{门窗}$=1.8 m × 2.1 m+1.5 m × 1.5 m × 7=19.53 m^2 S=125.56 m^2−19.53 m^2=106.03 m^2
4	内墙面混合砂浆抹灰	$S_{大厅}$=[(7.8 m−2.5 m−0.2 m)+(9 m−0.2 m)] × 2 × 3.2 m=88.96 m^2 $S_{休息}$=[(2.5 m−0.2 m)+(6 m−0.2 m)] × 2 × 3.2 m=51.84 m^2 $S_{柱侧}$=0.3 m × 2 × 3.2 m × 5 =9.6 m^2 $S_{门窗}$=1.8 m × 2.1 m+0.9 m × 2.1 m × 3+1.5 m × 1.5 m × 6=22.95 m^2 S=88.96 m^2+51.84 m^2+9.6 m^2−22.95 m^2=127.45 m^2
5	卫生间墙面水泥砂浆抹灰	$S_{毛}$=[(3 m−0.2 m)+(2.5 m−0.2 m)] × 2 × (3.2 m−1.8 m)=14.28 m^2 $S_{门窗}$=0.9 m × (2.1 m−1.8 m)+1.5 m × (2.4 m−1.8 m)=1.17 m^2 S=14.28 m^2−1.17 m^2=13.11 m^2
6	柱面混合砂浆抹灰	S=(0.6 m × 4+0.5 m × 4) × 3.2 m=14.08 m^2
7	卫生间瓷砖墙裙	$S_{毛}$=[(3 m−0.2 m)+(2.5 m−0.2 m)] × 2 × 1.8 m=18.36 m^2 $S_{门窗}$=0.9 m × 1.8 m+1.5 m × 0.9 m=2.97 m^2 $S_{门侧壁}$=1.8 m × 2 × 0.07 m ≈ 0.25 m^2 S=18.36 m^2−2.97 m^2+0.25 m^2=15.64 m^2

【任务实施】

1. 已知土壤类别为二类土，基础混凝土强度等级为 C25，垫层采用 C20 素混凝土，基础平面图及断面图如图 7-1-4 所示。试计算挖基础土方工程量、垫层和基础混凝土工程量，并编制其工程量清单。

2. 某现浇二层结构平面图如图 7-1-5 所示，柱截面尺寸为 400 mm×400 mm，板顶标高 3.600 m，Ⓐ、Ⓑ、①、③轴为外墙，外墙与柱外边平齐，墙厚 240 mm，无内墙，天棚做法：① 8 mm 厚 1∶1∶4 水泥石灰纸筋砂浆面层；② 12 mm 厚 1∶1∶4 水泥石灰纸筋砂浆底层；③ 刷水泥砂浆一道；④ 现浇混凝土板底。试计算柱、梁、板混凝土工程量，天棚抹灰工程量，并编制其工程量清单。

3. 某房屋一层平面图如图 7-1-6 所示，地面做法：① 20 mm 厚大理石地面；② 20 mm 厚的 1∶3 水泥砂浆黏结层；③ 30 mm 厚 C25 细石混凝土找平层。采用 150 mm 高地砖踢脚线。墙面做法：① 外墙面采用 20 mm 厚水泥砂浆抹灰；② 内墙面采用 20 mm 厚 1∶1∶4 混合砂浆抹灰。试计算楼地面、墙面装饰工程量，并编制其工程量清单。

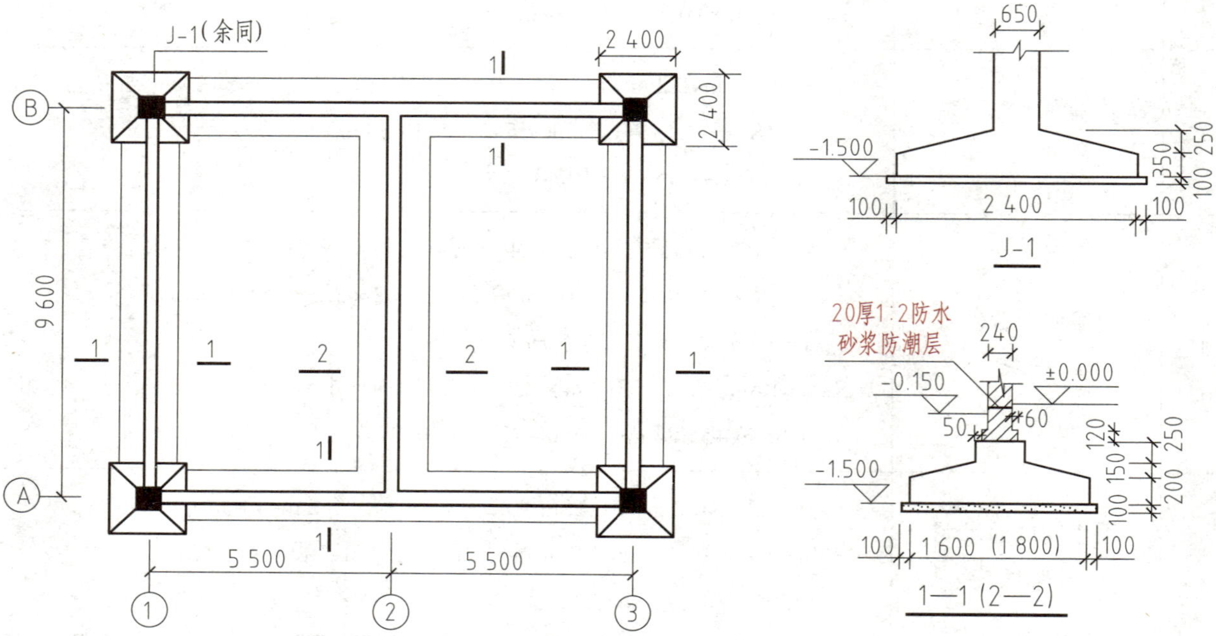

图 7-1-4 基础平面图及断面图

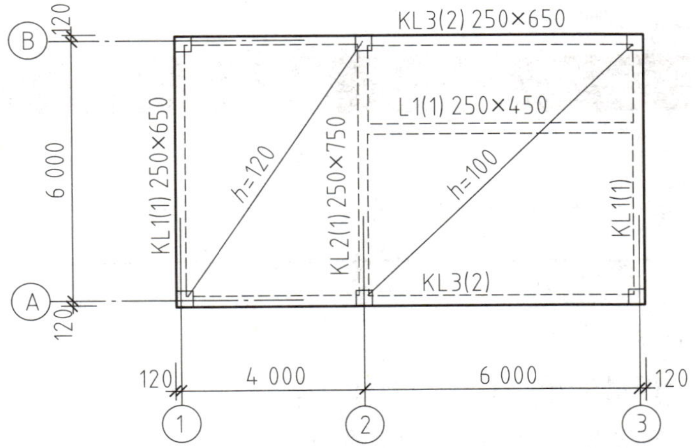

图 7-1-5　某现浇二层结构平面图

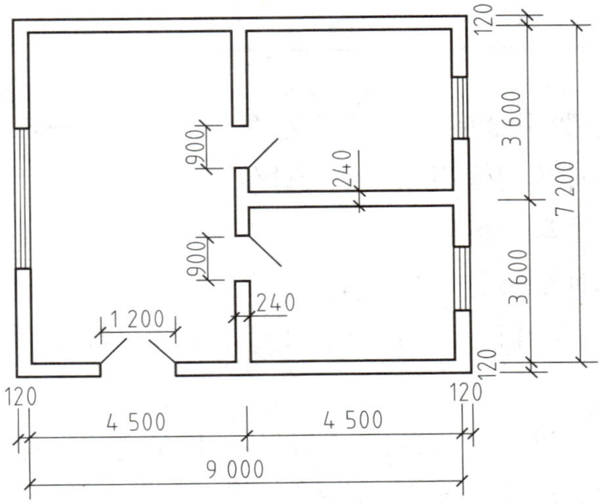

图 7-1-6　某房屋一层平面图

【任务拓展】

编制书后附图某单位仓库图纸中各分部分项工程的工程量清单。

任务2 编制分部分项工程量清单计价表

【任务目标】

1. 熟悉分部分项工程量清单计价表。
2. 熟悉分部分项工程量清单综合单价计价表。
3. 掌握分部分项工程量清单综合单价及合价的计算方法。

【知识准备】

分部分项工程量清单费用是指完成招标文件中所提供的分部分项工程量清单项目的费用。分部分项工程量清单计价应采用综合单价计价。

一、分部分项工程量清单计价表

分部分项工程量清单计价表见表7–2–1。

表7–2–1中的序号、项目编码、项目名称、计量单位和工程量应按“分部分项工程量清单”中的内容填写。

分部分项工程量清单项目合价＝Σ（分部分项工程量清单工程量×综合单价）

二、分部分项工程量清单综合单价计价表

分部分项工程量清单综合单价计价表见表7–2–2。

1. 综合单价的计算公式

综合单价＝规定计量单位项目人工费＋规定计量单位项目材料费＋规定计量单位项目机械费＋企业管理费＋利润＋风险费用

式中 规定计量单位项目人工费＝Σ（人工消耗量×价格）

规定计量单位项目材料费＝Σ（材料消耗量×价格）

规定计量单位项目机械费＝Σ（施工机械台班消耗量×价格）

企业管理费＝规定计量单位项目（人工费＋机械费）×企业管理费费率

利润＝规定计量单位项目（人工费＋机械费）×利润费率

其中，企业管理费费率和利润费率按计价规范要求计取。

2. 招标控制报价综合单价的计算步骤

（1）根据工程图纸及拟建工程的具体情况，结合国标清单计量规范要求，编制分部分项（施工技术措施）工程量清单的项目编码、项目名称、项目特征、计量单位和计算工程量。

（2）根据工程量清单项目名称和项目特征，参照本省“计价依据”，确定国标清单计价项目的各项可组合的各定额清单计价工程内容，并据此选择对应的定额子目。

（3）根据定额计量规范要求，计算定额清单计价清单项目中每个定额子目的工程量，查阅预算定额并确定定额清单计价综合单价的人工费、材料费、机械费、企业管理费和利润。

（4）汇总各定额清单子目的人工费、材料费、机械费、企业管理费和利润，即为国标清单计价项目的总人工费、总材料费、总机械费、总企业管理费和总利润。

（5）把国标清单计价项目的总人工费、总材料费、总机械费、总企业管理费和总利润除以国标清单计价项目的工程量，即为国标清单计价综合单价的人工费、材料费、机械费、企业管理费和利润，其费用总和就是国标清单计价的综合单价。

（6）国标清单计价综合单价与工程量的乘积就是合价（即分部分项工程费用）。

表 7-2-1　分部分项工程量清单计价表

序号	项目编码	项目名称	项目特征	计量单位	工程量	综合单价 / 元	合价 / 元	其中	
								人工费 / 元	机械费 / 元

表 7-2-2　分部分项工程量清单综合单价计价表

序号	项目编号	项目名称	计量单位	工程量	综合单价 / 元							合价/元
					定额人工费	定额材料费	定额机械费	企业管理费	利润	风险费用	小计	
1	清单项目编号	清单项目名称与项目特征										
	定额编号	定额名称										
	定额编号	定额名称										
2	清单项目编号	清单项目名称与项目特征										
	定额编号	定额名称										
	定额编号	定额名称										

【任务示例】

例 7–2–1 根据例 3–2–2，计算钻孔混凝土灌注桩的国标清单计价的综合单价及合价。（企业管理费费率取 16%，利润费率取 8%，不考虑风险费用。）

解：

1. 计算钻孔混凝土灌注桩工程量

工程量 L=（29 m–4.6 m）× 36=878.4 m

编制工程量清单编码，见表 7–2–3。

2. 确定钻孔混凝土灌注桩可组合的各定额清单计价对应的定额子目，并计算对应定额子目的工程量和定额综合单价，见表 3–2–5、表 3–2–6。

3. 计算定额清单子目的人工费、材料费、机械费、企业管理费和利润。

总人工费 =（1 167.93 × 57.62+101.74 × 462.85+72 × 64.80+1 013.29 × 15.76+154.64 × 5.34+1 167.93 × 2.70+1 167.93 × 33.45）元≈ 178 067.98 元

总材料费 =（1 167.93 × 21.94+101.74 × 5.80+72 × 23.70+1 013.29 × 556.17+1 167.93 × 2.77）元 ≈ 594 717.54 元

总机械费 =（1 167.93 × 71.32+101.74 × 441.46+72 × 68.90+1 167.93 × 0.02+1 167.93 × 56.41）元 ≈ 199 078.00 元

总企业管理费 =（1 167.93 × 20.63+101.74 × 144.69+72 × 21.39+1 013.29 × 2.52+154.64 × 0.85+1 167.93 × 0.44+1 167.93 × 14.38）元≈ 60 348.89 元

总利润 =（1 167.93 × 10.32+101.74 × 72.34+72 × 10.7+1 013.29 × 1.26+154.64 × 0.43+1 167.93 × 0.22+1 167.93 × 7.19）元≈ 30 180.91 元

4. 计算国标清单计价的综合单价及合价，见表 7–2–3、表 7–2–4。

人工费 =（178 067.98 ÷ 878.4）元≈ 202.72 元

材料费 =（594 717.54 ÷ 878.4）元≈ 677.05 元

机械费 =（199 078.00 ÷ 878.4 ）元≈ 226.64 元

企业管理费 =（60 348.89 ÷ 878.4）元≈ 68.70 元

利润 =（30 180.91 ÷ 878.4）元≈ 34.36 元

综合单价 =（202.72+677.05+226.64+68.70+34.36）元 =1 209.47 元

合价 =（1 209.47 × 878.4）元≈ 1 062 398.45 元

表 7-2-3　分部分项工程量清单计价表

序号	项目编码	项目名称	项目特征	计量单位	工程量	综合单价 / 元	合价 / 元	其中	
								人工费 / 元	机械费 / 元
1	010302001001	混凝土灌注桩	桩径 1 200 mm，C30 水下商品混凝土，36 根，桩长 24.4 m，入岩 2.5 m，采用转盘式钻机成孔，泥浆外运 5 km	m	878.4	1 209.47	1 062 398.45	178 067.98	199 078.00

表 7-2-4　分部分项工程量清单综合单价计价表

序号	编号	项目名称	计量单位	工程量	综合单价 / 元							合价 / 元
					定额人工费	定额材料费	定额机械费	企业管理费	利润	风险费用	小计	
1	010302001001	混凝土灌注桩，桩径 1 200 mm，C30 水下商品混凝土，36 根，桩长 24.4 m，入岩 2.5 m，采用转盘式钻孔桩机成孔，泥浆外运 5 km	m	878.4	202.72	677.05	226.64	68.70	34.36	0	1 209.47	1 062 398.45
	3-43	转盘式钻机成孔	m^3	1 167.93	57.62	21.94	71.32	20.63	10.32	0	181.83	212 364.71
	3-48	成孔入岩增加	m^3	101.74	462.85	5.80	441.46	144.69	72.34	0	1 127.14	114 675.22
	3-63	钢护筒埋设与拆除	m	72	64.80	23.70	68.90	21.39	10.70	0	189.49	13 643.28
	3-101	灌注混凝土	m^3	1 013.29	15.76	556.17	0	2.52	1.26	0	575.71	583 361.19
	1-79	桩孔回填	m^3	154.64	5.34	0	0	0.85	0.43	0	6.62	1 023.72
	3-121	泥浆池建造与拆除	m^3	1 167.93	2.70	2.77	0.02	0.44	0.22	0	6.15	7 182.77
	3-123	泥浆运输	m^3	1 167.93	33.45	0	56.41	14.38	7.19	0	111.43	130 142.44

例 7-2-2　根据例 7-1-1，计算独立基础（泵送商品混凝土 C30）的国标清单计价的综合单价及合价。（企业管理费费率取 16%，利润费率取 8%，不考虑风险费用。）

解：

1. 编制工程量清单编码，见表 7-2-5。

2. 确定独立基础定额清单计价对应的定额子目，并计算对应定额子目的工程量和定额综合单价，见表 7-2-6。

总人工费 =24.04 元

总材料费 =467.36 元

总机械费 =0.25 元

总企业管理费 =（24.05 元 +0.25 元）× 16%=3.89 元

总利润 =（24.05 元 +0.25 元）× 8%=1.94 元

3. 计算国标清单计价的综合单价及合价。

人工费 =24.04 元

材料费 =467.36 元

机械费 =0.25 元

企业管理费 =3.89 元

利润 =1.94 元

综合单价 =（24.04+467.36+0.25+3.89+1.94）元 =497.48 元

合价 =（497.48 × 1.09）元 =542.25 元

表 7-2-5　分部分项工程量清单计价表

序号	项目编码	项目名称	项目特征	计量单位	工程量	综合单价 / 元	合价 / 元	其中	
								人工费 / 元	机械费 / 元
1	010501003001	独立基础	泵送商品混凝土 C30	m^3	1.09	497.48	542.25	24.04	0.25

表 7-2-6　分部分项工程量清单综合单价计价表

序号	编号	项目名称	计量单位	工程量	综合单价 / 元							合价/元
					定额人工费	定额材料费	定额机械费	企业管理费	利润	风险费用	小计	
1	010501003001	独立基础，C30 泵送商品混凝土	m^3	1.09	24.04	467.36	0.25	3.89	1.94	0	497.48	542.25
	5-3	独立基础	m^3	1.09	24.04	467.36	0.25	3.89	1.94	0	497.48	542.25

例 7–2–3　根据例 5–3–1，计算卫生间墙裙的国标清单计价的综合单价及合价。（企业管理费费率取 16%，利润费率取 8%，不考虑风险费用。）

解：

1. 编制工程量清单编码，见表 7–2–7。

2. 确定卫生间墙裙各定额清单计价对应的定额子目，并计算对应定额子目的工程量和定额综合单价，见表 7–2–8。

3. 计算定额清单子目的人工费、材料费、机械费、企业管理费和利润。

总人工费 =（15.64 × 52.47+15.39 × 10.09）元≈ 975.92 元

总材料费 =（15.64 × 29.45+15.39 × 7.17）元≈ 570.94 元

总机械费 =（15.64 × 0.05+15.39 × 0.16）元≈ 3.24 元

总企业管理费≈（15.64 × 8.40+15.39 × 1.64）元≈ 156.62 元

总利润≈（15.64 × 4.20+15.39 × 0.82）元≈ 78.31 元

4. 计算国标清单计价的综合单价及合价，见表 7–2–8。

人工费 =（975.92 ÷ 15.64）元≈ 62.40 元

材料费 =（570.94 ÷ 15.64）元≈ 36.51 元

机械费 =（3.24 ÷ 15.64）元≈ 0.21 元

企业管理费 =（156.62 ÷ 15.64）元≈ 10.01 元

利润 =（78.31 ÷ 15.64）元≈ 5.01 元

综合单价 =（62.40+36.51+0.21+10.01+5.01）元≈ 114.14 元

合价 =（114.14 × 15.64）元≈ 1 785.15 元

表 7–2–7　分部分项工程量清单计价表

序号	项目编码	项目名称	项目特征	计量单位	工程量	综合单价 / 元	合价 / 元	其中	
								人工费 / 元	机械费 / 元
1	011204003001	卫生间块料墙裙	152 mm × 152 mm × 5 mm 瓷砖墙裙高 1.8 m 5 mm 厚 DP M20.0 干混抹灰砂浆黏结层 15 mm 厚 DP M20.0 干混抹灰砂浆底层	m^2	15.64	114.14	1 785.15	975.92	3.24

表 7-2-8 分部分项工程量清单综合单价计价表

序号	编号	项目名称	计量单位	工程量	综合单价 / 元							合价 / 元
					定额人工费	定额材料费	定额机械费	企业管理费	利润	风险费用	小计	
1	011204003001	152 mm × 152 mm × 5 mm 瓷砖墙裙高 1.8 m 5 mm 厚 DP M20.0 干混抹灰砂浆黏结层 15 mm 厚 DP M20.0 干混抹灰砂浆底层	m^2	15.64	62.40	36.51	0.21	10.01	5.01	0	114.14	1 785.15
	12-47	152 mm × 152 mm × 5 mm 瓷砖墙裙高 1.8 m 5 mm 厚 DP M20.0 干混抹灰砂浆黏结层	m^2	15.64	52.47	29.45	0.05	8.40	4.20	0	94.57	1 479.07
	12-16	15 mm 厚 DP M20.0 干混抹灰砂浆底层	m^2	15.39	10.09	7.17	0.16	1.64	0.82	0	19.88	305.95

【任务实施】

1. 根据本项目任务 1 中的“任务实施 1”，计算挖基础土方的国标清单计价的综合单价及合价。（企业管理费费率取 16%，利润费率取 8%，不考虑风险费用。）

2. 根据本项目任务 1 中的“任务实施 2”，计算混凝土柱的国标清单计价的综合单价及合价。（企业管理费费率取 16%，利润费率取 8%，不考虑风险费用。）

3. 根据本项目任务 1 中的“任务实施 3”，计算楼地面的国标清单计价的综合单价及合价。（企业管理费费率取 16%，利润费率取 8%，不考虑风险费用。）

【任务拓展】

根据书后附图某单位仓库图纸，编制各分部分项工程的国标清单计价的综合单价及合价。（企业管理费费率取 16%，利润费率取 8%，不考虑风险费用。）

附录 1 浙江省房屋建筑与装饰工程预算定额（2018 版）（部分）

第一章 土石方工程

一、土方工程

1. 人工土方

工作内容:挖土,弃土于 1 m 以外或装土,修整边底。 计量单位:100 m^3

定额编号				1–1	1–2	1–3
项目				一般土方		
				一、二类土	三类土	四类土
基价(元)				**1 094.13**	**2 000.00**	**3 117.75**
其中	人工费(元)			1 094.13	2 000.00	3 117.75
	材料费(元)			—	—	—
	机械费(元)			—	—	—
名称		单位	单价(元)	消耗量		
人工	一类人工	工日	125.00	8.753	16.000	24.942

注:山坡切土套用一般土方定额。

工作内容:挖土,弃土于槽、坑边 1 m 以外或装土;修整槽坑底、壁。 计量单位:100 m^3

定额编号				1–4	1–5	1–6	1–7	1–8	1–9
项目				挖地槽、地坑					
				深 1.5 m 以内			深 3 m 以内		
				一、二类土	三类土	四类土	一、二类土	三类土	四类土
基价(元)				**1 770.00**	**3 150.00**	**4 730.00**	**2 410.00**	**3 770.00**	**5 330.00**
其中	人工费(元)			1 770.00	3 150.00	4 730.00	2 410.00	3 770.00	5 330.00
	材料费(元)			—	—	—	—	—	—
	机械费(元)			—	—	—	—	—	—
名称		单位	单价(元)	消耗量					
人工	一类人工	工日	125.00	14.160	25.200	37.840	19.280	30.160	42.640

工作内容:1. 挖淤泥、流砂,运淤泥、流砂,弃淤泥、流砂于 20 m 以内,修整底、壁;

2. 装土、运土、卸土、平土。

计量单位:100 m^3

定额编号				1-10	1-11	1-12	1-13
项目				人工挖淤泥	人工挖流砂	人力车运土方 运距(m) 50 以内	人力车运土方 运距(m) 500 以内每增运 50
基价(元)				**5 090.00**	**7 560.00**	**1 518.75**	**290.00**
其中	人工费(元)			5 090.00	7 560.00	1 518.75	290.00
	材料费(元)			—	—	—	—
	机械费(元)			—	—	—	—
名称		单位	单价(元)	消耗量			
人工	一类人工	工日	125.00	40.720	60.480	12.150	2.320

注:1. 实际为人力运输时,仍套用人力车定额;

2. 人工挖淤泥流砂运距超过 20 m 时,其超运距按人力车运土方增加运距定额乘以系数 1.9。

三、平整与回填

工作内容:1. 就地回填土:就地取土回填,夯实包括分层夯实;

2. 借土回填夯实:碎土、平土、分层夯实;

3. 填土机械碾压:碎土,5 m 内就地取土,分层填土,洒水,碾压,平整;

4. 填铺找平、人工解小并摊平石块、分层碾压。

计量单位:100 m^3

定额编号				1-79	1-80	1-81	1-82	1-83	1-84
项目				人工就地回填土		借土回填	填土机械碾压		石碴回填
				松填	夯实		两遍	每增加一遍	
基价(元)				**533.75**	**1 222.95**	**557.95**	**152.14**	**37.63**	**1 746.85**
其中	人工费(元)			533.75	1 172.50	507.50	46.38	—	1 382.50
	材料费(元)			—	—	—	6.62	—	—
	机械费(元)			—	50.45	50.45	99.14	37.63	364.35
名称		单位	单价(元)	消耗量					
人工	一类人工	工日	125.00	4.270	9.380	4.060	0.371	—	11.060
材料	水	m^3	4.27	—	—	—	1.550	—	—
机械	钢轮内燃压路机 15 t	台班	537.56	—	—	—	0.155	0.070	—
	履带式推土机 75 kW	台班	625.55	—	—	—	0.015	—	—
	洒水车 4 000 L	台班	428.87	—	—	—	0.015	—	—
	电动夯实机 250 N·m	台班	28.03	—	1.800	1.800	—	—	—
	钢轮内燃压路机 12 t	台班	455.44	—	—	—	—	—	0.800

注:1. 就地回填土运距超过 5 m,超运距按人力车运土方增运定额计算。

2. 借土回填夯实不包括挖、运土方。

四、基 础 排 水

工作内容: 1. 钻孔、安装井管、管线连接、装水泵、滤砂、孔口封土及拆管、清洗、整理等;

2. 槽坑排水,抽水机具的安装、移动、拆除。

定额编号				1–93	1–94	1–95	1–96
项目				直流深井降水(井管深:20 m)(钻孔 D800)			湿土排水
				安、拆深井	每增减 1 m	使用	
计量单位				座		座·d	100 m^3
基价(元)				**6 921.97**	**301.51**	**49.76**	**709.49**
其中	人工费(元)			1 155.00	37.50	8.75	262.50
	材料费(元)			4 044.96	202.60	—	—
	机械费(元)			1 722.01	61.41	41.01	446.99
名称		单位	单价(元)	消耗量			
人工	一类人工	工日	125.00	9.240	0.300	0.070	2.100
材料	黄砂 毛砂	t	87.38	16.000	0.800	—	—
	黏土	m^3	32.04	0.580	0.029	—	—
	PVC–U 加筋管 DN400	m	101.00	21.000	1.050	—	—
	水	m^3	4.27	46.000	2.400	—	—
	密目网	m^2	4.79	27.630	1.385	—	—
	镀锌铁丝	kg	6.55	13.500	0.660	—	—
	其他材料费	元	1.00	90.10	4.51	—	—
机械	潜水泵 100 mm	台班	30.38	—	—	1.350	—
	污水泵 70 mm	台班	81.27	—	—	—	5.500
	内燃空气压缩机 12 m^3/min	台班	610.40	0.800	—	—	—
	转盘钻孔机 800 mm	台班	492.54	1.768	0.088	—	—
	泥浆泵 100 mm	台班	205.25	1.768	0.088	—	—

注:1. 直流深井降水成孔直径不同时,只调整相应的粗砂含量,其余不变;PVC–U 加筋管直径不同时,调整管材价格的同时,按管子周长的比例调整相应的密目网及铁丝,并相应调整砂的含量。

2. 机械土方施工中,采用止水帷幕等止水措施并采用集水坑(井)进行排水的,按湿土排水定额乘以系数 0.3 计算;如不采用止帷幕等止水措施而采用集水坑(井)进行排水的,按湿土排水定额乘以系数 0.6 计算。

第三章　桩 基 工 程

一、混凝土预制桩与钢管桩

1. 非预应力混凝土预制桩

工作内容：准备打桩机具，探桩位，行走打桩机，轻轨运桩、吊装定位，安卸桩垫、桩帽，校正，压桩。

定额编号				3-5	3-6	3-7	3-8	3-9
项目				静压沉桩				场内运桩
				桩断面周长（m）				
				1.3 以内	1.6 以内	1.9 以内	1.9 以上	
计量单位				100 m				10 m^3
基价（元）				**1 849.53**	**2 353.48**	**2 837.25**	**3 632.33**	**572.23**
其中	人工费（元）			360.45	459.95	534.60	577.53	245.03
	材料费（元）			75.06	119.92	178.85	221.66	89.30
	机械费（元）			1 414.02	1 773.61	2 123.80	2 833.14	237.90
名称		单位	单价（元）	消耗量				
人工	二类人工	工日	135.00	2.670	3.407	3.960	4.278	1.815
材料	非预应力混凝土预制桩	m	—	（101.000）	（101.000）	（101.000）	（101.000）	—
	垫木	m^3	2 328.00	0.026	0.041	0.061	0.075	—
	金属周转材料	kg	3.95	1.944	3.373	5.225	6.850	—
	轻轨摊销费	元	1.00	—	—	—	—	89.30
	其他材料费	元	1.00	6.85	11.15	16.20	20.00	—
机械	静力压桩机（液压）2 000 kN	台班	2 616.28	0.475	—	—	—	—
	静力压桩机（液压）3 000 kN	台班	2 801.82	—	0.547	0.659	—	—
	静力压桩机（液压）4 000 kN	台班	3 311.40	—	—	—	0.750	—
	履带式起重机 15 t	台班	702.00	0.244	—	—	—	—
	履带式起重机 25 t	台班	757.92	—	0.318	0.366	—	0.247
	履带式起重机 30 t	台班	865.31	—	—	—	0.404	—
	轨道平车 5 t	台班	34.23	—	—	—	—	0.247
	电动卷扬机－单筒慢速 10 kN	台班	171.01	—	—	—	—	0.247

工作内容:准备工具、材料,对准上下节桩,桩顶垫平,放置角铁、钢板,焊接。 **计量单位**:t

定额编号				3-10	3-11
项目				电焊接桩	
				包角钢	包钢板
基价(元)				**7 715.85**	**9 411.71**
其中	人工费(元)			1 965.06	3 007.53
	材料费(元)			4 718.87	4 770.29
	机械费(元)			1 031.92	1 633.89
	名称	单位	单价(元)	消耗量	
人工	二类人工	工日	135.00	14.556	22.278
材料	角钢 Q235B 综合	t	3 966.00	1.060	—
	中厚钢板 综合	t	3 750.00	—	1.060
	钢楔(垫铁)	kg	5.95	6.100	4.100
	电焊条 E43 系列	kg	4.74	96.100	160.167
	其他材料费	元	1.00	23.10	11.70
机械	交流弧焊机 32 kV·A	台班	92.84	11.115	17.599

二、灌 注 桩

1. 转盘式钻孔桩机成孔

工作内容:安拆泥浆系统,造浆;准备钻具,钻机就位;钻孔、出渣、提钻、压浆、清孔等。 **计量单位**:10 m^3

定额编号				3-40	3-41	3-42	3-43	3-44
项目				转盘式钻孔桩机成孔				
				桩径(mm 以内)				
				600	800	1 000	1 200	1 500
基价(元)				**3 362.62**	**2 521.65**	**1 838.91**	**1 508.76**	**1 296.21**
其中	人工费(元)			1 377.95	1 054.49	713.88	576.18	494.24
	材料费(元)			426.50	300.46	246.62	219.40	197.17
	机械费(元)			1 558.17	1 166.70	878.41	713.18	604.80
	名称	单位	单价(元)	消耗量				
人工	二类人工	工日	135.00	10.207	7.811	5.288	4.268	3.661
材料	垫木	m^3	2 328.00	0.120	0.070	0.050	0.040	0.040
	金属周转材料	kg	3.95	0.330	0.270	0.210	0.160	0.100
	黏土	m^3	32.04	0.780	0.620	0.480	0.390	0.290
	水	m^3	4.27	28.300	27.300	26.700	26.500	22.100
机械	转盘钻孔机 800 mm	台班	492.54	2.233	1.672	—	—	—
	转盘钻孔机 1 500 mm	台班	552.65	—	—	1.159	0.941	0.798
	泥浆泵 100 mm	台班	205.25	2.233	1.672	1.159	0.941	0.798

工作内容：安拆泥浆系统，造浆；准备钻具，钻机就位；钻孔、出渣、提钻、压浆、清孔等。　**计量单位**：$10\ m^3$

定额编号				3-45	3-46	3-47	3-48	3-49
项目				转盘钻孔机岩石层成孔增加费				
				桩径(mm 以内)				
				600	800	1 000	1 200	1 500
基价(元)				**12 596.97**	**11 215.19**	**10 362.26**	**9 101.07**	**7 206.79**
其中	人工费(元)			7 029.05	6 228.90	5 428.62	4 628.48	3 857.49
	材料费(元)			95.31	82.56	69.77	58.02	46.66
	机械费(元)			5 472.61	4 903.73	4 863.87	4 414.57	3 302.64
名称		单位	单价(元)	消耗量				
人工	二类人工	工日	135.00	52.067	46.140	40.212	34.285	28.574
材料	金属周转材料	kg	3.95	5.230	4.500	3.760	3.030	2.400
	黏土	m^3	32.04	0.824	0.700	0.576	0.483	0.390
	水	m^3	4.27	11.300	9.920	8.540	7.160	5.780
机械	转盘钻孔机 800 mm	台班	492.54	11.111	9.956	—	—	—
	转盘钻孔机 1 500 mm	台班	552.65	—	—	8.801	7.988	5.976

3. 钢护筒埋设及拆除、桩底扩孔

工作内容：准备工作；机械挖土；吊装、就位、埋设、接护筒；定位下沉；还土、夯实；拆除；清洗堆放等全部操作过程。　**计量单位**：10 m

定额编号				3-60	3-61	3-62	3-63	3-64	3-65
项目				钢护筒埋设、拆除					
				桩径(mm 以内)					
				600	800	1 000	1 200	1 500	2 000
基价(元)				**715.22**	**934.73**	**1 137.81**	**1 574.00**	**1 960.06**	**2 822.56**
其中	人工费(元)			280.80	356.40	421.20	648.00	799.20	1 263.60
	材料费(元)			102.70	130.35	154.05	237.00	292.30	462.15
	机械费(元)			331.72	447.98	562.56	689.00	868.56	1 096.81
名称		单位	单价(元)	消耗量					
人工	二类人工	工日	135.00	2.080	2.640	3.120	4.800	5.920	9.360
材料	金属周转材料	kg	3.95	26.000	33.000	39.000	60.000	74.000	117.000
机械	履带式单斗液压挖掘机 $1\ m^3$	台班	914.79	0.240	0.324	0.407	0.498	0.628	0.793
	履带式起重机 25 t	台班	757.92	0.148	0.200	0.251	0.308	0.388	0.490

6. 沉管桩机成孔

工作内容: 准备打桩机具,移动打桩机,桩位校测,桩尖埋设、安卸桩垫、沉管、拔管。　　　　**计量单位:** 10 m^3

定额编号				3-87	3-88	3-89	3-90	3-91
项目				沉管桩机成孔				
				振动式(桩长:m)			锤击式	夯扩式
				12 以内	25 以内	25 以上		
基价(元)				**1 519.86**	**1 202.44**	**1 095.84**	**1 496.02**	**2 666.25**
其中	人工费(元)			742.50	577.53	517.46	682.56	1 259.96
	材料费(元)			105.91	107.49	109.47	109.47	109.47
	机械费(元)			671.45	517.42	468.91	703.99	1 296.82
	名称	单位	单价(元)	消耗量				
人工	二类人工	工日	135.00	5.500	4.278	3.833	5.056	9.333
材料	金属周转材料	kg	3.95	6.600	7.000	7.500	7.500	7.500
	垫木	m^3	2 328.00	0.030	0.030	0.030	0.030	0.030
	其他材料费	元	1.00	10.00	10.00	10.00	10.00	10.00
机械	振动沉拔桩机 400 kN	台班	851.02	0.789	0.608	0.551	—	—
	步履式柴油打桩机 2.5 t	台班	975.05	—	—	—	0.722	1.330

注:振动式沉管灌注混凝土桩,安放钢筋笼者,人工和机械乘以系数 1.15。钢筋笼制作、安放另列项目计算。

8. 灌注混凝土

工作内容: 预拌混凝土灌注,安、拆导管及漏斗。　　　　**计量单位:** 10 m^3

定额编号				3-101	3-102	3-103	3-104	3-105	3-106
项目				灌注混凝土					
				钻孔桩	旋挖桩	冲孔桩	长螺旋桩	沉管桩	潜孔锤桩
基价(元)				**5 719.26**	**5 533.21**	**6 562.24**	**5 547.63**	**5 501.07**	**5 588.67**
其中	人工费(元)			157.55	202.50	307.53	273.92	314.96	314.96
	材料费(元)			5 561.71	5 330.71	6 254.71	5 273.71	5 186.11	5 273.71
	机械费(元)			—	—	—	—	—	—
	名称	单位	单价(元)	消耗量					
人工	二类人工	工日	135.00	1.167	1.500	2.278	2.029	2.333	2.333
材料	非泵送水下商品混凝土 C30	m^3	462.00	12.000	11.500	13.500	—	—	—
	非泵送商品混凝土 C30	m^3	438.00	—	—	—	12.000	11.800	12.000
	水	m^3	4.27	3.000	3.000	3.000	3.000	3.000	3.000
	金属周转材料	kg	3.95	1.240	1.240	1.240	1.240	1.240	1.240

11. 泥浆处置

工作内容： 1. 泥浆池建造、拆除；泥浆装卸、运输、清理场地；

2. 固化设备安装、调试，泥浆输送、沉淀、过滤、配置添加剂、固化、土方集堆。　**计量单位：** $10\ m^3$

定额编号				3-121	3-122	3-123	3-124
项目				泥浆池建造和拆除	泥浆固化处理	泥浆运输 运距（m） 5 000	泥浆运输 运距（m） 每增减 1 000
基价（元）				**54.86**	**694.83**	**898.64**	**48.36**
其中	人工费（元）			27.00	33.89	334.53	—
	材料费（元）			27.67	230.30	—	—
	机械费（元）			0.19	430.64	564.11	48.36
名称		单位	单价（元）	消耗量			
人工	二类人工	工日	135.00	0.200	0.251	2.478	—
材料	混凝土实心砖 240×115×53 MU10	千块	388.00	0.050	—	—	—
	干混砌筑砂浆 DM M7.5	m^3	413.73	0.020	—	—	—
	生石灰	kg	0.30	—	32.468	—	—
	粉煤灰	kg	0.14	—	43.875	—	—
	聚丙烯酰胺	kg	16.54	—	11.408	—	—
	其他材料费	元	1.00	—	25.73	—	—
机械	干混砂浆罐式搅拌机 20 000 L	台班	193.83	0.001	—	—	—
	泥浆泵 100 mm	台班	205.25	—	—	0.361	—
	泥浆罐车 5 000 L	台班	460.54	—	—	1.064	0.105
	压滤机 XMYZG400/1500–UB	台班	416.11	—	0.713	—	—
	轮胎式装载机 $3.5\ m^3$	台班	936.72	—	0.143	—	—

注：固化剂种类和用量与定额不同时应按实换算。

第四章　砌 筑 工 程

一、砖 砌 体

1. 基　础

工作内容:清理基槽,调制、运砂浆,运、砌砖。　　**计量单位**:10 m^3

定额编号				4-1	4-2	4-3
项目				混凝土实心砖基础		
				墙厚		
				1 砖	1/2 砖	190
基价(元)				**4 078.04**	**4 485.86**	**4 788.98**
其中	人工费(元)			1 051.65	1 502.55	1 274.40
	材料费(元)			3 004.10	2 964.31	3 490.55
	机械费(元)			22.29	19.00	24.03
名称		单位	单价(元)	消耗量		
人工	二类人工	工日	135.00	7.790	11.130	9.440
材料	混凝土实心砖 240×115×53 MU10	千块	388.00	5.290	5.550	—
	干混砌筑砂浆 DM M10.0	m^3	413.73	2.300	1.960	2.470
	混凝土实心砖 190×90×53 MU10	千块	296.00	—	—	8.340
机械	干混砂浆罐式搅拌机 20 000 L	台班	193.83	0.115	0.098	0.124

2. 主 体 砌 筑

（1）混凝土类砖

工作内容： 调制、运砂浆，运、砌砖，立门窗框，安放木砖、垫块。　　**计量单位：** 10 m^3

定额编号				4-6	4-7	4-8	4-9	4-10
项目				混凝土实心砖				
				墙厚				方柱
				1 砖	3/4 砖	1/2 砖	1/4 砖	
基价（元）				**4 464.06**	**4 687.31**	**4 866.03**	**5 215.79**	**5 001.95**
其中	人工费（元）			1 395.90	1 648.35	1 857.60	2 327.40	1 904.85
	材料费（元）			3 045.29	3 017.64	2 989.05	2 876.37	3 074.62
	机械费（元）			22.87	21.32	19.38	12.02	22.48
名称		单位	单价（元）	消耗量				
人工	二类人工	工日	135.00	10.340	12.210	13.760	17.240	14.110
材料	混凝土实心砖 240×115×53 MU10	千块	388.00	5.320	5.430	5.570	6.090	5.460
	干混砌筑砂浆 DM M7.5	m^3	413.73	2.360	2.190	2.000	1.240	2.310
	水	m^3	4.27	0.100	0.100	0.100	0.100	0.100
	其他材料费	元	1.00	4.30	4.30	—	—	—
机械	干混砂浆罐式搅拌机 20 000 L	台班	193.83	0.118	0.110	0.100	0.062	0.116

（2）烧 结 类 砖

工作内容： 调制、运砂浆，运、砌砖，立门窗框，安放木砖、垫块。　　**计量单位：** 10 m^3

定额编号				4-27	4-28	4-29	4-30	4-31
项目				非黏土烧结实心砖				
				墙厚				方柱
				1 砖	3/4 砖	1/2 砖	1/4 砖	
基价（元）				**4 625.31**	**4 831.14**	**5 004.38**	**5 363.53**	**5 146.92**
其中	人工费（元）			1 363.50	1 594.35	1 792.80	2 251.80	1 850.85
	材料费（元）			3 238.94	3 215.47	3 192.20	3 099.71	3 273.59
	机械费（元）			22.87	21.32	19.38	12.02	22.48
名称		单位	单价（元）	消耗量				
人工	二类人工	工日	135.00	10.100	11.810	13.280	16.680	13.710
材料	非黏土烧结实心砖 240×115×53	千块	426.00	5.290	5.400	5.540	6.060	5.430
	干混砌筑砂浆 DM M7.5	m^3	413.73	2.360	2.190	2.000	1.240	2.310
	水	m^3	4.27	1.100	1.100	1.100	1.200	1.100
	其他材料费	元	1.00	4.30	4.30	—	—	—
机械	干混砂浆罐式搅拌机 20 000 L	台班	193.83	0.118	0.110	0.100	0.062	0.116

第五章　混凝土及钢筋混凝土工程

一、混　凝　土

1. 现浇混凝土

（1）基　础

工作内容：混凝土浇捣、看护、养护等。　　**计量单位：**10 m^3

定额编号				5-1	5-2	5-3	5-4
项目				垫层	基础		满堂基础、地下室底板
					毛石混凝土	混凝土	
基价（元）				**4 503.40**	**4 351.90**	**4 916.53**	**4 892.69**
其中	人工费（元）			408.78	232.47	240.44	216.41
	材料费（元）			4 087.85	4 117.52	4 673.58	4 673.77
	机械费（元）			6.77	1.91	2.51	2.51
名称		单位	单价（元）	消耗量			
人工	二类人工	工日	135.00	3.028	1.722	1.781	1.603
材料	非泵送商品混凝土 C15	m^3	399.00	10.100	—	—	—
	泵送商品混凝土 C30	m^3	461.00	—	8.282	10.100	—
	泵送防水商品混凝土 C30/P8	m^3	460.00	—	—	—	10.100
	块石 200~500	t	77.67	—	3.654	—	—
	塑料薄膜	m^2	0.86	47.775	13.246	14.815	25.195
	水	m^3	4.27	3.950	1.011	1.111	1.430
机械	混凝土振捣器 插入式	台班	4.65	—	0.410	0.540	0.540
	混凝土振捣器 平板式	台班	12.54	0.540	—	—	—

注：1. 杯形基础每 10 m^3 增加 DM5.0 预拌砂浆 0.068 t。

2. 垫层按非泵送商品混凝土编制，实际采用泵送商品混凝土时，除混凝土价格换算外，人工乘以系数 0.67，其余不变。

(2)柱

工作内容：混凝土浇捣、看护、养护等。　　**计量单位：**10 m^3

定　额　编　号				5–6	5–7
项　　目				矩形柱、异形柱、圆形柱	构造柱
基　价（元）				**5 584.19**	**5 754.93**
其中	人　工　费（元）			876.15	1 486.76
	材　料　费（元）			4 703.85	4 261.85
	机　械　费（元）			4.19	6.32
名　称		单位	单价（元）	消　耗　量	
人工	二类人工	工日	135.00	6.490	11.013
材料	非泵送商品混凝土 C25	m^3	421.00	—	10.100
	泵送商品混凝土 C30	m^3	461.00	10.100	—
	塑料薄膜	m^2	0.86	0.912	0.885
	水	m^3	4.27	11.000	2.105
机械	混凝土振捣器 插入式	台班	4.65	0.900	1.360

注：构造柱按非泵送商品混凝土编制，实际采用泵送商品混凝土时，除混凝土价格换算外，人工乘以系数 0.95，其余不变。

(3)梁

工作内容：混凝土浇捣、看护、养护等。　　**计量单位：**10 m^3

定　额　编　号				5–8	5–9	5–10	5–11
项　　目				基础梁	矩形梁、异形梁、弧形梁	圈梁、过梁、拱形梁	斜梁
基　价（元）				**4 974.93**	**5 068.96**	**5 331.36**	**5 114.43**
其中	人　工　费（元）			271.62	366.53	997.52	391.10
	材　料　费（元）			4 699.12	4 698.24	4 327.52	4 719.14
	机　械　费（元）			4.19	4.19	6.32	4.19
名　称		单位	单价（元）	消　耗　量			
人工	二类人工	工日	135.00	2.012	2.715	7.389	2.897
材料	非泵送商品混凝土 C25	m^3	421.00	—	—	10.100	—
	泵送商品混凝土 C30	m^3	461.00	10.100	10.100	—	10.100
	塑料薄膜	m^2	0.86	34.933	36.115	67.065	54.455
	水	m^3	4.27	3.040	2.595	4.155	3.795
机械	混凝土振捣器 插入式	台班	4.65	0.900	0.900	1.360	0.900

注：圈梁、过梁、拱形梁按非泵送商品混凝土编制，实际采用泵送商品混凝土时，除混凝土价格换算外，人工乘以系数 0.71，其余不变。

(5)板

工作内容:混凝土浇捣、看护、养护等。 **计量单位:**10 m^3

定额编号				5–16	5–17	5–18	5–19
项目				平板	拱板	薄壳板	斜板、坡屋面板
基价(元)				**5 171.71**	**5 315.44**	**5 300.13**	**5 242.49**
其中	人工费(元)			423.09	623.43	571.86	464.81
	材料费(元)			4 740.88	4 684.27	4 720.53	4 769.94
	机械费(元)			7.74	7.74	7.74	7.74
名称		单位	单价(元)	消耗量			
人工	二类人工	工日	135.00	3.134	4.618	4.236	3.443
材料	泵送商品混凝土 C30	m^3	461.00	10.100	10.100	10.100	10.100
	塑料薄膜	m^2	0.86	78.209	24.554	41.772	88.381
	水	m^3	4.27	4.104	1.652	6.675	8.860
机械	混凝土振捣器 插入式	台班	4.65	0.450	0.450	0.450	0.450
	混凝土振捣器 平板式	台班	12.54	0.450	0.450	0.450	0.450

工作内容:混凝土浇捣、看护、养护等。 **计量单位:**10 m^3

定额编号				5–20	5–21	5–22	5–23
项目				栏板	檐沟、挑檐	雨篷	阳台
基价(元)				**5 998.20**	**5 591.66**	**5 483.61**	**5 446.82**
其中	人工费(元)			1 314.50	819.45	707.94	681.21
	材料费(元)			4 677.38	4 755.16	4 769.53	4 759.47
	机械费(元)			6.32	17.05	6.14	6.14
名称		单位	单价(元)	消耗量			
人工	二类人工	工日	135.00	9.737	6.070	5.244	5.046
材料	泵送商品混凝土 C30	m^3	461.00	10.100	10.100	10.100	10.100
	塑料薄膜	m^2	0.86	11.750	85.199	95.650	73.629
	水	m^3	4.27	2.617	6.040	7.300	9.380
机械	混凝土振捣器 插入式	台班	4.65	1.360	—	0.780	0.780
	混凝土振捣器 平板式	台班	12.54	—	1.360	0.200	0.200

(6)楼 梯

工作内容: 混凝土浇捣、看护、养护等。 **计量单位:** 10 m^2

定 额 编 号				5–24	5–25
项 目				楼梯	
				直形	弧形
基 价(元)				**1 303.45**	**1 862.60**
其中	人 工 费(元)			155.93	213.71
	材 料 费(元)			1 146.03	1 646.75
	机 械 费(元)			1.49	2.14
名 称		单位	单价(元)	消 耗 量	
人工	二类人工	工日	135.00	1.155	1.583
材料	泵送商品混凝土 C30	m^3	461.00	2.430	3.500
	塑料薄膜	m^2	0.86	12.619	13.338
	水	m^3	4.27	3.500	5.100
机械	混凝土振捣器 插入式	台班	4.65	0.320	0.460

三、现浇混凝土模板

1. 基础模板

工作内容: 模板制作、安装、拆除、维护、整理、堆放及场内外运输;模板黏结物及模内杂物清理、刷隔离剂。

计量单位: 100 m²

定额编号				5-97	5-98	5-99	5-100	5-101
项目				基础垫层	带形基础			
					无梁式		有梁式	
					组合钢模	复合木模	组合钢模	复合木模
基价(元)				**3 801.89**	**4 091.89**	**3 526.67**	**3 807.60**	**3 664.55**
其中	人工费(元)			2 616.98	2 772.36	2 170.53	2 551.91	2 067.12
	材料费(元)			1 093.70	1 198.25	1 302.89	1 104.15	1 494.57
	机械费(元)			91.21	121.28	53.25	151.54	102.86
	名称	单位	单价(元)	消耗量				
人工	二类人工	工日	135.00	19.385	20.536	16.078	18.903	15.312
材料	钢模板	kg	5.96	—	91.800	—	71.710	—
	复合模板 综合	m²	32.33	17.625	—	20.636	—	20.496
	木模板	m³	1 445.00	0.270	0.204	0.284	0.168	0.259
	零星卡具	kg	5.88	—	18.770	—	16.230	16.230
	钢支撑	kg	3.97	—	—	—	28.260	28.260
	圆钉	kg	4.74	17.310	8.330	11.320	2.940	12.800
	镀锌铁丝 12#	kg	5.38	—	—	—	0.140	—
	草板纸 80#	张	2.67	—	30.000	30.000	30.000	30.000
	尼龙帽	个	0.60	—	66.500	66.500	87.000	87.000
	隔离剂	kg	4.67	10.000	10.000	10.000	10.000	10.000
	镀锌铁丝 22#	kg	6.55	0.180	0.180	0.180	0.180	0.180
	复合硅酸盐水泥 P·C 32.5R 综合	kg	0.32	7.000	7.000	7.000	7.000	7.000
	黄砂 净砂	t	92.23	0.017	0.017	0.017	0.017	0.017
	回库维修费	元	1.00	—	34.80	—	27.70	5.40
机械	木工圆锯机 500 mm	台班	27.50	1.531	0.110	0.312	0.070	0.120
	载货汽车 4 t	台班	369.21	0.133	0.226	0.121	0.301	0.225
	汽车式起重机 5 t	台班	366.47	—	0.095	—	0.105	0.045

2. 建筑物模板

(1)柱、梁模板

工作内容:模板制作、安装、拆除、维护、整理、堆放及场内外运输;模板黏结物及模内杂物清理、刷隔离剂。

计量单位:100 m^2

定额编号				5-117	5-118	5-119
项目				矩形柱		
				组合钢模	铝模	复合木模
基价(元)				**4 467.05**	**5 040.57**	**4 333.21**
其中	人工费(元)			3 075.30	3 326.40	2 630.88
	材料费(元)			1 197.18	1 519.92	1 554.03
	机械费(元)			194.57	194.25	148.30
名称		单位	单价(元)	消耗量		
人工	二类人工	工日	135.00	22.780	24.640	19.488
材料	钢模板	kg	5.96	72.050	—	—
	复合模板 综合	m^2	32.33	—	—	18.396
	铝模板	kg	34.99	—	33.600	—
	木模板	m^3	1 445.00	0.133	—	0.249
	零星卡具	kg	5.88	39.130	20.330	39.130
	钢支撑	kg	3.97	42.910	—	42.910
	斜支撑杆件 $\phi 48\times3.5$	套	155.00	—	0.260	—
	对拉螺栓	kg	10.43	—	9.260	—
	销钉销片	套	0.69	—	77.760	—
	圆钉	kg	4.74	2.730	—	12.520
	草板纸 $80^{\#}$	张	2.67	30.000	—	30.000
	隔离剂	kg	4.67	10.000	—	10.000
	脱模剂	kg	1.54	—	3.600	—
	回库维修费	元	1.00	35.40	—	12.90
	其他材料费	元	1.00	—	28.63	—
机械	木工圆锯机 500 mm	台班	27.50	0.107	—	0.271
	载货汽车 4 t	台班	369.21	0.387	—	0.313
	汽车式起重机 5 t	台班	366.47	0.133	—	0.069
	载货汽车 6 t	台班	396.42	—	0.490	—

工作内容： 模板制作、安装、拆除、维护、整理、堆放及场内外运输；模板黏结物及模内杂物清理、刷隔离剂。

计量单位：100 m^2

定额编号				5-123	5-124	5-125
项目				构造柱	柱支模超高每增加 1 m	
					钢、木模	铝模
基价（元）				**4 058.34**	**259.55**	**539.92**
其中	人工费（元）			2 083.86	183.20	232.20
	材料费（元）			1 902.54	69.52	232.40
	机械费（元）			71.94	6.83	75.32
名称		单位	单价（元）	消耗量		
人工	二类人工	工日	135.00	15.436	1.357	1.720
材料	木模板	m^3	1 445.00	0.568	0.040	—
	钢支撑	kg	3.97	45.485	1.950	—
	复合模板 综合	m^2	32.33	24.675	—	—
	斜支撑杆件 $\phi 48 \times 3.5$	套	155.00	—	—	0.460
	对拉螺栓	kg	10.43	—	—	6.670
	零星卡具	kg	5.88	—	—	14.670
	圆钉	kg	4.74	0.983	0.840	—
	隔离剂	kg	4.67	10.000	—	—
	塑料粘胶带 20 mm × 50 m	卷	15.37	2.500	—	—
	回库维修费	元	1.00	13.67	—	—
	其他材料费	元	1.00	—	—	5.27
机械	木工圆锯机 500 mm	台班	27.50	0.055	0.007	—
	载货汽车 4 t	台班	369.21	0.156	0.015	—
	汽车式起重机 5 t	台班	366.47	0.035	0.003	—
	载货汽车 6 t	台班	396.42	—	—	0.190

工作内容：模板制作、安装、拆除、维护、整理、堆放及场内外运输；模板黏结物及模内杂物清理、刷隔离剂。

计量单位：100 m^2

定额编号				5–129	5–130	5–131	5–132	5–133
项目				矩形梁			异形梁	
				组合钢模	铝模	复合木模	铝模	木模板
基价（元）				**4 672.97**	**4 759.91**	**5 392.35**	**5 731.63**	**6 607.12**
其中	人工费（元）			2 864.57	3 267.00	3 283.88	4 062.15	4 083.48
	材料费（元）			1 534.65	1 350.20	1 889.60	1 510.91	2 428.75
	机械费（元）			273.75	142.71	218.87	158.57	94.89
名称		单位	单价（元）	消耗量				
人工	二类人工	工日	135.00	21.219	24.200	24.325	30.090	30.248
材料	钢模板	kg	5.96	82.060	—	—	—	—
	复合模板 综合	m^2	32.33	—	—	20.594	—	—
	铝模板	kg	34.99	—	32.980	—	37.260	—
	木模板	m^3	1 445.00	0.209	—	0.308	—	1.598
	零星卡具	kg	5.88	45.840	—	45.840	—	—
	钢支撑	kg	3.97	69.120	—	69.120	—	—
	立支撑杆件 $\phi 48\times3.5$	套	129.00	—	0.880	—	0.920	—
	销钉销片	套	0.69	—	75.600	—	79.380	—
	圆钉	kg	4.74	1.020	—	13.840	—	11.930
	草板纸 80#	张	2.67	30.000	—	30.000	—	—
	尼龙帽	个	0.60	37.000	—	37.000	—	—
	隔离剂	kg	4.67	10.000	—	10.000	—	10.000
	脱模剂	kg	1.54	—	3.670	—	3.850	—
	嵌缝料	kg	1.42	—	—	—	—	10.000
	镀锌铁丝 22#	kg	6.55	0.180	—	0.180	—	0.180
	复合硅酸盐水泥 P·C 32.5R 综合	kg	0.32	7.000	—	7.000	—	2.000
	黄砂 净砂	t	92.23	0.017	—	0.017	—	0.004
	回库维修费	元	1.00	40.80	—	15.20	—	—
	其他材料费	元	1.00	—	24.90	—	27.80	—
机械	木工圆锯机 500 mm	台班	27.50	0.145	—	0.371	—	0.819
	载货汽车 4 t	台班	369.21	0.549	—	0.455	—	0.196
	汽车式起重机 5 t	台班	366.47	0.183	—	0.111	—	—
	载货汽车 6 t	台班	396.42	—	0.360	—	0.400	—

工作内容: 模板制作、安装、拆除、维护、整理、堆放及场内外运输;模板黏结物及模内杂物清理、刷隔离剂。

计量单位: 100 m^2

定额编号				5-134	5-135	5-136	5-137	5-138
项目				弧形梁	拱形梁	斜梁	梁支模超高每增加 1 m	
				木模板		复合木模	钢、木模	铝模
基价(元)				**7 052.73**	**8 546.67**	**6 119.74**	**442.87**	**357.97**
其中	人工费(元)			4 190.67	5 083.29	3 927.02	310.10	307.80
	材料费(元)			2 757.79	3 323.48	1 983.03	112.79	38.28
	机械费(元)			104.27	139.90	209.69	19.98	11.89
名称		单位	单价(元)	消耗量				
人工	二类人工	工日	135.00	31.042	37.654	29.089	2.297	2.280
材料	复合模板 综合	m^2	32.33	—	—	24.675	—	—
	木模板	m^3	1 445.00	1.816	2.225	0.476	0.058	—
	钢支撑	kg	3.97	—	—	69.480	6.620	—
	立支撑杆件 $\phi 48 \times 3.5$	套	129.00	—	—	—	—	0.290
	对拉螺栓	kg	10.43	—	—	5.794	—	—
	圆钉	kg	4.74	14.300	8.960	1.138	0.570	—
	隔离剂	kg	4.67	10.000	10.000	10.000	—	—
	嵌缝料	kg	1.42	10.000	10.000	—	—	—
	镀锌铁丝 22#	kg	6.55	0.180	0.180	0.180	—	—
	复合硅酸盐水泥 P·C 32.5R 综合	kg	0.32	7.000	7.000	5.540	—	—
	黄砂 净砂	t	92.23	0.017	0.017	0.014	—	—
	硬塑料管 $\phi 20$	m	1.98	—	—	14.193	—	—
	塑料粘胶带 20 mm × 50 m	卷	15.37	—	—	4.000	—	—
	回库维修费	元	1.00	—	—	15.28	—	—
	其他材料费	元	1.00	—	—	—	—	0.87
机械	木工圆锯机 500 mm	台班	27.50	1.160	1.610	0.037	0.043	—
	载货汽车 4 t	台班	369.21	0.196	0.259	0.455	0.040	—
	汽车式起重机 5 t	台班	366.47	—	—	0.111	0.011	—
	载货汽车 6 t	台班	396.42	—	—	—	—	0.030

（2）板、墙、楼梯、装饰线模板

工作内容： 模板制作、安装、拆除、维护、整理、堆放及场内外运输；模板黏结物及模内杂物清理、刷隔离剂等。

计量单位：100 m^2

定额编号				5-142	5-143	5-144	5-145	5-146
项目				板			无梁板	
				组合钢模	铝模	复合木模	组合钢模	复合木模
基价（元）				**3 433.02**	**4 575.62**	**3 883.41**	**3 306.80**	**3 498.78**
其中	人工费（元）			1 951.97	3 148.20	2 067.12	1 683.32	1 719.50
	材料费（元）			1 266.78	1 296.60	1 646.05	1 475.44	1 661.52
	机械费（元）			214.27	130.82	170.24	148.04	117.76
名称		单位	单价（元）	消耗量				
人工	二类人工	工日	135.00	14.459	23.320	15.312	12.469	12.737
材料	钢模板	kg	5.96	74.560	—	—	48.000	—
	复合模板 综合	m^2	32.33	—	—	20.286	—	16.898
	铝模板	kg	34.99	—	32.670	—	—	—
	木模板	m^3	1 445.00	0.129	—	0.235	0.536	0.470
	零星卡具	kg	5.88	46.170	—	46.170	23.480	23.480
	钢支撑	kg	3.97	49.320	—	49.320	24.620	24.620
	立支撑杆件 $\phi 48\times3.5$	套	129.00	—	0.560	—	—	—
	销钉销片	套	0.69	—	75.600	—	—	—
	圆钉	kg	4.74	0.260	—	8.240	5.770	13.390
	草板纸 80#	张	2.67	30.000	—	30.000	30.000	30.000
	脱模剂	kg	1.54	—	3.470	—	—	—
	隔离剂	kg	4.67	10.000	—	10.000	10.000	10.000
	镀锌铁丝 22#	kg	6.55	0.180	—	0.180	0.180	0.180
	复合硅酸盐水泥 P·C 32.5R 综合	kg	0.32	2.000	—	2.000	2.000	2.000
	黄砂 净砂	t	92.23	0.004	—	0.004	0.004	0.004
	回库维修费	元	1.00	38.50	—	15.30	22.70	7.80
	其他材料费	元	1.00	—	23.73	—	—	—
材料	木工圆锯机 500 mm	台班	27.50	0.180	—	0.452	0.144	0.406
	载货汽车 4 t	台班	369.21	0.427	—	0.349	0.288	0.249
	汽车式起重机 5 t	台班	366.47	0.141	—	0.079	0.103	0.040
	载货汽车 6 t	台班	396.42	—	0.330	—	—	—

工作内容：模板制作、安装、拆除、维护、整理、堆放及场内外运输；模板黏结物及模内杂物清理、刷隔离剂。

计量单位：100 m²

定额编号				5-147	5-148	5-149	5-150	5-151	5-152
项目				拱形板	斜板、坡屋面板	薄壳屋盖	弧形板增加费	板支模超高每增加 1 m	
				复合模板			10 m	钢、木模	铝模
基价（元）				**7 158.35**	**5 279.57**	**6 656.75**	**242.49**	**393.27**	**390.76**
其中	人工费（元）			4 491.32	2 659.10	3 534.71	103.41	234.90	357.75
	材料费（元）			2 567.65	2 403.60	3 049.61	134.29	134.64	25.08
	机械费（元）			99.38	216.87	72.43	4.79	23.73	7.93
	名称	单位	单价（元）	消耗量					
人工	二类人工	工日	135.00	33.269	19.697	26.183	0.766	1.740	2.650
材料	钢模板	kg	5.96	—	—	—	0.600	—	—
	复合模板 综合	m^2	32.33	30.629	30.629	38.063	—	—	—
	木模板	m^3	1 445.00	0.852	0.683	1.002	0.050	0.063	—
	零星卡具	kg	5.88	—	—	—	0.600	—	—
	钢支撑	kg	3.97	48.010	67.214	48.010	12.900	7.140	—
	立支撑杆件 $\phi 48\times3.5$	套	129.00	—	—	—	—	—	0.190
	圆钉	kg	4.74	1.579	1.149	1.961	0.700	3.220	—
	镀锌铁丝 8#	kg	6.55	0.180	0.180	0.180	—	—	—
	隔离剂	kg	4.67	10.000	10.000	10.000	—	—	—
	塑料粘胶带 20 mm × 50 m	卷	15.37	5.000	5.000	6.500	—	—	—
	复合硅酸盐水泥 P·C 32.5R 综合	kg	0.32	15.246	15.246	15.246	—	—	—
	黄砂 净砂	t	92.23	0.040	0.040	0.040	—	—	—
	回库维修费	元	1.00	14.89	20.85	14.89	0.40	—	—
	其他材料费	元	1.00	—	—	—	—	—	0.57
机械	木工圆锯机 500 mm	台班	27.50	0.083	0.083	0.083	0.040	0.139	—
	载货汽车 4 t	台班	369.21	0.263	0.475	0.190	0.010	0.043	—
	汽车式起重机 5 t	台班	366.47	—	0.107	—	—	0.011	—
	载货汽车 6 t	台班	396.42	—	—	—	—	—	0.020

工作内容：模板制作、安装、拆除、维护、整理、堆放及场内外运输；模板黏结物及模内杂物清理、刷隔离剂等。

计量单位：10 m^2 水平投影面积

定额编号				5-168	5-169	5-170	5-171
项目				楼梯			
				直形			弧形
				组合钢模	铝模	复合木模	
基价（元）				**1 598.91**	**1 751.16**	**1 271.33**	**1 434.82**
其中	人工费（元）			1 051.52	1 157.90	876.29	962.82
	材料费（元）			507.47	541.73	356.74	383.65
	机械费（元）			39.92	51.53	38.30	88.35
名称		单位	单价（元）	消耗量			
人工	二类人工	工日	135.00	7.789	8.577	6.491	7.132
材料	钢模板	kg	5.96	5.600	—	—	—
	复合模板 综合	m^2	32.33	—	—	5.272	6.000
	铝模板	kg	34.99	—	13.890	—	—
	木模板	m^3	1 445.00	0.283	—	0.095	0.095
	零星卡具	kg	5.88	4.550	—	—	—
	钢支撑	kg	3.97	2.610	—	6.536	6.964
	立支撑杆件 $\phi 48\times 3.5$	套	129.00	—	0.170	—	—
	销钉销片	套	0.69	—	31.580	—	—
	圆钉	kg	4.74	2.600	—	0.241	0.241
	隔离剂	kg	4.67	2.040	—	1.959	1.959
	脱模剂	kg	1.54	—	1.380	—	—
	嵌缝料	kg	1.42	2.040	—	—	—
	塑料粘胶带 20 mm × 50 m	卷	15.37	—	—	0.700	0.800
	回库维修费	元	1.00	3.30	—	2.03	2.16
	其他材料费	元	1.00	—	9.87	—	—
材料	木工圆锯机 500 mm	台班	27.50	0.580	—	0.050	1.870
	载货汽车 4 t	台班	369.21	0.055	—	0.100	0.100
	汽车式起重机 5 t	台班	366.47	0.010	—	—	—
	载货汽车 6 t	台班	396.42	—	0.130	—	—

(3)阳台雨篷、场馆看台板、栏板翻檐、檐沟挑檐模板

工作内容: 模板制作、安装、拆除、维护、整理、堆放及场内外运输;模板黏结物及模内杂物清理、刷隔离剂等。

计量单位: 10 m^2 水平投影面积

定额编号				5-174	5-175
项目				阳台、雨篷	场馆看台板
基价(元)				**1 040.50**	**1 614.86**
其中	人工费(元)			659.88	1 009.94
	材料费(元)			331.88	557.09
	机械费(元)			48.74	47.83
名称		单位	单价(元)	消耗量	
人工	二类人工	工日	135.00	4.888	7.481
材料	复合模板 综合	m^2	32.33	5.311	5.008
	木模板	m^3	1 445.00	0.078	0.151
	木支撑	m^3	1 552.00	—	0.096
	钢支撑	kg	3.97	6.536	—
	圆钉	kg	4.74	0.199	0.404
	隔离剂	kg	4.67	1.734	1.635
	塑料粘胶带 20 mm×50 m	卷	15.37	0.680	1.200
	回库维修费	元	1.00	2.03	—
机械	木工圆锯机 500 mm	台班	27.50	0.083	0.184
	载货汽车 4 t	台班	369.21	0.103	0.095
	汽车式起重机 5 t	台班	366.47	0.023	0.021

注:阳台、雨篷支模高度超高时按板的支模超高定额计算;有梁时,展开计算并入板内工程量。

工作内容：模板制作、安装、拆除、维护、整理、堆放及场内外运输；模板黏结物及模内杂物清理、刷隔离剂等。

计量单位：100 m^2

定额编号				5-176	5-177	5-178
项目				栏板、翻檐		天沟挑檐
				直形	弧形	
基价（元）				**4 869.04**	**5 001.11**	**6 520.39**
其中	人工费（元）			2 583.90	3 551.58	4 316.22
	材料费（元）			2 157.73	1 403.74	2 086.36
	机械费（元）			127.41	45.79	117.81
名称		单位	单价（元）	消耗量		
人工	二类人工	工日	135.00	19.140	26.308	31.972
材料	复合模板 综合	m^2	32.33	26.912	—	30.629
	木模板	m^3	1 445.00	0.670	0.890	0.452
	钢支撑	kg	3.97	45.320	—	76.950
	圆钉	kg	4.74	1.705	11.980	1.149
	隔离剂	kg	4.67	10.000	10.000	10.000
	嵌缝料	kg	1.42	—	10.000	—
	塑料粘胶带 20 mm×50 m	卷	15.37	4.400	—	4.000
	回库维修费	元	1.00	17.19	—	23.87
机械	木工圆锯机 500 mm	台班	27.50	0.156	0.846	1.160
	载货汽车 4 t	台班	369.21	0.261	0.061	0.189
	汽车式起重机 5 t	台班	366.47	0.073	—	0.044

第八章　门 窗 工 程

一、木　　门

1. 普通木门制作、安装

工作内容：制作门框，制作、安装门扇、亮子，刷防腐油，装配小五金及玻璃。　　　　**计量单位：**100 m²

定额编号				8-1	8-2	8-3
项目				有亮		
				镶板门	半截玻璃门	胶合板门
基价（元）				**17 149.00**	**17 072.18**	**18 041.03**
其中	人工费（元）			6 999.96	6 800.01	7 800.07
	材料费（元）			10 045.94	10 150.18	10 124.47
	机械费（元）			103.10	121.99	116.49
名称		单位	单价（元）	消耗量		
人工	三类人工	工日	155.00	45.161	43.871	50.323
材料	门窗框杉枋	m^3	1 810.00	1.908	1.989	1.908
	门窗扇杉枋	m^3	1 810.00	1.632	1.932	1.001
	门窗杉板	m^3	1 810.00	1.016	0.401	—
	杉枋 亮子	m^3	1 810.00	0.461	0.480	0.461
	围条硬木	m^3	3 017.00	—	—	0.196
	杉木砖	m^3	595.00	0.244	0.254	0.244
	杉搭木	m^3	2 155.00	0.120	0.120	0.120
	胶合板 δ3	m^2	13.10	—	—	177.830
	圆钉	kg	4.74	5.600	9.300	8.100
	骨胶	kg	11.21	3.200	1.500	—
	聚醋酸乙烯乳液	kg	5.60	2.500	2.900	35.400
	防腐油	kg	1.28	17.200	17.200	17.200
	平板玻璃 δ3	m^2	15.52	14.000	42.000	12.000
	油灰	kg	1.19	12.000	36.000	11.000
	小五金费	元	1.00	226.20	249.60	236.60
	其他材料费	元	1.00	5.20	5.40	5.50
机械	木工压刨床 单面600 mm	台班	31.42	2.520	3.200	3.200
	木工圆锯机 500 mm	台班	27.50	0.870	0.780	0.580

注：1. 镶板门门扇系按全板编制，门扇上如做小玻璃口，每100 m² 洞口面积，增加玻璃16 m²，油灰14 kg，铁钉0.1 kg，人工1.9工日。

2. 胶合板门、纤维板门门扇上如做小玻璃口，每100 m² 洞口面积，增加杉小枋0.15 m³，玻璃11 m²，油灰3 kg，铁钉1.1 kg，人工7.2工日。

工作内容:制作门框,制作、安装门扇、亮子,刷防腐油,装配小五金及玻璃。　　**计量单位**:100 m²

定额编号				8-4	8-5	8-6
项目				无亮		
				镶板门	半截玻璃门	胶合板门
基价(元)				**15 505.16**	**15 845.72**	**16 546.13**
其中	人工费(元)			5 699.97	5 600.00	6 600.06
	材料费(元)			9 708.06	10 129.62	9 832.72
	机械费(元)			97.13	116.10	113.35
名称		单位	单价(元)	消耗量		
人工	三类人工	工日	155.00	36.774	36.129	42.581
材料	门窗框杉枋	m³	1 810.00	1.750	1.792	1.750
	门窗扇杉枋	m³	1 810.00	1.895	2.531	1.287
	门窗杉板	m³	1 810.00	1.305	0.484	—
	围条硬木	m³	3 017.00	—	—	0.235
	杉木砖	m³	595.00	0.285	0.301	0.285
	杉搭木	m³	2 155.00	0.140	0.148	0.140
	胶合板 δ3	m²	13.10	—	—	206.000
	圆钉	kg	4.74	6.400	10.800	8.100
	骨胶	kg	11.21	3.600	1.700	—
	聚醋酸乙烯乳液	kg	5.60	2.700	3.100	39.700
	防腐油	kg	1.28	18.100	18.100	18.100
	平板玻璃 δ3	m²	15.52	—	39.000	—
	油灰	kg	1.19	—	34.000	—
	小五金费	元	1.00	161.20	169.00	166.40
	其他材料费	元	1.00	7.10	5.40	6.60
机械	木工压刨床 单面600 mm	台班	31.42	2.330	3.100	3.100
	木工圆锯机 500 mm	台班	27.50	0.870	0.680	0.580

注:1. 镶板门门扇系按全板编制,门扇上如做小玻璃口,每100 m²洞口面积,增加玻璃16 m²,油灰14 kg,铁钉0.1 kg,人工1.9工日。

2. 胶合板门、纤维板门门扇上如做小玻璃口,每100 m²洞口面积,增加杉小枋0.15 m³,玻璃11 m²,油灰3 kg,铁钉1.1 kg,人工7.2工日。

二、金 属 门

3. 钢质防火、防盗门

工作内容:1. 钢质防火门:门洞修整、框周边塞缝、防火门安装等;

2. 钢质防盗门:打眼剔洞,框扇安装校正,焊接、框周边塞缝等。

计量单位:100 m^2

定额编号				8–48	8–49
项目				钢质防火门安装	钢质防盗门安装
基价(元)				**98 894.47**	**39 474.54**
其中	人工费(元)			2 278.04	3 167.43
	材料费(元)			96 616.43	36 281.14
	机械费(元)			—	25.97
名称		单位	单价(元)	消耗量	
人工	三类人工	工日	155.00	14.697	20.435
材料	钢质防火门	m^2	976.00	98.250	—
	钢制防盗门	m^2	362.00	—	97.810
	铁件 综合	kg	6.90	—	95.779
	低碳钢焊条 J422 ϕ4.0	kg	4.74	—	9.690
	干混抹灰砂浆 DP M15.0	m^3	446.85	1.351	0.260
	电	kW·h	0.78	11.450	11.450
	其他材料费	元	1.00	111.80	42.00
机械	交流弧焊机 21 kV·A	台班	63.33	—	0.410

七、金 属 窗

1. 铝 合 金 窗

工作内容:开箱、解捆、定位、划线、吊正、找平框周边塞缝、安装等。

计量单位:100 m^2

定额编号				8–110	8–111
项目				隔热断桥铝合金	
				推拉	平开
基价(元)				**50 923.01**	**53 199.52**
其中	人工费(元)			1 813.66	2 260.52
	材料费(元)			49 109.35	50 939.00
	机械费(元)			—	—
名称		单位	单价(元)	消耗量	
人工	三类人工	工日	155.00	11.701	14.584
材料	铝合金断桥隔热推拉窗 1.4 厚 5+9A+5 中空玻璃	m^2	431.00	95.430	—
	铝合金断桥隔热平开窗 1.4 厚 5+9A+5 中空玻璃	m^2	431.00	—	94.590
	聚氨酯发泡密封胶 750 mL/ 支	支	20.09	142.719	151.372
	硅酮耐候密封胶	kg	35.80	98.717	102.242
	其他材料费	元	1.00	1 577.73	3 469.38

第九章　屋面及防水工程

一、屋　　面

1. 刚 性 屋 面

工作内容: 1. 清理基层,铺混凝土,做分格缝、滴水线、泛水,随捣随抹光及养护;

2. 清理基层,做砂浆找平(或做砖墩),安装预制混凝土板、勾缝;

3. 清理基层,铺水泥砂浆,做分格缝,养护。

计量单位: 100 m^2

定额编号				9-1	9-2	9-3	9-4	9-5	9-6
项目				细石混凝土面层		预制混凝土板保护层安装		水泥砂浆保护层	
				厚度(mm)		实铺	架空	厚度(mm)	
				40	每增减 10			20	每增减 10
基价(元)				**3 316.65**	**514.02**	**2 971.11**	**2 009.54**	**2 048.08**	**569.16**
其中	人工费(元)			1 061.64	94.23	1 866.24	1 283.31	960.80	94.23
	材料费(元)			2 242.35	418.18	1 079.67	720.42	1 067.70	465.04
	机械费(元)			12.66	1.61	25.20	5.81	19.58	9.89
名称		单位	单价(元)	消耗量					
人工	二类人工	工日	135.00	7.864	0.698	13.824	9.506	7.117	0.698
材料	非泵送商品混凝土 C20	m^3	412.00	4.360	1.015	—	—	—	—
	干混砌筑砂浆 DM M10.0	m^3	413.73	—	—	2.600	0.590	—	—
	干混地面砂浆 DS M15.0	m^3	443.08	0.510	—	—	—	2.020	1.010
	混凝土实心砖 240×115×53 MU10	千块	388.00	—	—	—	1.224	—	—
	木模板	m^3	1 445.00	0.060	—	—	—	—	—
	杉板枋材	m^3	1 625.00	—	—	—	—	0.020	0.010
	聚乙烯薄膜	m^2	0.86	105.000	—	—	—	105.000	—
	水	m^3	4.27	9.640	—	0.930	0.330	11.680	0.300
	其他材料费	元	1.00	1.90	—	—	—	—	—
机械	干混砂浆罐式搅拌机 20 000 L	台班	193.83	0.026	—	0.130	0.030	0.101	0.051
	混凝土振捣器 平板式	台班	12.54	0.608	0.128	—	—	—	—

注:预制混凝土薄板的制作、运输另行计算。

二、防水及其他

1. 刚性防水、防潮

工作内容: 清理基层,调配砂浆,抹砂浆。 **计量单位:** 100 m^2

定额编号				9-42	9-43	9-44	9-45	9-46
项目				防水砂浆			聚合物水泥防水砂浆	
							厚度(mm)	
				平面	立面	砖基础上	5	每增减 1
基价(元)				**1 998.83**	**2 225.17**	**1 183.37**	**989.92**	**173.30**
其中	人工费(元)			863.60	1 041.80	—	375.03	50.09
	材料费(元)			1 115.65	1 162.82	1 162.82	609.85	122.24
	机械费(元)			19.58	20.55	20.55	5.04	0.97
名称		单位	单价(元)	消耗量				
人工	二类人工	工日	135.00	6.397	7.717	—	2.778	0.371
材料	干混地面砂浆 DS M15.0	m^3	443.08	2.020	2.110	2.110	0.512	0.103
	聚合物胶乳	kg	9.48	—	—	—	40.400	8.080
	防水剂	kg	3.65	56.000	58.000	58.000	—	—
	水	m^3	4.27	3.800	3.800	3.800	—	—
机械	干混砂浆罐式搅拌机 20 000 L	台班	193.83	0.101	0.106	0.106	0.026	0.005

注:砖基防水砂浆防潮层人工已包括在墙基砌筑定额中。

2. 卷 材 防 水

(1)改性沥青卷材防水

工作内容: 清理基层,刷基底处理剂,收头钉压条等全部操作过程。 **计量单位:** 100 m^2

定额编号				9-47	9-48	9-49	9-50
项目				改性沥青卷材			
				热熔法一层		热熔法每增一层	
				平面	立面	平面	立面
基价(元)				**3 342.91**	**3 608.03**	**3 036.56**	**3 271.17**
其中	人工费(元)			297.14	515.70	254.75	442.80
	材料费(元)			3 045.77	3 092.33	2 781.81	2 828.37
	机械费(元)			—	—	—	—
名称		单位	单价(元)	消耗量			
人工	二类人工	工日	135.00	2.201	3.820	1.887	3.280
材料	弹性体改性沥青防水卷材 3.0 mm I G M	m^2	23.28	113.000	115.000	113.000	115.000
	改性沥青嵌缝油膏	kg	7.16	5.977	5.977	5.165	5.165
	冷底子油	kg	5.57	48.480	48.480	—	—
	液化石油气	kg	3.79	26.992	26.992	30.128	30.128

第十章　保温、隔热、防腐工程

一、保温、隔热

2. 屋面保温隔热

工作内容： 1. 基层清理，保温板裁割，运输，铺贴，清理；
2. 基层清理，发泡剂调制，运输，喷射，清理；
3. 基层清理，保温板裁割，砂浆调制，运输，铺贴，清理。

计量单位： 100 m^2

定额编号				10–30	10–31	10–32	10–33
项目				泡沫玻璃	聚氨酯硬泡（喷涂）		聚苯乙烯泡沫保温板
				厚度（mm）			
				30	40	每增减 5	50
基价（元）				**4 827.58**	**5 106.89**	**602.04**	**3 301.95**
其中	人工费（元）			713.31	794.84	61.07	479.42
	材料费（元）			4 112.72	4 002.65	500.52	2 821.29
	机械费（元）			1.55	309.40	40.45	1.24
名称		单位	单价（元）	消耗量			
人工	三类人工	工日	155.00	4.602	5.128	0.394	3.093
材料	泡沫玻璃 δ30	m^2	37.50	102.000	—	—	—
	异氰酸酯（黑料）	kg	22.41	—	105.000	13.130	—
	组合聚醚（白料）	kg	15.52	—	105.000	13.130	—
	聚苯乙烯泡沫板 δ50	m^2	25.22	—	—	—	102.000
	聚合物黏结砂浆	kg	1.60	171.360	—	—	146.880
	水	m^3	4.27	2.550	—	—	2.540
	其他材料费	元	1.00	2.66	20.00	2.50	3.00
机械	灰浆搅拌机 200 L	台班	154.97	0.010	—	—	0.008
	聚氨酯发泡机	台班	180.00	—	0.765	0.100	—
	电动空气压缩机 6 m^3/min	台班	224.45	—	0.765	0.100	—

注：泡沫玻璃厚度不同时，主材按比例调整，其余不变。

工作内容：清理基层，调制炉（矿）渣或混合料及铺填、养护。铺设棉毡、珍珠岩等材料。　　**计量单位：**10 m^3

定额编号				10–40	10–41	10–42	10–43
项目				炉（矿）渣混凝土	石灰炉（矿）渣	沥青玻璃棉毡	干铺珍珠岩
基价（元）				**4 461.19**	**2 396.55**	**1 986.10**	**2 216.42**
其中	人工费（元）			695.25	714.29	380.97	282.02
	材料费（元）			3 664.15	1 682.26	1 605.13	1 934.40
	机械费（元）			101.79	—	—	—
名称		单位	单价（元）	消耗量			
人工	二类人工	工日	135.00	5.150	5.291	2.822	2.089
材料	炉渣混凝土 CL7.5	m^3	361.00	10.150	—	—	—
	石灰炉（矿）渣 1∶4	m^3	165.74	—	10.150	—	—
	沥青玻璃棉	m^3	151.00	—	—	10.630	—
	沥青矿渣棉毡	m^3	—	—	—	（10.400）	—
	膨胀珍珠岩粉	m^3	155.00	—	—	—	12.480
机械	涡浆式混凝土搅拌机 500 L	台班	288.37	0.353	—	—	—

第十一章　楼地面装饰工程

一、找平层及整体面层

工作内容：清理基层、调运砂浆、抹平、压实。　　计量单位：100 m²

定额编号				11-1	11-2	11-3	11-4
项目				干混砂浆找平层（厚 mm）			素水泥浆一道
				混凝土或硬基层上	填充材料上	每增减 1	
				20			
基价（元）				1 746.27	2 236.68	62.85	180.25
其中	人工费（元）			803.21	1 058.19	15.81	133.77
	材料费（元）			923.29	1 153.68	46.07	46.48
	机械费（元）			19.77	24.81	0.97	—
名称		单位	单价（元）	消耗量			
人工	三类人工	工日	155.00	5.182	6.827	0.102	0.863
材料	干混地面砂浆 DS M20.0	m^3	443.08	2.040	2.550	0.102	—
	纯水泥浆	m^3	430.36	—	—	—	0.102
	水	m^3	4.27	0.400	0.400	—	—
	其他材料费	元	1.00	17.70	22.12	0.88	2.58
机械	干混砂浆罐式搅拌机 20 000 L	台班	193.83	0.102	0.128	0.005	—

工作内容：清理基层、调运砂浆、抹平、压光。　　计量单位：100 m²

定额编号				11-8	11-9	11-10
项目				干混砂浆楼地面（厚 mm）		
				混凝土或硬基层上	填充材料上	每增减 1
				20		
基价（元）				2 036.90	2 611.78	62.85
其中	人工费（元）			1 079.89	1 419.34	15.81
	材料费（元）			937.24	1 167.63	46.07
	机械费（元）			19.77	24.81	0.97
名称		单位	单价（元）	消耗量		
人工	三类人工	工日	155.00	6.967	9.157	0.102
材料	干混地面砂浆 DS M20.0	m^3	443.08	2.040	2.550	0.102
	水	m^3	4.27	3.600	3.600	—
	其他材料费	元	1.00	17.98	22.40	0.88
机械	干混砂浆罐式搅拌机 20 000 L	台班	193.83	0.102	0.128	0.005

二、块 料 面 层

工作内容：清理基层、试排弹线、锯板修边、铺抹结合层、铺贴饰面、清理净面；磨光、勾缝。　　**计量单位：**100 m²

定额编号				11–31	11–32
项目				石材楼地面	
				干混砂浆铺贴	黏结剂铺贴
基价（元）				**20 626.79**	**19 557.26**
其中	人工费（元）			3 341.18	2 390.10
	材料费（元）			17 265.84	17 167.16
	机械费（元）			19.77	—
名称		单位	单价（元）	消耗量	
人工	三类人工	工日	155.00	21.556	15.420
材料	天然石材饰面板	m²	159.00	102.000	102.000
	干混地面砂浆 DS M20.0	m³	443.08	0.510	—
	干混地面砂浆 DS M15.0	m³	443.08	1.530	—
	纯水泥浆	m³	430.36	0.101	—
	白色硅酸盐水泥 425# 二级白度	kg	0.59	10.200	—
	棉纱	kg	10.34	1.000	1.000
	石料切割锯片	片	27.17	0.615	0.615
	石材填缝剂	kg	2.59	—	10.200
	石材黏合剂	kg	1.08	—	768.750
	水	m³	4.27	2.300	1.150
	电	kW·h	0.78	11.070	11.070
	其他材料费	元	1.00	48.97	51.90
机械	干混砂浆罐式搅拌机 20 000 L	台班	193.83	0.102	—

工作内容：清理基层、试排弹线、浸泡、锯板修边、铺抹结合层、铺贴饰面、清理净面。　**计量单位：**100 m^2

定　额　编　号				11–44	11–45	11–46	11–47
项　　目				地砖楼地面（干混砂浆铺贴）（mm）			
				1 200 以内	2 000 以内	2 400 以内	2 400 以外
				密缝			
基　价（元）				**8 882.48**	**9 347.87**	**9 815.44**	**12 256.52**
其中	人工费（元）			3 194.40	3 127.28	3 239.50	3 385.67
	材料费（元）			5 668.31	6 200.82	6 556.17	8 851.08
	机械费（元）			19.77	19.77	19.77	19.77
名　称		单位	单价（元）	消　耗　量			
人工	三类人工	工日	155.00	20.609	20.176	20.900	21.843
材料	地砖 300 × 300	m^2	44.83	103.000	—	—	—
	地砖 500 × 500	m^2	50.00	—	103.000	—	—
	地砖 600 × 600	m^2	53.45	—	—	103.000	—
	地砖 800 × 800	m^2	75.00	—	—	—	104.000
	干混地面砂浆 DS M15.0	m^3	443.08	1.530	1.530	1.530	1.530
	干混地面砂浆 DS M20.0	m^3	443.08	0.510	0.510	0.510	0.510
	纯水泥浆	m^3	430.36	0.101	0.101	0.101	0.101
	白色硅酸盐水泥 425# 二级白度	kg	0.59	10.200	10.200	10.200	10.200
	棉纱头	kg	10.34	1.000	1.000	1.000	1.025
	锯木屑	m^3	21.55	0.600	0.600	0.600	0.600
	石料切割锯片	片	27.17	0.300	0.300	0.300	0.300
	水	m^3	4.27	2.300	2.300	2.300	2.300
	电	kW·h	0.78	9.060	9.060	9.060	9.060
	其他材料费	元	1.00	49.14	49.14	49.14	49.15
机械	干混砂浆罐式搅拌机 20 000 L	台班	193.83	0.102	0.102	0.102	0.102

五、踢　脚　线

工作内容：清理基层、试排弹线、锯板修边、铺抹结合层、铺贴饰面、清理净面。　　　　**计量单位：**100 m²

定额编号				11-95	11-96	11-97	11-98	11-99	11-100
项目				干混砂浆	石材	陶瓷地面砖	石材	陶瓷地面砖	玻璃
					干混砂浆铺贴		黏结剂铺贴		
基价（元）				**4 684.29**	**22 131.70**	**9 985.65**	**21 525.76**	**6 195.92**	**21 151.22**
其中	人工费（元）			3 449.68	4 744.71	5 768.17	2 868.12	2 484.96	5 346.88
	材料费（元）			1 209.99	17 377.10	4 207.59	18 657.64	3 710.96	15 804.34
	机械费（元）			24.62	9.89	9.89	—	—	—
名称		单位	单价（元）	消耗量					
人工	三类人工	工日	155.00	22.256	30.611	37.214	18.504	16.032	34.496
材料	天然石材饰面板	m^2	159.00	—	104.000	—	104.000	—	—
	陶瓷地砖 综合	m^2	32.76	—	—	104.000	—	104.000	—
	镭射玻璃 600×600×8	m^2	142.00	—	—	—	—	—	104.000
	干混地面砂浆 DS M15.0	m^3	443.08	1.520	1.010	1.010	—	—	—
	干混地面砂浆 DS M20.0	m^3	443.08	1.010	0.510	0.510	—	—	—
	纯水泥浆	m^3	430.36	—	0.101	0.101	—	—	—
	白色硅酸盐水泥 425# 二级白度	kg	0.59	—	14.280	14.280	14.280	14.280	—
	石料切割锯片	片	27.17	—	0.670	0.302	0.670	0.302	—
	石材黏合剂	kg	1.08	—	—	—	10.300	—	—
	石材填缝剂	kg	2.59	—	—	—	768.750	—	—
	陶瓷砖粘合剂	kg	0.43	—	—	—	—	461.250	—
	陶瓷砖填缝剂	kg	2.59	—	—	—	—	10.300	—
	玻璃胶 335 g	支	10.34	—	—	—	—	—	95.000
	棉纱头	kg	10.34	—	1.000	1.000	1.000	1.000	1.000
	水	m^3	4.27	4.280	2.200	2.200	1.100	1.100	—
	电	kW·h	0.78	—	9.060	4.530	9.060	4.530	—
	其他材料费	元	1.00	70.72	70.72	43.70	70.72	43.70	43.70
机械	干混砂浆罐式搅拌机 20 000 L	台班	193.83	0.127	0.051	0.051	—	—	—

六、楼梯面层

工作内容: 清理基层、调运砂浆、铺设面层;试排弹线、锯板修边、铺抹结合层,铺贴饰面、清理净面。　**计量单位:** 100 m²

定额编号				11-114	11-115	11-116	11-117	11-118	11-119
项目				石材	石材弧形楼梯	陶瓷地面砖	石材	石材弧形楼梯	陶瓷地面砖
				干混砂浆铺贴			黏结剂铺贴		
基价(元)				**29 628.36**	**35 517.40**	**13 573.02**	**27 811.30**	**33 169.08**	**9 389.53**
其中	人工费(元)			4 866.23	5 839.47	7 150.62	3 585.15	4 302.18	3 106.20
	材料费(元)			24 735.38	29 645.56	6 395.46	24 226.15	28 866.90	6 283.33
	机械费(元)			26.75	32.37	26.94	—	—	—
	名称	单位	单价(元)	消耗量					
人工	三类人工	工日	155.00	31.395	37.674	46.133	23.130	27.756	20.040
材料	天然石材饰面板	m²	159.00	144.690	173.628	—	144.690	173.628	—
	陶瓷地砖 综合	m²	32.76	—	—	144.690	—	—	144.690
	干混地面砂浆 DS M20.0	m³	443.08	3.221	3.809	3.252	—	—	—
	纯水泥浆	m³	430.36	0.146	0.146	0.146	—	—	—
	白色硅酸盐水泥 425# 二级白度	kg	0.59	13.923	16.065	13.913	—	—	—
	棉纱头	kg	10.34	1.365	1.638	1.365	—	—	—
	锯木屑	m³	21.55	0.819	0.983	0.819	—	—	—
	石材填缝剂	kg	2.59	—	—	—	12.240	12.240	—
	石材粘合剂	kg	1.08	—	—	—	922.500	922.500	—
	陶瓷砖黏合剂	kg	0.43	—	—	—	—	—	12.240
	陶瓷砖填缝剂	kg	2.59	—	—	—	—	—	553.500
	石料切割锯片	片	27.17	2.550	3.480	0.340	2.550	3.480	0.340
	电	kW·h	0.78	46.020	62.760	10.200	46.020	62.760	10.200
	水	m³	4.27	3.400	4.000	3.400	1.700	2.000	1.700
	其他材料费	元	1.00	80.00	80.00	80.00	80.00	80.00	80.00
机械	干混砂浆罐式搅拌机 20 000 L	台班	193.83	0.138	0.167	0.139	—	—	—

七、台阶装饰

工作内容: 清理基层、调运砂浆、铺设面层;试排弹线、锯板修边、铺抹结合层,铺贴饰面、清理净面。 **计量单位:** 100 m^2

定额编号				11-131	11-132
项目				干混砂浆	
				厚 20	每增减 1
基价(元)				**4 747.20**	**69.77**
其中	人工费(元)			3 344.14	—
	材料费(元)			1 373.80	68.22
	机械费(元)			29.27	1.55
名称		单位	单价(元)	消耗量	
人工	三类人工	工日	155.00	21.575	—
材料	干混地面砂浆 DS M20.0	m^3	443.08	2.990	0.151
	水	m^3	4.27	5.300	—
	其他材料费	元	1.00	26.36	1.31
机械	干混砂浆罐式搅拌机 20 000 L	台班	193.83	0.151	0.008

工作内容：清理基层、调运砂浆、铺设面层；试排弹线、锯板修边、铺抹结合层，铺贴饰面、清理净面。　**计量单位**：100 m^2

定额编号				11-133	11-134	11-135	11-136	11-137	11-138
项目				干混砂浆铺贴			黏结剂铺贴		
				石材	石材弧形台阶	陶瓷地面砖	石材	石材弧形台阶	陶瓷地面砖
基价（元）				**21 999.79**	**26 443.67**	**8 721.20**	**22 275.52**	**25 862.37**	**9 823.83**
其中	人工费（元）			4 463.85	6 250.38	4 135.56	4 805.00	5 525.75	5 974.32
	材料费（元）			17 507.25	20 152.39	4 556.37	17 470.52	20 336.62	3 849.51
	机械费（元）			28.69	40.90	29.27	—	—	—
名称		单位	单价（元）	消耗量					
人工	三类人工	工日	155.00	28.799	40.325	26.681	31.000	35.650	38.544
材料	天然石材饰面板	m^2	159.00	102.000	117.300	—	102.000	117.000	—
	陶瓷地砖 综合	m^2	32.76	—	—	102.000	—	—	102.000
	干混地面砂浆 DS M15.0	m^3	443.08	1.790	2.060	1.790	—	—	—
	干混地面砂浆 DS M20.0	m^3	443.08	0.510	0.590	0.510	—	—	—
	纯水泥浆	m^3	430.36	0.165	0.165	0.165	—	—	—
	白色硅酸盐水泥 425# 二级白度	kg	0.59	10.000	10.000	10.000	—	—	—
	棉纱头	kg	10.34	1.480	2.072	1.480	1.480	2.072	1.480
	锯木屑	m^3	21.55	0.888	1.243	0.890	—	—	—
	石料切割锯片	片	27.17	2.240	3.140	0.380	2.240	3.140	0.380
	电	kW·h	0.78	40.380	56.520	11.400	40.380	56.520	11.400
	水	m^3	4.27	3.854	5.388	3.550	1.927	2.694	1.775
	石材填缝剂	kg	2.59	—	—	—	13.110	18.350	—
	石材黏合剂	kg	1.08	—	—	—	974.700	1 364.600	—
	陶瓷砖黏合剂	kg	0.43	—	—	—	—	—	758.050
	陶瓷砖填缝剂	kg	2.59	—	—	—	—	—	34.720
	其他材料费	元	1.00	50.00	50.00	50.00	50.00	50.00	50.00
机械	干混砂浆罐式搅拌机 20 000 L	台班	193.83	0.148	0.211	0.151	—	—	—

第十二章 墙、柱面装饰与隔断、幕墙工程

一、墙面抹灰

1. 一般抹灰

工作内容:1. 基层清理、修补堵眼、湿润基层、调运砂浆、清扫落地灰;

2. 分层抹灰找平、面层压光(包括门窗洞口侧壁抹灰)等全过程。

计量单位:100 m^2

定额编号				12-1	12-2	12-3	12-4
项目				内墙	外墙	每增减 1	钢板网墙
				14+6			
基价(元)				**2 563.39**	**3 216.87**	**52.99**	**2 672.49**
其中	人工费(元)			1 498.23	2 151.71	—	1 687.95
	材料费(元)			1 042.68	1 042.68	51.83	963.80
	机械费(元)			22.48	22.48	1.16	20.74
名称		单位	单价(元)	消耗量			
人工	三类人工	工日	155.00	9.666	13.882	—	10.890
材料	干混抹灰砂浆 DP M15.0	m^3	446.85	2.320	2.320	0.116	—
	干混抹灰砂浆 DP M20.0	m^3	446.95	—	—	—	2.143
	水	m^3	4.27	0.700	0.700	—	0.700
	其他材料费	元	1.00	3.00	3.00	—	3.00
机械	干混砂浆罐式搅拌机 20 000 L	台班	193.83	0.116	0.116	0.006	0.107

2. 装 饰 抹 灰

（1）墙面装饰抹灰

工作内容：1. 清理基层、修补堵眼、湿润基层、调运砂浆、清扫落地灰；
2. 分层抹灰找平、抹装饰面、勾分格缝；
3. 分层抹灰，刷浆，找平，起线，赶平，压实，剁面。

计量单位：100 m^2

定额编号				12–10	12–11	12–12
项目				水刷石	干粘白石子	斩假石
基价（元）				**3 827.24**	**3 335.42**	**5 792.21**
其中	人工费（元）			2 767.22	2 307.02	4 846.54
	材料费（元）			1 039.56	1 009.79	924.24
	机械费（元）			20.46	18.61	21.43
名称		单位	单价（元）	消耗量		
人工	三类人工	工日	155.00	17.853	14.884	31.268
材料	干混抹灰砂浆 DP M20.0	m^3	446.95	1.285	1.928	1.385
	白石子 综合	t	187.00	—	0.754	—
	水泥白石屑浆 1∶2	m^3	258.85	—	—	1.154
	水泥白石子浆 1∶2	m^3	435.67	1.030	—	—
	水	m^3	4.27	3.159	0.954	0.820
	其他材料费	元	1.00	3.00	3.00	3.00
机械	灰浆搅拌机 200 L	台班	154.97	0.052	—	0.052
	干混砂浆罐式搅拌机 20 000 L	台班	193.83	0.064	0.096	0.069

（3）勾缝、打底

工作内容：1. 清扫墙面、修补湿润、堵墙眼、调运砂浆、清扫落地灰；
2. 刻瞎缝、勾缝、缺角修补等全过程。

计量单位：100 m^2

定额编号				12–15	12–16
项目				干混砂浆勾缝	打底找平 厚 15
基价（元）				**943.20**	**1 741.42**
其中	人工费（元）			917.91	1 009.05
	材料费（元）			24.71	716.86
	机械费（元）			0.58	15.51
名称		单位	单价（元）	消耗量	
人工	三类人工	工日	155.00	5.922	6.510
材料	干混抹灰砂浆 DP M20.0	m^3	446.95	0.050	—
	干混抹灰砂浆 DP M15.0	m^3	446.85	—	1.590
	水	m^3	4.27	0.320	0.790
	其他材料费	元	1.00	1.00	3.00
机械	干混砂浆罐式搅拌机 20 000 L	台班	193.83	0.003	0.080

工作内容：1. 清扫基层、素水泥浆调运、刷浆等全过程；
2. 清扫基层、界面剂调运、机喷面层等全过程；
3. 清扫基层、界面剂调运、抹面等全过程。

计量单位：100 m^2

定额编号				12–17	12–18	12–19	12–20
项目				刷素水泥浆		墙柱面界面剂喷涂	干粉型界面剂
				无 107 胶	有 107 胶		
基价（元）				**175.12**	**181.74**	**413.27**	**509.14**
其中	人工费（元）			124.78	124.78	274.04	378.98
	材料费（元）			50.34	56.96	99.56	130.16
	机械费（元）			—	—	39.67	—
名称		单位	单价（元）	消耗量			
人工	三类人工	工日	155.00	0.805	0.805	1.768	2.445
材料	纯水泥浆	m^3	430.36	0.110	—	—	—
	107 胶纯水泥浆	m^3	490.56	—	0.110	—	—
	界面剂	kg	1.73	—	—	37.080	—
	胶黏剂 干粉型	kg	2.24	—	—	—	52.000
	普通硅酸盐水泥 P·O 42.5 综合	kg	0.34	—	—	73.440	—
	黄砂 净砂（细砂）	t	102.00	—	—	0.073	—
	水	m^3	4.27	—	—	—	2.500
	其他材料费	元	1.00	3.00	3.00	3.00	3.00
机械	电动空气压缩机 0.6 m^3/min	台班	33.06	—	—	1.200	—

二、柱(梁)面抹灰

1. 一 般 抹 灰

工作内容: 基层清理、修补堵眼、湿润基层、调运砂浆、清扫落地灰。　　**计量单位:** 100 m^2

定 额 编 号				12-21	12-22
项 目				柱(梁)	打底找平
				14+6	厚 15
基 价 (元)				**3 134.91**	**1 876.43**
其中	人 工 费 (元)			2 095.76	1 109.96
	材 料 费 (元)			1 017.25	750.38
	机 械 费 (元)			21.90	16.09
名 称		单位	单价(元)	消 耗 量	
人工	三类人工	工日	155.00	13.521	7.161
材料	干混抹灰砂浆 DP M15.0	m^3	446.85	2.260	1.665
	水	m^3	4.27	0.790	0.790
	其他材料费	元	1.00	4.00	3.00
机械	干混砂浆罐式搅拌机 20 000 L	台班	193.83	0.113	0.083

四、墙面块料面层

2. 瓷砖、外墙面砖墙面

工作内容：1. 基层清理、修补、调运砂浆、砂浆打底、铺抹结合层；
2. 选料、贴瓷块、擦缝、清洁等全过程。

计量单位：100 m^2

定额编号				12-47	12-48	12-49
项目				瓷砖（干混砂浆）		
				周长（mm）		
				650 以内	1 200 以内	1 200 以上
基价（元）				**8 196.88**	**7 512.25**	**7 387.85**
其中	人工费（元）			5 247.06	4 562.43	3 877.79
	材料费（元）			2 944.78	2 944.78	3 505.02
	机械费（元）			5.04	5.04	5.04
名称		单位	单价（元）	消耗量		
人工	三类人工	工日	155.00	33.852	29.435	25.018
材料	瓷砖 152×152	m^2	25.86	102.000	—	—
	瓷砖 150×220	m^2	25.86	—	102.000	—
	瓷砖 500×500	m^2	31.03	—	—	103.000
	干混抹灰砂浆 DP M20.0	m^3	446.95	0.510	0.510	0.510
	纯水泥浆	m^3	430.36	0.100	0.100	0.100
	白色硅酸盐水泥 425# 二级白度	kg	0.59	20.600	20.600	20.600
	棉纱	kg	10.34	1.000	1.000	1.000
	石料切割锯片	片	27.17	0.237	0.237	0.306
	水	m^3	4.27	0.900	0.900	0.900
	其他材料费	元	1.00	3.30	3.30	3.30
机械	干混砂浆罐式搅拌机 20 000 L	台班	193.83	0.026	0.026	0.026

工作内容：1. 基层清理、修补、调运砂浆、砂浆打底、铺抹结合层；

2. 选料、贴瓷块、擦缝、清洁等全过程。　　**计量单位**：100 m^2

定额编号				12-53	12-54	12-55
项目				外墙面砖（干混砂浆）		
				周长（mm）		
				300 以内	600 以内	600 以上
基价（元）				**7 836.46**	**8 288.94**	**9 469.33**
其中	人工费（元）			5 695.17	4 951.94	4 208.72
	材料费（元）			2 134.31	3 330.41	5 254.60
	机械费（元）			6.98	6.59	6.01
名称		单位	单价（元）	消耗量		
人工	三类人工	工日	155.00	36.743	31.948	27.153
材料	瓷质外墙砖 45×95	m^2	21.55	80.270	—	—
	瓷质外墙砖 50×230	m^2	34.48	—	85.390	—
	瓷质外墙砖 200×200	m^2	51.72	—	—	94.770
	干混抹灰砂浆 DP M20.0	m^3	446.95	0.728	0.687	0.613
	纯水泥浆	m^3	430.36	0.100	0.100	0.100
	白色硅酸盐水泥 425# 二级白度	kg	0.59	20.600	20.600	20.600
	棉纱	kg	10.34	1.000	1.000	1.000
	石料切割锯片	片	27.17	0.237	0.237	0.237
	水	m^3	4.27	0.900	0.900	0.900
	其他材料费	元	1.00	3.30	3.30	3.30
机械	干混砂浆罐式搅拌机 20 000 L	台班	193.83	0.036	0.034	0.031

第十三章　天 棚 工 程

一、混凝土面天棚抹灰

工作内容: 1. 清理修补基层表面、堵眼、调运砂浆,清扫落地灰;
2. 抹灰找平、罩面及压光,包括小圆角抹光。

计量单位: 100 m^2

定额编号				13-1	13-2	13-3
项目				一般抹灰	石膏浆(厚 mm)	
					5	每增减 1
基价(元)				**2 023.19**	**1 203.66**	**121.34**
其中	人工费(元)			1 249.30	778.41	36.27
	材料费(元)			757.41	425.25	85.07
	机械费(元)			16.48	—	—
名称		单位	单价(元)	消耗量		
人工	三类人工	工日	155.00	8.060	5.022	0.234
材料	干混抹灰砂浆 DP M15.0	m^3	446.85	1.695	—	—
	石膏粉	kg	0.68	—	623.670	124.730
	水	m^3	4.27	—	0.270	0.060
机械	干混砂浆罐式搅拌机 20 000 L	台班	193.83	0.085	—	—

二、天 棚 吊 顶

1. 天 棚 骨 架

（2）轻钢龙骨、铝合金龙骨吊顶

工作内容： 1. 定位、弹线、找眼；
2. 吊件加工、焊接、选料、下料；
3. 安装龙骨及横撑附件等。

计量单位： 100 m^2

定额编号				13-8	13-9	13-10	13-11
项目				轻钢龙骨（U38 型）		轻钢龙骨（U50 型）	
				平面	侧面	平面	侧面
基价（元）				**2 868.11**	**2 891.95**	**3 644.70**	**3 647.69**
其中	人工费（元）			1 764.37	2 132.96	1 852.72	2 223.32
	材料费（元）			1 103.74	758.99	1 791.98	1 424.37
	机械费（元）			—	—	—	—
名称		单位	单价（元）	消耗量			
人工	三类人工	工日	155.00	11.383	13.761	11.953	14.344
材料	轻型龙骨 U38	m^2	7.33	103.000	103.000	—	—
	轻型龙骨 U50	m^2	13.79	—	—	103.000	103.000
	金属膨胀螺栓 M8 × 80	套	0.28	215.600	—	222.070	—
	吊杆	kg	5.17	33.170	—	36.640	—
	电焊条 E43 系列	kg	4.74	0.210	—	0.220	—
	普碳钢六角螺母 M8	百个	8.36	2.160	—	2.220	—
	垫圈	百个	17.24	4.310	—	4.440	—
	合金钢钻头 ϕ8	个	5.34	2.160	—	2.220	—
	其他材料费	元	1.00	12.00	4.00	12.00	4.00

2. 天棚基层

工作内容:基层清理、放样、安装面层、清理表面等。

计量单位:100 m²

定额编号				13-15	13-16	13-17	13-18	13-19
项目				细木工板				
				钉在木龙骨上		钉在轻钢龙骨上		每增加一层细木工板
				平面	侧面	平面	侧面	
基价(元)				**3 301.63**	**3 693.97**	**3 447.20**	**3 893.90**	**3 305.68**
其中	人工费(元)			1 059.43	1 371.75	1 114.92	1 443.83	1 063.30
	材料费(元)			2 242.20	2 322.22	2 332.28	2 450.07	2 242.38
	机械费(元)			—	—	—	—	—
名称		单位	单价(元)	消耗量				
人工	三类人工	工日	155.00	6.835	8.850	7.193	9.315	6.860
材料	细木工板 δ15	m²	21.12	105.000	108.000	105.000	108.000	105.000
	圆钉	kg	4.74	3.080	5.540	—	—	—
	自攻螺钉 M4×35	百个	2.89	—	—	36.220	53.670	—
	其他材料费	元	1.00	10.00	15.00	10.00	14.00	—
	枪钉	盒	6.47	—	—	—	—	3.830

工作内容:放样、下料、安装面层、清理表面等。

计量单位:100 m²

定额编号				13-22	13-23	13-24	13-25	13-26
项目				石膏板				
				安在U形轻钢龙骨上		钉在木龙骨上		每增加一层
				平面	侧面	平面	侧面	
基价(元)				**2 125.82**	**2 364.78**	**2 077.77**	**2 304.33**	**1 865.30**
其中	人工费(元)			999.75	1 202.80	951.70	1 142.35	759.50
	材料费(元)			1 126.07	1 161.98	1 126.07	1 161.98	1 105.80
	机械费(元)			—	—	—	—	—
名称		单位	单价(元)	消耗量				
人工	三类人工	工日	155.00	6.450	7.760	6.140	7.370	4.900
材料	纸面石膏板 1 200×2 400×9.5	m²	9.48	107.000	107.000	107.000	107.000	107.000
	自攻螺钉 M4×35	百个	2.89	34.500	44.850	34.500	44.850	29.910
	其他材料费	元	1.00	12.00	18.00	12.00	18.00	5.00

注:石膏板安在T形铝合金龙骨上时,套用安在U形轻钢龙骨上的定额,扣除自攻螺钉用量。

第十四章　油漆、涂料、裱糊工程

一、木门油漆

3. 调和漆、其他油漆

工作内容：清理基层、刮腻子、打磨、刷油漆等全部过程。　　**计量单位：**100 m²

定额编号				14-17	14-18	14-19	14-20
项目				单层木门			
				调和漆		裂纹漆	开放漆
				底油一遍、刮腻子、调和漆二遍	每增加一遍		四遍
基价（元）				**3 437.37**	**889.50**	**10 098.54**	**4 911.58**
其中	人工费（元）			2 730.02	535.99	4 978.29	4 421.84
	材料费（元）			707.35	353.51	5 120.25	489.74
	机械费（元）			—	—	—	—
名称		单位	单价（元）	消耗量			
人工	三类人工	工日	155.00	17.613	3.458	32.118	28.528
材料	无光调和漆	kg	13.79	24.960	24.960	—	—
	调和漆	kg	11.21	22.010	—	—	—
	清油	kg	14.22	1.750	—	19.482	—
	硝基磁漆	kg	12.48	—	—	46.025	—
	熟桐油	kg	11.17	4.250	—	—	—
	溶剂油	kg	2.29	8.210	—	—	—
	双酚不饱和聚酯树脂 A 型	kg	36.29	—	—	52.562	—
	石膏粉	kg	0.68	5.040	—	—	—
	其他材料费	元	1.00	21.83	9.31	100.40	13.14
	硝基清漆	kg	19.83	—	—	24.482	22.929
	硝基漆稀释剂 信那水	kg	13.79	—	—	6.432	—
	水砂纸	张	1.00	—	—	80.000	—
	木砂纸	张	1.03	—	—	—	21.280
	裂纹漆	kg	47.41	—	—	33.891	—

九、涂　　料

工作内容:清扫基层、刷涂料、打磨等全过程。　　　　**计量单位:**100 m^2

定额编号				14-128	14-129	14-130	14-131	14-132	14-133
项目				乳胶漆		涂料		硅藻泥涂料	
				墙、柱、天棚面				喷	刮
				二遍	每增减一遍	二遍	每增减一遍		
基价(元)				**1 108.92**	**548.44**	**624.75**	**234.97**	**5 001.54**	**5 870.20**
其中	人工费(元)			638.60	319.30	570.71	212.35	4 650.00	5 270.00
	材料费(元)			470.32	229.14	54.04	22.62	351.54	600.20
	机械费(元)			—	—	—	—	—	—
名称		单位	单价(元)	消耗量					
人工	三类人工	工日	155.00	4.120	2.060	3.682	1.370	30.000	34.000
材料	乳胶漆	kg	15.52	28.840	14.420	—	—	—	—
	普通内墙涂料 803 型	kg	1.03	—	—	35.720	17.860	—	—
	熟桐油	kg	11.17	—	—	0.630	—	—	—
	木砂纸	张	1.03	20.000	4.700	8.000	3.500	—	—
	其他材料费	元	1.00	2.12	0.50	1.97	0.62	20.00	20.00
	硅藻泥	kg	4.14	—	—	—	—	80.000	140.000
	水	m^3	4.27	—	—	—	—	0.080	0.140

第十五章　其他装饰工程

三、扶手、栏杆、栏板装饰

1. 栏　　杆

工作内容：放样、下料、拼装栏杆、扶手等。　　　　**计量单位：**10 m

定额编号				15-82	15-83	15-84	15-85
项目				不锈钢栏杆	木栏杆	型钢栏杆	铁艺栏杆
				不锈钢管扶手	木扶手	硬木扶手直形	铁扶手
基价（元）				**2 039.04**	**1 426.21**	**2 252.03**	**1 855.53**
其中	人工费（元）			661.23	587.76	765.08	498.33
	材料费（元）			1 242.29	838.45	1 320.20	1 340.26
	机械费（元）			135.52	—	166.75	16.94
名称		单位	单价（元）	消耗量			
人工	三类人工	工日	155.00	4.266	3.792	4.936	3.215
材料	不锈钢装饰圆管 ϕ63.5×2	m	42.93	10.600	—	—	—
	不锈钢装饰圆管 ϕ45×1.5	m	22.11	12.275	—	—	—
	不锈钢装饰圆管 ϕ25.4×1.5	m	11.75	31.800	—	—	—
	不锈钢焊丝 1.1~3	kg	47.41	0.803	—	—	—
	不锈钢法兰底座 63	个	6.30	13.246	—	—	—
	环氧树脂	kg	15.52	0.193	—	—	—
	氩气	m^3	7.00	2.271	—	—	—
	铈钨棒	g	0.40	4.412	—	—	—
	木扶手　宽 65	m	24.86	—	10.200	—	—
	木栏杆　宽 40	m	7.76	—	48.960	—	—
	硬木扶手	m	85.43	—	—	10.600	—
	钢栏杆	kg	6.90	—	—	—	165.201
	铁件　综合	kg	6.90	—	27.163	—	—
	碳素结构钢焊接钢管 *DN*50×3.8	kg	3.88	—	—	—	50.750
	沉头木螺钉 *L*30	个	0.03	—	445.200	—	—
	低碳钢焊条 J422 ϕ4.0	kg	4.74	—	—	—	0.730
	热轧光圆钢筋 综合	kg	3.97	—	—	51.820	—
	扁钢 Q235 B 2×40	kg	4.04	—	—	12.730	—
	扁钢 Q235 B 3×30	kg	4.04	—	—	32.810	—
	圆钉	kg	4.74	—	—	0.170	—
	电焊条 E43 系列	kg	4.74	—	—	4.080	—
	木螺丝 M4×40	百个	4.65	—	—	1.030	—
	其他材料费	元	1.00	—	4.17	—	—
机械	交流弧焊机 32 kV·A	台班	92.84	—	—	1.530	—
	氩弧焊机 500 A	台班	97.67	0.900	—	—	—
	管子切断机 150 mm	台班	29.76	1.600	—	0.830	—
	交流弧焊机 21 kV·A	台班	63.33	—	—	—	0.030
	钢材电动煨弯机 500 mm 以内	台班	53.71	—	—	—	0.280

第十七章　构筑物、附属工程

六、墙脚护坡、明沟、翼墙、台阶

工作内容：挖土、夯实、铺石，砌砖，调制砂浆，抹灰，混凝土浇捣、养护。　　计量单位：100 m^2

定额编号				17-179	17-180	17-181	17-182	17-183
项目				墙脚护坡			明沟	
				混凝土面	毛石		混凝土	砖砌
					干铺	灌浆	10 m	
基价（元）				**7 884.77**	**3 744.49**	**5 383.43**	**608.44**	**614.50**
其中	人工费（元）			2 274.08	1 266.30	1 699.11	253.40	174.42
	材料费（元）			5 573.18	2 455.49	3 626.73	351.60	436.95
	机械费（元）			37.51	22.70	57.59	3.44	3.13
名称		单位	单价（元）	消耗量				
人工	二类人工	工日	135.00	16.845	9.380	12.586	1.877	1.292
材料	混凝土实心砖 240×115×53 MU10	千块	388.00	—	—	—	—	0.260
	非泵送商品混凝土 C15	m^3	399.00	8.120	—	—	0.590	0.400
	木模板	m^3	1 445.00	0.030	—	—	0.020	—
	干混砌筑砂浆 DM M5.0	m^3	397.23	—	—	3.600	—	—
	干混地面砂浆 DS M20.0	m^3	443.08	0.570	—	—	0.060	0.230
	圆钉	kg	4.74	0.400	—	—	0.200	—
	块石 200~500	t	77.67	—	28.200	28.200	—	—
	碎石 综合	t	102.00	19.600	2.600	—	0.560	0.700
	水	m^3	4.27	8.500	—	1.500	0.500	0.600
	其他材料费	元	1.00	—	—	—	0.50	0.60
机械	干混砂浆罐式搅拌机 20 000 L	台班	193.83	0.029	—	0.180	0.003	0.012
	混凝土振捣器 平板式	台班	12.54	1.296	—	—	0.096	0.064
	木工圆锯机 500 mm	台班	27.50	0.120	—	—	0.060	—
	电动夯实机 250 N·m	台班	28.03	0.440	0.810	0.810	—	—

注：毛石墙脚护坡厚度为 15 cm、混凝土墙角护坡厚度为 8 cm。如设计不同，有关材料、机械按比例调整，其余不变。

工作内容：挖土、夯实、铺石，砌砖，调制砂浆，抹灰，混凝土浇捣、养护。　　**计量单位**：10 m^2

定额编号				17-184	17-185	17-186	17-187	17-188	17-189
项目				翼墙（10 座）		台阶		方整石台阶	坡道
				水泥砂浆面	斩假石面	砖砌	混凝土	10 m^3	
基价（元）				**1 805.41**	**2 661.32**	**2 518.38**	**2 190.56**	**6 961.92**	**1 050.53**
其中	人工费（元）			669.20	1 521.59	970.38	836.19	3 228.53	309.96
	材料费（元）			1 125.55	1 130.04	1 536.76	1 346.71	3 717.11	738.56
	机械费（元）			10.66	9.69	11.24	7.66	16.28	2.01
名称		单位	单价（元）	消耗量					
人工	二类人工	工日	135.00	4.957	11.271	7.188	6.194	23.915	2.296
材料	混凝土实心砖 240×115×53 MU10	千块	388.00	1.430	1.430	1.950	—	—	—
	非泵送商品混凝土 C15	m^3	399.00	—	—	—	2.110	—	1.020
	干混砌筑砂浆 DM M5.0	m^3	397.23	—	—	—	—	1.680	—
	木模板	m^3	1 445.00	—	—	—	0.050	—	—
	干混抹灰砂浆 DP M15.0	m^3	446.85	1.090	0.990	1.160	0.270	—	—
	水泥白石屑浆 1∶2	m^3	258.85	—	0.190	—	—	—	—
	纯水泥浆	m^3	430.36	—	—	—	0.020	—	—
	方整石	m^3	293.00	—	—	—	—	10.400	—
	块石 200~500	t	77.67	—	—	—	—	—	3.800
	碎石 综合	t	102.00	0.820	0.820	2.400	2.800	—	0.340
	塑料薄膜	m^2	0.86	—	—	16.800	16.800	—	—
	水	m^3	4.27	—	—	0.600	0.600	0.600	0.410
	其他材料费	元	1.00	—	—	—	0.70	—	—
机械	干混砂浆罐式搅拌机 20 000 L	台班	193.83	0.055	0.050	0.058	0.014	0.084	—
	混凝土振捣器 平板式	台班	12.54	—	—	—	—	—	0.160
	木工圆锯机 500 mm	台班	27.50	—	—	—	0.180	—	—

注：1. 四步以上翼墙、台阶，应按土方、垫层、抹灰等相应定额分别计算。

2. 弧形混凝土台阶按基础弧形边增加费另行计算，弧形砖砌台阶按砌筑工程规定调整砖块及其砌筑砂浆用量。

第十八章 脚手架工程

一、综合脚手架

1. 混凝土结构

工作内容：材料搬运；搭、拆脚手架、挡脚板、安全网、上下翻板子等全部过程；拆除脚手架后的材料堆放。

计量单位：100 m^2

定额编号				18-5	18-6	18-7	18-8
项目				檐高（m 以内）			
				20		30	
				层高（m 以内）			
				6	每增加 1	6	每增加 1
基价（元）				**2 255.20**	**224.27**	**2 841.15**	**253.00**
其中	人工费（元）			1 320.71	132.44	1 468.94	147.02
	材料费（元）			842.93	84.08	1 259.96	94.53
	机械费（元）			91.56	7.75	112.25	11.45
名称		单位	单价（元）	消耗量			
人工	二类人工	工日	135.00	9.783	0.981	10.881	1.089
材料	脚手架钢管	kg	3.62	82.689	8.272	88.076	8.810
	脚手架扣件	只	5.22	24.850	2.490	25.690	2.570
	脚手架钢管底座	个	5.69	0.550	—	0.370	—
	竹脚手片	m^2	8.19	17.880	1.790	21.960	2.200
	钢脚手板	kg	4.74	5.290	0.530	5.290	0.530
	安全网	m^2	7.76	20.750	2.080	24.650	2.470
	预埋铁件	kg	3.75	0.820	0.080	2.670	0.270
	镀锌铁丝 8#	kg	6.55	0.550	0.060	0.270	0.030
	镀锌铁丝 18#	kg	6.55	3.590	0.360	3.660	0.370
	六角带帽螺栓 ϕ12	kg	5.47	—	—	1.260	0.130
	碎石 综合	t	102.00	—	—	0.290	—
	素混凝土块 C20	m^3	338.00	—	—	0.820	—
	红丹防锈漆	kg	6.90	4.040	0.400	4.290	0.430
	溶剂油	kg	2.29	0.460	0.050	0.490	0.050
	其他材料费	元	1.00	19.10	1.90	28.60	2.10
机械	载货汽车 4 t	台班	369.21	0.248	0.021	0.300	0.031
	交流弧焊机 32 kV·A	台班	92.84	—	—	0.010	—
	电动夯实机 250 N·m	台班	28.03	—	—	0.020	—

注：砖混结构执行混凝土结构定额。

二、单项脚手架

工作内容： 材料搬运；搭设、拆除脚手架，铺、翻脚手板等全过程；拆除脚手架后的材料堆放。

定额编号				18–44	18–45	18–46	18–47	18–48
项目				内墙脚手架		砖柱脚手架	满堂脚手架	
				高度（m）			基本层 3.6~5.2 m	每增加 1.2 m
				3.6 以内	3.6 以上			
计量单位				100 m^2		每 10 m 高	100 m^2	
基价（元）				**202.35**	**599.61**	**390.23**	**987.36**	**198.00**
其中	人工费（元）			140.00	453.87	233.96	805.95	159.30
	材料费（元）			43.15	126.54	121.93	147.07	30.95
	机械费（元）			19.20	19.20	34.34	34.34	7.75
名称		单位	单价（元）	消耗量				
人工	二类人工	工日	135.00	1.037	3.362	1.733	5.970	1.180
材料	脚手架钢管	kg	3.62	3.867	13.732	12.191	17.568	5.108
	脚手架扣件	只	5.22	—	4.640	3.670	4.467	1.903
	脚手架钢管底座	个	5.69	—	0.170	0.260	0.380	—
	竹脚手片	m^2	8.19	—	3.600	3.280	4.000	—
	钢脚手板	kg	4.74	6.150	—	—	—	—
	安全网	m^2	7.76	—	—	1.600	—	—
	镀锌铁丝 8#	kg	6.55	—	—	0.190	—	—
	镀锌铁丝 18#	kg	6.55	—	2.180	1.450	2.400	—
	红丹防锈漆	kg	6.90	—	0.710	0.620	0.910	0.269
	溶剂油	kg	2.29	—	0.080	0.070	0.103	0.031
	其他材料费	元	1.00	—	2.80	2.70	3.00	0.60
机械	载货汽车 4 t	台班	369.21	0.052	0.052	0.093	0.093	0.021

第十九章 垂直运输工程

一、建 筑 物

1. 地 下 室

工作内容：单位工程合理工期内完成全部地下室工程所需要的垂直运输。 **计量单位：**100 m^2

定额编号				19-1	19-2	19-3
项目				地下室层数		
				一层	二层	三层及四层
基价（元）				**3 974.00**	**2 524.33**	**2 042.97**
其中	人工费（元）			—	—	—
	材料费（元）			—	—	—
	机械费（元）			3 974.00	2 524.33	2 042.97
名称		单位	单价（元）	消耗量		
机械	自升式塔式起重机 800 kN·m	台班	621.91	6.390	4.059	3.285

2. 混凝土结构

工作内容：单位工程合理工期内完成除地下室外全部工程所需要的垂直运输。 **计量单位：**100 m^2

定额编号				19-4	19-5	19-6	19-7
项目				建筑物檐高（m 以内）			
				20	30	50	70
基价（元）				**1 620.33**	**2 437.22**	**3 531.30**	**4 211.48**
其中	人工费（元）			—	—	—	—
	材料费（元）			—	—	—	—
	机械费（元）			1 620.33	2 437.22	3 531.30	4 211.48
名称		单位	单价（元）	消耗量			
机械	自升式塔式起重机 400 kN·m	台班	572.07	1.680	—	—	—
	自升式塔式起重机 600 kN·m	台班	596.43	—	2.936	3.680	—
	自升式塔式起重机 800 kN·m	台班	621.91	—	—	—	4.080
	双笼施工电梯 2×1 t 100 m	台班	353.09	—	—	3.734	4.671
	电动卷扬机 - 单筒快速 5 kN	台班	157.60	3.880	4.038	—	—
	卷扬机井架 30 m	台班	12.31	3.880	4.038	—	—
	对讲机（一对）	台班	4.61	—	—	3.904	5.381

第二十章　建筑物超高施工增加费

一、建筑物超高人工降效增加费

工作内容:1. 工人上下班降低工效、上下楼及自然休息增加时间;
2. 垂直运输影响的时间。

计量单位:万元

定额编号				20-1	20-2	20-3	20-4	20-5
项目				建筑物檐高(m 以内)				
				30	50	70	90	100
基价(元)				**200.00**	**570.00**	**1 013.00**	**1 434.00**	**1 744.80**
其中	人工费(元)			200.00	570.00	1 013.00	1 434.00	1 744.80
	材料费(元)			—	—	—	—	—
	机械费(元)			—	—	—	—	—
名称		单位	单价(元)	消耗量				
人工	人工费	元	1.00	200.00	570.00	1 013.00	1 434.00	1 744.80

二、建筑物超高机械降效增加费

工作内容:建筑物超高引起的有关机械使用效率降低。

计量单位:万元

定额编号				20-11	20-12	20-13	20-14	20-15
项目				建筑物檐高(m 以内)				
				30	50	70	90	100
基价(元)				**200.00**	**570.00**	**1 013.00**	**1 434.00**	**1 744.80**
其中	人工费(元)			—	—	—	—	—
	材料费(元)			—	—	—	—	—
	机械费(元)			200.00	570.00	1 013.00	1 434.00	1 744.80
名称		单位	单价(元)	消耗量				
机械	机械费	元	1.00	200.00	570.00	1 013.00	1 434.00	1 744.80

三、建筑物超高加压水泵台班及其他费用

工作内容: 包括由于水压不足所发生的加压用水泵台班及其他费用。

计量单位: 100 m^2

定额编号				20-21	20-22	20-23	20-24	20-25
项目				建筑物檐高(m 以内)				
				30	50	70	90	100
基价(元)				**192.32**	**578.53**	**733.87**	**840.42**	**901.50**
其中	人工费(元)			—	—	—	—	—
	材料费(元)			100.00	229.00	281.00	308.00	318.00
	机械费(元)			92.32	349.53	452.87	532.42	583.50
名称		单位	单价(元)	消耗量				
材料	其他费用	元	1.00	100.00	229.00	281.00	308.00	318.00
机械	电动多级离心清水泵 $\phi 50$	台班	53.99	1.710	—	—	—	—
	电动多级离心清水泵 $\phi 100$ $h \leqslant 120$ m	台班	167.48	—	2.087	2.704	3.179	3.484

附录

一、砂浆、混凝土强度等级配合比

1. 砂浆配合比

(1)砌筑砂浆

计量单位: m^3

定额编号			1	2	3	4
项目			混合砂浆			
			强度等级			
			M2.5	M5.0	M7.5	M10.0
基价(元)			**219.46**	**227.82**	**228.35**	**231.51**
名称	单位	单价(元)	消耗量			
普通硅酸盐水泥 P·O 42.5 综合	kg	0.34	141.000	164.000	187.000	209.000
石灰膏	m^3	270.00	0.113	0.115	0.088	0.072
黄砂 净砂	t	92.23	1.515	1.515	1.515	1.515
水	m^3	4.27	0.300	0.300	0.300	0.300

计量单位：m^3

定额编号			7	8	9	10
项目			水泥砂浆			
			强度等级			
			M2.5	M5.0	M7.5	M10.0
基价（元）			**209.01**	**212.41**	**215.81**	**222.61**
名称	单位	单价（元）	消耗量			
普通硅酸盐水泥 P·O 42.5 综合	kg	0.34	200.000	210.000	220.000	240.000
黄砂 净砂	t	92.23	1.515	1.515	1.515	1.515
水	m^3	4.27	0.300	0.300	0.300	0.300

计量单位：m^3

定额编号			11	12
项目			干硬水泥砂浆	
			1∶2	1∶3
基价（元）			**274.55**	**244.35**
名称	单位	单价（元）	消耗量	
普通硅酸盐水泥 P·O 42.5 综合	kg	0.34	462.000	339.000
黄砂 净砂	t	92.23	1.269	1.395
水	m^3	4.27	0.100	0.100

计量单位：m^3

定额编号			13	14	15	16	17	18
项目			石灰砂浆			石灰黄泥浆		防水砂浆
			1∶2	1∶2.5	1∶3	1∶2.5	1∶3	
基价（元）			**251.34**	**249.67**	**236.24**	**131.26**	**120.86**	**359.03**
名称	单位	单价（元）	消耗量					
石灰膏	m^3	270.00	0.450	0.396	0.336	0.400	0.360	—
普通硅酸盐水泥 P·O 42.5 综合	kg	0.34	—	—	—	—	—	462.000
黄砂 净砂	t	92.23	1.380	1.520	1.550	—	—	1.198
黄泥	m^3	19.90	—	—	—	1.040	1.060	—
防水剂	kg	3.65	—	—	—	—	—	24.705
水	m^3	4.27	0.600	0.600	0.600	0.600	0.600	0.300

(2)抹灰砂浆

计量单位：m^3

定额编号			19	20	21	22	23	24
项目			水泥砂浆					
			1∶1	1∶1.5	1∶2	1∶2.5	1∶3	1∶4
基价(元)			**294.20**	**278.48**	**268.85**	**252.49**	**238.10**	**243.43**
名称	单位	单价(元)	消耗量					
普通硅酸盐水泥 P·O 42.5 综合	kg	0.34	638.000	534.000	462.000	393.000	339.000	295.000
黄砂 净砂	t	92.23	0.824	1.037	1.198	1.275	1.318	1.538
水	m^3	4.27	0.300	0.300	0.300	0.300	0.300	0.300

计量单位：m^3

定额编号			41	42	43	44	45	46
项目			混合砂浆					
			1∶1∶1	1∶1∶2	1∶1∶4	1∶1∶6	1∶2∶1	1∶3∶9
基价(元)			**313.95**	**297.56**	**276.85**	**250.72**	**317.30**	**273.89**
名称	单位	单价(元)	消耗量					
普通硅酸盐水泥 P·O 42.5 综合	kg	0.34	391.000	318.000	229.000	170.000	282.000	108.000
石灰膏	m^3	270.00	0.467	0.378	0.274	0.203	0.672	0.386
黄砂 净砂	t	92.23	0.570	0.922	1.330	1.472	0.408	1.416
水	m^3	4.27	0.550	0.550	0.550	0.550	0.550	0.550

计量单位：m^3

定额编号			47	48	49	50
项目			石灰砂浆			
			1∶2	1∶2.5	1∶3	1∶4
基价(元)			**251.34**	**249.67**	**236.24**	**213.83**
名称	单位	单价(元)	消耗量			
石灰膏	m^3	270.00	0.450	0.396	0.336	0.253
黄砂 净砂	t	92.23	1.380	1.520	1.550	1.550
水	m^3	4.27	0.600	0.600	0.600	0.600

2. 普通混凝土配合比

(1)现浇现拌混凝土

计量单位:m^3

定　额　编　号			104	105	106	107	108	109
项　　　目			碎石(最大粒径:20 mm)					
			混凝土强度等级					
			C15	C20	C25	C30	C35	C40
基　价(元)			**287.78**	**292.53**	**304.43**	**313.43**	**324.92**	**340.88**
名　称	单位	单价(元)	消　耗　量					
普通硅酸盐水泥 P·O 42.5 综合	kg	0.34	250.000	283.000	332.000	380.000	428.000	492.000
黄砂 净砂	t	92.23	0.891	0.854	0.767	0.670	0.653	0.578
碎石 综合	t	102.00	1.174	1.144	1.176	1.192	1.160	1.171
水	m^3	4.27	0.200	0.200	0.200	0.200	0.200	0.200

计量单位:m^3

定　额　编　号			114	115	116	117	118	119
项　　　目			碎石(最大粒径:40 mm)					
			混凝土强度等级					
			C10	C15	C20	C25	C30	C35
基　价(元)			**269.57**	**276.46**	**284.89**	**298.96**	**305.80**	**316.52**
名　称	单位	单价(元)	消　耗　量					
普通硅酸盐水泥 P·O 42.5 综合	kg	0.34	162.000	202.000	246.000	300.000	341.000	385.000
黄砂 净砂	t	92.23	0.989	0.913	0.820	0.747	0.691	0.676
碎石 综合	t	102.00	1.201	1.204	1.224	1.248	1.229	1.201
水	m^3	4.27	0.180	0.180	0.180	0.180	0.180	0.180

(4)泵送混凝土

计量单位:m^3

定　额　编　号			160	161	162	163	164	165
项　　　目			碎石(最大粒径:20 mm)					
			混凝土强度等级					
			C20	C25	C30	C35	C40	C45
基　价(元)			**294.58**	**312.70**	**319.26**	**335.58**	**342.89**	**362.22**
名　称	单位	单价(元)	消　耗　量					
普通硅酸盐水泥 P·O 42.5 综合	kg	0.34	373.000	426.000	445.000	493.000	527.000	—
普通硅酸盐水泥 P·O 52.5 综合	kg	0.39	—	—	—	—	—	504.000
黄砂 净砂	t	92.23	0.780	0.770	0.760	0.760	0.670	0.680
碎石 综合	t	102.00	0.930	0.940	0.950	0.950	0.990	1.000
水	m^3	4.27	0.225	0.225	0.225	0.225	0.220	0.220

6. 干混砂浆配合比

(1)砌筑砂浆

计量单位:m^3

定额编号			239	240	241	242	243
项目			强度等级				
			M5.0	M7.5	M10.0	M15.0	M20.0
基价(元)			**397.23**	**413.73**	**413.73**	**430.23**	**446.81**
名称	单位	单价(元)	消耗量				
干混砌筑砂浆 DM M5.0	kg	0.24	1 650.000	—	—	—	—
干混砌筑砂浆 DM M7.5	kg	0.25	—	1 650.000	—	—	—
干混砌筑砂浆 DM M10.0	kg	0.25	—	—	1 650.000	—	—
干混砌筑砂浆 DM M15.0	kg	0.26	—	—	—	1 650.000	—
干混砌筑砂浆 DM M20.0	kg	0.27	—	—	—	—	1 650.000
水	m^3	4.27	0.289	0.289	0.289	0.289	0.306

(2)抹灰砂浆

计量单位:m^3

定额编号			244	245	246	247
项目			强度等级			
			M5.0	M10.0	M15.0	M20.0
基价(元)			**413.85**	**430.35**	**446.85**	**446.95**
名称	单位	单价(元)	消耗量			
干混抹灰砂浆 DP M5.0	kg	0.25	1 650.000	—	—	—
干混抹灰砂浆 DP M10.0	kg	0.26	—	1 650.000	—	—
干混抹灰砂浆 DP M15.0	kg	0.27	—	—	1 650.000	—
干混抹灰砂浆 DP M20.0	kg	0.27	—	—	—	1 650.000
水	m^3	4.27	0.315	0.315	0.315	0.340

二、单独计算的台班费用

1. 塔式起重机、施工电梯基础费用

计量单位：座

定额编号				1001	1002
项目				固定式基础（带配重）	施工电梯固定式基础
台班单价（元）				**24 823.47**	**6 231.39**
费用组成	人工费（元）			2 095.20	1 620.00
	材料费（元）			22 653.52	4 524.86
	机械费（元）			74.75	86.53
	名称	单位	单价（元）	用量	
工料机用量	二类人工	工日	135.00	15.520	12.000
	非泵送商品混凝土 C30	m^3	438.00	31.720	6.150
	钢模板	kg	5.96	25.250	5.560
	木模板	m^3	1 445.00	0.106	0.108
	黄砂 净砂（中粗砂）	t	102.00	7.561	4.320
	块石	t	77.67	—	3.900
	热轧光圆钢筋 综合	t	3 966.00	1.906	0.205
	零星卡具	kg	5.88	2.610	2.650
	水	t	4.27	6.370	6.510
	其他材料费	元	—	83.540	42.000
	电动夯实机 250 N·m	台班	28.03	0.108	0.110
	汽车式起重机 8 t	台班	648.48	0.008	0.008
	载货汽车 6 t	台班	396.42	0.029	0.029
	机动翻斗车 1 t	台班	197.36	0.215	0.218
	钢筋调直机 14 mm	台班	37.97	0.105	0.064
	钢筋切断机 40 mm	台班	43.28	0.140	0.075
	木工圆锯机 500 mm	台班	27.50	0.093	0.094
	交流弧焊机 32 kV·A	台班	92.84	—	0.123
	对焊机 75 kV·A	台班	119.25	—	0.034

2. 安拆费用

计量单位：台次

定额编号				2001	2002	2003	2004	2005	2006	2007
项目				自升式塔式起重机	柴油打桩机	静力压桩机(kN)				
						900	1 200以内	1 600以内	4 000以内	10 000以内
台班单价（元）				**25 938.52**	**7 968.86**	**6 291.34**	**8 168.57**	**10 728.63**	**13 514.06**	**15 098.86**
费用组成	人工费（元）			12 825.00	4 320.00	3 240.00	4 050.00	5 400.00	6 750.00	6 750.00
	材料费（元）			299.44	50.00	25.00	30.00	30.00	40.00	40.00
	机械费（元）			12 814.08	3 598.86	3 026.34	4 088.57	5 298.63	6 724.06	8 308.86
名称		单位	单价（元）	用量						
工料机用量	二类人工	工日	135.00	95.000	32.000	24.000	30.000	40.000	50.000	50.000
	镀锌铁丝 综合	kg	5.40	50.000	5.000	—	—	—	—	—
	镀锌六角螺栓M12×50	个	0.46	64.000	50.000	—	—	—	—	—
	其他材料费	元	—	—	—	25.000	30.000	30.000	40.000	40.000
	自升式塔式起重机 2 500 kN·m	台班	1 023.35	0.500	—	—	—	—	—	—
	履带式柴油打桩机 3.5 t	台班	832.40	—	0.500	—	—	—	—	—
	汽车式起重机 8 t	台班	648.48	—	2.000	1.000	1.000	1.000	2.000	2.000
	汽车式起重机 20 t	台班	942.85	5.000	2.000	2.000	3.000	4.000	4.000	5.000
	汽车式起重机 40 t	台班	1 517.63	5.000	—	—	—	—	—	—
	静力压桩机(液压) 900 kN	台班	984.32	—	—	0.500	—	—	—	—
	静力压桩机(液压) 1 200 kN	台班	1 223.08	—	—	—	0.500	—	—	—
	静力压桩机(液压) 1 600 kN	台班	1 757.50	—	—	—	—	0.500	—	—
	静力压桩机(液压) 4 000 kN	台班	3 311.40	—	—	—	—	—	0.500	—
	静力压桩机(液压) 10 000 kN	台班	4 595.30	—	—	—	—	—	—	0.500

3. 场外运输费用

计量单位:台次

定额编号				3018	3020	3021	3022	3023
项目				自升式塔式起重机	施工电梯(高度 m)			
					50	100	130	200
台班单价 (元)				**16 593.97**	**9 065.37**	**11 185.49**	**15 359.11**	**17 984.75**
费用组成	人工费(元)			3 780.00	1 350.00	1 890.00	2 700.00	2 970.00
	材料费(元)			202.68	74.00	102.90	139.90	176.90
	机械费(元)			9 574.03	5 549.36	6 611.32	8 974.80	10 687.52
	架线(元)			271.60	—	—	—	—
	回程费(元)			2 765.66	2 092.01	2 581.27	3 544.41	4 150.33
名称		单位	单价(元)	用量				
工料机用量	二类人工	工日	135.00	28.000	10.000	14.000	20.000	22.000
	镀锌铁丝 综合	kg	5.40	10.000	7.000	9.000	12.500	16.000
	草袋	个	3.62	37.000	10.000	15.000	20.000	25.000
	枕木	m^3	2 457.00	0.006	—	—	—	—
	汽车式起重机 20 t	台班	942.85	4.000	—	—	—	—
	载货汽车 15 t	台班	653.04	4.000	3.000	3.500	5.000	6.000
	平板拖车组 40 t	台班	1 071.11	1.000	—	—	—	—
	汽车式起重机 8 t	台班	648.48	2.000	3.000	3.500	5.000	6.000
	载货汽车 8 t	台班	411.20	2.000	4.000	5.000	6.000	7.000
	架线	次	388.00	0.700	—	—	—	—
	回程费	%	—	20	30	30	30	30

四、人工、材料（半成品）、机械台班单价取定表（部分）

序号	材料名称	型号规格	单位	单价（元）
519	泵送商品混凝土	C20	m^3	431
520	泵送商品混凝土	C30	m^3	461
521	泵送防水商品混凝土	C20/P6	m^3	444
522	泵送防水商品混凝土	C30/P8	m^3	460
523	泵送防水商品混凝土	C35/P8	m^3	484
524	非泵送商品混凝土	C15	m^3	399
525	非泵送商品混凝土	C20	m^3	412
526	非泵送商品混凝土	C25	m^3	421
527	非泵送商品混凝土	C30	m^3	438
……	……	……	……	……
1508	灰浆搅拌机	200 L	台班	154.97
1509	灰浆搅拌机	400 L	台班	161.27

附录 2 房屋建筑与装饰工程工程量计算规范（部分）

附录 A　土石方工程

项目编码	项目名称	项目特征	计量单位	工程量计算规则	工作内容
010101001	平整场地	1. 土壤类别； 2. 弃土运距； 3. 取土运距	m^2	按设计图示尺寸以建筑物首层建筑面积计算	1. 土方挖填； 2. 场地找平； 3. 运输
010101002	挖一般土方	1. 土壤类别； 2. 挖土深度； 3. 弃土运距	m^3	按设计图示尺寸以体积计算	1. 排地表水； 2. 土方开挖； 3. 围护（挡土板）及拆除； 4. 基底钎探； 5. 运输
010101003	挖沟槽土方			按设计图示尺寸以基础垫层底面积乘以挖土深度计算	
010101004	挖基坑土方				
010103001	回填方	1. 密实度要求； 2. 填方材料品种； 3. 填方粒径要求； 4. 填方来源、运距		按设计图示尺寸以体积计算。 1. 场地回填：回填面积乘以平均回填厚度。 2. 室内回填：主墙间面积乘以回填厚度，不扣除间隔墙。 3. 基础回填：按挖方清单项目工程量减去自然地面以下埋设的基础体积（包括基础垫层及其他构筑物）计算	1. 运输； 2. 回填； 3. 压实
010103002	余方弃置	1. 废弃料品种； 2. 运距		按挖方清单项目工程量减利用回填方体积（正数）计算	余方点装料运输至弃置点

注：1. 基础土方开挖深度应按基础垫层底表面标高至交付施工场地标高确定，无交付施工场地标高时，应按自然地面标高确定。

2. 建筑物场地厚度≤±300 mm 的挖、填、运、找平，应按平整场地项目编码列项，厚度>±300 mm 的竖向布置挖土或山坡切土应按挖一般土方项目编码列项。

3. 沟槽、基坑、一般土方的划分为：底宽≤7 m 且底长>3 倍底宽为沟槽；底长≤3 倍底宽且底面积≤150 m^2 为基坑；超出上述范围则为一般土方。

4. 挖土方如需截桩头，应按桩基工程相关项目编码列项。

5. 弃、取土运距可以不描述，但应注明由投标人根据施工现场实际情况自行考虑，决定报价。

6. 土壤类别若不能准确划分，招标人可注明为综合，由投标人根据地勘报告决定报价。

7. 土方体积应按挖掘前的天然密实体积计算，非天然密实土方按土方体积折算系数折算。

8. 挖沟槽、基坑、一般土方因工作面和放坡增加的工程量（管沟工作面增加的工程量）是否并入各土方工程量中，应按各省、自治区、直辖市或行业建设主管部门的规定实施。

9. 填方密实度要求，在无特殊要求情况下，项目特征可描述为满足设计和规范的要求。

10. 填方材料品种可以不描述，但应注明由投标人根据设计要求验方后方可填入，并符合相关工程的质量规范要求。

11. 填方粒径要求，在无特殊要求的情况下，项目特征可以不描述。

12. 如需买土回填应在项目特征填方来源中描述，并注明买土方数量。

附录 C　桩 基 工 程

项目编码	项目名称	项目特征	计量单位	工程量计算规则	工作内容
010301001	预制钢筋混凝土方桩	1. 地层情况； 2. 送桩深度、桩长； 3. 桩截面； 4. 桩倾斜度； 5. 沉桩方法； 6. 接桩方式； 7. 混凝土强度等级	1. m； 2. m^3； 3. 根	1. 以 m 计量，按设计图示尺寸以桩长（包括桩尖）计算。 2. 以 m^3 计量，按设计图示截面积乘以桩长（包括桩尖）以实体积计算。 3. 以根计量，按设计图示数量计算	1. 工作平台搭拆； 2. 桩机竖拆、移位； 3. 沉桩； 4. 接桩； 5. 送桩
010301002	预制钢筋混凝土管桩	1. 地层情况； 2. 送桩深度、桩长； 3. 桩外径、壁厚； 4. 桩倾斜度； 5. 沉桩方法； 6. 桩尖类型； 7. 混凝土强度等级； 8. 填充材料种类； 9. 防护材料种类	1. m； 2. m^3； 3. 根	1. 以 m 计量，按设计图示尺寸以桩长（包括桩尖）计算。 2. 以 m^3 计量，按设计图示截面积乘以桩长（包括桩尖）以实体积计算。 3. 以根计量，按设计图示数量计算	1. 工作平台搭拆； 2. 桩机竖拆、移位； 3. 沉桩； 4. 接桩； 5. 送桩； 6. 桩尖制作安装； 7. 填充材料、刷防护材料
010301004	截（凿）桩头	1. 桩类型； 2. 桩头截面、高度； 3. 混凝土强度等级； 4. 有无钢筋	1. m^3； 2. 根	1. 以 m^3 计量，按设计桩截面乘以桩头长度以体积计算。 2. 以根计量，按设计图示数量计算	1. 截（切割）桩头； 2. 凿平； 3. 废料外运
010302001	泥浆护壁成孔灌注桩	1. 地层情况； 2. 空桩长度、桩长； 3. 桩径； 4. 成孔方法； 5. 护筒类型、长度； 6. 混凝土种类、强度等级	1. m； 2. m^3； 3. 根	1. 以 m 计量，按设计图示尺寸以桩长（包括桩尖）计算。 2. 以 m^3 计量，按不同截面在桩上范围内以体积计算。 3. 以根计量，按设计图示数量计算	1. 护筒埋设； 2. 成孔、固壁； 3. 混凝土制作、运输、灌注、养护； 4. 土方、废泥浆外运； 5. 打桩场地硬化及泥浆池、泥浆沟

续表

项目编码	项目名称	项目特征	计量单位	工程量计算规则	工作内容
010302002	沉管灌注桩	1. 地层情况； 2. 空桩长度、桩长； 3. 复打长度； 4. 桩径； 5. 沉管方法； 6. 桩尖类型； 7. 混凝土种类、强度等级	1. m； 2. m^3； 3. 根	1. 以 m 计量，按设计图示尺寸以桩长（包括桩尖）计算。 2. 以 m^3 计量，按不同截面在桩上范围内以体积计算。 3. 以根计量，按设计图示数量计算	1. 打（沉）拔钢管； 2. 桩尖制作、安装； 3. 混凝土制作、运输、灌注、养护
010302005	人工挖孔灌注桩	1. 桩芯长度； 2. 桩芯直径、扩底直径、扩底高度； 3. 护壁厚度、高度； 4. 护壁混凝土种类、强度等级； 5. 桩芯混凝土种类、强度等级	1. m^3； 2. 根	1. 以 m^3 计量，按桩芯混凝土体积计算。 2. 以根计量，按设计图示数量计算	1. 护壁制作； 2. 混凝土制作、运输、灌注、振捣、养护

注：1. 地层情况按土壤、岩石类别规定，并根据岩土工程勘察报告按单位工程各地层所占比例（包括范围值）进行描述。对无法准确描述的地层情况，可注明由投标人根据岩土工程勘察报告自行决定报价。

2. 打试验桩和打斜桩应按相应项目单独列项，并应在项目特征中注明试验桩或斜桩（斜率）。

3. 预制钢筋混凝土方桩、预制钢筋混凝土管桩项目以成品桩编制，应包括成品桩购置费，如果采用现场预制，应包括现场预制桩的所有费用。

4. 项目特征中的桩长应包括桩尖，空桩长度 = 孔深 − 桩长，孔深为自然地面至设计桩底的深度。

5. 项目特征中的桩截面（桩径）、混凝土强度等级、桩类型等可直接用标准图代号或设计桩型进行描述。

6. 泥浆护壁成孔灌注桩是指在泥浆护壁条件下成孔，采用水下灌注混凝土的桩。其成孔方法包括冲击钻成孔、冲抓锥成孔、回旋钻成孔、潜水钻成孔、泥浆护壁的旋挖成孔等。

7. 沉管灌注桩的沉管方法包括锤击沉管法、振动沉管法、振动冲击沉管法、内夯沉管法等。

8. 混凝土种类：指清水混凝土、彩色混凝土、水下混凝土等，如在同一地区既使用预拌（商品）混凝土，又允许现场搅拌混凝土，也应注明（下同）。

9. 混凝土灌注桩的钢筋笼制作、安装，按混凝土及钢筋混凝土工程相关项目编码列项。

附录 D　砌 筑 工 程

项目编码	项目名称	项目特征	计量单位	工程量计算规则	工作内容
010401001	砖基础	1. 砖品种、规格、强度等级； 2. 基础类型； 3. 砂浆强度等级； 4. 防潮层材料种类	m^3	按设计图示尺寸以体积计算。 包括附墙垛基础宽出部分体积，扣除地梁(圈梁)、构造柱所占体积，不扣除基础大放脚T形接头处的重叠部分及嵌入基础内的钢筋、铁件、管道、基础砂浆防潮层和单个面积≤0.3 m^2 的孔洞所占体积，靠墙暖气沟的挑檐不增加。 基础长度：外墙按外墙中心线，内墙按内墙净长线计算	1. 砂浆制作、运输； 2. 砌砖； 3. 防潮层铺设； 4. 材料运输
010401003	实心砖墙	1. 砖品种、规格、强度等级； 2. 墙体类型； 3. 砂浆强度等级、配合比	m^3	按设计图示尺寸以体积计算。 扣除门窗、洞口、嵌入墙内的钢筋混凝土柱、梁、圈梁、挑梁、过梁及凹进墙内的壁龛、管槽、暖气槽、消火栓箱所占体积，不扣除梁头、板头、檩头、垫木、木楞头、沿缘木、木砖、门窗走头、砖墙内加固钢筋、木筋、铁件、钢管及单个面积≤0.3 m^2 的孔洞所占体积。凸出墙面的腰线、挑檐、压顶、窗台线、虎头砖、门窗套的体积亦不增加。凸出墙面的砖垛并入墙体体积内计算。 1. 墙长度：外墙按中心线、内墙按净长线计算。 2. 墙高度： (1) 外墙：斜(坡)屋面无檐口天棚者算至屋面板底；有屋架且室内外均有天棚者算至屋架下弦底另加 200 mm；无天棚者算至屋架下弦底另加 300 mm，出檐宽度超过 600 mm 时按实砌高度计算；与钢筋混凝土楼板隔层者算至板顶。平屋顶算至钢筋混凝土板底。 (2) 内墙：位于屋架下弦者，算至屋架下弦底；无屋架者算至天棚底另加 100 mm；有钢筋混凝土楼板隔层者算至楼板顶；有框架梁时算至梁底。	1. 砂浆制作、运输； 2. 砌砖； 3. 刮缝； 4. 砖压顶砌筑； 5. 材料运输
010401004	多孔砖墙				
010401005	空心砖墙				

续表

项目编码	项目名称	项目特征	计量单位	工程量计算规则	工作内容
010401005	空心砖墙	1. 砖品种、规格、强度等级； 2. 墙体类型； 3. 砂浆强度等级、配合比	m^3	(3)女儿墙：从屋面板上表面算至女儿墙顶面(如有混凝土压顶算至压顶下表面)。 (4)内、外山墙：按其平均高度计算。 3. 框架间墙：不分内外墙按墙体净尺寸以体积计算。 4. 围墙：高度算至压顶上表面(如有混凝土压顶算至压顶下表面)，围墙柱并入围墙体积内	1. 砂浆制作、运输； 2. 砌砖； 3. 刮缝； 4. 砖压顶砌筑； 5. 材料运输
010402001	砌块墙	1. 砌块品种、规格、强度等级； 2. 墙体类型； 3. 砂浆强度等级	m^3	按设计图示尺寸以体积计算。 扣除门窗、洞口、嵌入墙内的钢筋混凝土柱、梁、圈梁、挑梁、过梁及凹进墙内的壁龛、管槽、暖气槽、消火栓箱所占体积，不扣除梁头、板头、檩头、垫木、木楞头、沿缘木、木砖、门窗走头、砌块墙内加固钢筋、木筋、铁件、钢管及单个面积≤0.3 m^2的孔洞所占的体积。凸出墙面的腰线、挑檐、压顶、窗台线、虎头砖、门窗套的体积亦不增加。凸出墙面的砖垛并入墙体体积内计算。 1. 墙长度：外墙按中心线、内墙按净长线计算。 2. 墙高度： (1)外墙：斜(坡)屋面无檐口天棚者算至屋面板底；有屋架且室内外均有天棚者算至屋架下弦底另加200 mm；无天棚者算至屋架下弦底另加300 mm，出檐宽度超过600 mm时按实砌高度计算；与钢筋混凝土楼板隔层者算至板顶；平屋顶算至钢筋混凝土板底。 (2)内墙：位于屋架下弦者，算至屋架下弦底；无屋架者算至天棚底另加100 mm；有钢筋混凝土楼板隔层者算至楼板顶；有框架梁时算至梁底。	1. 砂浆制作、运输； 2. 砌砖、砌块； 3. 勾缝； 4. 材料运输

续表

项目编码	项目名称	项目特征	计量单位	工程量计算规则	工作内容
010402001	砌块墙	1. 砌块品种、规格、强度等级； 2. 墙体类型； 3. 砂浆强度等级	m^3	（3）女儿墙：从屋面板上表面算至女儿墙顶面（如有混凝土压顶算至压顶下表面）。 （4）内、外山墙：按其平均高度计算。 3. 框架间墙：不分内外墙按墙体净尺寸以体积计算。 4. 围墙：高度算至压顶上表面（如有混凝土压顶算至压顶下表面），围墙柱并入围墙体积内	1. 砂浆制作、运输； 2. 砌砖、砌块； 3. 勾缝； 4. 材料运输

注：1. “砖基础”项目适用于各种类型砖基础：柱基础、墙基础、管道基础等。

2. 基础与墙（柱）身使用同一种材料时，以室内设计地面为界（有地下室者，以地下室室内设计地面为界），以下为基础，以上为墙（柱）身。基础与墙身使用不同材料时，位于室内设计地面高度≤±300 mm 时，以不同材料为分界线，高度＞±300 mm 时，以室内设计地面为分界线。

附录 E　混凝土及钢筋混凝土工程

项目编码	项目名称	项目特征	计量单位	工程量计算规则	工作内容
010501001	垫层	1. 混凝土种类； 2. 混凝土强度等级	m^3	按设计图示尺寸以体积计算。不扣除伸入承台基础的桩头所占体积	1. 模板及支撑制作、安装、拆除、堆放、运输及清理模内杂物、刷隔离剂等； 2. 混凝土制作、运输、浇筑、振捣、养护
010501002	带形基础				
010501003	独立基础				
010501004	满堂基础				
010501005	桩承台基础				
010502001	矩形柱			按设计图示尺寸以体积计算。 柱高： 1. 有梁板的柱高，应自柱基上表面（或楼板上表面）至上一层楼板上表面之间的高度计算。 2. 无梁板的柱高，应自柱基上表面（或楼板上表面）至柱帽下表面之间的高度计算。 3. 框架柱的柱高，应自柱基上表面至柱顶高度计算。 4. 构造柱按全高计算，嵌接墙体部分（马牙槎）并入柱身体积。 5. 依附柱上的牛腿和升板的柱帽并入柱身体积计算	1. 模板及支架（撑）制作、安装、拆除、堆放、运输及清理模内杂物、刷隔离剂等； 2. 混凝土制作、运输、浇筑、振捣、养护
010502002	构造柱				
010502003	异形柱	1. 柱形状； 2. 混凝土种类； 3. 混凝土强度等级			

续表

<table>
<tr><th>项目编码</th><th>项目名称</th><th>项目特征</th><th>计量单位</th><th>工程量计算规则</th><th>工作内容</th></tr>
<tr><td>010503001</td><td>基础梁</td><td rowspan="6">1. 混凝土种类;
2. 混凝土强度等级</td><td rowspan="17">m^3</td><td rowspan="6">按设计图示尺寸以体积计算。伸入墙内的梁头、梁垫并入梁体积内。
梁长:
1. 梁与柱连接时,梁长算至柱侧面。
2. 主梁与次梁连接时,次梁长算至主梁侧面</td><td rowspan="17">1. 模板及支架(撑)制作、安装、拆除、堆放、运输及清理模内杂物、刷隔离剂等;
2. 混凝土制作、运输、浇筑、振捣、养护</td></tr>
<tr><td>010503002</td><td>矩形梁</td></tr>
<tr><td>010503003</td><td>异形梁</td></tr>
<tr><td>010503004</td><td>圈梁</td></tr>
<tr><td>010503005</td><td>过梁</td></tr>
<tr><td>010503006</td><td>弧形、拱形梁</td></tr>
<tr><td>010504001</td><td>直形墙</td><td rowspan="11">1. 混凝土种类;
2. 混凝土强度等级</td><td rowspan="2">按设计图示尺寸以体积计算。
扣除门窗洞口及单个面积 >0.3 m^2 的孔洞所占体积,墙垛及突出墙面部分并入墙体体积计算</td></tr>
<tr><td>010504002</td><td>弧形墙</td></tr>
<tr><td>010505001</td><td>有梁板</td><td rowspan="6">按设计图示尺寸以体积计算。不扣除单个面积≤0.3 m^2 的柱、垛以及孔洞所占体积。
压形钢板混凝土楼板扣除构件内压形钢板所占体积。
有梁板(包括主、次梁与板)按梁、板体积之和计算,无梁板按板和柱帽体积之和计算,各类板伸入墙内的板头并入板体积内,薄壳板的肋、基梁并入薄壳体积内计算</td></tr>
<tr><td>010505002</td><td>无梁板</td></tr>
<tr><td>010505003</td><td>平板</td></tr>
<tr><td>010505004</td><td>拱板</td></tr>
<tr><td>010505005</td><td>薄壳板</td></tr>
<tr><td>010505006</td><td>栏板</td></tr>
<tr><td>010505007</td><td>天沟(檐沟)、挑檐板</td><td>按设计图示尺寸以体积计算</td></tr>
<tr><td>010505008</td><td>雨篷、悬挑板、阳台板</td><td>按设计图示尺寸以墙外部分体积计算。包括伸出墙外的牛腿和雨篷反挑檐的体积</td></tr>
<tr><td>0105050010</td><td>其他板</td><td>按设计图示尺寸以体积计算</td></tr>
</table>

续表

项目编码	项目名称	项目特征	计量单位	工程量计算规则	工作内容
010506001	直形楼梯	1. 混凝土种类； 2. 混凝土强度等级	1. m^2； 2. m^3	1. 以 m^2 计量，按设计图示尺寸以水平投影面积计算。不扣除宽度≤500 mm 的楼梯井，伸入墙内部分不计算。 2. 以 m^3 计量，按设计图示尺寸以体积计算	1. 模板及支架（撑）制作、安装、拆除、堆放、运输及清理模内杂物、刷隔离剂等； 2. 混凝土制作、运输、浇筑、振捣、养护
010506002	弧形楼梯				
010507001	散水、坡道	1. 垫层材料种类、厚度； 2. 面层厚度； 3. 混凝土种类； 4. 混凝土强度等级； 5. 变形缝填塞材料种类	m^2	按设计图示尺寸以水平投影面积计算，不扣除单个≤0.3 m^2 的孔洞所占面积	1. 地基夯实； 2. 铺设垫层； 3. 模板及支撑制作、安装、拆除、堆放、运输及清理模内杂物、刷隔离剂等； 4. 混凝土制作、运输、浇筑、振捣、养护； 5. 变形缝填塞
010507002	室外地坪	1. 地坪厚度； 2. 混凝土强度等级			
010507004	台阶	1. 踏步高、宽； 2. 混凝土种类； 3. 混凝土强度等级	1. m^2； 2. m^3	1. 以 m^2 计量，按设计图示尺寸以水平投影面积计算。 2. 以 m^3 计量，按设计图示尺寸以体积计算	1. 模板及支撑制作、安装、拆除、堆放、运输及清理模内杂物、刷隔离剂等； 2. 混凝土制作、运输、浇筑、振捣、养护

续表

项目编码	项目名称	项目特征	计量单位	工程量计算规则	工作内容
010507005	扶手、压顶	1. 断面尺寸； 2. 混凝土种类； 3. 混凝土强度等级	1. m； 2. m^3	1. 以m计量，按设计图示的中心线延长米计算。 2. 以m^3计量，按设计图示尺寸以体积计算	1. 模板及支架（撑）制作、安装、拆除、堆放、运输及清理模内杂物、刷隔离剂等； 2. 混凝土制作、运输、浇筑、振捣、养护

注：1. 有肋带形基础、无肋带形基础应按现浇混凝土基础相关项目编码列项，并注明肋高。

2. 箱式满堂基础中柱、梁、墙、板按现浇混凝土柱、梁、墙、板相关项目分别编码列项。箱式满堂基础底板按满堂基础项目编码列项。

3. 现浇挑檐、天沟板、雨篷、阳台与板（包括屋面板、楼板）连接时，以外墙外边线为分界线；与圈梁（包括其他梁）连接时，以梁外边线为分界线。外边线以外为挑檐、天沟、雨篷或阳台。

4. 整体楼梯（包括直形楼梯、弧形楼梯）水平投影面积包括休息平台、平台梁、斜梁和楼梯的连接梁。当整体楼梯与现浇楼板无梯梁连接时，以楼梯的最上一个踏步边缘加300 mm为界。

附录H 门 窗 工 程

<table>
<tr><th>项目编码</th><th>项目名称</th><th>项目特征</th><th>计量单位</th><th>工程量计算规则</th><th>工作内容</th></tr>
<tr><td>010801001</td><td>木质门</td><td rowspan="2">1. 门代号及洞口尺寸；
2. 镶嵌玻璃品种、厚度</td><td rowspan="9">1. 樘；
2. m^2</td><td rowspan="9">1. 以樘计量，按设计图示数量计算。
2. 以m^2计量，按设计图示洞口尺寸以面积计算</td><td rowspan="4">1. 门安装；
2. 五金安装；
3. 玻璃安装</td></tr>
<tr><td>010801004</td><td>木质防火门</td></tr>
<tr><td>010802001</td><td>金属（塑钢）门</td><td>1. 门代号及洞口尺寸；
2. 门框或扇外围尺寸；
3. 门框、扇材质；
4. 玻璃品种、厚度</td></tr>
<tr><td>010802003</td><td>钢质防火门</td><td rowspan="2">1. 门代号及洞口尺寸；
2. 门框或扇外围尺寸；
3. 门框、扇材质</td></tr>
<tr><td>010802004</td><td>防盗门</td><td>1. 门安装；
2. 五金安装</td></tr>
<tr><td>010806001</td><td>木质窗</td><td>1. 窗代号及洞口尺寸；
2. 玻璃品种、厚度</td><td rowspan="3">1. 窗安装；
2. 五金安装；
3. 玻璃安装</td></tr>
<tr><td>010807001</td><td>金属（塑钢、断桥）窗</td><td rowspan="2">1. 窗代号及洞口尺寸；
2. 框、扇材质；
3. 玻璃品种、厚度</td></tr>
<tr><td>010807002</td><td>金属防火窗</td></tr>
</table>

注：1. 木质门应区分镶板木门、企口木板门、实木装饰门、胶合板门、夹板装饰门、木纱门、全玻门（带木质扇框）、木质半玻门（带木质扇框）等项目，分别编码列项。

2. 金属门应区分金属平开门、金属推拉门、金属地弹门、全玻门（带金属扇框）、金属半玻门（带扇框）等项目，分别编码列项。

3. 木质窗应区分木百叶窗、木组合窗、木天窗、木固定窗、木装饰空花窗等项目，分别编码列项。

4. 金属窗应区分金属组合窗、防盗窗等项目，分别编码列项。

5. 以樘计量，项目特征必须描述洞口尺寸；以m^2计量，项目特征可不描述洞口尺寸。

附录 J　屋面及防水工程

<table>
<tr><th>项目编码</th><th>项目名称</th><th>项目特征</th><th>计量单位</th><th>工程量计算规则</th><th>工作内容</th></tr>
<tr><td>010901001</td><td>瓦屋面</td><td>1. 瓦品种、规格；
2. 黏结层砂浆的配合比</td><td rowspan="5">m^2</td><td rowspan="2">按设计图示尺寸以斜面积计算。
不扣除房上烟囱、风帽底座、风道、小气窗、斜沟等所占面积。小气窗的出檐部分不增加面积</td><td>1. 砂浆制作、运输、摊铺、养护；
2. 安瓦、作瓦脊</td></tr>
<tr><td>010901002</td><td>型材层面</td><td>1. 型材品种、规格；
2. 金属檩条材料品种、规格；
3. 接缝、嵌缝材料种类</td><td>1. 檩条制作、运输、安装；
2. 屋面型材安装；
3. 接缝、嵌缝</td></tr>
<tr><td>010902001</td><td>屋面卷材防水</td><td>1. 卷材品种、规格、厚度；
2. 防水层数；
3. 防水层做法</td><td rowspan="2">按设计图示尺寸以面积计算。
1. 斜屋顶（不包括平屋顶找坡）按斜面积计算；平屋顶按水平投影面积计算。
2. 不扣除房上烟囱、风帽底座、风道、屋面小气窗和斜沟所占面积。
3. 屋面的女儿墙、伸缩缝和天窗等处的弯起部分，并入屋面工程量内</td><td>1. 基层处理；
2. 刷底油；
3. 铺油毡卷材、接缝</td></tr>
<tr><td>010902002</td><td>屋面涂膜防水</td><td>1. 防水膜品种；
2. 涂膜厚度、遍数；
3. 增强材料种类</td><td>1. 基层处理；
2. 刷基层处理剂；
3. 铺布、喷涂防水层</td></tr>
<tr><td>010902003</td><td>屋面刚性层</td><td>1. 刚性层厚度；
2. 混凝土种类；
3. 混凝土强度等级；
4. 嵌缝材料种类；
5. 钢筋规格、型号</td><td>按设计图示尺寸以面积计算。不扣除房上烟囱、风帽底座、风道等所占面积</td><td>1. 基层处理；
2. 混凝土制作、运输、铺筑、养护；
3. 钢筋制作、安装</td></tr>
<tr><td>010902004</td><td>屋面排水管</td><td>1. 排水管品种、规格；
2. 雨水斗、山墙出水口品种、规格；
3. 接缝、嵌缝材料种类；
4. 油漆品种、刷漆遍数</td><td>m</td><td>按设计图示尺寸以长度计算。如设计未标注尺寸，以檐口至设计室外散水上表面垂直距离计算</td><td>1. 排水管及配件安装、固定；
2. 雨水斗、山墙出水口、雨水箅子安装；
3. 接缝、嵌缝；
4. 刷漆</td></tr>
</table>

续表

项目编码	项目名称	项目特征	计量单位	工程量计算规则	工作内容
010902007	屋面天沟、檐沟	1. 材料品种、规格； 2. 接缝、嵌缝材料种类	m^2	按设计图示尺寸以展开面积计算	1. 天沟材料铺设； 2. 天沟配件安装； 3. 接缝、嵌缝； 4. 刷防护材料
010904001	楼（地）面卷材防水	1. 卷材品种、规格、厚度； 2. 防水层数； 3. 防水层做法； 4. 反边高度		按设计图示尺寸以面积计算。 1. 楼（地）面防水：按主墙间净空面积计算，扣除凸出地面的构筑物、设备基础等所占面积，不扣除间壁墙及单个面积 ≤0.3 m^2 柱、垛、烟囱和孔洞所占面积。 2. 楼（地）面防水反边高度 ≤300 mm 算作地面防水，反边高度 >300 mm 按墙面防水计算	1. 基层处理； 2. 刷黏结剂； 3. 铺防水卷材； 4. 接缝、嵌缝
010904003	楼（地）面砂浆防水（防潮）	1. 防水层做法； 2. 砂浆厚度、配合比； 3. 反边高度			1. 基层处理； 2. 砂浆制作、运输、摊铺、养护

注：1. 瓦屋面若是在木基层上铺瓦，项目特征不必描述黏结层砂浆的配合比，瓦屋面铺防水层按屋面防水及其他相关项目编码列项。

2. 屋面找平层按楼地面装饰工程平面砂浆找平层项目编码列项。

3. 屋面防水搭接及附加层用量不另行计算，在综合单价中考虑。

4. 屋面保温找坡层按保温、隔热、防腐工程中的保温隔热屋面项目编码列项。

5. 楼（地）面防水找平层按楼地面装饰工程中的平面砂浆找平层项目编码列项。

6. 楼（地）面防水搭接及附加层用量不另行计算，在综合单价中考虑。

附录 K　保温、隔热、防腐工程

项目编码	项目名称	项目特征	计量单位	工程量计算规则	工作内容
011001001	保温隔热屋面	1. 保温隔热材料品种、规格、厚度； 2. 隔气层材料品种、厚度； 3. 黏结材料种类、做法； 4. 防护材料种类、做法	m^2	按设计图示尺寸以面积计算。扣除面积 >0.3 m^2 孔洞及占位面积	1. 基层清理； 2. 刷黏结材料； 3. 铺粘保温层； 4. 铺、刷（喷）防护材料

续表

<table>
<tr><th>项目编码</th><th>项目名称</th><th>项目特征</th><th>计量单位</th><th>工程量计算规则</th><th>工作内容</th></tr>
<tr><td>011001002</td><td>保温隔热天棚</td><td>1. 保温隔热面层材料品种、规格、性能；
2. 保温隔热材料品种、规格、厚度；
3. 黏结材料种类及做法；
4. 防护材料种类及做法</td><td rowspan="3">m²</td><td>按设计图示尺寸以面积计算。扣除面积 >0.3 m² 的柱、垛、孔洞所占面积，与天棚相连的梁按展开面积计算，并入天棚工程量内</td><td>1. 基层清理；
2. 刷黏结材料；
3. 铺粘保温层；
4. 铺、刷（喷）防护材料</td></tr>
<tr><td>011001003</td><td>保墙隔热墙面</td><td rowspan="2">1. 保温隔热部位；
2. 保温隔热方式；
3. 踢脚线、勒脚线保温做法；
4. 龙骨材料品种、规格；
5. 保温隔热面层材料品种、规格、性能；
6. 保温隔热材料品种、规格、厚度；
7. 增强网及抗裂防水砂浆种类；
8. 黏结材料种类及做法；
9. 防护材料种类及做法</td><td>按设计图示尺寸以面积计算。扣除门窗洞口以及面积 >0.3 m² 梁、孔洞所占面积；门窗洞口侧壁及与墙相连的柱，并入保温墙体工程量内</td><td rowspan="2">1. 基层清理；
2. 刷界面剂；
3. 安装龙骨；
4. 填贴保温材料；
5. 保温板安装；
6. 粘贴面层；
7. 铺设增强格网、抹抗裂、防水砂浆面层；
8. 嵌缝；
9. 铺、刷（喷）防护材料</td></tr>
<tr><td>011001004</td><td>保温柱、梁</td><td>按设计图示尺寸以面积计算。
1. 柱按设计图示柱断面保温层中心线展开长度乘以保温层高度以面积计算，扣除面积 >0.3 m² 梁所占面积。
2. 梁按设计图示梁断面保温层中心线展开长度乘以保温层长度以面积计算</td></tr>
</table>

注：1. 保温隔热装饰面层按装饰面层相关项目编码列项，仅做找平层按楼地面装饰工程中的平面砂浆找平层或墙、柱面装饰与隔断、幕墙工程中的立面砂浆找平层项目编码列项。

2. 保温隔热方式：指内保温、外保温、夹心保温。

附录 L　楼地面装饰工程

项目编码	项目名称	项目特征	计量单位	工程量计算规则	工作内容
011101001	水泥砂浆楼地面	1. 找平层厚度、砂浆配合比； 2. 素水泥浆遍数； 3. 面层厚度、砂浆配合比； 4. 面层做法要求	m²	按设计图示尺寸以面积计算。扣除凸出地面构筑物、设备基础、室内管道、地沟等所占面积；不扣除间壁墙及≤0.3 m² 柱、垛、附墙烟囱及孔洞所占面积；门洞、空圈、暖气包槽、壁龛的开口部分不增加面积	1. 基层清理； 2. 抹找平层； 3. 抹面层； 4. 材料运输

续表

项目编码	项目名称	项目特征	计量单位	工程量计算规则	工作内容
011101002	现浇水磨石楼地面	1. 找平层厚度、砂浆配合比； 2. 面层厚度、水泥石子浆配合比； 3. 嵌条材料种类、规格； 4. 石子种类、规格、颜色； 5. 颜料种类、颜色； 6. 图案要求； 7. 磨光、酸洗、打蜡要求	m^2	按设计图示尺寸以面积计算。扣除凸出地面构筑物、设备基础、室内管道、地沟等所占面积；不扣除间壁墙及≤0.3 m^2 柱、垛、附墙烟囱及孔洞所占面积；门洞、空圈、暖气包槽、壁龛的开口部分不增加面积	1. 基层清理； 2. 抹找平层； 3. 面层铺设； 4. 嵌缝条安装； 5. 磨光、酸洗、打蜡； 6. 材料运输
011101003	细石混凝土楼地面	1. 找平层厚度、砂浆配合比； 2. 面层厚度、混凝土强度等级			1. 基层清理； 2. 抹找平层； 3. 面层铺设； 4. 材料运输
011101006	平面砂浆找平层	找平层厚度、砂浆配合比		按设计图示尺寸以面积计算	1. 基层清理； 2. 抹找平层； 3. 材料运输
011102001	石材楼地面	1. 找平层厚度、砂浆配合比； 2. 结合层厚度、砂浆配合比； 3. 面层材料品种、规格、颜色； 4. 嵌缝材料种类； 5. 防护层材料种类； 6. 酸洗、打蜡要求		按设计图示尺寸以面积计算。门洞、空圈、暖气包槽、壁龛的开口部分并入相应的工程量内	1. 基层清理； 2. 抹找平层； 3. 面层铺设、磨边； 4. 嵌缝； 5. 刷防护材料； 6. 酸洗、打蜡； 7. 材料运输
011102003	块料楼地面				
011105001	水泥砂浆踢脚线	1. 踢脚线高度； 2. 底层厚度、砂浆配合比； 3. 面层厚度、砂浆配合比	1. m^2； 2. m	1. 以 m^2 计量，按设计图示长度乘以高度以面积计算。 2. 以 m 计量，按延长米计算	1. 基层清理； 2. 底层和面层抹灰； 3. 材料运输
011105002	石材踢脚线	1. 踢脚线高度； 2. 粘贴层厚度、材料种类； 3. 面层材料品种、规格、颜色； 4. 防护材料种类			1. 基层清理； 2. 底层抹灰； 3. 面层铺贴、磨边； 4. 擦缝； 5. 磨光、酸洗、打蜡； 6. 刷防护材料； 7. 材料运输
011105003	块料踢脚线				

续表

项目编码	项目名称	项目特征	计量单位	工程量计算规则	工作内容
011106001	石材楼梯面层	1. 找平层厚度、砂浆配合比； 2. 黏结层厚度、材料种类； 3. 面层材料品种、规格、颜色； 4. 防滑条材料种类、规格； 5. 勾缝材料种类； 6. 防护材料种类； 7. 酸洗、打蜡要求	m^2	按设计图示尺寸以楼梯（包括踏步、休息平台及≤500 mm 的楼梯井）水平投影面积计算。楼梯与楼地面相连时，算至梯口梁内侧边沿；无梯口梁者，算至最上一层踏步边沿加 300 mm	1. 基层清理； 2. 抹找平层； 3. 面层铺贴、磨边； 4. 贴嵌防滑条； 5. 勾缝； 6. 刷防护材料； 7. 酸洗、打蜡； 8. 材料运输
011106002	块料楼梯面层				
011106004	水泥砂浆楼梯面层	1. 找平层厚度、砂浆配合比； 2. 面层厚度、砂浆配合比； 3. 防滑条材料种类、规格			1. 基层清理； 2. 抹找平层； 3. 抹面层； 4. 抹防滑条； 5. 材料运输
011106005	现浇水磨石楼梯面层	1. 找平层厚度、砂浆配合比； 2. 面层厚度、水泥石子浆配合比； 3. 防滑条材料种类、规格； 4. 石子种类、规格、颜色； 5. 颜料种类、颜色； 6. 磨光、酸洗、打蜡要求	m^2		1. 基层清理； 2. 抹找平层； 3. 抹面层； 4. 贴嵌防滑条； 5. 磨光、酸洗、打蜡； 6. 材料运输
011106007	木板楼梯面层	1. 基层材料种类、规格； 2. 面层材料品种、规格、颜色； 3. 黏结材料种类； 4. 防护材料种类			1. 基层清理； 2. 基层铺贴； 3. 面层铺贴； 4. 刷防护材料； 5. 材料运输

续表

项目编码	项目名称	项目特征	计量单位	工程量计算规则	工作内容
011107001	石材台阶面	1. 找平层厚度、砂浆配合比； 2. 黏结材料种类； 3. 面层材料品种、规格、颜色； 4. 勾缝材料种类； 5. 防滑条材料种类、规格； 6. 防护材料种类	m²	按设计图示尺寸以台阶（包括最上层踏步边沿加300 mm）水平投影面积计算	1. 基层清理； 2. 抹找平层； 3. 面层铺贴； 4. 贴嵌防滑条； 5. 勾缝； 6. 刷防护材料； 7. 材料运输
011107002	块料台阶面				
011107004	水泥砂浆台阶面	1. 找平层厚度、砂浆配合比； 2. 面层厚度、砂浆配合比； 3. 防滑条材料种类			1. 基层清理； 2. 抹找平层； 3. 抹面层； 4. 抹防滑条； 5. 材料运输
011107005	现浇水磨石台阶面	1. 找平层厚度、砂浆配合比； 2. 面层厚度、水泥石子浆配合比； 3. 防滑条材料种类、规格； 4. 石子种类、规格、颜色； 5. 颜料种类、颜色； 6. 磨光、酸洗、打蜡要求			1. 基层清理； 2. 抹找平层； 3. 抹面层； 4. 贴嵌防滑条； 5. 打磨、酸洗、打蜡； 6. 材料运输
011108001	石材零星项目	1. 工程部位； 2. 找平层厚度、砂浆配合比； 3. 黏结层厚度、材料种类； 4. 面层材料品种、规格、颜色； 5. 勾缝材料种类； 6. 防护材料种类； 7. 酸洗、打蜡要求		按设计图示尺寸以面积计算	1. 基层清理； 2. 抹找平层； 3. 面层铺贴、磨边； 4. 勾缝； 5. 刷防护材料； 6. 酸洗、打蜡； 7. 材料运输
011108003	块料零星项目				

注：1. 水泥砂浆面层处理是拉毛还是提浆压光应在面层做法要求中描述。

2. 平面砂浆找平层只适用于仅做找平层的平面抹灰。

3. 间壁墙指墙厚≤120 mm 的墙。

4. 楼地面混凝土垫层另按混凝土及钢筋混凝土工程中的垫层项目编码列项，除混凝土外的其他材料垫层按砌筑工程中的垫层项目编码列项。

5. 石材、块料与黏结材料的结合面刷防渗材料的种类在防护层材料种类中描述。

6. 工作内容中的磨边指施工现场磨边（下同）。

7. 楼梯、台阶牵边和侧面镶贴块料面层，≤0.5 m² 的少量分散的楼地面镶贴块料面层，按零星装饰项目执行。

附录 M 墙、柱面装饰与隔断、幕墙工程

项目编码	项目名称	项目特征	计量单位	工程量计算规则	工作内容
011201001	墙面一般抹灰	1. 墙体类型； 2. 底层厚度、砂浆配合比； 3. 面层厚度、砂浆配合比； 4. 装饰面材料种类； 5. 分格缝宽度、材料种类	m^2	按设计图示尺寸以面积计算。扣除墙裙、门窗洞口及单个 >0.3 m^2 的孔洞面积，不扣除踢脚线、挂镜线和墙与构件交接处的面积，门窗洞口和孔洞的侧壁及顶面不增加面积。附墙柱、梁、垛、烟囱侧壁并入相应的墙面面积内。 1. 外墙抹灰面积按外墙垂直投影面积计算。 2. 外墙裙抹灰面积按其长度乘以高度计算。 3. 内墙抹灰面积按主墙间的净长乘以高度计算。 （1）无墙裙的，高度按室内楼地面至天棚底面计算。 （2）有墙裙的，高度按墙裙顶至天棚底面计算。 （3）有吊顶天棚抹灰的，高度算至天棚底。 4. 内墙裙抹灰面积按内墙净长乘以高度计算	1. 基层清理； 2. 砂浆制作、运输； 3. 底层抹灰； 4. 抹面层； 5. 抹装饰面； 6. 勾分格缝
011201002	墙面装饰抹灰				
011201003	墙面勾缝	1. 勾缝类型； 2. 勾缝材料种类			1. 基层清理； 2. 砂浆制作、运输； 3. 勾缝
011201004	立面砂浆找平层	1. 基层类型； 2. 找平层砂浆厚度、配合比			1. 基层清理； 2. 砂浆制作、运输； 3. 抹灰找平

续表

项目编码	项目名称	项目特征	计量单位	工程量计算规则	工作内容
011202001	柱、梁面一般抹灰	1. 柱(梁)体类型; 2. 底层厚度、砂浆配合比; 3. 面层厚度、砂浆配合比; 4. 装饰面材料种类; 5. 分格缝宽度、材料种类	m^2	1. 柱面抹灰:按设计图示柱断面周长乘以高度以面积计算。 2. 梁面抹灰:按设计图示梁断面周长乘以长度以面积计算	1. 基层清理; 2. 砂浆制作、运输; 3. 底层抹灰; 4. 抹面层; 5. 勾分格缝
011202002	柱、梁面装饰抹灰				
011202003	柱、梁面砂浆找平	1. 柱(梁)体类型; 2. 找平的砂浆厚度、配合比			1. 基层清理; 2. 砂浆制作、运输; 3. 抹灰找平
011203001	零星项目一般抹灰	1. 基层类型、部位; 2. 底层厚度、砂浆配合比; 3. 面层厚度、砂浆配合比; 4. 装饰面材料种类; 5. 分格缝宽度、材料种类		按设计图示尺寸以面积计算	1. 基层清理; 2. 砂浆制作、运输; 3. 底层抹灰; 4. 抹面层; 5. 抹装饰面; 6. 勾分格缝
011203002	零星项目装饰抹灰				
011204001	石材墙面	1. 墙体类型; 2. 安装方式; 3. 面层材料品种、规格、颜色; 4. 缝宽、嵌缝材料种类; 5. 防护材料种类; 6. 磨光、酸洗、打蜡要求		按镶贴表面积计算	1. 基层清理; 2. 砂浆制作、运输; 3. 黏结层铺贴; 4. 面层安装; 5. 嵌缝; 6. 刷防护材料; 7. 磨光、酸洗、打蜡
011204003	块料墙面				
011204004	干挂石材钢骨架	1. 骨架种类、规格; 2. 防锈漆品种、刷漆遍数	t	按设计图示以质量计算	1. 骨架制作、运输、安装; 2. 刷漆

续表

项目编码	项目名称	项目特征	计量单位	工程量计算规则	工作内容
011205001	石材柱面	1. 柱截面类型、尺寸； 2. 安装方式； 3. 面层材料品种、规格、颜色； 4. 缝宽、嵌缝材料种类； 5. 防护材料种类； 6. 磨光、酸洗、打蜡要求	m^2	按镶贴表面积计算	1. 基层清理； 2. 砂浆制作、运输； 3. 黏结层铺贴； 4. 面层安装； 5. 嵌缝； 6. 刷防护材料； 7. 磨光、酸洗、打蜡
011205002	块料柱面				
011205004	石材梁面	1. 安装方式； 2. 面层材料品种、规格、颜色； 3. 缝宽、嵌缝材料种类； 4. 防护材料种类； 5. 磨光、酸洗、打蜡要求			
011205005	块料梁面				

注：1. 立面砂浆找平层项目适用于仅做找平层的立面抹灰。

2. 墙面抹石灰砂浆、水泥砂浆、混合砂浆、聚合物水泥砂浆、麻刀石灰浆、石膏灰浆等按墙面一般抹灰项目编码列项；墙面水刷石、斩假石、干粘石、假面砖等按墙面装饰抹灰项目编码列项。

3. 有吊顶天棚的内墙面抹灰，抹至吊顶以上部分在综合单价中考虑。

4. 砂浆找平项目适用于仅做找平层的柱（梁）面抹灰。

5. 柱（梁）面抹石灰砂浆、水泥砂浆、混合砂浆、聚合物水泥砂浆、麻刀石灰浆、石膏灰浆等按柱、梁面一般抹灰项目编码列项。柱（梁）面水刷石、斩假石、干粘石、假面砖等，按柱、梁面装饰抹灰项目编码列项。

6. 零星项目抹石灰砂浆、水泥砂浆、混合砂浆、聚合物水泥砂浆、麻刀石灰浆、石膏灰浆等按零星项目一般抹灰项目编码列项。水刷石、斩假石、干粘石、假面砖等按零星项目装饰抹灰项目编码列项。

7. 墙、柱（梁）面≤0.5 m^2 的少量分散的抹灰按零星抹灰项目编码列项。

8. 石材、块料与黏结材料的结合面刷防渗材料的种类在防护层材料种类中描述。

9. 安装方式可描述为砂浆或黏结剂粘贴、挂贴、干挂等，不论采用哪种安装方式，都要详细描述与组价相关的内容。

10. 柱（梁）面干挂石材的钢骨架按墙面干挂石材钢骨架项目编码列项。

附录 N　天棚工程

项目编码	项目名称	项目特征	计量单位	工程量计算规则	工作内容
011301001	天棚抹灰	1. 基层类型； 2. 抹灰厚度、材料种类； 3. 砂浆配合比	m^2	按设计图示尺寸以水平投影面积计算。不扣除间壁墙、垛、柱、附墙烟囱、检查口和管道所占的面积，带梁天棚的梁两侧抹灰面积并入天棚面积内，板式楼梯底面抹灰按斜面积计算，锯齿形楼梯底板抹灰按展开面积计算	1. 基层清理； 2. 底层抹灰； 3. 抹面层

续表

项目编码	项目名称	项目特征	计量单位	工程量计算规则	工作内容
011302001	吊顶天棚	1. 吊顶形式、吊杆规格、高度； 2. 龙骨材料种类、规格、中距； 3. 基层材料种类、规格； 4. 面层材料品种、规格； 5. 压条材料种类、规格； 6. 嵌缝材料种类； 7. 防护材料种类	m^2	按设计图示尺寸以水平投影面积计算。天棚面中的灯槽及跌级、锯齿形、吊挂式、藻井式天棚面积不展开计算。不扣除间壁墙、检查口、附墙烟囱、柱、垛和管道所占面积，扣除单个 >0.3 m^2 的孔洞、独立柱及与天棚相连的窗帘盒所占的面积	1. 基层清理、吊杆安装； 2. 龙骨安装； 3. 基层板铺贴； 4. 面层铺贴； 5. 嵌缝； 6. 刷防护材料

附录 P　油漆、涂料、裱糊工程

项目编码	项目名称	项目特征	计量单位	工程量计算规则	工作内容
011401001	木门油漆	1. 门类型； 2. 门代号及洞口尺寸； 3. 腻子种类； 4. 刮腻子遍数； 5. 防护材料种类； 6. 油漆品种、刷漆遍数	1. 樘； 2. m^2	1. 以樘计量，按设计图示数量计量。 2. 以 m^2 计量，按设计图示洞口尺寸以面积计算	1. 基层清理； 2. 刮腻子； 3. 刷防护材料、油漆
011401002	金属门油漆				1. 除锈、基层清理； 2. 刮腻子； 3. 刷防护材料、油漆
011402001	木窗油漆	1. 窗类型； 2. 窗代号及洞口尺寸； 3. 腻子种类； 4. 刮腻子遍数； 5. 防护材料种类； 6. 油漆品种、刷漆遍数			1. 基层清理； 2. 刮腻子； 3. 刷防护材料、油漆
011402002	金属窗油漆				1. 除锈、基层清理； 2. 刮腻子； 3. 刷防护材料、油漆
011403001	木扶手油漆	1. 断面尺寸； 2. 腻子种类； 3. 刮腻子遍数； 4. 防护材料种类； 5. 油漆品种、刷漆遍数	m	按设计图示尺寸以长度计算	1. 基层清理； 2. 刮腻子； 3. 刷防护材料、油漆
011403002	窗帘盒油漆				
011404010	木栅栏、木栏杆（带扶手）油漆	1. 腻子种类； 2. 刮腻子遍数； 3. 防护材料种类； 4. 油漆品种、刷漆遍数	m^2	按设计图示尺寸以单面外围面积计算	

续表

项目编码	项目名称	项目特征	计量单位	工程量计算规则	工作内容
011406003	满刮腻子	1. 基层类型； 2. 腻子种类； 3. 刮腻子遍数	m²	按设计图示尺寸以面积计算	1. 基层清理； 2. 刮腻子
011407001	墙面喷刷涂料				
011407002	天棚喷刷涂料	1. 基层类型； 2. 喷刷涂料部位； 3. 腻子种类； 4. 刮腻子要求； 5. 涂料品种、喷刷遍数			1. 基层清理； 2. 刮腻子； 3. 刷、喷涂料

注：1. 木门油漆应区分木大门、单层木门、双层（一玻一纱）木门、双层（单裁口）木门、全玻自由门、半玻自由门、装饰门及有框门或无框门等项目，分别编码列项。

2. 金属门油漆应区分平开门、推拉门、钢制防火门等项目，分别编码列项。

3. 木窗油漆应区分单层木窗、双层（一玻一纱）木窗、双层框扇（单裁口）木窗、双层框三层（二玻一纱）木窗、单层组合窗、双层组合窗、木百叶窗、木推拉窗等项目，分别编码列项。

4. 金属窗油漆应区分平开窗、推拉窗、固定窗、组合窗、金属隔栅窗等项目，分别编码列项。

5. 以 m^2 计量，项目特征可不必描述洞口尺寸。

6. 木扶手应区分带托板与不带托板，分别编码列项，若是木栏杆带扶手，木扶手不应单独列项，应包含在木栏杆油漆中。

附录 Q　其他装饰工程

项目编码	项目名称	项目特征	计量单位	工程量计算规则	工作内容
011503001	金属扶手、栏杆、栏板	1. 扶手材料种类、规格； 2. 栏杆材料种类、规格； 3. 栏板材料种类、规格、颜色； 4. 固定配件种类； 5. 防护材料种类	m	按设计图示以扶手中心线长度（包括弯头长度）计算	1. 制作； 2. 运输； 3. 安装； 4. 刷防护材料
011503002	硬木扶手、栏杆、栏板				

附录 S　措 施 项 目

项目编码	项目名称	项目特征	计量单位	工程量计算规则	工作内容
011701001	综合脚手架	1. 建筑结构形式； 2. 檐口高度	m^2	按建筑面积计算	1. 场内、场外材料搬运； 2. 搭、拆脚手架、斜道、上料平台； 3. 安全网的铺设； 4. 选择附墙点与主体连接； 5. 测试电动装置、安全锁等； 6. 拆除脚手架后材料的堆放
011701006	满堂脚手架	1. 搭设方式； 2. 搭设高度； 3. 脚手架材质		按搭设的水平投影面积计算	1. 场内、场外材料搬运； 2. 搭、拆脚手架、斜道、上料平台； 3. 安全网的铺设； 4. 拆除脚手架后材料的堆放
011702001	基础	基础类型		按模板与现浇混凝土构件的接触面积计算。 1. 现浇钢筋混凝土墙、板单孔面积 ≤0.3 m^2 的孔洞不予扣除，洞侧壁模板亦不增加；单孔面积 >0.3 m^2 时应予扣除，洞侧壁模板面积并入墙、板工程量内计算。 2. 现浇框架分别按梁、板、柱有关规定计算；附墙柱、暗梁、暗柱并入墙内工程量内计算。 3. 柱、梁、墙、板相互连接的重叠部分，均不计算模板面积。 4. 构造柱按图示外露部分计算模板面积	1. 模板制作； 2. 模板安装、拆除、整理堆放及场内外运输； 3. 清理模板黏结物及模内杂物、刷隔离剂等
011702002	矩形柱				
011702003	构造柱				
011702004	异形柱	柱截面形状			
011702005	基础梁	梁截面形状			
011702006	矩形梁	支撑高度			
011702007	异形梁	1. 梁截面形状； 2. 支撑高度			
011702008	圈梁				
011702009	过梁				
011702010	弧形、拱形梁	1. 梁截面形状； 2. 支撑高度			
011702011	直形墙				
011702012	弧形墙				
011702014	有梁板	支撑高度			
011702015	无梁板				
011702016	平板				
011702021	栏板				

续表

项目编码	项目名称	项目特征	计量单位	工程量计算规则	工作内容
011702022	天沟、檐沟	构件类型	m^2	按模板与现浇混凝土构件的接触面积计算	1. 模板制作； 2. 模板安装、拆除、整理堆放及场内外运输； 3. 清理模板黏结物及模内杂物、刷隔离剂等
011702023	雨篷、悬挑板、阳台板	1. 构件类型； 2. 板厚度		按图示外挑部分尺寸的水平投影面积计算，挑出墙外的悬臂梁及板边不另计算	
011702024	楼梯	类型		按楼梯（包括休息平台、平台梁、斜梁和楼层板的连接梁）的水平投影面积计算。不扣除宽度≤500 mm的楼梯井所占面积，楼梯踏步、踏步板、平台梁等侧面模板不另计算，伸入墙内部分亦不增加	
011702027	台阶	台阶踏步宽		按图示台阶水平投影面积计算，台阶端头两侧不另计算模板面积。架空式混凝土台阶，按现浇楼梯计算	
011702028	扶手	扶手断面尺寸		按模板与扶手的接触面积计算	
011702029	散水			按模板与散水的接触面积计算	
011702030	后浇带	后浇带部位		按模板与后浇带的接触面积计算	
011702032	检查井	1. 检查井部位； 2. 检查井规格		按模板与混凝土的接触面积计算	

续表

项目编码	项目名称	项目特征	计量单位	工程量计算规则	工作内容
011703001	垂直运输	1. 建筑物建筑类型及结构形式； 2. 地下室建筑面积； 3. 建筑物檐口高度、层数	1. m^2； 2. 天	1. 按建筑面积计算； 2. 按施工工期日历天数计算	1. 垂直运输机械的固定装置、基础制作、安装； 2. 行走式垂直运输机械轨道的铺设、拆除、摊销
011704001	超高施工增加	1. 建筑物建筑类型及结构形式； 2. 建筑物檐口高度、层数； 3. 单层建筑物檐口高度超过 20 m，多层建筑物超过 6 层部分的建筑面积	m^2	按建筑物超高部分的建筑面积计算	1. 建筑物超高引起的人工工效降低以及由于人工工效降低引起的机械降效； 2. 高层施工用水加压水泵的安装、拆除及工作台班； 3. 通信联络设备的使用及摊销
011705001	大型机械设备进出场及安拆	1. 机械设备名称； 2. 机械设备规格型号	台次	按使用机械设备的数量计算	1. 安拆费包括施工机械、设备在现场进行安装拆卸所需人工、材料、机械和试运转费用以及机械辅助设施的折旧、搭设、拆除等费用； 2. 进出场费包括施工机械、设备整体或分体自停放地点运至施工现场或由一施工地点运至另一施工地点所发生的运输、装卸、辅助材料等费用

注：1. 使用综合脚手架时，不再使用外脚手架、里脚手架等单项脚手架；综合脚手架适用于能够按"建筑面积计算规则"计算建筑面积的建筑工程脚手架，不适用于房屋加层、构筑物及附属工程脚手架。

2. 原槽浇灌的混凝土基础，不计算模板。

3. 混凝土模板及支撑（支架）项目只适用于以 m^2 计量，按模板与混凝土构件的接触面积计算。以 m^3 计量的模板及支撑（支架），按混凝土及钢筋混凝土实体项目编码列项，其综合单价中应包括模板及支撑（支架）。

4. 采用清水模板时，应在项目特征中注明。

5. 若现浇混凝土梁、板支撑高度超过 3.6 m，项目特征应描述支撑高度。

6. 同一建筑物有不同檐高时，按建筑物的不同檐高做纵向分割，分别计算建筑面积，以不同檐高分别编码列项。

7. 垂直运输指施工工程在合理工期内所需垂直运输机械。

8. 建筑物的檐口高度是指室外设计地面至檐口滴水的高度（平屋顶指屋面板底高度），突出主体建筑物屋顶的电梯机房、楼梯出口间、水箱间、瞭望塔、排烟机房等不计入檐口高度。

9. 单层建筑物的檐口高度超过 20 m，多层建筑物超过 6 层时，可按超高部分的建筑面积计算超高施工增加费。计算层数时，地下室不计入层数。

附图 某单位仓库图纸

（见书末插页）

参考文献

［1］中国建筑标准设计研究院．国家建筑标准设计图集16G101-1混凝土结构施工图平面整体表示方法制图规则和构造详图：现浇混凝土框架、剪力墙、梁、板［S］．北京：中国计划出版社，2016.

［2］中国建筑标准设计研究院．国家建筑标准设计图集16G101-3混凝土结构施工图平面整体表示方法制图规则和构造详图：独立基础、条形基础、筏形基础及桩基承台［S］．北京：中国计划出版社，2016.

［3］中华人民共和国住房和城乡建设部，中华人民共和国国家质量监督检验检疫总局．GB 50854—2013 房屋建筑与装饰工程工程量计算规范［S］．北京：中国计划出版社，2013.

［4］中华人民共和国住房和城乡建设部，中华人民共和国国家质量监督检验检疫总局．GB 50500—2013 建设工程工程量清单计价规范［S］．北京：中国计划出版社，2013.

［5］曹仪民，马行耀．建设工程计量与计价实务：土建工程［M］．北京：中国计划出版社，2019.

［6］浙江省建设工程造价管理总站．浙江省房屋建筑与装饰工程预算定额：上册［S］．2018版．北京：中国计划出版社，2018.

［7］浙江省建设工程造价管理总站．浙江省房屋建筑与装饰工程预算定额：下册［S］．2018版．北京：中国计划出版社，2018.

［8］浙江省建设工程造价管理总站．浙江省建设工程计价规则［S］．2018版．北京：中国计划出版社，2018.